CONEXÃO II

RENAN TORRES

Parte 2 – O nascimento e o desenvolvimento do ego

1 O Ser Uno — 04
2 O Plano Exterior (*Outer*) — 10
2.1 Propriedades da energia nas primeiras formas de luz — 11
2.1.1 A evolução da luz exterior (força eletromagnética) — 16
2.2 Propriedades da energia na forma de som — 19
2.2.1 A evolução das ondas de som (força fraca) — 22
2.3 Propriedades da energia na forma de onda forte — 23
2.3.1 A formação da sétima dimensão e a divisão dos três planos em definitivo — 28
2.4 A formação da matéria e o funcionamento do Espaço-Tempo — 32
2.4.1 O funcionamento do Espaço (gravidade) — 36
2.4.2 Funcionamento do Tempo em relação ao Espaço — 44
2.5 Nucleogênese – a evolução da matéria até o primeiro minuto de vida cósmica — 49
2.5.1 A segunda fase evolutiva da força forte e a formação do plasma quark-glúon — 50
2.5.2 A segunda fase evolutiva da força fraca e a evolução do plasma quark-glúon — 52
2.6 Nucleossíntese – evolução da matéria até o terceiro minuto de vida cósmica — 55
2.7 A Era Opaca – evolução da matéria até aproximadamente 400 mil anos de vida cósmica — 57
2.7.1 A formação das moléculas e o funcionamento dos declives Espaço-Temporais — 61
2.8 A Era das Trevas – evolução da vida cósmica até aprox. 250 milhões de anos — 66
2.8.1 O nascimento das primeiras estrelas — 69
2.9 O ciclo de vida e morte das estrelas e suas consequências até aproximadamente 400 milhões de anos de vida cósmica — 75
2.9.1 As estrelas de nêutrons e os buracos negros — 84
3 O Plano Interior (*Inner*) — 88
3.1 As propriedades da luz interior — 89
3.2 O desenvolvimento da Força da Consciência até o terceiro minuto de vida interior — 90
3.3 A evolução da Força da Consciência até 400 mil anos de vida espiritual — 91
3.4 O desbravamento do Espírito além do próprio corpo e sua interiorização até 250 milhões de anos — 95
3.5 A conquista da autonomia mental e a evolução do Plano Interior até aproximadamente 500 milhões de anos — 101
4 A conexão entre o Plano Interior e o Plano Exterior — 105
4.1 O período de cem milhões de anos de transição após a conexão entre os dois planos — 109
4.2 A formação estrutural das galáxias até 900 milhões de anos de vida mundial — 112
4.3 A formação das galáxias espirais (SBa) até 1,1 bilhão de anos — 116
4.4 A formação das galáxias espirais (SBb e SBc) até 1,2 bilhões de anos — 119
4.5 A formação das galáxias espirais (Sa, Sb e Sc) até 1,38 bilhão de anos — 122
4.6 A fusão das galáxias e a formação dos grupos e aglomerados galácticos — 128

5 O palco ideal para o nascimento dos seres feitos de matéria e luz interior — 133
5.1 Dentro das bolhas intergaláticas, um planeta em mutação — 141
5.2 A formação do manto inferior, manto superior e das crostas terrestres — 148
5.3 A formação dos oceanos e a composição atmosférica atual — 156
5.4 O surgimento dos continentes — 160
5.5 A interação entre o oceano e a atmosfera e suas consequências — 168
5.6 A infância de nossa imortalidade — 175
6 A criação dos seres vivos orgânicos — 180
6.1 A evolução dos primeiros seres feitos de matéria e luz interior — 182
6.1.2 A reprodução dos primeiros seres vivos orgânicos terrestres — 185
6.1.3 A criação do ciclo ribossômico — 187
6.1.4 O surgimento dos seres vivos orgânicos unicelulares — 195
6.1.4.1 As etapas finais para a concretização da proto-célula — 197
6.2 A corrida evolutiva dos diferentes grupos proto-celulares — 200
6.2.1 A biologia classificatória explica as diferenças essenciais entre os organismos vivos — 202
6.2.2 A aparição e o modo de interação dos vírus — 205
6.2.3 O surgimento do domínio Eukarya — 208
6.2.4 Um apanhado sobre a evolução dos três domínios até 2,8 bilhões de anos atrás — 214
6.2.5 O nascimento das plantas — 217
6.3 A construção da camada de ozônio e da atmosfera atual — 219
6.4 O desenvolvimento da vida orgânica até 2,5 bilhões de anos atrás — 221
7 A evolução do reino animal e o surgimento do homem — 224
7.1 A criação dos órgãos do sistema digestivo e excretor — 226
7.2 O "esboço" da mente-cérebro — 229
7.3 A criação do sistema nervoso — 231
7.3.1 A criação do sistema nervoso (parte 2) — 233
7.3.2 A criação do sistema nervoso (parte 3) — 236
7.4 A criação da memória de longo prazo — 238
7.5 A sofisticação dos animais com a presença da memória de longo prazo — 242
7.6 O avanço da mente-cérebro com o surgimento da dor — 244
7.7 O surgimento do prazer, evolução dos mecanismos da dor — 247
7.8 A criação da dor é, sim, uma evolução — 250
7.9 As mudanças em Gaia e no reino animal do período Cambriano ao Siluriano (542 até 416 milhões de anos atrás) — 251
7.10 O período de transição ocasionado pelo subconsciente e o surgimento das emoções 254
7.11 As emoções primordiais — 257
7.12 A explicação do sono através do modo operacional dos peixes — 259
7.13 O modo de operação do subconsciente ao longo da evolução e suas consequências — 263

7.14 A evolução do final do período Siluriano até o Perminano (450 a 251 milhões de anos atrás) 267

7.14.2 Sobre os peixes que decidiram se aventurar em terra firme 272

7.14.3 Outras modificações ocorridas até o final do Permiano 275

7.15 A evolução durante o período Triássico (251 até 200 milhões de anos atrás) 280

7.16 A evolução durante o período Jurássico (200 até 145 milhões de anos atrás) 285

7.17 A evolução durante o período Cretáceo (145 até 66 milhões de anos atrás) 292

7.18 A extinção dos dinossauros e a ascensão dos mamíferos durante o período Terciário (65 milhões de anos atrás até 1,8 milhões de anos atrás) 294

7.19 A colonização dos mamíferos 295

7.20 Os últimos 36 milhões de anos do período Terciário 300

7.21 Sobre a ampliação da capacidade intelectual dos primatas 302

7.22 O surgimento de nossos ancestrais há seis milhões de anos 304

7.23 O aparecimento do gênero homo há aproximadamente 2,5 milhões de anos 307

7.23.1 A evolução do gênero homo até 1,75 milhões de anos atrás 309

7.23.2 O tempo como impulso para o fluxo criativo dos hominídeos 311

7.24 As bases para o aparecimento do homo sapiens 313

7.25 O surgimento do homem moderno (homo sapiens sapiens) 315

1 O Ser Uno

Deus! Um lugar, uma energia, uma luz! Uma única entidade, um único ser! Completo está o sexto tempo e já se iniciam os preparativos para o sétimo tempo. Em estado de celebração se encontra o Ser Uno que, composto de tudo, tudo és.

O poder absoluto delineia suas propriedades: corpo inteiro, consciência suprema e coração. Paz e serenidade é o seu modo operante. Ponto de singularidade é o seu codinome. Infinitamente denso é o momento Uno.

Sua movimentação indica seu trabalho, a realização. Sua velocidade é o dobro da velocidade da luz, mas por estar em harmonia, corre tranquila. Equidade não existia, pois não havia dois para se comparar; assim, seu equilíbrio é perfeito.

A casa de Deus é a sua própria morada. Dentro ou fora, são ambientes de um só lugar. Deus é tudo aquilo que é e, portanto, nunca foi ou será. Deus é tudo!

Deus é um número. O número de Deus é o infinito. Infinito é o tempo do Ser Uno. Infinito é o tempo de preparação para o sétimo tempo. No momento Uno, nos tempos que já passaram e nos tempos que ainda virão, Deus é eterno!

Nirvana é o estado de espírito do qual retornamos até o momento Uno, ao final do sexto tempo. É o carro cósmico onde realizamos a nossa viagem como múltiplos seres iluminados para nos fundirmos em uma única luz.

Do Nirvana desfrutamos o ápice da felicidade e das sensações. O puro êxtase do puro ser. O Nirvana nos leva à magia da vida única, à magia de um ser que simplesmente contempla a sua verdade divina. O verdadeiro Eu.

Celebra-se a chegada ao momento Uno. Possibilidades de celebração vão além da nossa imaginação. Transcendência do êxtase. Imagem, luzes e cores. Sons, tons e ritmos. Percepção, inspiração e sapiência. Cenário de vida plena. Autoiluminação da existência.

Infinita paz, no corpo, no coração e na mente de Deus. A energia é o que constitui o seu corpo, e neste instante seu formato representa todos os formatos juntos. O corpo de Deus é o mundo ilimitado da luz! O coração é o amor, e o amor é a adoração por si mesmo. É o que fez com que o seu formato voltasse a ter todos os formatos juntos, e também a chave para entrar em um novo tempo, neste caso, o sétimo. A mente é a consciência suprema, o pensamento único que tudo sabe. Completamente esclarecida e poderosa, sabe que o infinito sempre será infinito. Deus sabe que é Deus!

O corpo é físico. A mente é metafísica. O coração é a força da energia. Deus é tudo ao mesmo tempo.

A beleza do infinito foge à estética, muito sucinto.

Essência das essências. Presente presença.

Eternamente Deus, é arte até para o ateu.

Por que em vão a questão, se <u>sétimo</u> tempo contradiz tamanha vastidão?

A resposta para a necessidade de um sétimo tempo é a mesma do porquê existiram outros seis tempos anteriores: as possibilidades múltiplas da transformação associadas à beleza da vida. Podemos e devemos ser, na separação, a mesma perfeição que somos em nossa unidade. Quando inicia-se um tempo, inicia-se a separação. De Uno para três, de três para muitos. Já vivemos seis tempos diferentes, e em certo sentido evoluímos em cada um deles. Mas cada tempo é único, diferente e independente. Este é o sétimo dos tempos.

Antes do início do primeiro tempo, éramos Uno. No intervalo de cada tempo nós voltamos a ser Uno. A missão divina é trazer a perfeição daquilo que somos no momento Uno, para qualquer outro ser que possa ser gerado, para qualquer ramificação divina.

No Ser Uno não há separação. Não há dualidades. Tudo está ali. Capacidades infinitas, onde a matéria e a antimatéria atuam em conjunto, mas não como dois aspectos de um mesmo ser, e sim como física e metafísica unificadas por inteiro.

Vida eterna do sagrado que nunca nasceu e nunca morrerá. Atualmente não estamos no momento Uno. Olhe ao lado e verá uma cadeira, verá uma árvore, verá uma pessoa. Olhe em um telescópio e verá um planeta. No entanto, não estarmos no momento Uno não significa que não somos Deus!

Descrever o momento Uno em uma folha de papel é o mesmo que tentar descrever a imensa vastidão de um oceano sem nunca tê-lo visto, nem mesmo por foto. Indescritível, portanto, é o momento Uno e qualquer tentativa de descrevê-lo será apenas uma pífia demonstração do que ele representa. A intenção aqui é apenas esboçar este instante para situar o leitor sobre do que se trata, porém estarmos vivendo o instante Uno é a única forma de conhecer tal poder absoluto.

Neste oceano que pertence a todos as águas fluem do além para o além. Não estamos falando de um grande acontecimento na Terra, nem mesmo do encontro entre duas galáxias, por exemplo. Estamos falando de todo o potencial existente em um único momento. É tanto que as palavras passam despercebidas por nós e não damos a importância do que o "tudo" significa. Deus é a essência abundante!

E pela elevação da beleza da vida desenvolvemos os preparativos para o sétimo tempo. Pensando como unidade, tudo flui. Assim que iniciado, o sétimo tempo terá prazo para se esgotar e este prazo será quando uma parte delimitada da energia divina estiver completamente separada.

Quando se inicia um novo tempo é a roda da vida quem passa a comandá-lo, e é o sopro do Ser Uno quem a faz girar inicialmente. Para os seres segregados do sétimo tempo, o poder para retornarmos ao instante Uno está na conexão – unificação esta que deve ser atingida antes que a energia demarcada no infinito se separe por completo.

Se o objetivo é trazer a perfeição para os seres existentes na separação e o sétimo tempo acabará quando parte desta energia delimitada no momento Uno estiver separada, então quanto mais se adiar a separação desta energia, melhor será para todos. Por isso, a programação divina faz com que a energia de dois dos três seres a serem divididos possa ser economizada a partir do instante em que estes consigam propiciar a formação de outros seres vivos autossustentáveis. Ou seja, individualidades que, agindo independentemente, possam produzir ou servir como fonte de energia (para si mesmos ou para outros seres), dando maiores possibilidades para a busca da perfeição na separação, e assim mais tempo para o sétimo tempo. Isto acontece porque a perfeição na separação somente pode ser contemplada uma vez que os seres segregados estejam completamente desprovidos desta programação divina, pois caso ainda estejam dentro da inteligência original tais seres já serão perfeitos e a "brincadeira" não teria sentido. Esta é a lei da vida! Deus confia tanto em seu potencial que deseja atingi-lo mesmo que tais individualidades não tenham a lembrança daquilo que são.

Deus é bom ou misericordioso? Claro, estamos falando de um ser que obviamente quer o bem a si mesmo. A busca da perfeição na separação não requer esforços ou provações, mas a sua própria felicidade. Requer a paz interior!

A ciência, todas as religiões e qualquer segregação do Uno, no fundo, buscam a mesmíssima coisa. Albert Einstein uma vez disse:

"Eu quero saber como Deus criou este mundo. Eu não estou interessado neste ou naquele fenômeno, no espectro deste ou daquele elemento. Eu quero saber os pensamentos dele; o resto são detalhes".

E ele recebeu a resposta: $E=mc^2$. "E" é igual energia, e "mc^2" significa que a massa (m) ou o corpo se movimenta ao dobro da velocidade da luz (c^2) no vácuo. Einstein sabia que tudo era energia ou luz, mas talvez não tenha percebido que em sua fórmula mais famosa a resposta que ele tanto buscava ali já estava. A fórmula $E=mc^2$ é o passo para o início da criação, pois ela descreve fisicamente o próprio momento que se segue ao instante Uno. Foi isso que Einstein buscou, foi isso o que ele encontrou.

Se conseguíssemos medir a velocidade da luz no momento Uno, de fato ela teria o dobro da velocidade da luz (299.792.458 metros por segundo ao quadrado). O que é a luz? A luz é o éter, ou seja, é a unidade básica, aquilo que não se pode dividir. A luz possui três propriedades: corpo, mente e coração. O corpo são os corpúsculos de energia luminosos indivisíveis. A mente é a capacidade pensante consciente destes corpúsculos energéticos luminosos indivisíveis. Já a terceira propriedade é o amor que unifica a mente e o corpo divinos em uma só luz, uma só energia. O vácuo, por sua vez, é o "lugar" do instante Uno, é o tudo e o nada, é o vazio preenchido por completo ou vácuo absoluto.

Qualquer um pode encontrar a resposta do que é Deus, basta buscá-la em si mesmo. Isto porque Einstein queria a resposta sobre como Deus criou o mundo em uma representação matemática, mas Deus pode ser descrito de variadas maneiras, para qualquer individualidade.

A prova de que Deus existe pode ser encontrada dentro de cada pessoa que, pelo menos, desconfie da sua existência. Os teimosos e curiosos encontram a resposta. Aqueles que apenas acreditam já possuem a resposta. E aqueles que fogem ao que eles mesmos buscam, sofrem. Então Deus é uma obrigação? Deus é tudo e encontra-se onde o seu bem-estar lhe levar.

Quem encontra Deus enxerga-o em si mesmo! O ápice do conhecimento científico irá se deparar com a fé. Portanto, não cremos que a ciência colocará um ponto final na fé ou vice-versa, mas a resposta para todos os questionamentos científicos resultará na existência divina. Toda a busca sincera consigo mesmo e, por isto pacífica, chegará à mesma resposta.

A programação para o início da sétima vida estava pronta. Haveriam três planos, cada qual para uma das três propriedades divinas. O primeiro plano – o lugar – englobaria os outros dois. Deus tem a visão além do alcance e viu que a segregação das outras duas energias luminosas (que não cessariam até que pudessem dar vida a seres vivos autossustentáveis) seria a chave para a continuação evolutiva, ao mesmo tempo em que poderiam, naquele instante, se desvencilharem da programação do Ser Uno. Foi então que o sétimo tempo teve início.

A sétima visão, ou o sétimo Big Bang, se deu. A explosão do Ser Uno em nada se parece com a explosão de uma estrela. Ela não se fragmenta em suas bordas, apenas se expande, passo a passo, progressivamente. A roda da vida gira e uma rotação completa desenha o tripé da energia segregada – a divina trindade. Vejamos as figuras a seguir, elaboradas pelo autor:

Fig. 1:

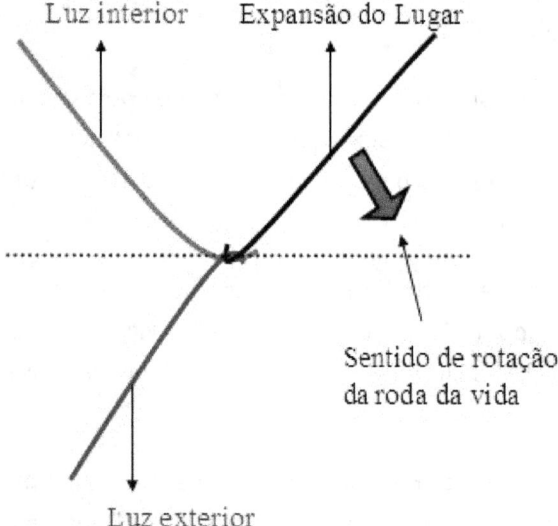

Programação do Ser Uno estabelecida em três pilares da segregação: expansão do lugar (tonal), separação da luz interior e separação da luz exterior a cada instante, a partir do momento em que se cruza a linha pontilhada, de acordo com o sentido de rotação representado na figura.

Fig. 2:

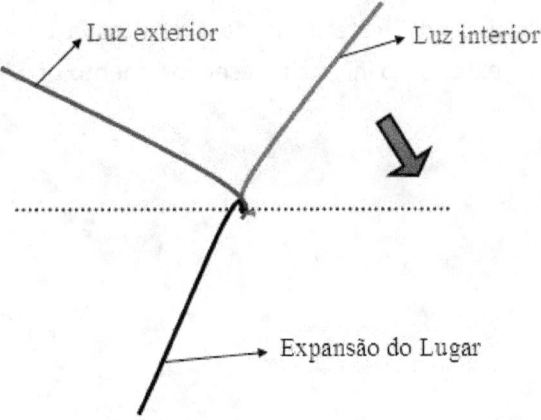

Deus soprou a roda da vida, iniciando sua própria separação. Estava feito. Abençoado seja!

Neste instante somente o lugar havia passado pela reta pontilhada que delimita o ponto entre a programação do Ser Uno e a realização desta programação. Assim, só o lugar aqui já havia se expandido. Como o Ser Uno é composto apenas de luz, o lugar ao se expandir forma um ambiente a partir desta energia luminosa. É necessária a existência deste ambiente para que a segregação e o desenvolvimento do corpo se façam possíveis.

Fig. 3:

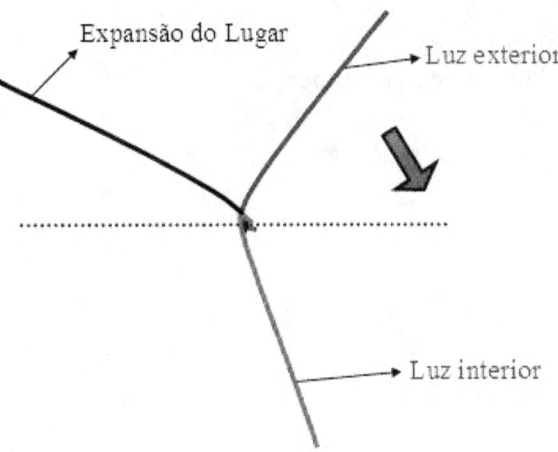

O lugar se expandiu mais um pouco. Um pequeno pedaço da mente divina se separa da fonte luminosa original – a luz interior. É preciso que a luz interior neste início da vida possua uma forma espiralada, para que assim desencadeie, junto com a luz exterior, o início do desenvolvimento do corpo na separação.

Fig. 4:

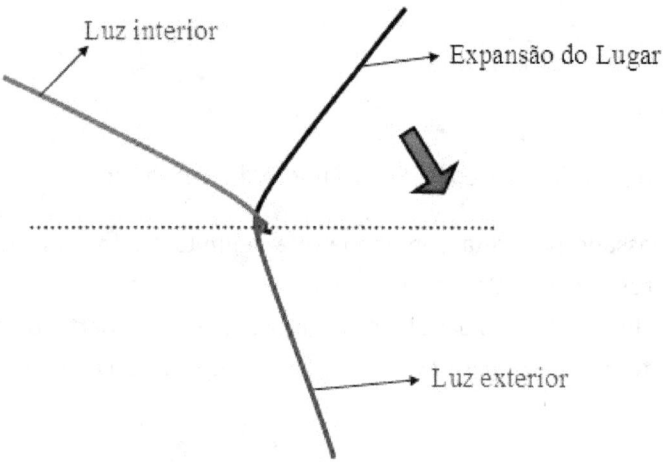

O lugar se expande novamente e a luz interior de forma espiralada completa seu primeiro espiral. A luz exterior, por sua vez, se separa da fonte luminosa iniciando sua forma também em um raio espiralado único.

O um em três, dando luz à vida! Inicia-se o sétimo de nossos tempos! O mundo gira!

"A forma é aquela tão procurada unidade na multidão de exemplares e é também a causa da existência de múltiplos seres". Platão

2 O Plano Exterior (*Outer*)

Data aproximada: 13,76 bilhões de anos atrás

Espetacular foi a explosão do Ser Uno. E foi através desta explosão que o único lugar existente pôde aumentar a sua dimensão. Para aumentá-la, uma significativa parte da luz original precisou diluir-se, compondo um ambiente tridimensional. Era como se parte da luz passasse a se comportar como uma malha de aerogel ou uma borracha completamente maleável e densa ao mesmo tempo, onde conforme a explosão toma prosseguimento ela pode se esticar de modo uniforme até o ponto máximo relativo à ampliação do lugar. Esta parte da energia luminosa que se comporta feito um tecido de borracha não chegou a se separar: se transformou a partir da fonte luminosa original em uma energia com características distintas. Seria o mesmo que desmembrarmos os feixes de luz em milhares de parcelas diminutas, mas ainda continuássemos deixando tal energia entrelaçada de modo a formar um tecido único. Então, a energia não foi perdida, apenas "esticada".

Nunca existirá um ambiente isento de formas energéticas a partir do Big Bang. Apesar desta grande parcela de luz que se diluiu logo no início da primeira rotação do espiral da vida conter uma força muito menor do que a da luz original, e assim compor uma espécie de "espaço vazio" (fig. 2), ela também possui um movimento e uma propriedade específica e particular. Sua propriedade, como veremos a seguir, será fundamental para o desenvolvimento do corpo. Além disso, é esta energia dissipada ou este "espaço vazio" quem irá servir como pano de fundo para a construção do Plano Exterior, assim como, analogamente, uma tela serve como pano de fundo para o quadro de um pintor.

O corpo, portanto, precisa de um ambiente em três dimensões para desenvolver-se. Três dimensões porque são três as direções possíveis para qualquer movimento: para a direita ou para a esquerda (leste/oeste – latitude), para cima ou para baixo (altitude), e para a frente ou para trás (norte/sul – longitude).

No segundo e terceiro instantes, da primeira rotação do espiral da vida (fig. 3 e 4), a outra parte da luz que ainda não havia se diluído começou a ser dividida em duas: luz interior inicial, seguida da luz exterior inicial.

Com o surgimento das três energias iniciais (1 – lugar em expansão, 2 – desmembramento da luz interior inicial e 3 – desmembramento da luz exterior inicial), o plano 1 – lugar se expandiria cada vez mais, e as luzes iniciariam suas missões para a formação de seres vivos autossustentáveis. Tais manifestações aconteceram quase que ao mesmo tempo, mas nesta ordem. A luz exterior somente pôde começar a se propagar porque já havia um ambiente tridimensional gerado dentro do lugar. Por sua vez, a luz interior também precisava neste instante deste ambiente tridimensional, pois ela possuía uma forma espiralada para auxiliar no desenvolvimento do corpo.

O plano 1 (lugar) comportava, portanto, duas formas de energia luminosas: a luz interior e a luz exterior. Depois da divisão do lugar em dois planos distintos – Plano Interior e exterior, que veremos mais adiante – o Plano Exterior é o que chamaríamos de Universo, Espaço ou Cosmos. Qual é o propósito do Plano Exterior? Criar a matéria e propiciar suas interações para que haja uma evolução até que se possa atingir o máximo de desenvolvimento material ou forma. Por exemplo: o nascimento dos átomos não representa o máximo de desenvolvimento material destes elementos, pois ao sofrerem diversas interações em seu próprio meio poderão se transformar em uma molécula. Estas transformações são materiais, quer dizer, elas são modificações evolutivas dentro da inteligência que acompanha o *Outer* exclusivamente, independentemente do Plano Interior.

Por que também chamamos a matéria de forma? Porque ela possui um formato. É passível de se ter um aspecto a traçar, um molde. O lápis tem um formato. A Terra tem um formato. O átomo tem um formato. Além da forma, o Plano Exterior é também chamado de plano físico, ou corpo (em inglês, *Outer*).

Durante o segundo e o terceiro capítulo deste estudo tem-se que: o plano 1 (lugar) era independente, inteligente e comandado pela programação do Ser Uno. O desenvolvimento do plano 2 (*Inner*) e do 3 (*Outer*) também seria inteligente, mas no entanto estariam dependentes do plano 1, pois somente desta forma teriam um lugar para poderem se expandir. Tem-se também que o plano 2 (*Inner*) não depende do 3 (*Outer*) e vice-versa, ao menos até a reunião definitiva dos planos.

Veremos neste capítulo especificamente a evolução do Plano Exterior até o seu desenvolvimento realizado independentemente do Plano Interior. Para chegarmos até lá é preciso viajarmos pela história do Universo, passando pelo surgimento da matéria e suas interações iniciais. Uma vez demonstrado como a matéria surgiu, continuaremos com a origem de outras partículas subatômicas, até o surgimento dos átomos e as moléculas. Prosseguiremos com a trajetória de vida e morte das estrelas, tudo isto aliado à expansão do Cosmos. É importante ainda reafirmar que quem criou as condições para o Plano Exterior se desenvolver até a unificação dos planos, ou seja, para o corpo evoluir como evoluiu até a reunião com o Plano Interior, novamente foi a programação do Ser Uno, exclusivamente.

2.1 Propriedades da energia nas primeiras formas de luz

O alcance da luz era monstruoso, quase infinito, mas não mais. Este alcance tinha agora um limite, delimitado com o início da explosão. As duas formas de luz (interior e exterior) atuavam em conjunto, mas isso não significa que estavam grudadas, e sim que interdependiam uma da outra até que pudessem agir sozinhas – isto é, até o nascimento do som.

Tanto a luz interior quanto a luz exterior eram dois espessos e intensos raios, apesar de inicialmente pequenos em seus comprimentos. Os primeiros raios de luz exterior que surgiram foram chamados pela ciência moderna de raios gama.

A fonte de energia (combustível) da luz interior e da luz exterior ficaria "armazenada" na linha central, ou seja, no ponto onde desencadeou a explosão, e migraria sempre para as bordas do lugar. Nesta parte central ou nas bordas a luz se encontraria em sua forma original, idêntica ao que era no instante Uno e, portanto, sem separação. Esta luz original servirá como uma fonte de força (ou combustível) para as duas formas de luz que começam a se separar.

Para que a luz exterior e a interior pudessem se manifestar e iniciar suas ampliações, um ambiente tridimensional fora previamente necessário. Vejamos o exemplo análogo a seguir, que demonstra de forma simplificada o espaço ou ambiente tridimensional que surgiu para o início da separação da luz original:

Fig.5:

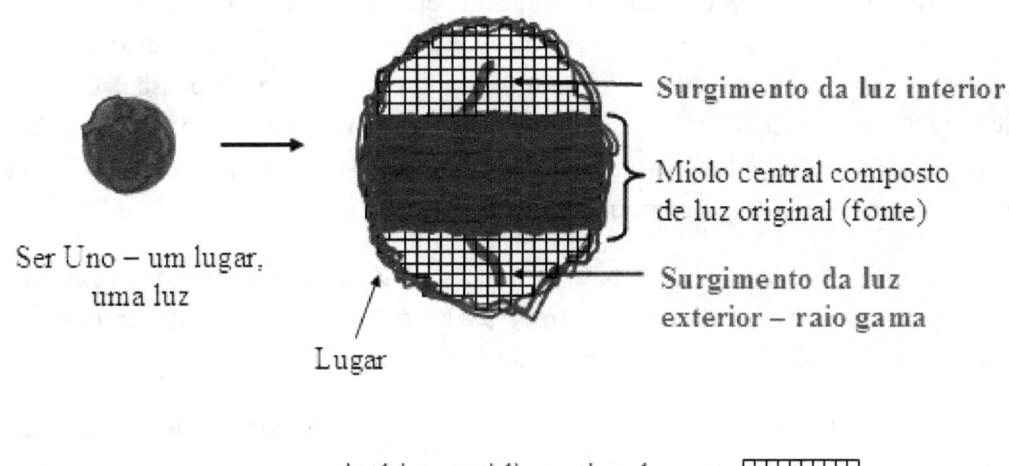

Apesar da separação de cores demonstrada no Ser Uno, no miolo central ou na borda do lugar após a explosão ou Big Bang, não havia duas formas de luz nestes pontos, apenas uma. As cores nestes instantes servem apenas para facilitar a vizualização e o entendimento de algo que era Uno se transformando em algo duplo.

À medida em que o lugar se expandia, o ambiente tridimensional se esticava, e mais espaço livre surgia para que a luz pudesse ir se separando de sua fonte. Como este "espaço vazio" era um ambiente tridimensional, imaginemos que a luz interior e exterior se propagavam também para a frente ao mesmo tempo em que realizavma o seu movimento para cima e para baixo, apesar de a precariedade do desenho em duas dimensões não conseguir retratar isto.

A intensidade da luz em sua fonte não muda. O que muda é a intensidade em suas ramificações a partir do instante em a luz vai se separando. Portanto, toda a evolução da luz interior e exterior se refere ao que acontece com elas à medida em que o lugar se expande, quer dizer, na luz em separação e não em sua fonte.

A intensidade da luz em sua fonte nunca mudaria? A intensidade da luz seria uma constante, o que não significa que ela nunca acabaria de se separar – afinal o Ser Uno estipulou uma parcela do infinito para a construção do sétimo tempo. Por exemplo, supondo que a luz exterior chegasse a ser gerada por completo, ela consumiria 1/3 de toda a energia estipulada existente. Isto, no entanto, indicava que a luz exterior teria força disponível o suficiente para alcançar o seu objetivo provavelmente antes de consumir toda esta energia. Este objetivo era engatilhar uma continuação evolutiva material, quer dizer, ajudar na criação de um ser vivo autossustentável, como veremos mais adiante.

A mesma coisa ocorria com a luz interior, que se tivesse que ser gerada por completo para cumprir a sua missão consumiria outro 1/3 do total da energia estipulada existente. O 1/3 restante, caso houvesse uma divisão total entre as energias, poderia ser classificado como a energia de empuxo do lugar, ou seja, a energia que faz com que o ambiente tridimensional promova a sua expansão. Como as evoluções energéticas obedeciam à sequência de acordo com a roda da vida – expansão do lugar (que "estica" o ambiente tridimensional), luz interior e luz exterior – o consumo da energia ocorreria de forma proporcional para cada um dos três pilares da criação.

Ao nascerem, a luz exterior e interior não estavam estáticas; elas vibravam de forma circular, cada qual em seu espiral, como dois saca rolhas distintos. Tanto para a luz exterior quanto para a luz interior é possível dizer que estas vibrações são formadas por corpos elétricos.

Qualquer porção de energia com alguma forma é um corpo. Em termos simples, eletricidade significa que um corpo se move, ou seja, não consegue ficar parado. Portanto, corpos que se movimentam são corpos elétricos. Se fragmentarmos a luz exterior, unidade a unidade, corpo a corpo, encontraremos os chamados fótons, ou "saquinhos de energia" luminosos. Como existe a denominação de fótons para os saquinhos energéticos da luz exterior, nesta obra vamos classificar os corpos da luz interior de antifótons. Isto quer dizer que após a explosão a luz exterior não conseguia ficar parada; ela vibrava intensamente através de seus corpos elétricos. E o mesmo pode-se dizer neste instante da luz interior.

Um fóton ou antifóton sozinho não consegue se movimentar ou vibrar por muito tempo. Mesmo que fossem lançados para muito longe através do Big Bang, os saquinhos de energia sozinhos vagariam através do ambiente tridimensional e parariam, cedo ou tarde, de se movimentar. Assim, os fótons e antifótons individualmente não possuem estrutura para se manterem estáveis durante muito tempo. No entanto, se houver uma quantidade considerável de fótons atuando em uníssono, estes criarão uma corrente carregada de eletricidade, um raio. A luz exterior e a luz interior neste instante eram exatamente isto, formadas respectivamente por seus fótons e antifótons.

Portanto, a luz do momento Uno, ao se separar, não se fragmentou corpo a corpo, mas apenas se dividiu em dois raios distintos – luz interior e luz exterior. Os movimentos espiralados dos raios faziam com que os fótons e antifótons não se dispersassem. Era desta forma que os corpos elétricos se sustentavam, sem vagar ou cair através do espaço tridimensional, que passou a existir no plano 1. Vejamos o diagrama análogo a seguir:

Fig.6:

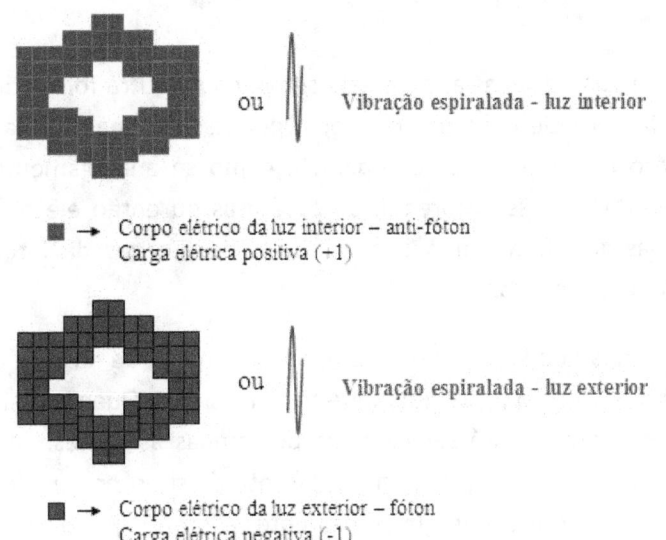

A figura é apenas um exemplo análogo e, portanto, devemos nos atentar ao fato de que o número de fótons que compõe uma volta espiralada da luz exterior era infinitamente maior do que este montante de quadrados simbolizados na imagem. O mesmo se pode dizer para o montante de saquinhos de luz interior.

Mantendo em mente o que é um corpo elétrico, passaremos a entender o que é uma carga elétrica e por que cargas opostas se atraem. No momento Uno, a luz era única. Podemos dizer que esta luz era formada por corpos únicos. No instante em que esta luz se separa ela passa a ser formada por corpos distintos, que nada mais são do que duas ramificações da luz do momento Uno. Carga elétrica é uma classificação entre os diferentes corpos que passam a existir a partir da separação da luz. Esta classificação é necessária para saber o grau de atratividade de uma carga à outra. Em suma, corpos elétricos são a mesma coisa que cargas elétricas, com a única diferença de que a denominação ("cargas elétricas") é usada para referir-se ao grau de atratividade dos corpos elétricos separados. A força destas interações é diretamente proporcional à sua quantidade de carga e ao mesmo tempo inversamente proporcional ao quadrado da distância que as separa.

Mas por que dizemos que as cargas elétricas opostas (ou corpos elétricos separados) se atraem? Como havia dois tipos de corpos (fótons e antifótons), e assim dois tipos de raios luminosos, eles teriam que divergir em suas propriedades, ou então não seriam dois, mas apenas um. Podemos classificar um antifóton como tendo carga elétrica elementar +1 e um fóton como tendo carga elétrica elementar -1. A representação numérica inicial poderia ser qualquer número oposto, por exemplo: +31 e -31, +0,5 e -0,5, pois na verdade apenas tem a intenção de designar contrariedade. Já a designação "elementar" é a referência para os corpos materiais: fóton e antifóton, que não são compostos de outros saquinhos de energia e, portanto, são indivisíveis.

Acontece que a luz inteiror formada por cargas positivas apenas está separada da outra forma de luz (exterior) composta por cargas negativas. Na verdade a luz é uma só, e por isso as duas formas luminosas exercem mútua atração. No momento em que a luz se separa, é como se analogamente estivéssemos separando um pássaro de suas asas. Um pássaro precisa de suas asas ou então ele não poderá voar. Já as asas, sem o restante do pássaro, também não saem do chão. Corpos distintos separados se atraem porque um dia formaram um único corpo.

Conforme este estudo for avançando veremos que surgirão outros tipos de corpos que nascem a partir das interações da luz exterior com a luz interior, dentro deste ambiente tridimensional. Quanto mais diferentes da luz original forem estes corpos, mais atração irá ser exercida por ambas as partes. Isto porque é como se a inteligência inerente da luz soubesse que quanto mais difernte de si própria, maior será a necessidade de aproximação ou junção com a outra energia semelhante, a fim de propiciar a complexidade material e ir promovendo na medida do possível um retorno ao instante Uno. Apesar de se atraírem constantemente, o objetivo e a necessidade de separação dos corpos era primordial para a evolução do mundo, e portanto, prevaleceria a base da programação do Ser Uno.

Assim, além dos fótons e antifótons se atrairem entre si por natureza, atrairiam também qualquer outra carga que fosse diferente deles. Por sua vez, qualquer outra carga que fosse gerada (+2, -5, por exemplo) também atrairia a todas as outras anteriores. As únicas cargas que não se atrairiam seriam as cargas exatamente iguais como: -1 e -1 ou +2 e +2. Pelo contrário, estas cargas se afastariam, ou seja, se repeliriam umas das outras. Além disso, podemos afirmar que na maioria das vezes um choque entre cargas que se atraem gera uma fusão (uma união de corpos, ou ganho de energia), e choques entre cargas que se repelem geraria uma fissão (uma divisão de corpos, ou perda de energia).

Como toda regra, a sua excessão seriam as cargas neutras, que ao serem formadas (veremos posteriormente como) possuem a propriedade das duas cargas elementares ao mesmo tempo, e por isso não atraem e nem repelem outros corpos, além de não serem atraídas ou repelidas por nenhuma outra carga. É como se analogamente a carga neutra ou zero passasse despercebida uma das outras, mas quando o choque é inevitável, então o resultado pode ser uma fusão ou fissão dependendo do caso, e isso é possível em primeiro lugar devido à geometria da partícula que se comporta como onda e, em segundo lugar, porque mesmo partículas perfeitamente neutras diferem-se umas das outras em quantidade de energia elementar.

Depois da geração das cargas elementares (fóton e antifóton), qualquer carga elétrica que nascesse a partir delas seria mais volumosa ou passível de divisão, e por isso tenderia a ter menor velocidade. Como o meio no qual o corpo se movimenta será essencialmente o mesmo, então podemos dizer que quanto maior e mais pesado o corpo, mais devagar ele irá se movimentar. Portanto, a princípio, a velocidade de um corpo variava conforme o seu peso e tamanho relativo e a velocidade de movimento de um fóton seria a mesma de um antifóton, por terem peso e tamanho relativamente semelhantes.

Em suma, a luz exterior surgia neste instante inicial através do movimento dos fótons que se mantinham unidos e harmônicos por desenharem um raio de energia em vibração espiralada. Esta primeira propagação energética foi chamada de radiação gama, ou raio gama. Analisando instante a instante, do ponto inicial (Big Bang) até a sua amplitude máxima do que havia de espaço para se expandir, a luz gama foi se transformando, perdendo um pouco a sua intensidade ao mesmo tempo em que ficava cada vez mais larga ou abrangente. Com a luz interior ocorreu o mesmo fenômeno, só que através do movimento dos antifótons.

Esta perda de força que ocorria na extremidade da luz gama e na luz interior era natural, uma vez que ambas as luzes iniciaram com a máxima intensidade possível em todo o comprimento de seus raios, e devido à ampliação do tamanho do espaço tridimensional elas diminuíram suas concentrações. E isto ocorreu em todas as fases da evolução da luz exterior e interior, onde à medida em que elas iam atingindo uma área maior, pois o plano 1 foi crescendo, seus poderes de concentração na extremidade também foram sendo reduzidos.

Ao iniciar a sua jornada e completar um movimento espiralado, a luz interior formou a quarta dimensão – o pensamento consciente. O que uma dimensão significa? Dimensão é uma ramificação da propriedade divina que opera por si própria para auxiliar na formação e no desenvolvimento de um dos três planos (lugar, *Outer* e *Inner*), ou nos três planos ao mesmo tempo.

Uma dimensão particular deve possuir composição, característica, força e função própria. O pensamento consciente por si só é uma dimensão: não importa qual seja, ele opera em uma sintonia única e tem uma força própria. Por ser composto de um substrato diferente de qualquer outra coisa que exista, ele forma uma dimensão particular. O funcionamento do Plano Interior, e da quarta dimensão, serão descritos mais a fundo no capítulo 3. Assim, nos concentraremos agora em entender a evolução da luz exterior, citando apenas o que for necessário em relação à evolução da quarta dimensão.

2.1.1 A evolução da luz exterior (força eletromagnética)

Na primeira rotação espiralada do raio gama também se formou um campo de força, chamado de força eletromagnética. Foi dito que a rotação servia para que os fótons não se dispersarem, porém, como ela se deu? Imaginem que, analogamente, os zigue-zagues de um eletrocardiograma representam uma concentração de energia luminosa. Em um eletrocardiograma os traços vibram para cima e para baixo, e se deslocam também sempre em um mesmo sentido, para a direita, demonstrando continuidade, ou seja, demonstrando que o coração está batendo. No momento Uno era como se os traços não vibrassem para os lados, mas somente para cima e para baixo. Com a luz gama, os traços que vibravam apenas para cima e para baixo começaram a andar milímetros para frente, desencadeando um minúsculo, porém extremamente intenso (devido à alta concentração de energia) "vai e volta" espiralado. A primeira volta completa do espiral gerou a força eletromagnetica.

Posteriormente a esta primeira rotação as emissões de luz exterior foram todas uma continuação harmônica e unida a esta primeira, e por isso podem ser chamadas de radiações eletromagnéticas ou força eletromagnética. Mas o que esta força significa? Significa que uma concentração de energia em forma de luz eletricamente carregada, ao vibrar de forma espiralada bem rápida para cima e para baixo, desenha um campo energético eletromagnético.

Portanto, os corpos elétricos, ao se movimentarem em um raio único, formam uma corrente elétrica e esta corrente ao se movimentar forma um campo magnético. Isto porque quando há eletricidade existirá uma força que escapa das fronteiras do corpo elétrico. Se estivermos falando de um raio único, como a luz exterior, por exemplo, não é preciso chegar a tocar nela para perceber as suas propriedades. Analogamente, ao nos aproximarmos de uma lâmpada acesa, por exemplo, podemos sentir o seu calor. Isto demonstra que a energia não está apenas no raio luminoso em si, mas também escapa as suas fronteiras, em menor grau.

Uma variação da corrente elétrica pode modificar o campo magnético. Porém, uma variação do fluxo magnético também tem a capacidade de modificar a própria corrente elétrica. Ao aproximarmos um ímã de uma pilha (elétrica) observa-se uma variação em sua força elétrica original, por exemplo. Devido a essa interdependência entre corrente elétrica e campo magnético, faz sentido falar em uma única entidade chamada de força eletromagnética.

Com esta primeira rotação espiralada da luz exterior, a quinta dimensão passou a existir. A quinta dimensão do mundo é, portanto, a força eletromagnética. Ela é a quinta dimensão porque após o seu nascimento criou a corrente de força espiralada de características e funções próprias, dependente apenas do lugar para existir. O campo eletromagnético neste momento "não tocava ainda em nada". Se o espaço existente no plano 1 não fosse tridimensional e não posuísse uma força contínua, que também se expande, a luz não poderia ter ido além do raio gama. Assim, a luz exterior depende de um ambiente tridimensional para existir e continuar sua expansão. Contudo, a interação da luz exterior com este ambiente não alterava as suas propriedades.

Uma dimensão, por si só, pode operar como um poder transformador e assim servir com um portal mediador a outras dimensões. O poder de interação de tal força independente é o que caracteriza uma dimensão. Durante todo este segundo capítulo veremos que cada dimensão agia através de sua própria força e poder.

Resumidamente, a radiação eletromagnética forma uma vibração espiralada, como a de um saca rolhas, composta de uma corrente elétrica e um campo magnético, que oscilam perpendicularmente um ao outro. Portanto, além da roda da vida descritos no capitulo 1 (que neste instante estaria contida dentro de cada energia, propiciando suas respectivas ampliações), ao iniciar sua jornada a luz gama, também possuía natureza espiralada, desta vez com um formato. O mesmo ocorria com a dimensão da consciência, que era um espiral independente e também possuía um formato.

Havia, portanto, o lugar e seu ambiente tridimensional, e dentro dele outras duas manifestações energéticas – a luz interior e a luz exterior, cada qual com sua dimensão de luz específica. À medida em que se distanciavam do ponto inicial da explosão, todas as três energias se ampliavam, ao mesmo tempo em que diluíam suas concentrações.

Adotaremos neste capítulo algumas nomenclaturas usadas pela astrofísica para universalizar o entendimento: sempre que nos referirmos à frequência, estamos querendo apontar a intensidade das vibrações ou oscilações, ou seja, a intensidade de energia em relação ao ponto inicial (fonte de luz). A frequência também costuma ser apontada pelo número de vezes que a vibração oscila para cima e para baixo dentro de um intervalo como um segundo, o que na prática significa a mesma coisa, isto é, se houver mais oscilações dentro de um segundo significa que a vibração estará mais concisa e poderosa; se houver menos, estará mais espaçada e fraca. Sempre que dissermos sobre a amplitude da luz estamos nos referindo à distância em relação ao ponto inicial, pelo comprimento do espiral.

Sendo assim, é considerado que a distância da luz gama do ponto inicial era ínfima, de aproximadamente 10^{-18} metros, possuindo uma alta frequência $> 3 \times 10^{19}$ Hz. Como os raios gama foram os primeiros, eles ainda eram altamente energéticos (estando ainda muito próximos da fonte inicial) e possuíam uma amplitude (o espiral da luz) muito pequena.

O segundo giro completo da roda da vida fez com que o lugar dobrasse de tamanho, e com o tecido tridimensional ampliado houve a possibilidade para a continuação do desenvolvimento das duas luzes – interior e exterior. Depois disso, a luz interior e a luz exterior se ampliaram, perdendo um pouco mais de sua potência e poder. No entanto, não significava que alguma parcela da energia havia deixado de existir; ela apenas estava em outra formatação e característica.

Portanto, o raio gama ao completar a sua primeira volta, devido à possibilidade de se ampliar conforme a expanção do lugar, distanciou-se um pouco mais do ponto inicial (10^{-12} m), aumentando o comprimento de seu espiral e diminuiu sua frequência (3×10^{19} Hz), evoluindo dessa dessa forma para a radiação X. Os raios gama deixaram de existir? Não, na verdade os raios X são apenas outra forma de se mensurar a energia em comparação ao ponto inicial da explosão. O que significa que o raio X é o raio gama com outra frequência e outra amplitude.

À medida em que a explosão se desencadeava, toda a energia ia se dissipando para a expansão do tecido espacial, e para a expansão da luz interior e da luz exterior, respectivamente. Foi assim que a radiação energética luminosa denominada raio X, ao completar seu giro, deu lugar para outra forma energética chamada de radiação ou raio ultravioleta.

Uma vez que o desenvolvimento do Big Bang foi gradual e não como ocorre em uma supernova (e por isso o ambiente não era tão hiperaquecido como a maioria das teorias afirmam), a frequência do raio X, por exemplo, de 3×10^{19} Hz, foi diminuindo durante a própria volta, passando a 3×10^{18} Hz com meio giro, e ao completar uma volta inteira a frequência se tornou aproximadamente 3×10^{17} Hz – manifestação energética em forma de luz que chamamos de raio ultravioleta.

Estes raios ultravioleta possuem um comprimento menor do que o da luz visível e maior que o dos raios X. Seu comprimento em relação ao ponto da explosão era de aproximadamente 10^{-8} metros.

O que era inicialmente um brilho muito forte, claro e esbranquiçado, porque na verdade existiam as sete cores unidas em uma só (violeta, azul índigo, azul ciano, verde, amarelo, laranja e vermelho), se tornou violeta, em uma mudança esplendorosa e rápida caso pudéssemos presenciá-la. A luz visível de cor violeta possuía uma distância do ponto inicial de aproximadamente 4×10^{-7} m e frequência de 7.5×10^{14} Hz. Do violeta aos azuis, do azul ao verde, do verde ao amarelo, do amarelo ao laranja, do laranja ao vermelho. Um show de luzes e cores. O vermelho, o mais distante do ponto inicial, possuía vibração a 7×10^{-5} metros de distância e frequência de 4.3×10^{14} Hz.

Estas vibrações energéticas foram se alastrando tridimensionalmente, transformando suas cores conforme a força eletromagnética se distanciava do ponto inicial. Quando a luz visível realizou seu giro completo, o que era vermelho se tornou luz infravermelho (do latim infra – que quer dizer abaixo, ou seja, depois do vermelho). Após o raio infravermelho (frequência 4.3×10^{13} Hz, e distância de 7×10^{-7} metros) ter completado a sua rotação, e assim ampliado ainda mais o comprimento de sua vibração, formaram-se as micro-ondas (frequência 3×10^{12} Hz, e distância de 10^{-3} metros), seguida pela energia em forma de luz denominada "rádio" (frequência $< 3 \times 10^9$ Hz, e distância menor que 0,5 metro do ponto inicial).

Todas as "transformações" de um raio para o outro (raio gama → raio X → raio ultravioleta → luz visível...até a luz rádio) ocorreram após uma rotação inteira no campo de energia eletromagnética. A cada rotação completada os raios ganhavam outra característica, e também outro nome. É importante dizer que isto tudo ocorreu de forma extremamente imediata, tão imediata que nem mesmo o som da explosão existia. Justamente, o próprio estava a caminho de ser gerado.

Foi preciso que os feixes luminosos migrassem para direções contrárias. Havia espaço para isso, e foi ele quem permitiu tal separação. Obviamente que tudo isso foi feito através da programação divina (o Ser Uno), que necessitava como entidade única segregar-se, ou então nada teria se modificado. Mas devido ao fato de um espiral ter migrado para um lado e o outro para a direção oposta, podemos dizer que eles divergiam quanto ao ângulo de movimentação.

Posteriormente, os espirais da luz interior e exterior então se expandiram suficientemente para se encostarem, mesmo que caminhassem em direções opostas. Apenas como exemplo análogo, imaginem duas retas, uma caminhando no sentido diagonal para baixo (↘ luz exterior), e a outra no sentido diagonal para cima (↗ luz interior), quase que simultaneamente. Elas nunca se encontrariam, correto? Agora imaginem que em cada uma das retas havia um espiral que se ampliava à medida em que caminhavam no sentido diagonal para baixo e diagonal para cima. De tanto estes espirais se ampliarem, por mais longe que estivessem ficando um do outro, houve um ponto de contato. Foi quando os dois espirais de luzes vibrantes se esbarraram que um terceiro espiral se originou – o das ondas sonoras.

2.2 Propriedades da energia na forma de som

A evolução da energia na forma de luz exterior somente foi possível porque antes de cada rotação outras três dimensões também tinham evoluído – o espaço tridimensional dentro do "lugar". Todas as radiações (de gama a rádio), a partir do momento em que se completou o primeiro espiral da luz exterior, pertenciam à dimensão da força eletromagnética. Na mesma proporção a energia em forma de luz interior se ampliava neste mesmo lugar, migrando no entanto para o lado oposto ao da luz exterior, compondo a dimensão da consciência pensante. Lembremos que a Força da Consciência, assim como a força eletromagnética, é apenas mais uma forma de energia com características divergentes.

Após sete rotações da luz exterior, gerando a luz rádio, e sete rotações da luz interior, gerando ampliações equivalentes, ambas as luzes se encontraram e se fundiram em seu ponto de contato, propiciando a formação da onda ultrasônica. A onda ultrasônica possui uma frequência de 10^3 Hz, e uma distância de aproximadamente 1 metro do ponto inicial.

É comum encontrarmos nos artigos de astrofísica os dizeres: o som é um tipo de onda que precisa de um meio material para existir, ou seja, o som não se propaga no vácuo, e neste estudo concordamos com tal afirmação. O "espaço vazio" que passou a existir no primeiro plano não era vazio de fato, mas composto de energia que possuía um formato. Qualquer ambiente que possibilite outras formas de energia se expandirem e se propagarem (luz e som), não importa qual seja, não é mais um vácuo absoluto.

Assim, afirmamos que desde o primeiro instante do Big Bang o vácuo não mais existia, e se ele não existia é coerente dizer que o som de fato não se propaga no vácuo.

Se a luz interior e a luz exterior tivessem convergido para uma mesma direção, e assim somado uma à outra por completo, teríamos como resultado a luz original igual àquela existente no momento Uno. Isto, no entanto, não ocorreu devido à diferença na direção do movimento angular da luz inteior e exterior. Como a luz interior e exterior caminhavam para lados opostos, o que se chocou apenas foi uma parte do espiral de cada uma das duas luzes. Além disso, o plano 1 se ampliava e havia agora espaço para uma onda se propagar, que já nascia maior do que as vibrações luminosas que são mais concisas.

Quando ocorre uma fusão são os corpos energéticos, um a um, que se transformam, ou mudam de fase. Um corpo da força fraca é chamado de bóson W e Z, e este para ser formado necessita de três corpúsculos energéticos distintos. Tomando como exemplo a formação de apenas um corpo da força fraca (1 bóson W e Z), o que acontece é que um fóton se une a um antifóton formando um novo corpo com carga neutra Z. Em seguida, as cargas Z, geradas por serem mais volumosas, logo se chocam contra fótons e antifótons promovendo uma fusão entre as três cargas (fóton, antifóton e Z), compondo assim um novo saquinho energético único e indivisível – o bóson W e Z.

Podemos dizer que os bósons W e Z, ao se formarem, teriam como saldo a carga neutra, sendo uma carga positiva (W$^+$) provida da luz interior, uma negativa (W$^-$) provida da luz exterior, e uma neutra (Z), que é uma junção entre duas outras cargas (positiva e negativa). O "W" provém de "*Weak Force*" ("força fraca", em inglês), e o "Z" de "Zero" (zero em inglês, quer dizer carga zero ou neutra). Vejamos o diagrama abaixo:

Fig. 7:

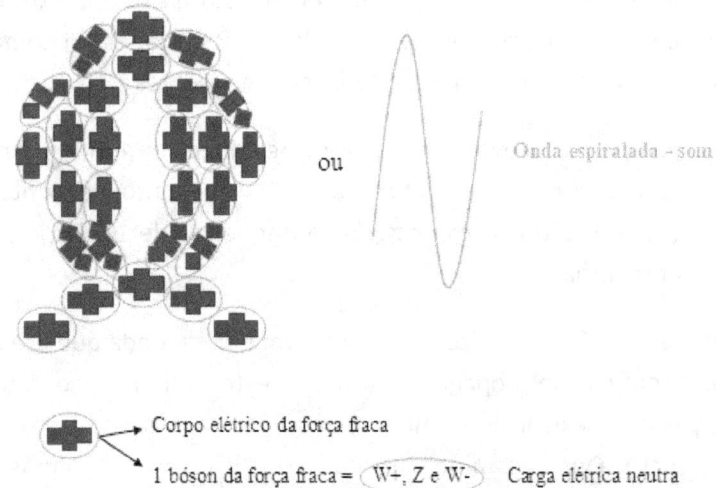

O diagrama é apenas uma representação análoga e, portanto, vale dizer que o número de bósons W e Z que compõem uma onda espiralada da força fraca era muito supeior ao deste montante representado na figura acima.

É importante entendermos que um bóson da força fraca forma um corpo único, ou seja, ele não se desmembra em fóton ou antifóton. Apesar de ter sido formado por eles, o bóson W e Z, ao nascer, aglutinou tais saquinhos de energia distintos, formando assim um novo corpo particular. Portanto, é errado pensarmos que existem saquinhos de energia soltos dentro do bóson W e Z; o correto é afirmarmos que os três saquinhos de energia formaram um novo saquinho energético maior, mais pesado e indivisível – o bóson da força fraca.

Como o volume e o peso dos corpos da força fraca eram maiores, eles seriam também mais lentos. É por isso que o som é mais lento do que a luz, pois seus corpos têm mais peso e volume. Portanto, analogamente é como se os fótons representassem motos dando voltas em um circuito oval, e os bósons W e Z representassem carros mais pesados e lentos, demorando um pouco mais para realizar uma volta no circuito oval – gerando, respectivamente, vibrações e ondas.

Vimos, por exemplo, que os fótons em todas as fases de diferentes radiações precisavam dar uma volta completa para se transformar em outro tipo de luz e cor. O mesmo ocorreria com a força fraca, pois o carro ao completar uma única volta mudaria sua característica, a diferença é que a volta seria mais lenta, pois os carros têm mais peso e volume. Em outras palavras, um giro completo significa uma volta espiralada completa, sem fazer referência à velocidade da volta.

Estando cada vez mais distante do ponto inicial (Big Bang), a frequência destas ondas sonoras seriam menores, porém sua amplitude seria maior. No momento em que o ultrassom realizou a sua primeira volta completa, em sua onda espiralada, a força fraca havia se formado e é ela quem dá vida à sexta dimensão, bem como ocorrera na primeira rotação do raio gama, que gerou a força eletromagnética, e com ela a quinta dimensão. A sexta dimensão, ao propagar o seu espiral, também formava um campo energético ao seu redor, quer dizer, energia que extrapolava os limites da onda, capaz de exercer ou sofrer influência.

Por que uma nova dimensão foi criada? Uma nova dimensão surge devido ao fato de que a força fraca poderia agora atuar de forma independente da força eletromagnética, apesar de ser sustentada, inicialmente, pelo contato entre a força eletromagnética e a Força da Consciência.

Vejamos o exemplo a seguir para uma melhor vizualização do que ocorreu, lembrando que é um exemplo análogo, funcionando apenas como demonstrativo. Os espirais de luz e som se ampliavam tridimensionalmente e não em duas dimensões, como está representado na figura. Consideremos também, que estas energias estão dentro do plano 1 – o lugar:

Fig. 8:

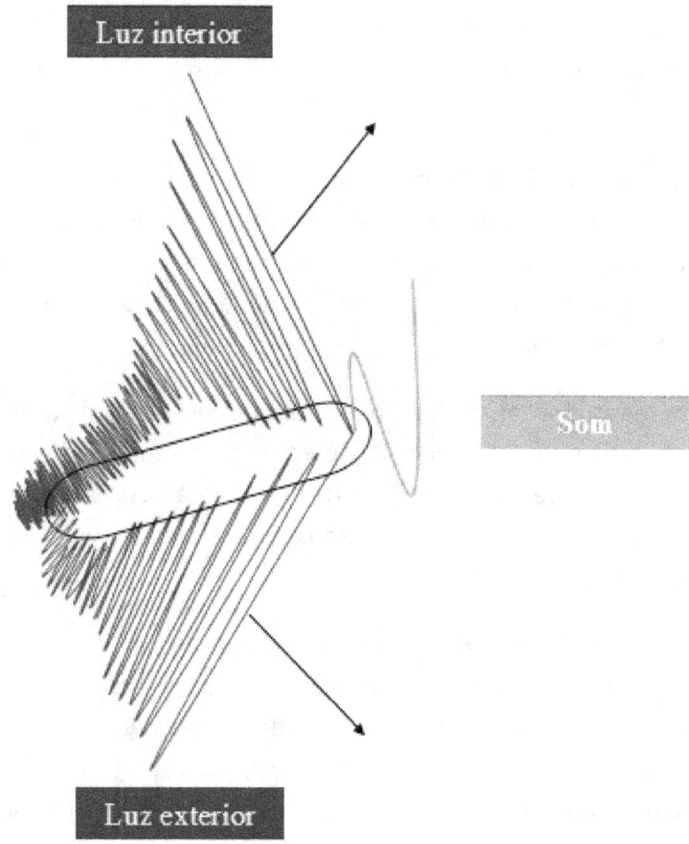

Observando a figura, da esquerda para a direita vê-se que enquanto a luz interior já vibrava, a luz exterior ainda não havia se formado, demonstrando assim que o primeiro espiral da roda da vida gerou primeiro a luz interior e somente depois a luz exterior, e que os espirais luminosos, ao se encostarem pela segunda vez, criaram as bases para a continuação evolutiva através das ondas sonoras. Agora, tanto as vibrações na forma de luz quanto as ondas na forma de som continuariam a se expandir.

2.2.1 A evolução das ondas de som (força fraca)

A sequência da roda da vida se mantinha. Foi a expansão do lugar que possibilitou a ampliação da luz interior, da luz exterior e, posteriormente, das ondas sonoras espiraladas.

Completado o espiral ultrasônico, uma mudança nas características sonoras ocorreu. O ultrassom havia se transformado em ondas sonoras audíveis, devido ao fato de ter ampliado o tamanho de seu espiral e se distanciado mais do ponto inicial. Significava que se o ser humano estivesse lá neste momento para presenciar o momento da criação, teríamos ouvido um estrondoso "AUM", contínuo. Este mesmo "AUM" havia se iniciado com as ondas ultrasônicas que, no entanto, nossos ouvidos não conseguiriam captar.

A volta completa da onda de som audível formou outro tipo de onda chamado de infrasom, que significa "abaixo", ou seja, depois do som audível. As ondas infrasônicas possuem frequência de menos de 20 Hz, e uma distância menor que 2 metros do ponto inicial.

Neste instante, a onda de som ocupava uma área relativamente grande em comparação ao das outras vibrações, uma vez que seu espiral era mais amplo. Sendo mais amplo, o espiral sonoro logo gerou um novo choque. O contato entre as três forças (eletromagnética, força fraca e a Força da Consciência) fez com que uma nova fusão ocorresse, e desta fusão uma nova onda surgiu – a forte.

Não significava que a luz interior e exterior estariam colidindo entre si, mas que ambas estariam colidindo contra a onda sonora. Na verdade, como o espiral da onda sonora é mais amplo e os bósons W e Z são mais volumosos que os fótons e antifótons, a nova fusão partiu da força fraca, e não o contrário.

2.3 Propriedades da energia na forma de onda forte

A onda forte precursora da força forte surge através da interação entre a força eletromagnética (luz exterior), a força fraca (som) e a Força da Consciência (luz interior). Neste momento não havia ainda uma força forte, pois ela somente seria formada ao completar sua primeira rotação, da mesma forma que ocorreu com o som e a força fraca, ou a luz exterior e a força eletromagnética.

A onda forte também tem maior amplitude (por estar mais distante do ponto inicial), além de menor frequência. Ela é formada por corpúsculos energéticos ainda mais volumosos e pesados que, se por um lado cumpriam neste instante outra função da qual a astrofísica atribui aos glúons, por considerar a atuação deste tipo de partícula dentro dos núcleos atômicos, são os corpos ou "saquinhos de energia" que possuem características mais similares a ele.

Para que fique claro, a nomenclatura aqui usada de forma geral é para que tenhamos base de comparação com a nomenclatura que a astronomia, a física e a química atualmente propõem. No entanto, as teorias atuais existentes referem-se a instantes e maneiras distintas em relação ao surgimento destes corpos ou estas forças e suas interações em comparação ao que estamos descrevendo neste estudo.

No surgimento da força fraca vimos que a fusão de um fóton com um antifóton originava uma carga neutra Z, e esta posteriormente se fundia com outro fóton e outro antifóton, aglutinando-se as três para formar uma nova partícula – os bósons W e Z. No nascimento da onda forte um movimento similar acontece, onde os espirais das luzes e do som, quando se chocam, promovem aglutinação entre bósons W e Z, fótons e antifótons, ao mesmo tempo. A única diferença é que os bósons W e Z são mais volumosos do que a carga Z, e por isso ao se chocarem abrangiam não apenas um, mas dois fótons e dois antifótons ao mesmo tempo, formando através desta nova fusão um novo corpo – o glúon.

Sendo assim a natureza dos corpos da onda forte também possuiria saldo neutro, totalizando cinco cargas elétricas: dois fótons, dois antifótons, e um bóson W e Z. Vejamos o diagrama abaixo sendo o "S" proveniente de *Strong Force* ("força forte", em inglês):

Fig. 9:

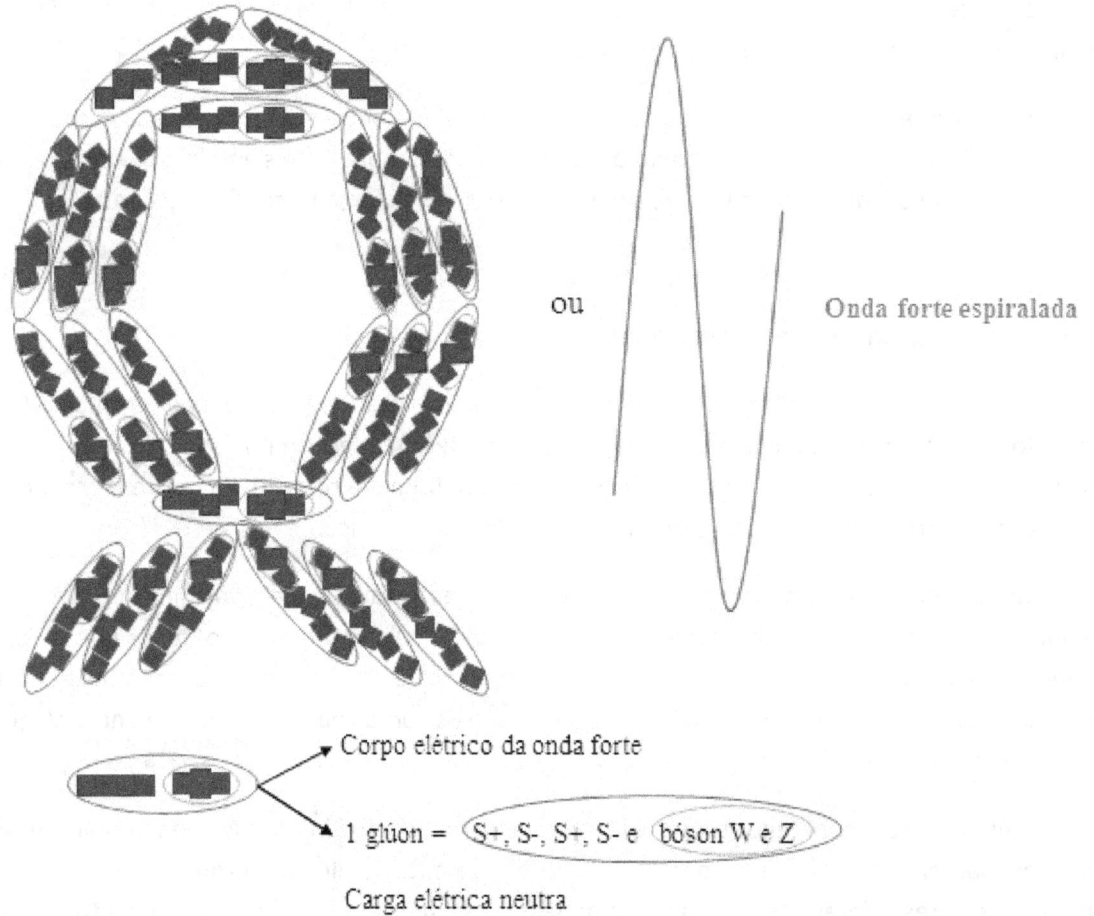

O diagrama é apenas uma representação análoga e, portanto, bem como os anteriores é importante dizer que o número de glúons que compõe um espiral da onda forte era muito maior do que este montante representado na figura acima.

Igualmente ao bóson W e Z, o glúon será aqui teorizado pela formação de cinco corpúsculos energéticos que compõem uma única partícula, uma vez que a fusão fez com que todas elas se algutinassem. Isto é, não há como desmembrarmos os glúons e acharmos fótons e antifótons, ou um bóson W e Z em seu interior, por exemplo. Sendo assim, o glúon pode ser considerado indivisível, além de ser mais volumoso e pesado e, portanto, também mais lento.

Importante mencionar que os fótons, os bósons W e Z e os glúons também são conhecidos como partículas de energia mediadoras, ou seja, elas são partículas energéticas que conseguem transportar outras partículas. Assim, se analogamente os fótons eram "motos" dando voltas rápidas no circuito eletromagnético, e os bósons do som eram "carros" dando voltas mais lentas no circuito da força fraca, os glúons por sua vez seriam como "caminhões", mais pesados e ainda mais lentos, realizando a primeira volta da onda forte.

Obviamente que os "caminhões" (glúons), conseguem transportar muito mais peso e volume do que os "carros" e as "motos". A física atual classifica todas as partículas mediadoras de bósons. Assim os fótons, os bósons W e Z, e os glúons seriam todos bósons. Já os antifótons, por terem a mesma dimensão dos fótons, também podem ser analogamente comparados às "motos" só que, no entanto, realizam suas voltas no circuito da Força da Consciência.

Vejamos no exemplo abaixo como ocorreu a formação da onda forte. Imaginem que os espirais da força fraca estejam em sua terceira rotação gerando, portanto, o infrasom. Da mesma forma a luz interior e a luz exterior realizavam suas voltas espiraladas de ampliação proporcional, cada qual em seus respectivos campos de força. Consideremos também que todas estas forças estão dentro do plano 1 – o lugar:

Fig. 10:

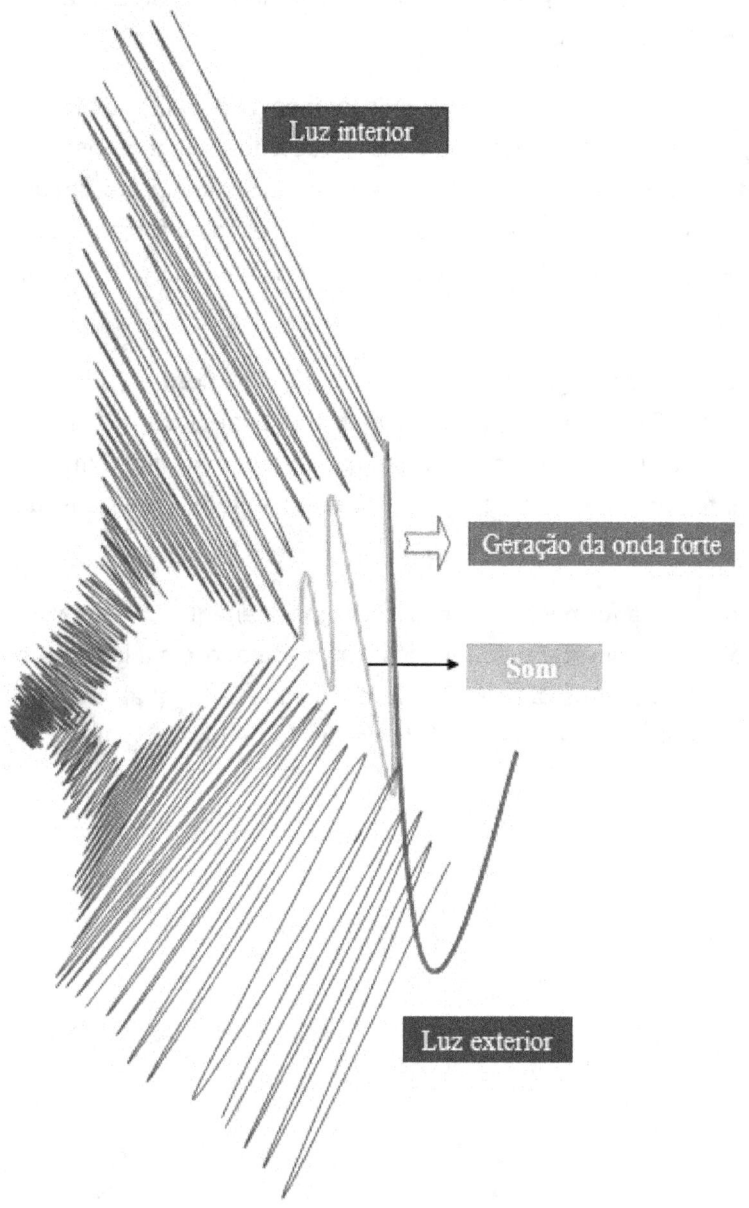

Percebemos na figura que não houve um contato entre as luzes, mas de qualquer forma o contato existia através da interação luz-som ou, se preferir, interação das forças eletromagnética-fraca-consciência. A figura é precária em demonstrar o movimento das vibrações e das ondas por estar apenas em duas dimensões, porém ela serve para que vizualizemos o posicionamento correto através do seguinte exemplo: imaginem dois saca rolhas, um representando a luz interior (girando no sentido anti-horário e diagonal para cima) e o outro, a luz exterior (girando no sentido horário e diagonal para baixo). A cada volta que ambos os saca rolhas dão, os espirais também dobram as suas larguras. Agora, imaginem um terceiro saca rolhas mais amplo surgindo no meio dos outros dois em sentido horário, este representando o som, onde a cada volta que este espiral completa também amplia a sua dimensão.

Quando este espiral sonoro encosta nos outros dois espirais luminosos, são suas bordas que encostam. A onda forte surge a partir destas três bordas em contato, também como um saca rolhas e com a amplitude do espiral maior do que todas as outras, mas a diferença principal é que devido ao ângulo de contato ele irá se movimentar no sentido inverso em relação aos outros espirais. Ou seja, este quarto espiral migra para fazer a sua volta englobando os outros três perfurando as forças de frente, e não pelo contato entre as bordas. Isto faz com que a fusão não seja desencadeada em massa, como ocorreu nos primeiros contatos, como no choque entre o som e as luzes para geração da onda forte, mas sim em blocos.

Mas além do ângulo ter propiciado uma mudança no sentido de propulsão do espiral, acreditamos que a onda forte surge em um instante em que não havia espaço disponível (relativo à amplitude de seu espiral) para que este pudesse seguir "em frente". Sendo assim, o único movimento cabível ou possível era o retorno do espiral no sentido contrário, ou seja, em direção ao ponto inicial – Big Bang.

Outro ponto a ser levantado é que o fato de a energia estar sendo diluída de forma geral não significava que os eventos estavam ocorrendo sem uma sequência evolutiva; pelo contrário. A formação da força fraca e da onda forte, por exemplo, indicava que agora elas poderiam promover interações diversas e gerar, assim, outras partículas energéticas.

Entendemos, portanto, que a fusão entre as forças gerou uma nova e independente onda, com propriedades específicas e característica espiralada. Esta onda forte, por ser composta de glúons e por possuir a maior ampliação entre as forças, logo ao iniciar a sua primeira volta espiralada com o movimento invertido em relação às demais e no sentido anti-horário, atravessou a força eletromagnética, a Força da Consciência e a força fraca, nesta ordem.

Observemos este exemplo da figura 11 em que se demonstra o instante no qual a onda forte realiza meio giro. A intenção é reproduzir uma visão "aérea" dos espirais e a disposição das cargas elétricas sendo o "n" a carga neura. Além disso, consideremos que o aumento proporcional relativo do plano 1 não estará sendo demonstrado em nenhuma das figuras ao longo deste estudo:

Fig. 11:

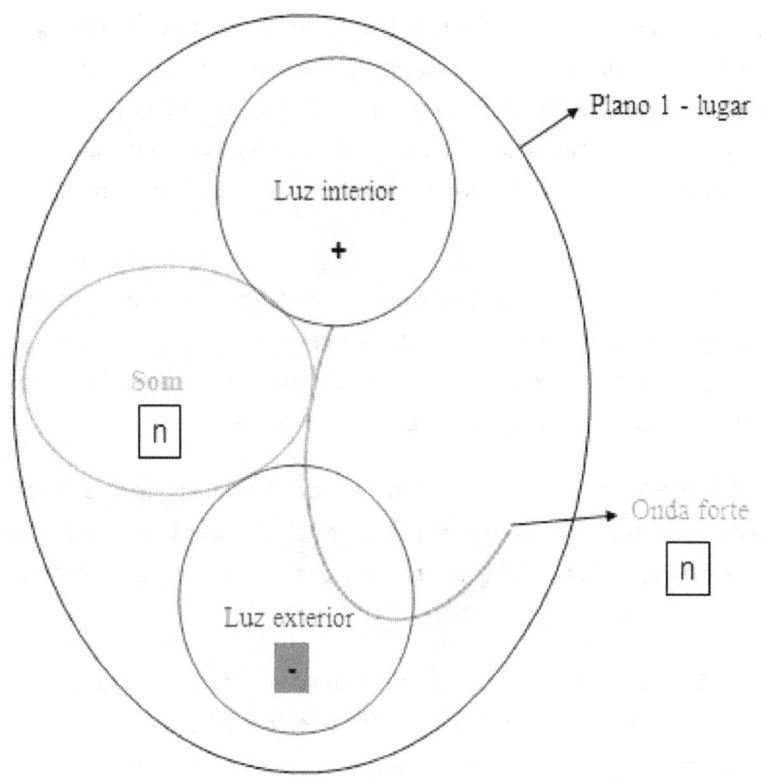

Observando atentamente a figura 11 é importante notarmos que sempre devemos considerar o saldo total de uma carga ou de uma força. Por exemplo, dizemos que o corpo da onda sonora ou da força fraca em sua totalidade tem carga neutra e não carga positiva, negativa e neutra. Mesmo porque esta seria a referência do momento da formação de um bóson W e Z, mas que a partir do instante em que a carga positiva, negativa e neutra se aglutinam, também passam a compor um grau de atratividade único, que no caso do som é neutro, ou seja, não atrai e nem repele. Da mesma forma dizemos que a carga da luz interior, por exemplo, é positiva, mas seria impossível somarmos todos os antifótons que a compõem.

Também podemos observar que esta primeira rotação da onda forte fez com que seu espiral abrangesse todos os outros. Mas o que possibilitou a onda forte a atravessar as outras forças? Primeiramente, a sua amplitude inicial era maior, e por ser um espiral maior a onda forte encostaria inevitavelmente em alguma outra força, ou em todas elas. O que possibilitou a perfuração dos outros espirais foram as fusões entre as diferentes forças energéticas, pois ao perfurar as outras forças a onda forte não atravessou-as livremente, mas também foi empilhando corpúsculos de energia da força eletromagnética, da Força da Consciência e da força fraca, através dos glúons que se localizavam no bloco da frente. Analogamente, era como se os caminhões da frente tentassem perfurar três barreiras distintas – duas barreiras de motos (luz interior e exterior) e uma de carros (som). Os caminhões são mais fortes e então conseguem atravessar todas as três barreiras, mas em contrapartida precisam deslocar uma parte da energia de cada barreira, e para tanto enchem suas caçambas com duas motos e um carro, para cada caminhão. Estas caçambas carregadas representam os primeiros glúons da onda forte, onde cada um deles com sua propriedade transportadora estaria agora mais pesado.

A onda forte completou o seu giro e, além da grande amplitude e das fusões, havia outro fator importante que impulsionou os glúons após terem atravessado o espiral da luz exterior a migrarem para o espiral da luz interior com toda a força – as cargas opostas. Cargas opostas ou distintas se atraem e o primeiro glúon que estava inicialmente com o saldo de carga neutra, quando atravessou a força eletromagnética ganhou uma carga negativa, e esta foi atraída, ou seja, puxada pela Força da Consciência de cargas positivas. Portanto, os glúons migravam rumo a completar o giro da onda forte sofrendo constantes tranformações.

Foi no instante em que a onda forte completou o seu primeiro espiral que a força forte foi gerada. Bem como a força eletromagnética e a fraca, ela também, ao nascer, formava um campo energético que extrapolava os limites da onda, capaz de exercer ou sofrer influência. Além disso, é a força forte quem dá vida a dimensão cíclica temporal – a sétima dimensão.

2.3.1 A formação da sétima dimensão e a divisão dos três planos em definitivo

A onda forte ao completar uma volta inteira em seu espiral, transformando-se em força forte, dá início à sétima dimensão, por exemplo, assim como o primeiro giro da luz exterior deu início à quinta dimensão (a força eletromagnética). E, neste estudo, a dimensão cíclica temporal recebe este nome porque é ela quem promove a evolução dos ciclos de tempo, da mesma forma que a força eletromagnética promove a evolução da luz exterior, por exemplo. Isto porque sem a força forte outras partículas de energia não poderiam ser geradas e as partículas existentes não ampliariam significativamente a sua complexidade.

É a formação da sétima dimensão que também possibilita a divisão dos três planos (1 - lugar, 2 - Plano Interior e 3 - Plano Exterior) em definitivo. Isto porque a força forte no momento em que completa o seu primeiro espiral funciona como um sinal que indica a única forma energética que ainda pensava como um ser único, que a construção do Plano Exterior poderia ser feita de forma independente. A energia que ainda pensava como um ser único era a luz sem separação nem diluição que ocupava a região central e as bordas do lugar. Nestas regiões, a luz se encontrava em seu estado original, igual àquele existente no momento Uno.

Era esta mesma luz quem propiciava a expansão do lugar a cada rotação do espiral da vida. Ao receber o sinal, ou na verdade ao vizualizar o nascimento da sétima dimensão, a luz expande o plano 1 em sete mil vezes de uma só vez (inflação cósmica), ao mesmo tempo em que promove a moficação da sua própria geometria. Isto é, o lugar que antes tinha uma forma levemente ovalada se contorce, segregando-se em dois lados distintos, separando o Plano Exterior do Plano Interior. Este pode ser considerado o último ato de Deus!

Durante este movimento simultâneo de rotação e inflação, a maior parcela de luz original que estava no centro também se "estica" e migra para as bordas para delinear e delimitar o plano 1, enquanto uma última injeção de luz interior e de luz exterior é projetada a fim de promover um corte definitivo com o momento Uno. Isto significa que neste instante toda a energia necessária para gerar toda a matéria do Universo passou a estar presente.

A luz completa e inteligente tinha o conhecimento de que agora o espiral da força forte realizaria as interações contínuas com as outras forças propiciando a geração da matéria e, posteriormente, a sua multiplicação e evolução. Em outras palavras, a partir de agora um ciclo temporal daria vida a um segundo ciclo, e este daria vida a um terceiro, e assim suscessivamente, fazendo com que a evolução material estivesse perfeitamente encaminhada. Tendo a percepção disto, o Ser Uno modifica a geometria do lugar promovendo a separação dos planos.

Toda a evolução realizada até aqui serviu como uma base para que o corpo pudesse se desenvolver, da mesma forma que analogamente uma mãe precisa amamentar e criar o seu bebê até que ele já esteja pronto para evouir e tomar decisões sozinho. Era necessário um empurrão para o desenvolvimento do corpo, e este pontapé inicial que preparou as bases para a sua formação pode ser traduzido em construção do ambiente tridimensional, desenvolvimento da luz interior com um formato espiralado, desenvolvimento da luz exterior, desenvolvimento do som, desenvolvimento da força forte, e inflação e divisão do plano 1 (lugar) em dois planos. A Força da Consciência poderia até mesmo ter nascido sem possuir qualquer forma, porém foi importante desenvolver-se em formato espiralado para auxiliar na formação do corpo, além de que esta experiência serviria para a sua própria evolução mental, como veremos no capítulo 3.

Inner e *Outer* estariam agora divididos como demonstra a figura abaixo. Obviamente que esta figura somente representa um esboço do panorama geral, principalmente pelo fato de estar desenhada em apenas duas dimensões. A figura também omite as outras interações descritas até então para facilitar na visualização:

Fig. 12:

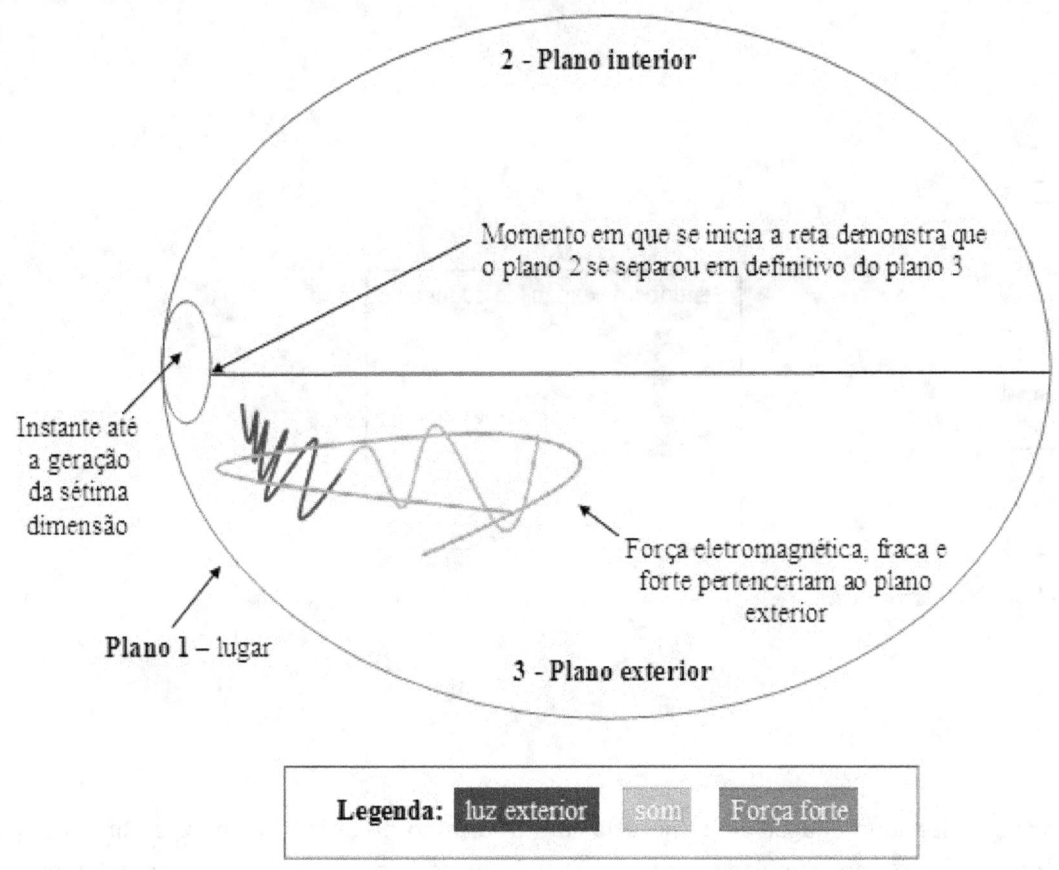

Portanto, o lugar que era um todo, neste instante continuou sendo um todo dividido em dois ambientes. A geometria do lugar pode ser de difícil visualização porque estamos acostumados a ver as formas pelo seu lado de fora, no entanto, o mundo não possui um "lado de fora". Iremos neste estudo considerar sua geometria como sendo um "8", onde na metade deste "8" estaria localizado o Plano Interior, e na outra metade, "8" o Plano Exterior. O sentido de expansão do lugar é tridimensional, de acordo com a figura abaixo:

Fig. 13:

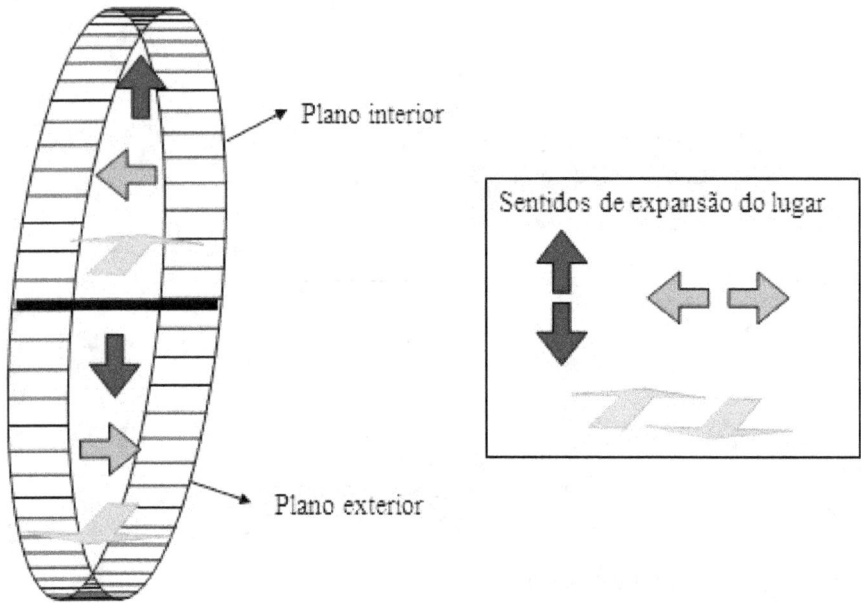

É importante dizer que o lugar permaneceria com o formato de um "8" e se expandiria até que toda a energia do momento Uno estipulada para a construção do sétimo tempo estivesse completamente diluída (ou até que se alcançasse a perfeição dos seres segregados sem que houvesse vínculo direto com a programação do Ser Uno).

Com a divisão de planos, a luz interior também se transformou. Até aqui, a luz interior possuía um formato espiralado, pois como dissemos isto auxiliou no desenvolvimento inicial do corpo, especificamente através da formação da força fraca e da força forte. Como agora o Plano Exterior poderia se desenvolver independentemente, o que era um raio único espiralado começou a se diluir sem que, no entanto, existisse a quebra corpo a corpo (ou antifóton a antifóton).

O que aconteceu foi que toda a energia em forma de luz interior que havia se separado da fonte de luz original até este instante se espalhou compondo uma rede única e começou a fundir-se gradualmente com o tecido tridimensional que existia. Agora a luz interior iria compor o seu próprio ambiente, feito de energia pura, onde a contínua geração deste ambiente seria a própria evolução do Plano Interior. A representação análoga de acordo com o primeiro exemplo que demos ficaria assim:

Fig. 14:

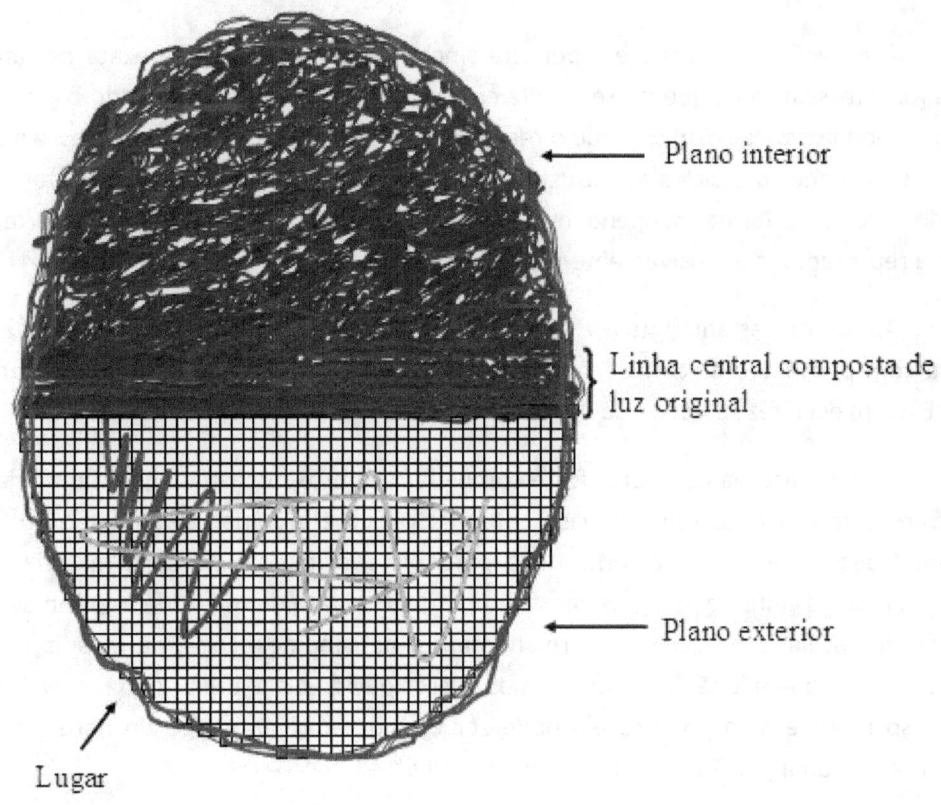

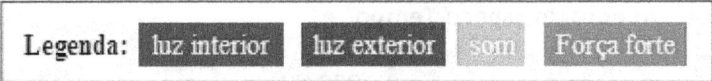

Vemos que apesar de cada lado compor o seu próprio ambiente, ambos estarão sempre dentro do plano 1 – lugar. Nas bordas deste lugar e em seu centro continuaria existindo a luz original e, portanto, sem separação, servindo como fonte energética para a divisão e expansão do lugar.

Em suma, como agora a sustentação da quarta dimensão (Força da Consciência) não precisava ter mais um formato, a região onde a luz interior se localizava passou a compor o seu próprio espaço. Diferentemente do pensamento, a força eletromagnética, a força fraca e a força forte precisam de um formato para se sustentar e, para tanto, se utilizariam da mesma composição energética tridimensional onde já vinham evoluindo.

Cada uma das forças do *Outer* só se mantinha através do movimento espiralado de vários de seus corpúsculos energéticos, cada força com os seus respectivos bósons. A partir do momento em que a força forte completou sua primeira volta, um novo ciclo espiralado se iniciaria, promovendo a continuidade operacional do Plano Exterior de forma constante e progressiva.

Tudo vinha ocorrendo em perfeita sincronia, numa sequência exata de fatores. Era como se a força forte fosse a corda que desse a volta em um pião de brinquedo, fazendo-o girar continuamente. Esta primeira volta completa fez com que o restante da formação do Universo estivesse endereçada e, uma vez com o surgimento dos ciclos autossustentáveis, a evolução da vida no Plano Exterior seria efetivada por cada um deles de forma independente. A sétima dimensão vai além da força forte, mas neste instante estaria representada exclusivamente por seu espiral.

Apesar de bastante intensa, a tendência da força forte era tornar-se cada vez mais pesada e lenta. Agora com o primeiro bloco de "caminhões" mais cheios, a força forte tentaria completar seu segundo giro. E assim ela o fez acumulando mais massa.

Foi na tentativa de a força forte completar seu próximo espiral que a matéria foi criada. Antes de dizermos como isto ocorreu é preciso entender o que é matéria. Matéria são porções de energia com propriedades específicas que forma uma partícula com massa. Ou seja, matéria é a tangibilização da energia, o que significa que precisamos ter em mente o fato de que toda a forma de mensurarmos aquilo que existe baseia-se no que nós, seres humanos, percebemos. Logo, da mesma maneira como existem ondas sonoras que não são audíveis para os nossos ouvidos, a energia "não tangível" também pode existir ao nosso redor e nem por isso ela pode ser considerada como algo de natureza diferente ou menos influente que uma porção material propriamente dita.

2.4 A formação da matéria e o funcionamento do Espaço-Tempo

No site Prisma – À Luz da Fúisica encontramos que em 1929 o astrônomo estado-unidense Edwin Powell Hubble, ao observar a luz de galáxias distantes, percebeu que elas estavam se movimentando. Ele descobriu que quanto mais distante uma galáxia estava da Terra, mais rapidamente ela estava se afastando de nós. O fato de que as galáxias estavam todas se afastando da Terra indicava que o Universo estava se expandindo. Logo, verificou que se uma galáxia a uma dada distância (G1) está se afastando da Terra a uma certa velocidade, a galáxia (G2), ao dobro da distância, certamente estará se afastando da Terra ao dobro dessa velocidade.

Muitos astrônomos gregos, não todos, mas a maioria, acreditavam que a Terra era o centro do Universo. Já Copérnico acreditava que o Sol era o centro do Universo. Depois dele outros astrônomos mostraram que o Sol não é o centro do Universo, mas vários achavam que a nossa galáxia era o centro. Hubble mostrou que não há um centro e que o Universo, até onde o telescópio alcança, está repleto de inúmeras galáxias e que não há diferença, não há centro.

Um Universo em expansão implicava que em algum dia ele havia sido muito menor e, levando o raciocínio às suas últimas consequências, o Universo teria partido de uma gigantesca força e concentração inicial.

Em matéria na Revista Superinteressante vemos que muitos anos depois, Geroge Gamow, em parceria com Ralph Alpher, previu que se realmente tivesse ocorrido o Big Bang então ainda existiria uma espécie de "eco" dessa explosão rádioativa, provinda de todos os cantos do Universo. Após muitos anos de divergências entre os astrônomos em relação à teoria do Big Bang, em meados de 1965 Arno Penzias e Robert Wilson, dos Laboratórios Bell, descobriram a radiação cósmica de fundo em microondas. Esta radiação foi medida através de uma antena-corneta especial, construída para receber as primeiras emissões de rádio, de satélites. O fato de existir por todo o Cosmos e, portanto, também no ar terrestre, vestígios da radiação do momento em que a singulariadade se tornou dualidade indicava que o Big Bang realmente havia ocorrido.

Radiação é propagação de energia, não importa se na forma de vibrações, ondas ou partículas. Assim, a radiação que fora emitida nos primeiros instantes do Big Bang dominava todo o plano 1. O que os cientistas falham em considerar, no entanto, é a atuação de uma força consciente que faz com que a singularidade e este ponto infinitamente denso não seja similar ao que ocorre pouco antes da explosão de uma estrela massiva. Em outras palavras, a singularidade nunca foi apenas "material" ou estática, mas também antimaterial e mutante, o que propíciou uma construção gradual do Universo, ao invés de simplesmente imaginarmos os desdobramentos de uma explosão caótica.

Além disso, sempre que havia contato entre uma dimensão e outra no início do tempo mais radiação era emitida. Com a separação dos planos, o *Outer* (Cosmos), por ainda não ter uma amplitude tão grande, foi permeado por toda a radiação das forças espiraladas que comportava.

Tempos depois da descoberta da radiação cósmica de fundo, inspirado no trabalho de Roger Penrose, que demonstrou o que acontecia com a trajetória de vida e morte de uma estrela, Stephen Hawking entendeu que, em proporções micro, esta trajetória poderia ser similar ao que ocorre com o Universo, em proporções macro. Hawking provou seu primeiro teorema de singularidade para o Universo, que baseado em certas hipóteses, o Big Bang teria de ser singular, ou seja, iniciado de um ponto único. Ele recebeu o título de doutor pela demonstração de que a teoria da relatividade de Einstein implicava que o Universo tinha de ter começado com uma origem única – o Big Bang.

As seis dimensões (três dimensões compondo o Espaço; uma dimensão compondo o pensamento consciente; uma dimensão compondo a força eletromagnética e uma dimensão compondo a força fraca), e suas interações, foram fundamentais para a formação da sétima dimensão. Representada neste instante pelo espiral da força forte, a sétima dimensão faria agora as interações possíveis para que outros ciclos pudessem ser gerados, dando continuidade ao desenvolvimento do Plano Exterior.

O espiral da força forte faria sempre um movimento de ida e volta no sentido anti-horário, partindo do ponto limite das outras dimensões e retornando para atingir as partes anteriores das mesmas – diferente, portanto, da força eletromagnética e da força fraca que realizavam um movimento espiralado para frente, quer dizer, sem retornar ao ponto inicial. Quando a força forte iniciou o seu segundo espiral ela conseguiu romper a barreira da luz exterior e durante este rompimento os primeiros glúons ganharam ainda mais "massa energética". Analogamente, os "caminhões" do bloco da frente que carregavam duas motos (fóton e antifóton) e um carro (bóson W e Z) empilharam mais uma moto (fóton) e continuaram realizando seu movimento espiralado, agora mais vagarosamente. No entanto, ao tentarem perfurar novamente a força fraca neste segundo giro, os caminhões da frente, já lotados, se chocaram contra a barreira de carros e não conseguiram ir além.

Foi no choque da força forte contra a força fraca, por já terem os primeiros glúons carregados de corpúsculos energéticos do primeiro giro, somados aos corpúsculos empilhados ao ultrapassar a força eletromagnética, que a interação das forças virou "explosão", dando vida à matéria.

A violenta pressão fez com que o primeiro bloco de glúons e seus respectivos corpúsculos energéticos empilhados se desprendessem da força forte, se fundissem com mais um bóson W e Z na colisão, e formassem as primeiras partículas materiais – algo similar àquilo que hoje chamamos de neutrinos. Vejamos no exemplo análogo abaixo como a matéria se formou:

Fig. 15:

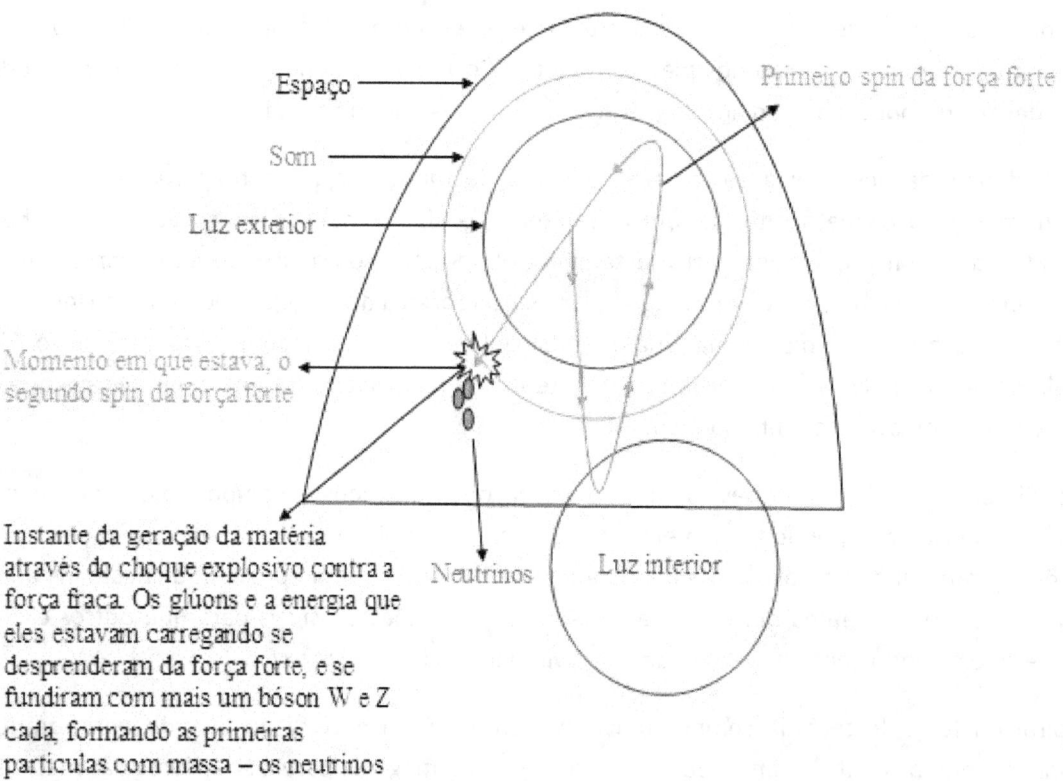

Ao iniciar a sua segunda volta a força forte não mais colidiria contra a Força da Consciência, pois neste instante os planos já estavam separados. Como a força forte não mais encostaria no espiral da luz interior podemos dizer que ocorreu o primeiro desequilíbrio mais significativo entre as cargas elétricas.

Existem vários adendos que devem ser considerados ao observarmos a figura 15. O primeiro deles é referente ao número de neutrinos gerados, que não foram três, mas uma grande porção deles. Tanto a força forte quanto a força fraca eram espessas e, assim, no choque das duas forças o montante de glúons que se desprende para se aglutinar aos outros bósons e formar os neutrinos era equivalente à espessura destes dois espirais.

O segundo adendo é referente à luz interior espiralada estar presente na figura. Ela foi colocada ali para demonstrar que nesta primeira rotação da onda forte os glúons carregaram um antifóton cada. Ou seja, é como se estivéssemos demonstrando dois momentos em uma mesma figura, referente ao primeiro e segundo giro da força forte.

Observemos também que o Espaço parece estar de ponta-cabeça na figura. Na verdade, sua posição dependerá "do observador", ou seja, não há uma referência certa de qual plano estaria "em baixo, em cima, à direita ou à esquerda". Além disso, apesar da visão aérea devemos imaginar uma posição de profundidade dos espirais da luz exterior e do som, e não plana.

E como último adendo reparemos que o espiral da luz exterior se encontra circundado pelo espiral do som. Isto aconteceu porque o espiral sonoro era mais amplo e depois da fusão com a força eletromagnética, logo passou a circundar o espiral da luz exterior (instante do segundo giro da força forte).

O neutrino possuía massa quase zero, mas não mais. Sua massa era aproximadamente 0,007 eV. A massa quase zero do neutrino, apesar de mínima, promovia a existência da matéria e com ela demonstrava que a construção da sétima dimensão e seu andamento estavam em pleno funcionamento. Isto é, as partículas não precisariam de um espaço-tempo padrão (nos moldes mecânicos) para se acomodar, porque elas próprias conjunturam o espaço-tempo.

Os primeiros neutrinos tinham carga negativa. Ou seja, desprezando-se as cargas que se anulam, o que sobra é exatamente um fóton e, portanto, é correto afirmar que as primeiras porções materiais tinham saldo -1. Isto indicava que caso um neutrino solto se aproximasse de um fóton ou da força eletromagnética em si, ambos iriam se repelir. Além disso, o neutrino até este instante era também a partícula mais pesada, e por isso com capacidade de movimentação mais lenta em relação a todas às demais. Vejamos a figura abaixo:

Fig. 16:

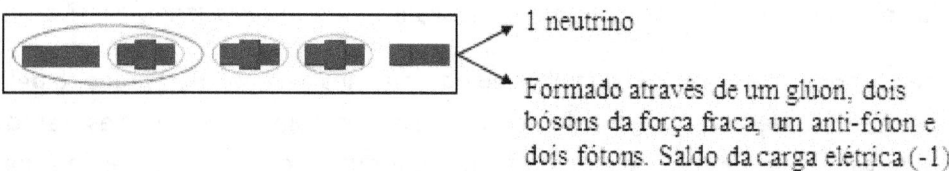

1 neutrino

Formado através de um glúon, dois bósons da força fraca, um anti-fóton e dois fótons. Saldo da carga elétrica (-1)

É importante reforçarmos que estes saquinhos energéticos (fótons, antifótons, bósons W e Z e glúon) foram essenciais para a formação do neutrino, mas não significa que o neutrino possui corpos separados em seu interior, como aparenta demonstrar na figura. Da mesma forma que os bósons W e Z ou os glúons, o neutrino apresenta todos os corpos aglutinados compondo um único corpo e, portanto, também é indivisível.

Em nosso exemplo análogo os glúons são os "caminhões", e desta forma pensemos no que ocorre com apenas uma caçamba de caminhão lotada em máxima aceleração ao bater contra uma muralha de carros (bósons W e Z). No momento em que há o choque, os carros são jogados para cima desta caçamba e este movimento faz com que o próprio caminhão se desprenda da força forte. A explosão que o choque propiciou fez com que os corpúsculos energéticos se aglutinassem, e ainda se fundissem com mais um dos "carros" que pertencia à muralha da força fraca, transformando a energia agrupada em uma partícula única com massa – o neutrino. Como a fusão ocorreu com todo o bloco de glúons que estava na frente do espiral da força forte, relativo à espessura do espiral da força fraca, formaram-se vários neutrinos e não apenas um.

Este choque brecou o espiral da força forte, mas não conseguiu cessá-lo. Para entendermos o porquê deste breque é preciso que imaginemos os "caminhões" como se estivessem em um trilho de trem, em fila indiana. O trilho é a força forte compondo uma espécie de corrente, e os "caminhões" são os glúons preenchendo e dando movimento ao trilho. Se os primeiros "caminhões" batem em um muro de carros, todos os outros "caminhões" de trás acompanharão o seu movimento. Ou seja, quando os primeiros glúons se desprendem, o choque influência a trajetória dos "caminhões" que estão atrás, reduzindo a velocidade de toda a fila.

Assim, apesar de haver uma enorme porção de glúons compondo a força forte, só os primeiros até então havia acumulado corpúsculos energéticos suficientes para criar a matéria. Quando os primeiros glúons se desprendem, o segundo bloco de glúons é quem passa a comandar a fila e realizar as fusões para acumular e transportar outros corpúsculos energéticos. Estas fusões, como vimos, são ocasionadas através da perfuração das forças eletromagnética e fraca.

O lugar enquanto isso continuou se ampliando proporcionalmente para todas as direções e, como englobava tudo, ao se ampliar aumentava as possibilidades de evolução do *Outer* e do *Inner*.

Sabemos que um dos motivos para a separação dos planos foi a geração da sétima dimensão, capaz de propiciar as interações com as outras forças do *Outer* para gerar a evolução da matéria independentemente do Plano Interior. No entanto, não entenderemos o outro motivo desta separação se analisarmos apenas o Plano Exterior, e é por isso que neste capítulo deixaremos vagas as explicações antimateriais para tratarmos a respeito delas em um capítulo exclusivo – o terceiro. Adiantamos que se nos limitarmos ao que tange apenas à forma, nunca poderemos compreender a verdade – que se baseia na totalidade dos fatos. Agora, nos concentremos no entendimento do Plano Exterior, pois é o assunto deste capítulo. O Plano Exterior é o que atualmente chamamos de Espaço, Universo ou Cosmos.

2.4.1 O funcionamento do Espaço (gravidade)

Em primeiro lugar: o que é o Espaço? O Espaço é o ambiente que comporta qualquer porção material ou física, por exemplo, os neutrinos, a força eletromagnética, a força fraca e a força forte. Mas o Espaço é também capaz de comportar porções antimateriais ou metafísicas, por exemplo, os antifótons e a antimatéria.

Situado dentro do plano 1 – lugar, o Espaço é finito desde que consideremos que possamos viajar mais rápido do que ele se expande. Assim, um objeto viajando latitudinalmente ou longitudinalmente mais rápido do que a velocidade de expansão do Cosmos apareceria do lado oposto. Analogamente, viajando na Terra a bordo de um avião no sentido latitudinal que acabou de passar pelo Japão e seguiu rumo em direção ao Pacífico, pode-se chegar ao outro lado da Terra, por exemplo, no Havaí. O fato de a Terra ser redonda indica que ao chegarmos em sua fronteira limite iremos contorná-la e retornar ao princípio. O mesmo ocorre com o Universo, apesar da sua incrível gigantesca finitude.

A geometria espacial lembra uma meia lua, com forma ovalada, ou seja, o Universo é ligeiramente curvo. No entanto, como a grande maioria dos objetos existentes no Universo está afastada das extremidades, este efeito curvo não é sentido, o que faz com que qualquer objeto que viaje para um lado ou para outro, para frente ou para trás, e para cima ou para baixo, se comporte como se estivesse em um ambiente completamente plano, de acordo com a chamada geometria euclidiana, onde a soma dos ângulos internos de um triângulo é 180°.

Do que o Espaço é formado? Ele é composto de energia gravitacional. A gravidade pode ser definida como a força que reúne a matéria. Exemplificaremos como a gravidade funciona em relação à Terra, que é um corpo material de grande massa, para que possamos ter uma melhor compreensão e visualização de seus efeitos.

Galileu Galilei foi um dos primeiros a tentar resolver a questão do porquê a Terra parecer estar parada. Ele entendeu que à medida em que ela se desloca nós nos deslocamos junto. Posteriormente, Isaac Newton descreveu a gravidade como sendo uma força. Ele se questionava sobre o que fazia as pessoas se manterem fixas ao Solo. Da mesma forma refletia sobre o que fazia a lua continuar "suspensa no céu", e entendeu que ela não estava suspensa, mas era como se caísse continuamente, só que nunca atingiria a Terra porque esta também estava caindo continuamente. Sua ideia sobre gravitação, que ele chamava de gravitação Universal, é que todo objeto do Universo atrai todos os outros que existem, e vice-versa. Como a massa da Terra é bilhões de vezes maior do que a de uma maçã, por exemplo, logo a Terra se desloca muito pouco em direção à maçã e não se perceberia; já o movimento da maçã é muito mais evidente do que o da Terra.

No livro Universe by Stephen Hawking vemos que Albert Einstein revolucionou a ciência após estudar muita matemática e em 1915 a sua teoria finalmente nasceu. A teoria da relatividade geral de Einstein derrubou a teoria gravitacional de Newton. Ele demonstrou teoricamente que os objetos não exercem atração mútua direta, ao contrário do que se pensava. Quando uma porção material como o planeta Terra é formada, por exemplo, abre-se um declive naquela parte do Espaço e o objeto permanece ali alojado. A Terra não se movimenta em direção ao Sol por conta própria, mas é a influência do tecido espacial que ao ampliar a sua dimensão faz com o declive terrestre se mova em direção ao declive mais denso e relativamente mais próximo.

Na região em que a Terra está alocada o tecido espacial tridimensional será completamente alterado, moldando-se em concordância. Podemos pensar em um exemplo análogo, proposto na revista Scientific American, onde há uma bola de boliche colocada sobre uma superfície elástica, e uma bolinha de gude que está rolando livremente nas imediações. As bolas podem representar o Sol e a Terra, respectivamente, e a superfície elástica, o Espaço. A bola de boliche cria uma profunda depressão na superfície elástica e essa deformação faz com que a bolinha de gude seja desviada em direção à bola maior, como se alguma força a puxasse naquela direção.

O que Einstein dizia, portanto, é que se dentro da Terra os objetos como uma caneta lançada ao ar caem em direção ao Solo, isso ocorre devido à curvatura do Espaço causada pela massa e o peso da Terra, e não devido à nenhuma força de atração que a puxe constantemente para baixo. Vejamos a figura abaixo:

Fig. 17:

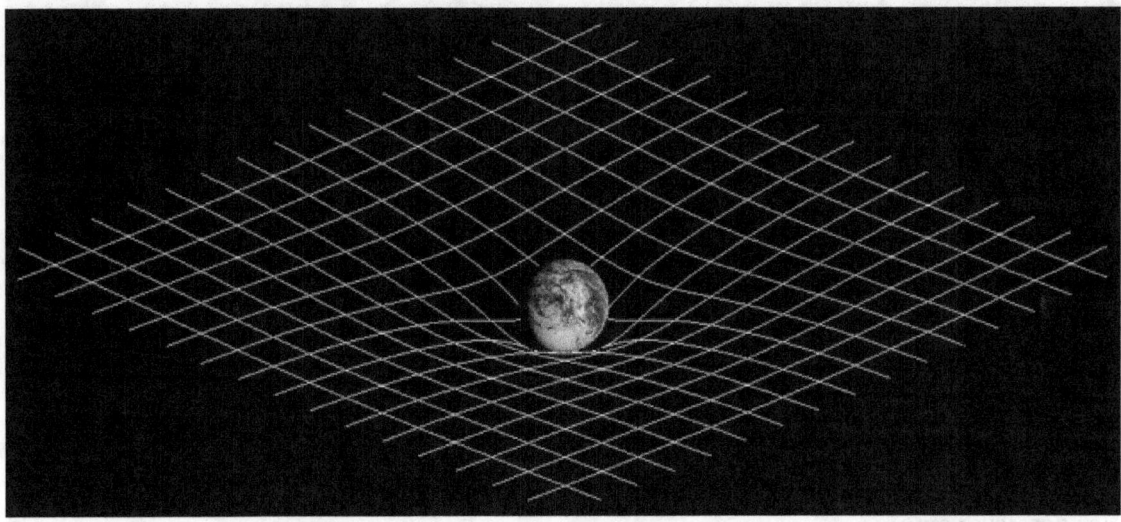

Fonte: http://pt.wikipedia.org/wiki/Ficheiro:Spacetime_curvature.png

Percebemos assim que corpos materiais fazem depressões ou deformações no Espaço. E que dependendo da massa que a matéria possuir ela distorcerá a geometria do Cosmos, fazendo com que outras partículas menores e raios de luz sejam desviados em direção a estas porções materiais maiores, pois afinal, o tecido espacial nunca para de se ampliar.

Claro que a figura é apenas uma analogia, pois o tecido espacial não é igual a uma toalha elástica esticada, mas se assemelha a um cubo tridimensional. Diferentemente do que Isaac Newton pensava, portanto, os objetos não exercem atração mútua direta. Quando um objeto é lançado para cima dentro da Terra, ele sobe e depois cai, mas não porque haja uma força a puxá-lo para baixo; não há nenhuma força a agir sobre o objeto a não ser a resistência do ar.

O Universo se parece mais com o oceano, onde um objeto denso como uma placa de ferro afundaria movimentando a água ao redor até atingir o Solo. No Universo, um objeto de menor densidade que ganha massa também afunda e empurra o tecido espacial para os lados, preenchendo e substituindo a região por onde passa, até que se estabilize de acordo com a sua densidade relativa. Para deduzir isto, o que Einstein fez foi indentificar um referencial acelerado à força gravitacional. Se você acelera uma pessoa dentro de uma sala na mesma aceleração que a gravidade, não poderia descobrir se a força que prende a pessoa ao chão tem origem no campo gravitacional terrestre ou se é devido à aceleração da própria sala através do Espaço e vice-versa.

Outra coisa para se entender da teoria da relatividade, encontrado no livro Universe by Stephen Hawking, é que não dá para ter um ajuntamento de matéria, como galáxias ou estrelas, posicionadas em configuração estática uma em relação às outras, e esperar que elas fiquem ali, paradas. Não vão ficar; elas vão cair e colapsar uma em direção às outras. Assim, não há como se ter um modelo estático de Universo na relatividade geral; ele precisa estar ou se expandindo ou se contraindo, ou seja, tem de ser dinâmico.

Desta forma sabemos que o Universo não é imutável ou eterno: ele está em constante transformação. Hubble foi o primeiro a constatar que o Universo está em contínua expansão e não contração.

Se um objeto, ao passar por outro mais pesado, tem sua trajetória desviada por esta deformação espacial, aparentando estar sendo atraído em sua direção (mas não de fato), o que podemos concluir da força da gravidade? No Espaço, no qual aparentemente não há nada para um observador qualquer, há uma grande porção de partículas que se comportam como ondas energérticas e que apesar de muito pequenas possuem um formato. Estas partículas energéticas são os fios que tecem o Cosmos, que neste estudo chamaremos de grávitons. Será dado este nome por já existir tal nomenclatura proposta por alguns astrofísicos, apesar das diferenças concentuais em relação ao seu funcionamento em comparação ao que iremos descrever aqui.

Da mesma forma que os fótons formam a força eletromagnética ao gerarem suas rotações, os grávitons, ao realizarem seus giros, perdem um pouco de energia, mas expandem o Cosmos. Diferentemente dos giros das outras forças do Plano Exterior, os grávitons não formam um raio único. Quando ocorreu o Big Bang uma parte da energia primordial (luz original) se dissipou fragmentando-se em inúmeras porções menores (grávitons), mas sem que houvesse uma separação destes fragmentos. Este entrelaçamento de parte da energia fragmentada inicial é o que compõe o tecido espacial.

Em suma, este tecido espacial é análogo a um tecido elástico de fato, onde à medida em que o plano 1 se expande (regida pela luz original) os grávitons que se localizam no limite do tecido espacial também realizam seu giros de forma simultânea. Estes primeiros grávitons, ao girarem, puxam todos os demais exercendo uma reação em cadeia, até que todos os grávitons tenham realizado os mesmos movimentos alargando o tecido espacial. Obviamente que este movimento (expansão do lugar, giro dos grávitons da ponta e, posteriormente, giro dos demais grávitons) ocorre de forma fluída, porém estaremos segregando os passos com a intenção de ilustrar tal funcionamento. Vejamos o exemplo análogo a seguir:

Fig. 18:

A figura 18 representa uma fatia do Espaço ampliada. Cada quadrado representa um gráviton. A coluna 3 (C.3) demonstra o ponto mais próximo da luz original, ou seja, é como se tirássemos uma foto do final do tecido espacial até mais duas colunas para trás.

Quando os grávitons que estão na ponta (coluna 3) realizam seus giros, todo o tecido espacial (C.2, C.1, ... e daí por diante) é puxado junto, propiciando o giro dos demais grávitons. É como se houvesse um nó em cada interligação de um quadrado a outro, que faz com que o tecido espacial se estique por inteiro. Vejamos as figuras a seguir:

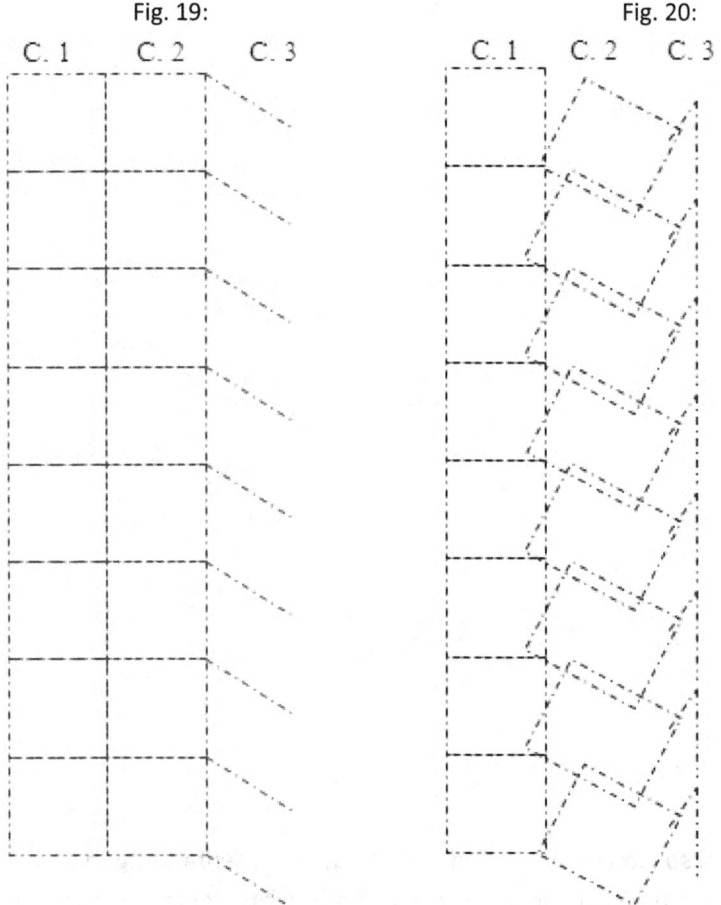

Fig. 19:   Fig. 20:

Na figura 19 os grávitons da coluna 3 estão conectados às bordas do lugar (luz original), e assim quando o plano 1 realiza a sua ampliação, acaba puxando estas partículas. Na figura 20 vê-se que os grávitons da C.3 já giraram significativamente a ponto de puxar e ampliar o tecido da coluna 2. A coluna 2, uma vez esticada, irá puxar a coluna 1 e assim sucessivamente, até que todo o tecido cósmico esteja ampliado. Como o plano 1 se expande a cada instante, este movimento não cessa. A figura 21 demonstra a expanção espacial concretizada:

Fig. 21:

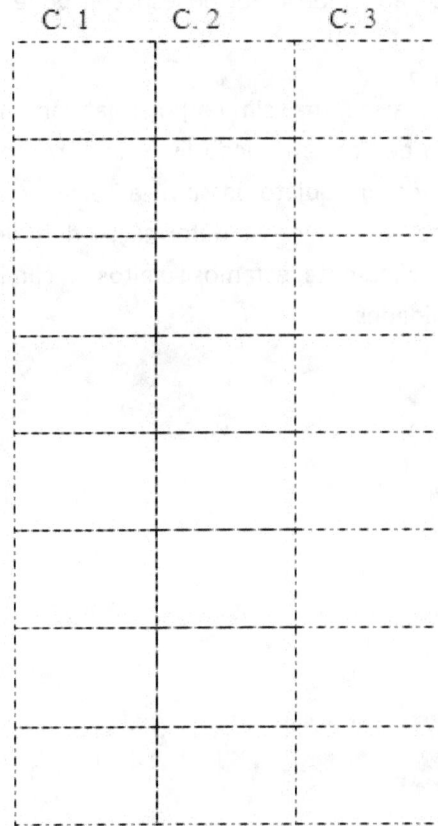

Reparem que os quadrados na figura 21 estão maiores, demonstrando que houve uma ampliação do tecido espacial. Em suma, toda vez que o lugar se amplia, os grávitons em seguida realizam seus giros e o tecido espacial se estica. A energia que estava mais densa e concentrada se dissipa a cada rotação. Portanto, toda vez que o Espaço aumenta de tamanho, sua densidade e temperatura diminui. Isto significa que o Espaço não acrescenta mais saquinhos de energia; a energia inteira já esta lá concentrada. Quando o Espaço se amplia é como se analogamente passassem um rolo de macarrão esticando uma massa de farinha que estava compacta, desde que imaginemos que esta massa é, na verdade, um cubo tridimensional.

Se formos estabelecer uma comparação com a energia na forma de luz exterior, entendemos que esta, por sua vez, também se diluía, sendo que para formar um único neutrino, por exemplo, dois fótons foram precisos.

Onde existe matéria com massa suficiente para causar uma deformidade no Espaço, a gravidade suportaria esta massa como uma teia de aranha ou um tecido elástico com capacidade para se esticar até um determinado limiar. Veremos mais adiante que há um limite até onde o tecido espacial pode se esticar.

A gravidade, portanto, não exerce uma força contrária às massas, mas sim corpos relativamente massudos imprimem um peso que afunda o tecido espacial. Uma pessoa em queda livre na Terra, por exemplo, não sente a presença do campo gravitacional. Mas quando um objeto passa pela Terra, como vemos no livro Universe by Stephen Hawking, tem sua trajetória desviada por essa deformação de modo que parece ser atraído em sua direção. É isto o que a figura abaixo representa; estamos sujeitos ao campo gravitacional do Sol por este possuir a maior massa entre as proximidades:

Fig. 22:

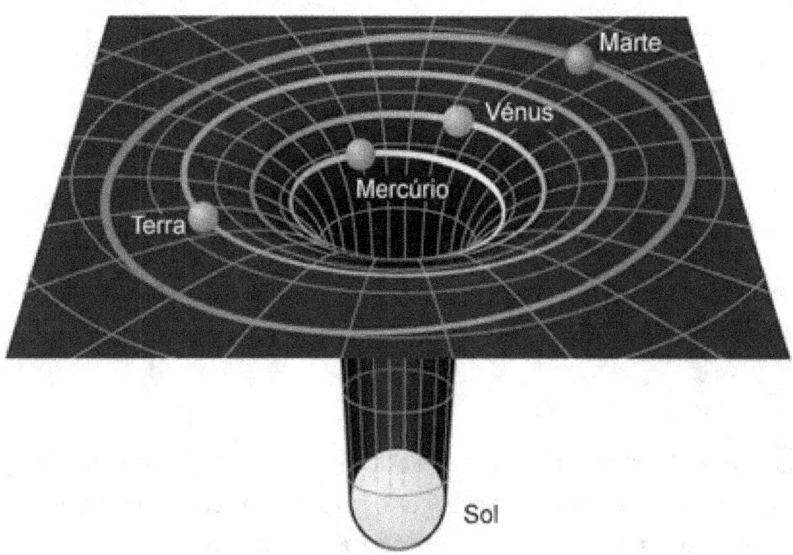

Fonte: http://cftc.cii.fc.ul.pt/PRISMA/capitulos/capitulo1/modulo4/topico3.phpx

De acordo com a figura, vê-se que as elipses de todos os planetas convergem em direção ao Sol. Todos os planetas irão, cedo ou tarde, cair no declive Solar, mas este é um processo muito lento. Para cair dentro do Sol, por exemplo, é preciso estar relativamene perto deste declive. Digamos que um astronauta livre no Espaço esteja entre a elipse azul e a vermelha, mais próximo de Marte, no entanto, do que da Terra. O astronauta cairá vagarosamente no declive marciano. Se ele estiver extamente no meio entre a elipse azul (terrestre) e a vermelha (marciana), o astronauta pouco a pouco cairá em direção a Terra devido ao fato da Terra possuir maior massa (maior densidade) em comparação a Marte, e desta forma ter gerado um declive mais profundo. Se o mesmo astronauta estiver perto da elipse cinza ele cairá em Mercúrio e não no Sol, pois mesmo que a massa solar seja muito maior que a de Mercúrio, a distância relativa prevalece neste caso (Mercúrio está a aproximadamente 57,9 milhões de km distante do Sol).

Neste estudo acreditamos que a denominada energia escura não é uma força que se opõe à gravidade, mas sim o próprio tecido espacial. Quando ocorre um declive no Espaço, o "elástico espacial" afunda e a densidade daquela região se amplia. Como consequência, o entorno passa a esticar-se em uma velocidade relativamente menor. Portanto, diferentemente do que diz a ciência, não é nenhuma energia exótica que está forçando o Universo a expandir-se; a energia escura é a própria gravidade. Logo, a força da energia escura não atrai nem repele: ela simplesmente é constante e se expande a cada instante, mas esta sujeita às variações de deformidades dos objetos materiais que surgem no Cosmos.

Uma última pergunta que aqui cabe é: se no instante Uno tudo o que existia era luz, por que nos espaços vazios do Universo, quer dizer, nos espaços em que não há nenhuma porção material, está escuro? O preto é a forma que enxergamos a cor do tecido espacial e não a designação de um corpúsculo de energia em si. Dizer que a luz precisa ter uma cor clara ou escura é a mesma coisa que afirmar que o raio X não existe apenas porque o ser humano não pode vê-lo. O espaço "vazio" que surgiu depois da primeira expansão do lugar também foi formado pela energia luminosa original, pois ela era tudo o que existia no instante Uno. O que varia é apenas a intensidade, a visibilidade e a formatação desta energia. Assim, mesmo no escuro há energia. Mesmo no escuro, há luz!

2.4.2 Funcionamento do Tempo em relação ao Espaço

A sétima dimensão está situada no Plano Exterior exclusivamente e é ela quem tem a capacidade de propiciar a evolução dos ciclos temporais. Mas se nos instantes iniciais da evolução do Universo a dimensão cíclica temporal pode ser representada pela força forte, posteriormente temos que ter em mente que qualquer ciclo (corpo com começo, meio e fim) se acomodará dentro do Espaço-Tempo e, portanto, irá compor e influenciar no seu desenvolvimento.

Tudo o que ocorre no Universo são acontecimentos físicos, isto é, algo que ocorreu num certo local, num dado instante. No entanto, quando nos referimos ao Sétimo tempo ou somente ao Tempo, estaremos abrangendo toda a história de nosso tempo, quer dizer, desde o Big Bang até o último evento do Universo. O Tempo, desta forma, se amplia simultaneamente com o plano 1, e assim qualquer declive que ocorre no Espaço ocorre também no Tempo, ou seja, acontece dentro deste intervalo.

É importante entendermos que a geração de qualquer ciclo de tempo afeta a estrutura temporal. Por exemplo, o neutrino ao ser gerado possui um tempo de existência distinto do Sétimo Tempo, e por isso podemos dizer que ele é uma porção material cíclica. Qualquer ciclo iniciado após o Big Bang, independentemente de quando será o seu fim, seja uma porção material ou mesmo a força fraca através de suas ondas sonoras, por exemplo, afeta a abrangência temporal. Ora, se a nossa referência de tempo consiste do Big Bang até o instante último de ampliação do Universo (último giro gravitacional), qualquer ciclo que possua um tempo de existência diferente deste causa uma deformidade no Tempo.

A Terra, ao ser gerada, bem como o neutrino, possui um ciclo e por isso ambos terão um início e um fim. A única diferença é que a Terra permanece autossustentável em seu declive. É preciso entendermos que na física um corpo autossustentável não significa aquele que consegue se "alimentar" por conta própria, mas sim aquele que consegue permanecer atuando com estabilidade. Por exemplo, devido ao seu núcleo interno, a Terra consegue manter sua porção material e permanece estável como um corpo único. O neutrino, por sua vez, não conseguindo causar declives no Espaço, sofrerá influência do meio e poderá perder energia, ou será carregado por outras forças e assim não pode ser considerado como um corpo estável.

A função de propiciar as interações para gerar um corpo material autossustentável e a função de continuar carregando as porções que ainda não são autossustentáveis é o que caracteriza a sétima dimensão como a força que garante a evolução material.

Apenas como exemplo análogo, supõe-se que após a geração da Terra o tecido espacial, ao se ampliar novamente, dá chances para que as forças do *Outer* realizem as interações necessárias para a multiplicação da matéria, gerando agora o planeta Marte (na ordem sequencial após a Terra). Marte, também de massa relativamente pesada, forma um declive no tecido espacial e assim conseguirá sustentar sua porção material, uma vez que possui um núcleo perene. Após o nascimento deste planeta, Marte não caminha concomitantemente ao ritmo em que o Espaço-Tempo segue a sua ampliação, ele simplesmente fica alojado em um determinado lugar, bem como a Terra.

O Tempo não cessa ou se fecha. O que se abre e um dia poderá cessar ou se fechar são os ciclos de tempo. A Terra, por ter um início (e falatamente um dia chegará ao fim), pode ser considerada como um ciclo fechado. O mesmo ocorre com Marte e o neutrino. Já o Tempo propriamente dito permanece sempre no presente, pois está intimamente ligado ao tamanho do Espaço, e a Terra, Marte ou o neutrino, estão dentro do mesmo Espaço. A única diferença é que o neutrino será carregado para outra parte do Espaço, não irá perdurar, mas não importa qual seja a parte do Espaço que o neutrino será levado, esta também estará no tempo presente. A grande sacada da construção do Universo é que, de modo geral, as partículas que não perduram por muito tempo são geradas (ou reemitidas) em maior quantidade do que aquelas que perduram.

Quando Marte passa a existir, poderíamos chamar de tempo futuro algum acontecedimento que ocorrerá na próxima ampliação do Espaço-Tempo, que neste caso seria a criação de Júpiter. Júpiter, por ser o próximo corpo material a ser gerado através das interações dimensionais, depois de uma maior ampliação do Espaço-Tempo, mas em que ambas ainda não ocorreram, representaria o futuro.

O futuro, portanto, não existe! Ele é um tempo imaginário, dado ao que se existiria após o limite espacial até então expandido. Apesar de atualmente apontar para o futuro, o tempo nunca estará no futuro.

Por sua vez, o tempo passado também não existe. Isto porque o Espaço-Tempo se expande cada vez mais como a boca de um funil que se alarga, e desta forma não despreza o que passou. O tempo passado somente existiria se após gerada a matéria o Espaço em que esta massa foi gerada se fechasse, ou seja, deixasse de existir. Vejamos os exemplos análogos a seguir:

Fig. 23 - Representação do que teria que acontecer para configurar um tempo passado:

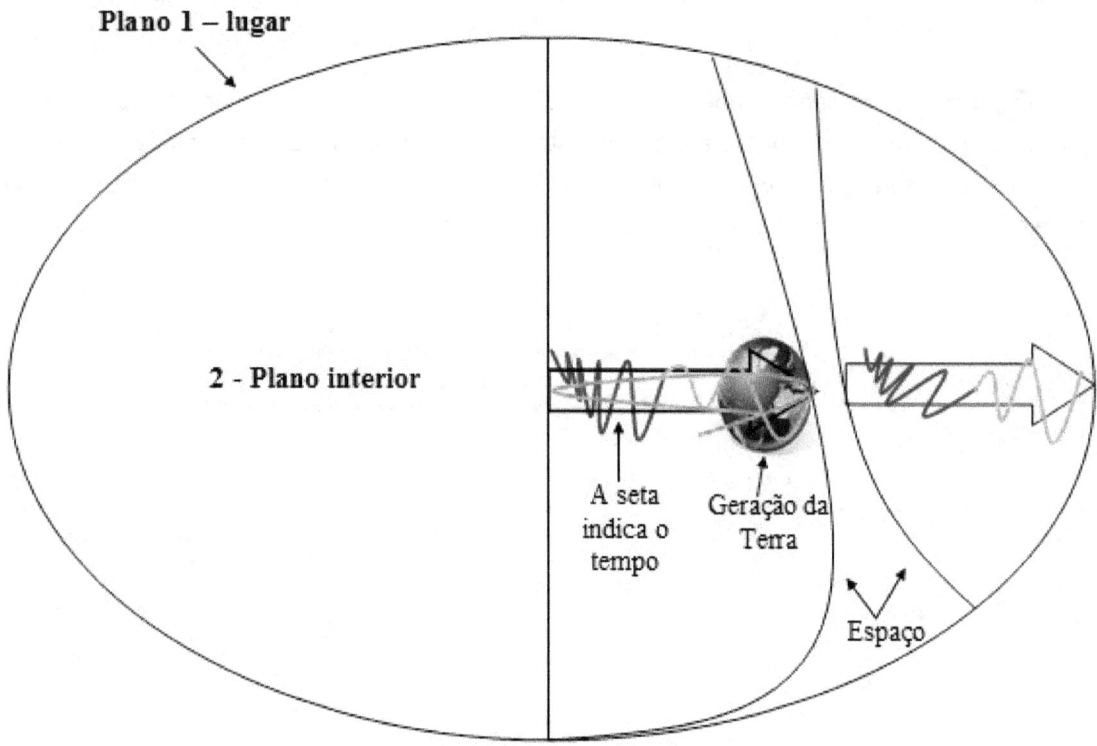

Seria, portanto, como se o Espaço deixasse de existir em algum momento para nascer em outro, se fechando após a geração da Terra, por exemplo, desprezando o que passou. A seta que indica o andamento do tempo desta forma também teria que reiniciar.

Fig. 24 – Representação do que acontece na realidade, e o que teria que ocorrer para configurar um tempo futuro:

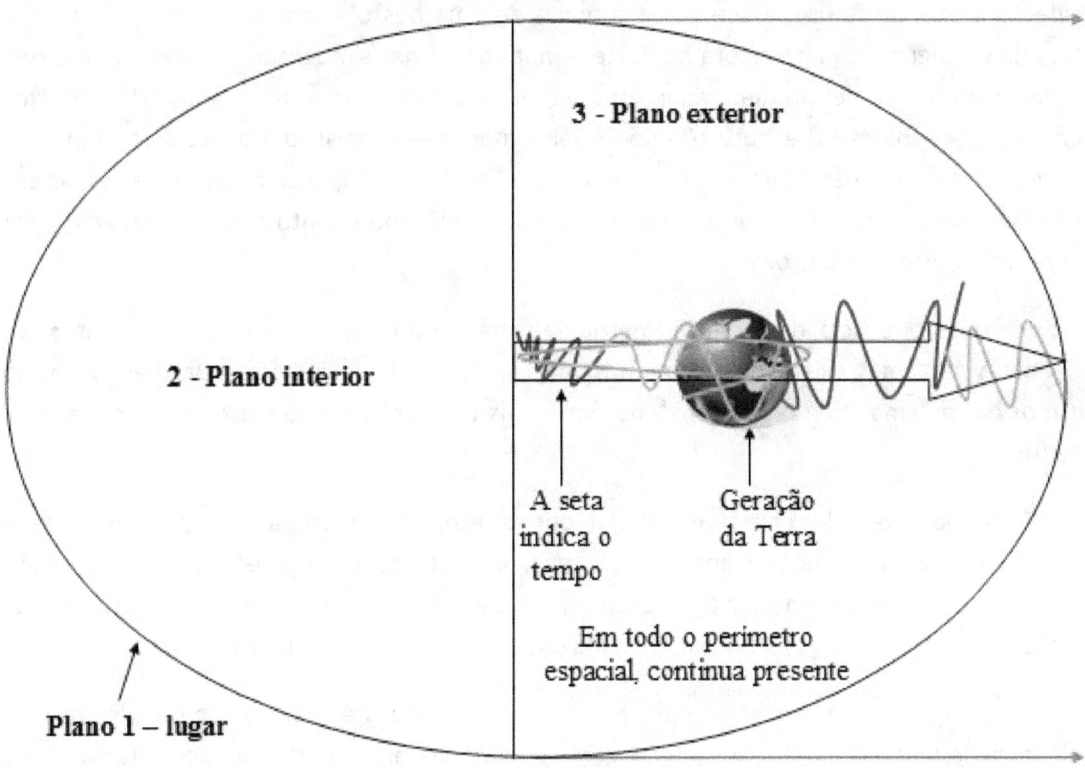

A região delimitada pelas setas em vermelho seria a representação do futuro. Então, como não há ainda espaço criado, o tempo também não teve como se expandir. Observando as figuras percebemos, portanto, que somente existe o tempo presente. Isto porque o Espaço-Tempo não se fecha depois de se ampliar; ele continua sua trajetória paulatinamente. Esta trajetória é representada pela seta da figura 24, que aponta em direção ao futuro, mas não está no futuro.

Por que a seta do tempo aponta para o futuro? Porque estamos no movimento de ida, quer dizer, de expansão espacial e não retração espacial. É por isso que os ciclos temporais ou os eventos que ocorrem dentro deles formam inegavelmente uma sequência única direcional, como é explicado na revista Scientific American. Por exemplo, um ovo derrubado no chão se partirá em pedaços, mas não assistimos ao processo inverso – um ovo quebrado se transformando em um ovo intacto. Esse é um exemplo da segunda lei da termodinâmica, que afirma que a entropia de um sistema fechado – definida de forma aproximada como seu grau de desordem – tende a crescer com o tempo.

Um ovo intacto tem menos entropia que um ovo quebrado. Pelo fato de haver uma abundância de processos físicos irreversíveis na natureza existe uma evidente assimetria entre as direções passada e futura, ao longo do tempo. Por convenção, a flecha do tempo aponta para o futuro. Isso, porém, não implica que a flecha estará no futuro, assim como a ponta de uma bússola apontada para o norte não indica que a bússola em algum instante estará no norte. Ambas as flechas simbolizam assimetria, mas não movimento. A flecha do tempo denota uma assimetria da matéria no tempo, e não assimetria ou fluxos temporais. As designações "passado" e "futuro" podem ser legitimamente aplicadas a direções temporais, da mesma forma que as expressões "para cima" e "para baixo" podem ser aplicadas a direções espaciais, porém falar do passado ou do futuro é algo tão desprovido de significado quanto nos referirmos a "para cima" ou "para baixo" dentro do espaço.

Não importa qual for o ciclo, devido à assimetria da matéria no Tempo podemos dizer: "ontem eu caí", porém o ontem não mais existe; não podemos mais voltar naquele instante. Da mesma forma também podermos dizer: "amanhã irei ao clube", porém o amanhã também não existe e não se sabe se você realmente irá.

Como a Terra, por exemplo, consegue realizar outras interações materiais, reações químicas e transformações, gerarando mais matéria após a sua criação, podemos dizer que a sétima dimensão cumpriu com a sua função de gerar um ciclo autossustentável. Depois de ser criada, as interações entre as diversas dimensões do *Outer* prosseguem, deixando a independente Terra em seu declive.

Vemos na figura 24 que, simbolicamente, a força forte existiu até a Terra ter sido formada e depois disso ela iniciaria outro ciclo. O ciclo que irá gerar uma nova porção material após a Terra é um, mas o ciclo de vida da Terra será outro. O primeiro representa a evolução da sétima dimensão de modo geral, e o ciclo terrestre representa o resultado de seu último feito, por exemplo. Dois ciclos diferentes, ambos com início, meio e fim, mas nenhum deles ocorrendo fora do presente.

Simultaneamente ao surgimento de Marte, a Terra não deixa de existir; ela continua sustentando a sua matéria segundo a segundo, em outro lugar do Espaço. Claro que este é apenas um exemplo análogo, pois quando a Terra foi gerada a força forte não estava mais na forma de uma onda única.

Só é possível medir o tempo em relação a dois referenciais distintos no Espaço. O asteroide está passando pelo planeta Marte (presente) e depois de um mês passará pela Terra. Para um observador da Terra o asteroide é um objeto que chegará apenas no futuro, ou seja, depois da contagem de mais um mês. No entanto, se viajarmos junto com o asteroide, estaremos viajando sempre no presente.

A pergunta que ainda fica é até quando a seta do tempo apontará para o futuro. Ou seja, até que ponto (quanto) o Universo pode se ampliar. "O ponto final do Universo" depende da geometria e topologia do plano 1 (lugar), assunto que pertence à mente de Deus e a decisão do Ser Uno, exclusivamente. Acreditamos neste estudo que existe um montante de energia já delimitado para a evolução do Sétimo Tempo, mas não há realmente como saber quando este fim se dará.

Por enquanto o que é importante entendermos é que, bem como o Espaço se amplia, mas não se fecha, o tempo de modo geral, após a geração de um declive material, por exemplo, continua sua trajetória em direção ao futuro, porém permanecendo no presente. Se viajarmos em um foguete da Terra até onde o Espaço se expandiu ao seu máximo, ou para qualquer outro lugar do Espaço, estaremos viajando no tempo presente. A seta da figura 24 representa o que é o tempo ao demonstrar que ele não é formado de várias setas com um começo e um fim, mas sim uma única seta que engloba tudo desde o instante em que ele se inicia. A história de nosso tempo acontece no presente.

2.5 Nucleogênese – a evolução da matéria até o primeiro minuto de vida cósmica

Vimos que um corpo material de massa relativamente pesada causa uma deformação no Espaço-Tempo e que, apesar desta deformação, a matéria não se aloja em nenhum lugar que não seja o tempo presente.

Vimos também que durante o primeiro giro da força forte os glúons do bloco da frente se desacoplam do espiral e se aglutinam aos outros bósons para a formação dos neutrinos. Alguns neutrinos se espalham pelo Cosmos, mas outros podem ser carregados pela força forte durante a segunda volta do espiral, afinal, agora os glúons do bloco da frente estavam vazios e conseguem carregar um neutrino cada. Vejamos a figura abaixo:

Fig. 25 – Neutrinos retornando no segundo giro da força forte

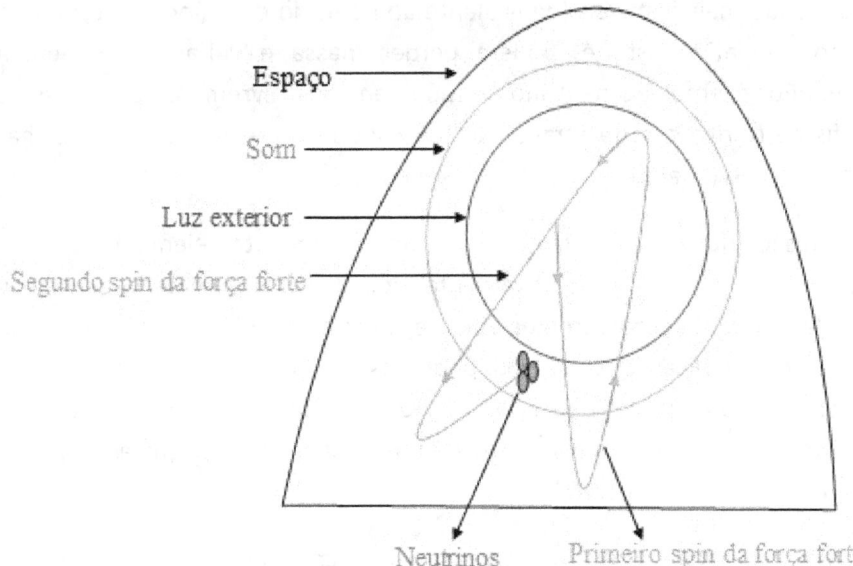

A força forte no movimento de retorno rumo a completar seu segundo espiral faz a travessia perfurando as barreiras do som e da luz exterior. Agora, viajando sobre os glúons, os neutrinos não apenas vão sendo transportados, como passam a fundir bósons W e Z e fótons, mudando a suas características e se tornando cada vez mais pesados.

Diferentemente do que ocorreu com as passagens da evolução da luz exterior, por exemplo, luz gama para o raio X em um mesmo raio, havia dois tipos de neutrinos que se transformavam à medida em que acumulavam mais massa.

Para entendermos como isto foi possível é só imaginarmos que analogamente um caminhão (glúons) consegue comportar placas pesadas de aço, mas não pode comportar milhares de tijolos, pois eles transbordariam da caçamba. Os caminhões carregando os neutrinos estavam de fato mais pesados, mas isto não significa que não houvesse espaço para empurrar os neutrinos.

Vimos que para a formação de um neutrino, ou de um bóson W e Z, ou de um glúon, diversos "saquinhos de energia" são necessários, sendo assim, como estas partículas podem ser elementares? São elementares porque a partir do instante em que se formam passam a compor um único corpo, ou seja, os "saquinhos de energia" necessários para a formação destas partículas estão todos aglutinados compondo uma carga unificada. Não há como desmembrarmos um neutrino e encontrarmos fótons ou outros bósons, pois eles já se aglutinaram para compor o neutrino. Como veremos posteriormente, um exemplo de particula não elementar é o próton (composto de dois quarks *up* e um *down*), que ao sofrer fissão se desmembra nos três quarks que o compõem.

A cada rotação o neutrino ia ganhando cada vez mais massa e tangibilidade. A única diferença é que alguns neutrinos mais massudos são mais instáveis (equivalente ao neutrino do múon e neutrino do tau) e podem sofrer decaimento rádioativo, isto é, podem perder massa e voltar a uma etapa classificatória anterior ao que eram. Por exemplo, o neutrino do múon ao vagar livremente pelo Cosmos por algum tempo, ou ao sofrer fissão (atrito gerado através de um choque entre partículas de cargas idênticas) pode se transformar em neutrino do elétron.

Vimos que foi através da fusão (quando um elemento se funde com outro elemento ou com qualquer espécie de energia através de um choque relativamente violento) que a matéria conseguiu ampliar sua massa e ganhar complexidade. E como veremos adiante é também pelo processo de fissão rádioativa que a matéria passaria a se multiplicar. Desta forma, podemos dizer que a fusão e a fissão são as bases de nossas vidas. As cargas elétricas têm um papel de atração ou repulsão, e é por este grau de atratividade que os choques irão geralmente determinar se ocorrerá uma fusão (uma vez que as cargas se atraem) ou uma fissão (uma vez que as cargas se repelem).

A massa das únicas porções materiais existentes aumentava a cada giro da força forte. A ampliação do tecido tridimensional faz com que os espirais da força fraca, eletromagnética e forte começam a se distanciar entre si, o que tende a influir no poder das colisões, mas por outro lado há muito mais partículas materiais espalhadas no Cosmos, fazendo com que a representação análoga das figuras até então mostradas neste estudo vire uma perfeita salada.

Porções materiais inéditas são geradas nestes instantes até que os glúons do bloco da frente não são mais suficientes para aglutinar "em fila indiana" a grande quantidade de elementos encontrados, de modo que outros glúons da parte de trás da fila começam também a carregar as partículas, que começam a ficar cada vez mais amontoadas umas sobre as outras.

2.5.1 A segunda fase evolutiva da força forte e a formação do plasma quark-glúon

O que era uma produção de partículas relativamente modesta no início do sétimo tempo logo se tornaria uma "produção em série". Os espirais da força eletromagnética, força fraca e força forte reduziram seus comprimentos à medida em que os fótons, os bósons W e Z e os glúons se desecoplavam para formar novas partículas indivisíveis como os elétrons. Estas alterações e o surgimento de novas partículas resultou na alteração da velocidade e do movimento angular dos raios originais, levando a um desmembramento irregular das forças, tanto no que diz respeito ao momento em que isto se deu para cada uma delas, quanto em relação aos montantes luminosos que foram segregados em cada tipo de energia.

Portanto, o não desmembramento corpo a corpo dar forças propíciou a geração de outras partículas indivisíveis, como os quarks. Em seguida, o primeiro espiral que se desmembra completamente é o da força forte, pois este havia realizado a função de carregar outras partículas e tinha um movimento angular distinto desde o princípio. Assim, os glúons que ainda não havia se transformado em outras partículas se separaram espalhando-se por todo o Cosmos. Agora, apesar de não ser mais possível para a força forte continuar realizando o seu espiral, também não seria mais necessário, pois havia matéria suficiente para a formação das partículas compostas – os prótons e os nêutrons.

O próton é a junção de dois quarks *up* com um quark *down*, e o nêutron é a junção de dois quarks *down* com um quark *up*. O quark *up* é o mais leve dos quarks e possui massa pura entre 1,5 e 4 MeV, em comparação ao quark *down*, que possui massa entre 4,5 e 5,3 MeV.

Quem promove esta união dos quarks para a formação das primeiras partículas compostas (prótons e nêutrons) são os glúons. É o papel das cargas elétricas, somado à proximidade das interações, que propicia esta conexão entre as partículas elementares, porém, uma vez formados os glúons vão exercer papel neutralizador não permitindo mais o contato ou a repulsão entre estes os dois tipos de quarks. Vejamos a figura abaixo:

Fig. 26:

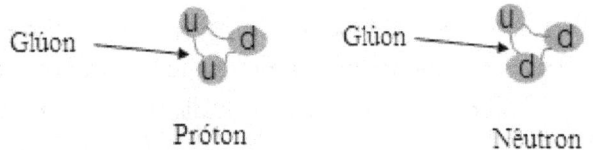

Próton   Nêutron

Funcionando como uma mola, que não permite que duas extremidades se encostem e nem se separem, os glúons promoviam um constante equilíbrio, garantindo a maior durabilidade destas partículas.

Este instante de evolução cósmica, se comparado com a nomenclatura que a física atribui atualmente, pode ser tido como o início da formação do plasma quark-glúon. O plasma quark-glúon recebeu este nome quando cientistas chocaram íons pesados a velocidades próximas à da luz, em 2006, no Laboratório Brookhaven (RHIC – Colisor Relativístico de Íons Pesados), e obtiveram como resultado uma espécie de sopa de quarks e outras partículas materiais que realizavam interações com glúons. Esta sopa de partículas subatômicas teve a intenção de recriar um panorama similar ao do que ocorreu no princípio do Universo.

Podemos dizer que é no Plano Exterior que o caos ganha sentido, ou também podemos dizer que o Plano Exterior é a inteligência realizadora; ele faz. Sua inteligência se baseia na lógica de que é necessário sempre propiciar a evolução da matéria através das interações físico-químicas, e neste caso formar um próton que era uma partícula 2.000 vezes mais pesada do que o elétron, além de mais complexa, com três glúons e três porções materiais (dois quarks *up* e um quark *down*), apontando nesta direção. O mesmo podemos dizer do nêutron, que era um pouco mais pesado do que próton, devido aos dois quarks *down* de sua composição. Portanto, a natureza das interações no Plano Exterior era sempre no sentido de aumento da massa, multiplicação e complexidade da matéria.

Apesar da força forte ter deixado de existir como espiral único, seus glúons estavam em enorme abundância espalhados por todo o Espaço e cumpririam seus objetivos enquanto houvesse prótons e nêutrons a serem formados. Após a composição da maioria dos prótons e nêutrons, a força forte seria fundamental para a sustentação e garantia da vida destas partículas, pois como foi dito, eram os glúons quem mantinham a neutralidade entre os quarks. Os prótons e nêutrons, por sua vez, seriam primordiais para propiciar a continuidade evolutiva material.

Já a sétima dimensão, antes representada pelos ciclos espiralados da força forte, agora estaria sendo representada pela geração de partículas compostas (ou divisíveis) e pelo próprio ciclo de vida do plasma quark-glúon. Isto porque não seria mais uma força quem propiciaria o desenvolvimento e a evolução material, mas podemos considerar que foi o próprio plasma quark-glúon como um todo. Também é importante lembrar que não havia ainda declives no Espaço-Tempo e por isso as forças e as partículas dependiam umas das outras e precisavam interagir com certa proximidade para continuarem sustentando seus propósitos. Claro que isto ocorria de forma inerente ou instintiva, isto é, sem que houvesse pensamentos conscientes.

2.5.2 A segunda fase evolutiva da força fraca e a evolução do plasma quark-glúon

Passados pouco menos de um minuto após o Big Bang, o plasma quark-glúon constituia um ambiente altamente energético. Se pudéssemos observar este instante veríamos as partículas materiais e a energia luminosa se sacodindo para todos os lados. A denominação plasma ou sopa vem do fato do ambiente estar tão quente e eletrificado, devido às fusões e às fissões, que se comporta de forma semelhante ao estado fluídico. Este, por sua vez, se difere de uma lava vulcânica, por exemplo, que consegue atingir temperaturas de até 1.500 graus Celsius. A temperatura do plasma quark-glúon era muito mais alta, estando na casa dos trilhões de graus Celsius, mais de cem mil vezes o núcleo do Sol, como visto na revista Scientific American.

O segundo espiral que se desmembra é o da força fraca, pois no princípio ele fisicamente estava mais próximo do espiral da força forte, englobando-o. Porém, ao se desmembrar ele não faz corpo a corpo como ocorreu com os glúons, mas sim de forma irregular. Partículas indivisíveis inéditas são formadas neste momento, mas o que predomina é a estabilização dos primeiros núcleos em torno dos prótons e dos nêutrons.

A figura a seguir demonstra um estágio mais avançado da formação do plasma permeado de partículas, interagindo com a força fraca (em azul claro) e a força eletromagnética (em azul escuro). A força forte representada por seus glúons estariam mantendo os quarks unidos compondo os prótons e os nêutrons, ou buscando unir os quarks *up* e *down*.

Fig. 27:

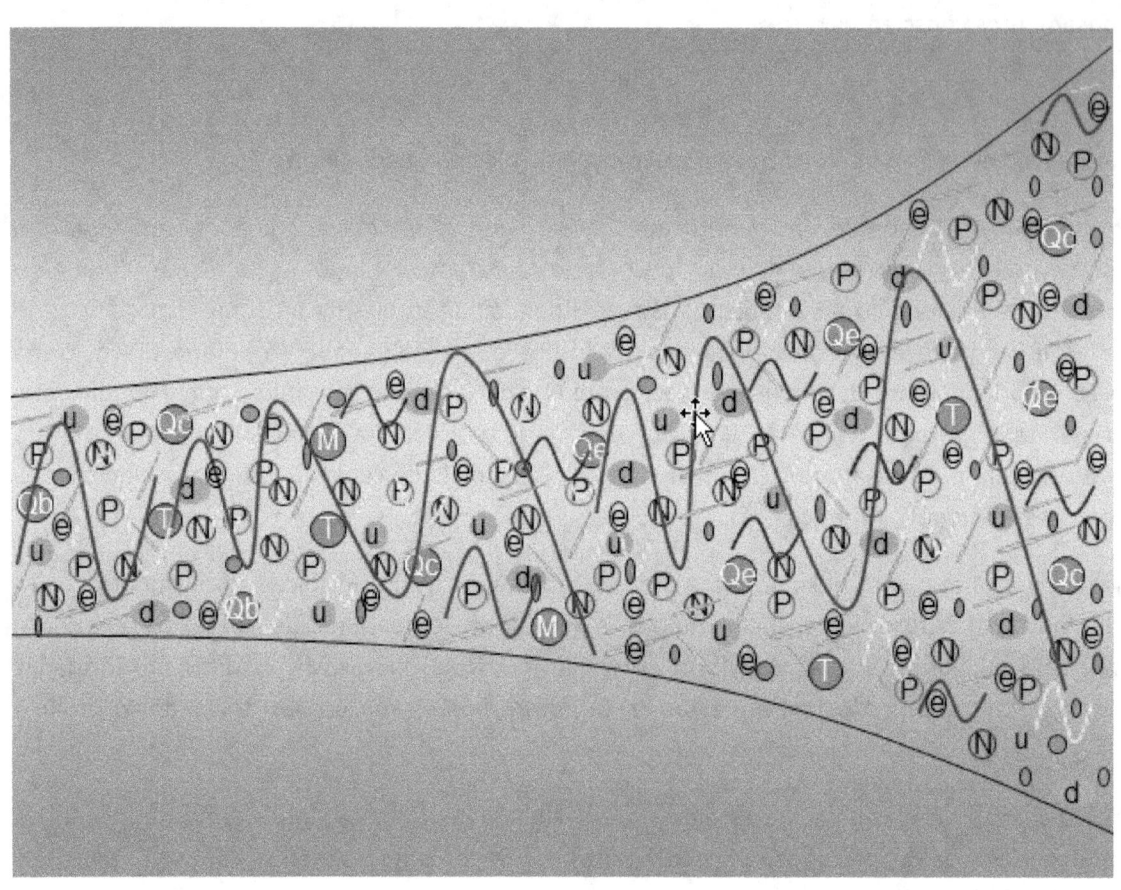

Legenda:		
Quark botton (Qb)	Tau (T)	Quark charmoso (Qc)
Muon (M)	Quark estranho (Qe)	Neutrinos
Nêutron (N)	Próton (P)	Glúon

Quark down d	Quark up u	Elétron e

As linhas pretas da figura estão em forma de funil porque demonstram o Espaço em expansão. À medida em que as forças se distanciavam, cada vez mais umas das outras, as partículas tinham mais área para interagirem, realizando através de fusões e fissões a geração de novas partículas. Tudo estava se misturando realmente como uma grande sopa!

Portanto, nestes instantes havia um pouco mais de espaço dentro no Universo e menos energia concentrada para que os prótons, nêutrons e elétrons "voassem" para todos os lados, realizando e recebendo choques, compondo um ambiente altamente interativo. Quando ocorria o choque de um próton com um elétron gerava-se um nêutron. Por outro lado, o choque entre um elétron e um nêutron gerava um próton e a sobra energética ainda emitia novos neutrinos do elétron. Desta forma é coerente dizer que a quantidade de prótons e nêutrons neste instante era mais ou menos igual: 50% de prótons para 50% de nêutrons.

Não eram só as fusões que desencadeavam novas partículas no plasma quark-glúon. Prótons, ao se chocarem contra prótons, geravam através de fissão novos quarks estranhos. Nêutrons, ao se chocarem contra nêutrons, geravam também através de fissão os quarks charmosos. Quarks top também estavam presentes em menor quantidade, apesar de não estarem mencionados porque rapidamente decaíam em outros tipos de quarks. Tanto os taus quantos os quarks estranhos e quarks charmosos também decaíam até se transformarem em quarks *dow* e quarks *up*.

Depois de tanto se ampliar e diminuir sua frequência devido à distância que estava do momento inicial, somado à influência interativa do plasma quark-glúon, parcelas do espiral sonoro foram se desprendendo e passaram a circundar prótons e nêutrons que se encontravam em abundância e já eram as partículas mais evoluídas em relação às demais. Obviamente que a escolha da força fraca para circundar prótons e nêutrons não se dava prezando a "evolução da matéria", mas isso acontecia naturalmente de acordo com a maior possibilidade de estabilização das cargas elétricas e a organização do caos que havia se instalado.

Portanto, um núcleo nada mais é do que um espiral de força fraca independente, que se desacoplou da força fraca primordial, rodeando um próton (dois quarks *up* e um *down* ligados por glúons) ou um nêutron (dois quarks *down* e um *up* ligados por glúons). Depois do primeiro núcleo, muitos outros surgiram como representado na figura a seguir:

Fig. 28:

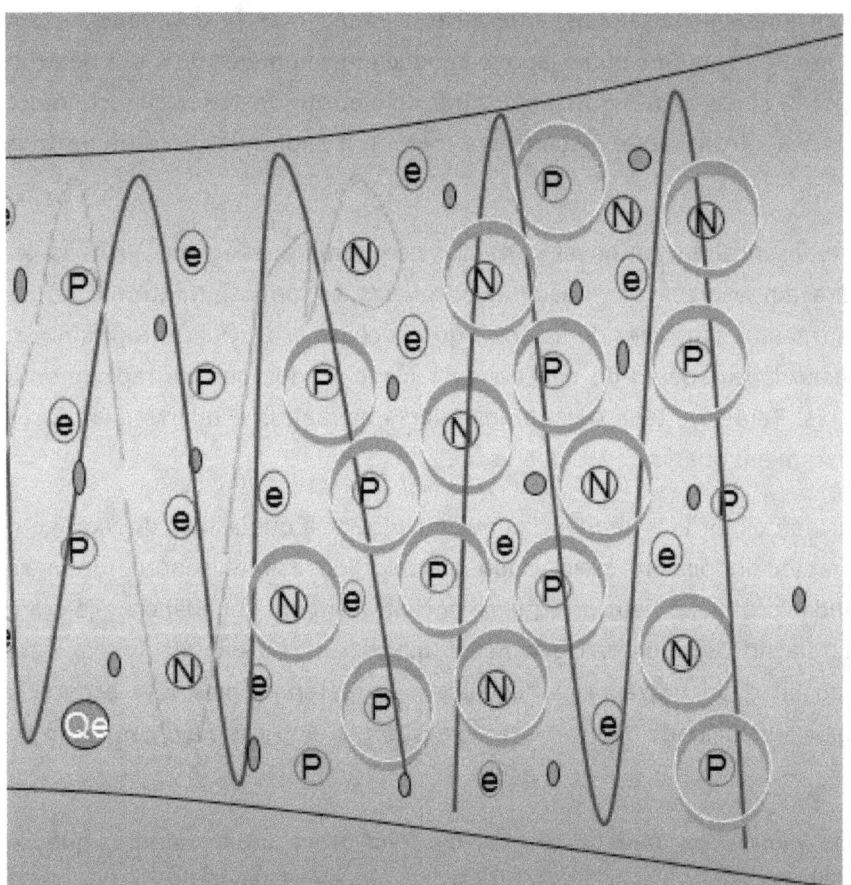

Uma vez que os núcleos de força fraca se formavam, passavam a barrar a entrada de outras partículas e assim garantiam por mais tempo a estabilidade dos prótons e nêutrons. Os choques entre prótons e nêutrons livres contra os núcleos também ocorriam, porém em menor grau visto que a força fraca quando segrega-se o faz rapidamente, e deste modo passa a capturar a maioria destes prótons e nêutrons para a formação dos núcleos, deixando poucos à deriva. Dependendo do choque, a carga nêutra do núcleo poderia até mesmo se romper (abrindo uma brecha e deixando escapar o próton ou nêutron de seu interior). Neste último caso, o grau de eficiência do núcleo para manter a estabilidade das partículas que permeavam seria reduzida e teria uma durabilidade menor.

2.6 Nucleossíntese – evolução da matéria até o terceiro minuto de vida cósmica

Em resumo, é possível dizer que o Cosmos abrange 16 tipos de elementos fundamentais básicos principais, isto é, elementos que não apresentam uma subestrutura ou divisibilidade. Os quatro primeiros são bloquinhos de energia pura e compõem as quatro forças do Plano Exterior – o gráviton, que forma o tecido espacial (a gravidade), o fóton, que forma a força eletromagnética (a luz exterior), os bósons W e Z, que formam a força fraca (o som), e o glúon, que forma a força forte. O restante dos elementos são as partículas materiais, sendo seis tipos de quarks (quark top, quark *botton*, quark *up*, quark *down*, quark charmoso e quark estranho) e seis tipos de léptons (o elétron, o múon, o tau, o neutrino do elétron, o neutrino do múon e o neutrino do tau). Esta é a base para a formação de tudo o que há no Universo. Foi através desta harmonia elementar que a matéria surgiu, se multiplicou, compôs os núcleos e posteriormente comporia os átomos, moléculas e estrelas.

No que diz respeito à nucleossíntese, este é um processo referente à criação de núcleos mais complexos a partir dos núcleos pré-existentes. Em matéria sobre o Big Bang, na Revista Veja, vemos que com um pouco mais de um minuto de vida o Universo tinha aproximadamente 0,0000001% de seu tamanho atual, porém a cada espiral da roda da vida o plano 1 se ampliava e em conjunto com ele os grávitons realizavam seus giros, possibilitando a evolução do Plano Exterior.

Os núcleos que foram gerados no plasma quark-glúon sofriam influências de todas as forças, e das fissões e fusões que ocorriam entre as outras partículas, e por isso não permaneciam estáticos. Pouco a pouco eles foram se distanciando uns dos outros e como pipocas em uma panela aquecida passaram a se sacodir, assim como as partículas mais simples já faziam. Isto ocorreu, portanto, não somente devido à intensidade energética do ambiente, mas também devido ao fato de haver cada vez mais espaço livre para que eles pudessem se movimentar.

Neste vai e vem de núcleos, a interação final que fazia um núcleo se fundir ao outro eram as cargas elétricas distintas. A força de atração que um próton exerce puxava para o núcleo ao qual pertenciam outros núcleos de nêutrons, propiciando uma fusão entre eles. Já os núcleos de prótons também se chocavam contra outros núcleos de prótons, porém com frequência bem menor, afinal os núcleos de prótons se repeliam entre si. Quando este tipo de colisão ocorria, os núcleos se fundiam e logo depois passavam a atrair núcleos de nêutrons com ainda mais poder. E um processo similar ocorria quando os núcleos de nêutrons se chocavam e se fundiam com outros núcleos de nêutrons.

É através destas movimentações e choques que os primeiros núcleos complexos se originaram: os núcleos de deutério. Um núcleo de deutério é formado através da fusão entre um núcleo de próton e um núcleo de nêutron, como demonstra a figura abaixo:

Fig. 29:

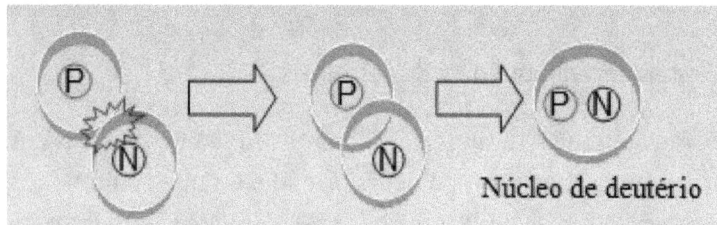

Quem garante que o próton e o nêutron de dentro do núcleo não se fundem entre si é a força fraca. Isto porque, apesar de estar demonstrado na figura somente um contorno ao redor dos prótons e nêutrons, os bósons W e Z preenchem todo o espaço vazio que se vê dentro do núcleo também, promovendo assim a neutralidade entre as partículas, da mesma forma que os glúons garantem a neutralidade entre os quarks. Nos núcleos mais simples, os bósons W e Z permeiam todo o interior da partícula da mesma maneira, garantindo assim a maior durabilidade do próton ou do nêutron.

Enquanto diversos núcleos simples se chocavam, os núcleos mais complexos de deutério também evoluíram. Através da fusão do núcleo de deutério com um núcleo de próton, formava-se um núcleo de hélio-3 (composto de dois prótons e um nêutron). Através da fusão de um núcleo de hélio-3 com um núcleo de nêutron formava-se um núcleo de hélio-4 (composto de dois prótons e dois nêutrons). Por fim, através da fusão de um núcleo de hélio-4 com um núcleo de próton, e mais dois núcleos de nêutrons, formava-se um núcleo de lítio (composto de três prótons e quatro nêutrons).

Durante a nucleogênese, a formação dos núcleos mais simples promoveu uma verdadeira "limpeza" no plasma, recolhendo a maior parte das partículas compostas que já havia se formado: os prótons e os nêutrons. Enquanto isso os quarks *downs* e *up*, na grande maioria decaíam em elétrons, ou estavam dentro dos prótons e nêutrons sendo neutralizados por glúons.

Sendo assim, a quantidade de elétrons aumentara exponencialmente, pois além dos decaimentos dos quarks e das outras partículas, os prótons e nêutrons que porventura ficaram sem núcleos decaíram em quarks, e estes posteriormente em elétrons.

Os núcleos complexos que eram gerados com maior frequência eram os de deutério seguidos pelos núcleos de hélio-4. No final dos três minutos da nucleossíntese 98% dos núcleos de hélio-4 que estão presentes hoje no Universo já estavam formados (conforme explicação encontrada na Enciclopédia Ilustrada do Universo).

E assim, depois que a maioria destas partículas se transformou através das colisões, a expansão do Universo superou a quantidade de elementos existentes e acabou afastando os corpos uns dos outros. Isto aconteceu, pois estes elementos ainda não eram pesados e nem mesmo autossuficientes para abrirem declives espaço-temporais.

Uma vez que a grande maioria de partículas geradas foram os prótons e os nêutrons na nucleogênese, o plasma quark-glúon na nucleossíntese também foi todo dominado pelos núcleos mais simples de prótons e nêutrons. Apesar destes núcleos também estarem em movimento, à medida em que o Espaço vai ficando cada vez maior, os encontrões começam a diminuir e a temperatura esfria. Ao final dos três minutos da nucleossíntese primordial uma nova era se anunciava: a Era Opaca.

2.7 A Era Opaca – evolução da matéria até aproximadamente 400 mil anos de vida cósmica

Vimos que logo depois do surgimento da matéria ela passa a se multiplicar através das interações de forças, formando uma sopa de partículas denominada de plasma quark-glúon. No momento em que a força fraca se quebra formaram-se os primeiros núcleos de prótons e nêutrons e alguns deles, ao promoverem fusões uns com os outros, criam os primeiros núcleos mais complexos.

Essencialmente, a força fraca se separa de si própria porque ela precisa buscar os prótons e nêutrons para promover uma maior estabilização e durabilidade destas partículas. Era como se todas as partículas e forças do Plano Exterior tivessem uma missão em comum: a de promover a reunificação de toda a energia que estava separada através da evolução material. Foi isso que a força fraca fez ao desmembrar-se, pois inerentemente ela estava exercendo seu objetivo primordial.

O mesmo ocorria com a força eletromagnética, que possuía uma inteligência inerente. Não que ela pensasse no que deveria ser feito, mas isto ocorria através de sua própria natureza, ziguezagueando para sustentar seu espiral de força, promovendo as interções necessárias dentro do plasma cósmico. Porém, este espiral também já não podia mais ser um raio único e o que antes eram um desmembramento modesto, neste instante se torna mais contundente.

Espirais independentes de luz exterior de variados tamanhos, similarmente ao que ocorreu com a evolução da força fraca, passam então a circundar os núcleos simples e complexos, reunindo com eles elétrons e outras partículas menores das redondezas. É assim que se originam os primeiros átomos.

A primeira função dos átomos é formar uma espécie de escudo em torno do núcleo. Nos núcleos de força fraca, mencionamos que os bósons W e Z não apenas circundam os prótons e os nêutrons, mas também preenchem toda a área nucleica, garantindo uma maior durabilidade destas partículas. No caso de núcleos complexos (com pelo menos um próton e um nêutron em seu interior), além de serem mais estáveis, os bósons servem também para a neutralização destes elementos. No que diz respeito aos espirais de força eletromagnética, estes também não apenas rodeiam os núcleos, mas são compostos de vários níveis de energia, onde os fótons formam uma camada mais espessa no final do átomo, se alastrando até o espiral da força fraca à medida em que reduz o seu poder.

É possível dividirmos estas ramificações de fótons em sete níveis ou camadas de energia, conhecidos atualmente como eletrosfera, que funciona como um escudo anticolisões. Cada uma destas sete camadas da eletrosfera foi nomeada com uma letra do alfabeto distinta, de acordo com a distância que há entre elas e o núcleo. A camada de fótons K é a mais próxima do núcleo da força fraca. E depois seguem as camadas: L, M, N, O e P, que são camadas de fótons que se encontram em um estado de menor coesão (L), para maior coesão (P). E, por fim, temos a camada principal que é a camada Q, principal por ser a mais energizada e coesa de todas: o próprio espiral eletromagnético.

A segunda função do átomo era possibilitar o aumento da complexidade material sem que fosse necessário colocar em risco a integridade do núcleo, dos nêutrons, dos prótons e das partículas indivisíveis. Hoje sabemos que quem determina o tempo de vida de uma molécula, através da união de dois ou mais átomos, é a capacidade de atração de cada elemento por mais ou menos elétrons, como veremos posteriormente.

Os átomos formam estruturas perfeitas possuindo vida útil de grande duração, maior que qualquer outra porção material existente até então. Isto porque tanto os glúons, que continuarão exercendo sua função de manterem grudados os quarks, fazendo os prótons e os nêutrons permanecerem coesos dentro dos núcleos, quanto a força fraca, que continuará neutralizando núcleos mais complexos separando prótons e nêutrons, bem como neutralizando o átomo como um todo, e a força eletromagnética que forma verdadeiros escudos para a proteção dos núcleos, além de propiciarem uma "morada" para os elétrons da onde partirão as próximas interações e conexões materiais, são "energias vivas" que não param de se movimentar.

É claro que os átomos também podem decair ao sofrerem influências externas dependendo do panorama em que se encontrarem, porém até este momento são as porções materiais que conseguem se autossustentar por mais tempo em liberdade no Cosmos e, além disso, funcionam como fonte geradora de energia para a formação de seres mais complexos sempre que se unem a outros átomos. É isto que faz de um átomo um corpo autossustentável.

O tamanho de cada espiral em torno dos núcleos fora proporcional à quantidade de núcleos existentes e ao comprimento que a força eletromagnética possuía até este instante, que por ter sido gerada antes das demais forças, que compôs o maior dos raios. Se pensarmos analogamente que um núcleo é do tamanho de uma bola de futebol, o espiral eletromagnético será do tamanho de um estádio, ou seja, a eletrosfera é aproximadamente dez mil vezes maior do que o tamanho do núcleo (como visto no site O Universo como um Todo).

Para entendermos como ocorre a formação da eletrosfera é preciso vizualizarmos o momento em que isto aconteceu pela primeira vez. Os prótons e os nêutrons de dentro dos núcleos estavam todos exercendo forte atração aos elétrons, que são as partículas que conseguem se estabilizar dentro da camada de energia eletromagnética (devido à presença de campos de força gerados pelos prótons e nêutrons, que vazam para fora do núcleo). Vejamos a figura análoga a seguir:

Fig. 30:

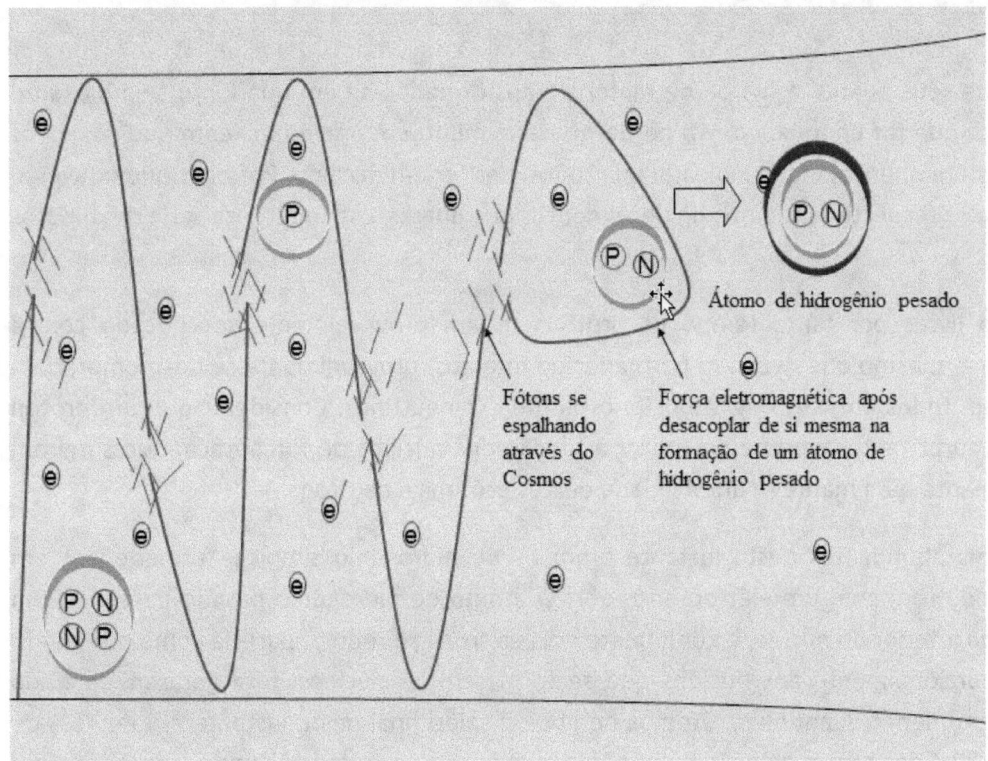

Fótons se espalhando através do Cosmos

Força eletromagnética após desacoplar de si mesma na formação de um átomo de hidrogênio pesado

Átomo de hidrogênio pesado

O primeiro ponto que podemos perceber na figura é que a força eletromagnética, ao se desmembrar em parcelas espiraladas menores, tem muitos de seus fótons perdidos, de modo que rapidamente eles passam a se chocar contra os elétrons e os núcleos. Este espalhamento dos fótons e as constantes colisões modificaram a coloração do Universo, provocando uma densa névoa. É devido a esta densa névoa que este período da história do Cosmos recebeu o nome de Era Opaca.

Os elétrons permaneciam constantemente em uma dança de vai e vêm entre as sete camadas da eletrosfera ao mesmo tempo em que rodopiavam o núcleo atômico. Como a força eletromagnética é mais concentrada longe do núcleo, quando os elétrons "subiam" ganhavam fótons e quando "desciam" perdiam fótons. É por isto que, como demonstrado no livro Universe by Stephen Hawking, cada elemento químico tem um comportamento próprio padrão, pois seus elétrons saltam em camadas específicas.

A maioria dos artigos de física entende que os átomos apenas surgiram 300 mil anos depois do início da Era Opaca. A justificativa é devido ao fato de o ambiente ainda estar muito energizado nestes instantes, e que depois de milhares de anos a quantidade prótons livres no Universo seria ainda grande o bastante para propiciar a formação dos átomos. Acontece, no entanto, que não há qualquer menção de como estes prótons teriam permanecido intactos por tanto tempo sem sofrerem decaimento.

E na contramão a este raciocício, afirma-se que os nêutrons livres possuem um tempo de decaimento de por volta de 16 minutos no máximo, e desta forma todos os nêutrons teriam sido extintos, ou seja, decaído em prótons logo neste princípio. Acreditamos que este tempo de decaimento de um nêutron (quando um de seus quarks *down* perde matéria transformando-se em quark *up*) seja bastante plausível, porém o fator que faz um quark *down* perder matéria muito em breve faria com que os outros quarks também perdessem energia, o que indicaria que todos eles teriam decaído. Por mais que houvesse alguma diferença entre os respectivos tempos de decaimentos dos quarks, esta diferença seria de minutos e não 300 mil anos.

Permanecendo livres por tanto tempo os prótons teriam provavelmente se chocado contra alguma outra partícula e, mesmo que tivessem permanecido intactos, provavelmente se desmembrariam e seus quarks decairiam todos em elétrons, e posteriormente em neutrinos. Considerar que um próton livre no Cosmos pode durar tanto tempo é desprezar a função dos núcleos de força fraca, que surgiram nestes instantes justamente para manter a durabilidade destes prótons e nêutrons.

Os átomos mais abundantes deste instante eram os de hidrogênio simples, formado por um núcleo de próton ou nêutron, com um elétron ao redor. O átomo de hidrogênio pesado contendo um próton e um nêutron no interior do núcleo, e geralmente dois elétrons ao redor, aparecia como o segundo mais abundante. Proporcionalmente aos núcleos que se formaram na nucleossítese geraram-se ainda átomos de hélio-4 e, em menor quantidade, átomos de lítio. O saldo final neste instante era de 78% de átomos de hidrogênio, 22% de átomos de hélio e um número reduzido de átomos de lítio.

Atualmente, a quantidade de íons simples no Universo é equivalente à quantidade de átomos simples. Dá-se o nome de íons aos átomos que não possuem número de prótons equivalentes à quantidade de elétrons. Neste início da Era Opaca alguns íons já existiam. Um núcleo de hélio-4 com apenas um elétron, por exemplo, apesar de mais difícil formação devido ao grau de atratividade emitido pelas partículas de dentro do núcleo, não impedia o seu funcionamento de forma similar à da qual qualquer átomo fazia.

2.7.1 A formação das moléculas e o funcionamento dos declives Espaço-Temporais

Vimos que a maioria das partículas materiais (prótons e nêutrons) constituíram os núcleos e agora estariam compondo os átomos, pois tudo na formação do Universo evoluía da forma mais econômica possível. Mesmo assim, sempre sobravam algumas partículas vagando pelo Cosmos devido à imensa quantidade de corpos que foram criados. Qualquer um destes corpos, não importando quais fossem, uma vez estando livres no Espaço decairiam, cedo ou tarde.

Sabemos também que as partículas maiores decaem mais rapidamente; já as menores, como os elétrons, havia permanecido sem decaimento até o instante em que os átomos se formaram. Os elétrons que sobraram, ou seja, aqueles que não fizeram parte da composição de nenhum átomo, vagaram através do Espaço até decaírem em neutrinos do tau. Os neutrinos do tau, por sua vez, decaem em neutrinos do múon, e estes em neutrinos do elétron. No que diz respeito aos prótons e os nêutrons, ao decaírem dividem-se em quarks, que por sua vez decaem até se transformarem em neutrinos do elétron. Em suma, todas as partículas materiais que não conseguirem sustentar seus corpos de alguma forma, como os elétrons dentro dos átomos ou os quarks através dos glúons nos núcleos, decairão cedo ou tarde em neutrinos do elétron. É por esta razão que os neutrinos do elétron são extremamente abundantes na natureza, pois tudo o que é material e está "sobrando" se transformará em um neutrino do elétron algum dia.

Estes neutrinos que se espalham através do Cosmos (ainda em pouca quantidade nestes instantes), compõem o que a física denomina atualmente de matéria escura ou Wimp – *Weakly interacting massive particle* (partículas massivas de interação fraca). Portanto, a matéria escura que passou a existir na Era Opaca pode ser considerada como o cadáver das partículas materiais (prótons, nêutrons, quarks e elétrons) que sofreram decaimentos e simplesmente permaneceram vagando pelo Espaço.

No mesmo instante em que as partículas livres decaíam em neutrinos do elétron, os átomos que se formaram abriram pequeninos declives no Espaço-Tempo. Estes declives são pequeninos se levarmos em consideração a dimensão que o Universo já havia alcançado.

Antes do surgimento dos átomos, as partículas de menor massa eram carregadas pelas forças atuantes como um todo, quer dizer, elas migravam de um lado para o outro livremente, obedecendo às mais diversas influências do Cosmos. Já os átomos e íons formam pequenos declives no espaço-tempo, que fazem com que os mesmos estejam atrelados à movimentação dos grávitons, isto é, eles passam a obedecer a movimentação do tecido espacial. A capacidade do átomo, devido à sua maior massa, de não mais acompanhar a expansão espacial em seu limite ou de não vagar mais "a esmo" no Cosmos é o que consideramos como um declive no Espaço-Tempo.

Se um astronauta estiver em órbita e vagar sozinho sem nenhuma corda que o conecte a uma estação espacial ou a uma nave ele cairá no declive terrestre. No entanto, apesar da massa corpórea de um astronauta produzir um declive espacial, devido ao fato de ela ser minúscula se comparada ao declive já ocasionado pela Terra, a curvatura espacial somente surtirá efeito se estiver relativamente distante do planeta Terra. Em compensação, como a dimensão e a massa dos átomos são diminutas, a distância que precisavam estar uns dos outros para surtirem efeitos equivalentes na curvatura espacial era bem menor à medida em que a Era Opaca evolui.

Ainda assim, demorou muito mais tempo até que os átomos pudessem se unir uns aos outros para formarem porções materiais cada vez maiores e mais complexas, que denominamos como moléculas, afinal eles agora estariam à mercê da força da gravidade para se deslocarem através do Espaço, o que significa dizer que eles se movimentavam sem sair do lugar.

É o tecido espacial, portanto, que se torna influente sobre os átomos movimentando-os através de seus recém-formados declives Espaço-Temporais. Isto é o mesmo que dizer que são os próprios declives que se movimentariam agora pelo Espaço, e não os átomos em si.

A cada instante, o plano 1 se expandia e com isso dava possibilidades para que os grávitons realizassem mais um giro. Ao longo dos anos, os declives atômicos e iônicos foram se aproximando uns dos outros. Quando o primeiro átomo de hidrogênio se aproximou suficientemente de outro átomo de hidrogênio nasceu a primeira molécula.

Para entendermos como ocorre a formação de uma molécula iniciaremos usando um exemplo de átomo de hidrogênio simples (contendo um nêutron no interior de seu núcleo) com outro átomo de hidrogênio simples (contendo um próton no interior de seu núcleo). O primeiro átomo se chamará A, e o segundo B, onde ambos terão apenas um elétron em suas respectivas eletrosferas. Quando ocorre a aproximação do átomo de hidrogênio A com o átomo hidrogênio B a princípio nada de muito relevante acontece, porém à medida em que a gravidade continua pressionando os átomos um contra o outro, breves fissões entre as duas forças eletromagnéticas são geradas e com elas ocorre uma pequena perda de fótons.

Neste movimento inicial, logo após se fissionarem, ocorre a interpenetração dos orbitais atômicos. A conexão propriamente dita acontece quando o nêutron do átomo A passa a atrair e puxar o elétron que pertence ao átomo B. Simultaneamente, o mesmo movimento ocorre através do próton do átomo B, que puxa o elétron do átomo A. Enquanto isso, tanto o próton quanto o nêutron não param de atrair seus próprios elétrons. Este movimento de mútua atração proporciona uma sobreposição de parte das correntes eletromagnéticas. O movimento é parecido com uma fusão, mas na verdade as duas forças eletromagnéticas não se fundem; apenas passam a se movimentar em conjunto, em um movimento espiralado fluído.

Agora o que eram dois átomos tornou-se uma molécula, dando condições de ambos os elétrons transitarem através de toda esta nova partícula composta. Portanto, o que mantém os átomos unidos é a energia da força eletromagnética atuando como um espiral composto. Abaixo vejamos o exemplo da formação de uma molécula de hidrogênio pesado, através da união de dois átomos de hidrogênio simples.

Fig. 31:

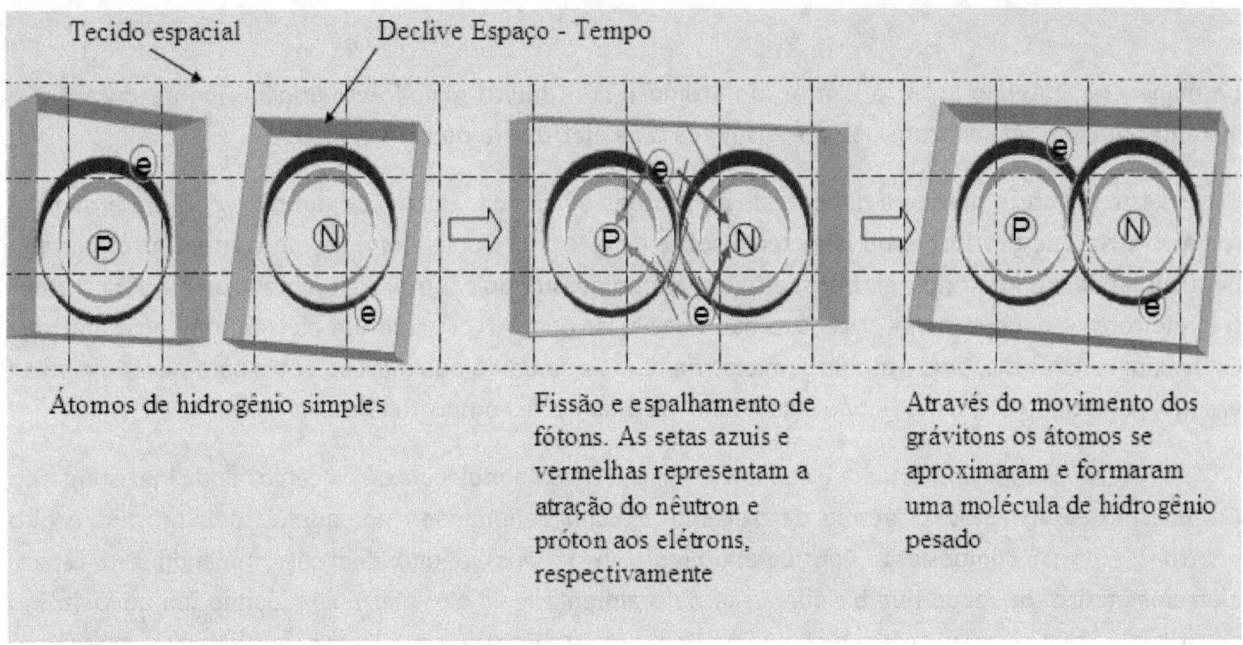

Átomos de hidrogênio simples

Fissão e espalhamento de fótons. As setas azuis e vermelhas representam a atração do nêutron e próton aos elétrons, respectivamente

Através do movimento dos grávitons os átomos se aproximaram e formaram uma molécula de hidrogênio pesado

A união de um átomo com outro é chamado de molécula. Já quando um íon se une a outro íon recebe o nome de composto iônico. Existe uma diferença entre união, na verdade denominada de "ligação química", versus fusão. Fusão é quando dois corpos se juntam formando um corpo inteiramente novo, ou seja, as duas partículas anteriores deixam de existir e se transformam em um novo corpo. Já em uma ligação química (ou união) os dois corpos se juntam, mas nenhuma parte muito significativa dos dois deixa de existir. Como demonstra a figura, a molécula de hidrogênio pesado não perde nenhum corpo relevante e nem mesmo nenhuma parcela significativa das forças. Os átomos apenas se unem, ou se combinam, formando uma porção material com mais massa e maior complexidade. Analogamente, podemos usar o exemplo das letras do alfabeto, que ao se unirem umas com as outras formam palavras; no entanto, a palavra não é uma grande letra (em analogia a uma fusão) e sim o conjunto de várias letras juntas.

Esta molécula da figura é chamada de H_2 e, apesar de relativamente fácil formação devido à abundância de átomos de hidrogênio, não era mais estável do que o H_2+ (ionizado com um elétron a menos). É quando se refere à estabilidade ou tempo de duração de uma molécula (vida média) que entra em ação o importantíssimo papel dos elétrons.

Para explicarmos como isto funciona usaremos um segundo exemplo, cuja única diferença entre o átomo A e B é que o átomo A possui um elétron a menos do que o "normal". Considerando as mesmas movimentações e a interpenetração dos orbitais atômicos, os átomos irão se fissionar e também irão formar uma molécula, uma vez que o átomo A passará a atrair o elétron do átomo B, e o átomo B continuará atraindo o seu próprio elétron. Diferentemente do exemplo anterior, no entanto, o átomo A permanecerá tentando atrair o elétron do átomo B com muito mais força, principalmente durante os instantes em que este elétron subir até a camada Q da eletrosfera onde está situado.

Isto acontece porque a quantidade de prótons e nêutrons dentro de um núcleo irá determinar a força atrativa que um átomo ou íon exerce sobre os elétrons. Ou seja, um átomo com um próton e um nêutron tenderá a atrair dois elétrons, e se um átomo possuir dois prótons e um nêutron tenderá a atrair três elétrons, e daí por diante. Mas isto não quer dizer que o H_2 + (com um elétron a menos) não seja estável, pelo contrário, pois o átomo sem elétron tende a se unir ainda mais ao outro para puxar o elétron vizinho, garantindo assim um tempo ainda maior de vida deste composto iônico.

Outro exemplo importante é sobre a formação de uma molécula de oxigênio, ainda inexistente no Cosmos nestes instantes. O átomo de oxigênio é assim denominado por possuir oito prótons e oito nêutrons em sua composição. Considerando que ele já possua oito elétrons rondando seu espiral eletromagnético (de modo que busque atrair naturalmente mais oito elétrons), quando um novo átomo de oxigênio idêntico se aproxima e se une ao primeiro, ambos passam a trocar seus elétrons. Mas como nunca há um abastecimento completo do total de elétrons para os dois átomos, a atração é mútua e os elétrons migram de um lado para o outro constantemente, mantendo estável a molécula O_2.

Já no caso do ozônio O_3 (molécula composta por três átomos de oxigênio) a sua estabilidade passa a ser muito menor, considerando que no instante de sua formação o O_2 já existe. Por possuir maior poder de atração, será o O_2 quem irá puxar os elétrons deste novo átomo de oxigênio que acabou de se unir à molécula O_2. Quando isto ocorre o ozônio se mantém conciso, porém chega um dado instante que um dos dois átomos que pertencia ao O_2 conseguirá mais de oito elétrons além de seus próprios elétrons originais.

Se imaginarmos este átomo com pelo menos nove elétrons a mais, ele terá um total de 17 elétrons (9+8) que passam a circular em sua eletrosfera. Agora com 17 elétrons ocorre um desprendimento dos orbitais moleculares a partir deste átomo carregado de elétrons, afinal não há mais a necessidade deste permanecer unido aos outros átomos. Ou seja, como o átomo desprendido continuará tentando trazer os 17 elétrons para perto de seu núcleo constantemente, uma vez que a região da eletrosfera é enorme em relação à dimensão total de um átomo, e os elétrons vão propiciar uma incessante dança de vai e vem tornando-se mais ou menos excitados, a força atrativa deste átomo será suprimida não precisando mais se unir a outros átomos. Quando este átomo se desprende e há a desconexão dos orbitais eletromagnéticos ele passa a vagar sozinho, caracterizando o decaimento do ozônio.

Por outro lado, se a formação do ozônio ocorrer entre os três átomos de oxigênio simultaneamente, algo mais raro, o encaixe dos orbitais eletromagnéticos se dará de forma mais exata, fazendo com que a molécula O_3 se mantenha estável por mais tempo.

Ainda um último exemplo seria em relação à formação do H_2O – a água. Neste caso quem irá puxar os elétrons será sempre o átomo de oxigênio, pois é ele quem tem o maior poder atrativo. Isto é, mesmo se somarmos o poder de atração dos dois átomos de hidrogênio, o átomo de oxigênio com seus oito prótons e oito nêutrons irá atrair com muito mais força os elétrons do H_2 a partir do instante em que ocorre a interpenetração dos orbitais atômicos. Isto fará com que os elétrons dos átomos de hidrogênio migrem para o oxigênio, mas também retornem ao hidrogênio, mantendo a molécula estável.

Na opinião deste estudo, portanto, não são os elétrons os responsáveis pela formação das moléculas, mesmo porque é possível que ocorra a união de um íon de hidrogênio simples sem nenhum elétron com um átomo qualquer. Não é também o elétron o responsável por manter a estabilidade dentro do átomo, mas são eles que determinam a estabilidade das moléculas. A quantidade de elétrons necessários para que um átomo não mais propicie a formação de novas moléculas deverá ser, no mínimo, uma unidade a mais do que o total de prótons e nêutrons de seu interior. É importante entendermos que mesmo que um átomo contendo hipoteticamente 50 prótons, 50 nêutrons e 50 elétrons se una com um átomo de hidrogênio com apenas um próton e um elétron, o átomo de hidrogênio irá demorar muito tempo ou talvez nunca chegue a ficar com dois elétrons, pois o poder de atração do primeiro átomo é muito maior e será sempre constante.

O que torna os orbitais atômicos encaixados e funcionando como uma partícula composta é justamente este poder de atração de dentro do núcleo aos elétrons das proximidades. Quando a força de atração não é suprida, como no caso do H_2+, ou no caso do H_2 e O_2, onde os elétrons migram entre um átomo e outro, aí então a estabilidade da molécula é maior. Quando o átomo tem possibilidades de suprir a sua capacidade atrativa, pois existe um grande número de elétrons rondando na molécula em comparação ao número de prótons e nêutrons que possui, aí então a estabilidade desta molécula passa a ser menor.

É por isso que as possibilidades de formação das moléculas são inúmeras, ou seja, a maioria dos átomos conseguirá se conectar a qualquer outro átomo, porém a grande questão é o tempo em que estes compostos conseguem permanecer unidos.

Continuando a história do Universo tem-se que, a partir do instante em que se formava uma molécula, abria-se também um declive espaço-temporal um pouco maior. Muitas moléculas foram sendo criadas, cada uma em um momento diferente, pois agora era a gravidade quem delineava a movimentação destes corpos e eles estavam espalhados em distintas regiões do Universo.

Inicialmente, os declives mais massudos foram formados pelos átomos mais pesados, os átomos de lítio e os átomos de hélio-4, que existiam em menor quantidade. Qualquer declive molecular, no entanto, possuía densidade maior do que o declive de um átomo de lítio. É preciso entendermos que não havia um centro no Universo, nem mesmo existia neste instante regiões mais densas para onde todos os declives se dirigiam.

Portanto, em resumo, abriram-se vários pontos com declives, uns mais acentuados e densos e outros menos acentuados e menos densos. Os declives estavam distribuídos de modo não uniforme, espalhados em diversos pontos do Cosmos.

O Universo passou aproximadamente 400 mil anos reunindo átomos para formar moléculas. Depois deste intervalo de tempo o cenário do Cosmos estava bastante modificado, pois o Espaço já havia se ampliado substâncialmente e, além disso, algumas moléculas começavam a se fundir umas com as outras. Desta forma, todas as porções materiais passaram a caminhar lentamente para os declives espaço-temporais mais densos. Cada vez maior, o Universo se tornava muito mais frio e escuro – a Era das Trevas havia se iniciado.

2.8 A Era das Trevas – evolução da vida cósmica até aproximadamente 250 milhões de anos

A Era das Trevas é também chamada de Era da Matéria, mas de qualquer maneira a maioria das fontes científicas faz a divisão de um novo período entre o final da Era Opaca até o aparecimento das primeiras estrelas, 250 milhões de anos depois. Vejamos na figura 32 a representação dos períodos vistos até aqui:

Fig. 32:

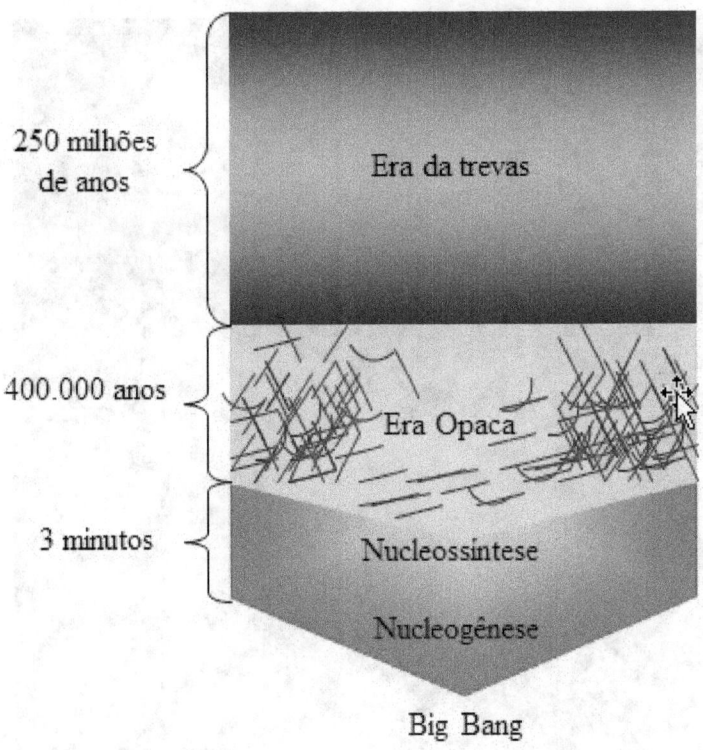

A escuridão do Universo é o resultado do aumento do diâmetro espacial. Deste modo, cada vez maior e cada vez mais frio, passou a existir no Espaço diversas regiões "vazias", isto é, preenchidas apenas pela energia escura (grávitons).

Ao final da Era Opaca, os átomos estavam em uma constante dança de vai e vem, pois os maiories declives espaço-temporais eram semelhantemente densos e, apesar de existirem muitas moléculas, a maior parte da matéria do Universo consistia ainda de átomos e íons não-ligados. Passados aproximadamente 60 milhões de anos desde o Big Bang, no entanto, a formação das moléculas e dos compostos iônicos começa a superar a quantidade de átomos e íons.

Com 90 milhões de anos, formam-se estruturas moleculares ligadas, cada vez mais complexas. Na figura a seguir as formas em cinza representam nuvens compostas por moléculas de hidrogênio avançando em direção às formas em roxo mais densas, que representam nuvens moleculares de hidrogênio e hélio. As nuvens roxas menores, por sua vez, orbitariam em breve as nuvens roxas moleculares maiores.

Fig. 33:

Tudo convergia para os mais densos declives espaciais, o que no caso da representação análoga da figura 32 significa que tudo convergeria para o centro. É importante reafirmar que não são os gases que se movimentavam em direção a outros declives por conta própria, mas sim a força da gravidade que, ao movimentar o Espaço, movimentava esses gases.

Somente quando o Universo chega a 120 milhões de anos de vida, aproximadamente, que os declives no Espaço-Tempo passam a se unir em grandes conglomerados, transformando-se em estruturas gravitacionalmente ligadas, como visto na revista Scientific American.

Agrupamentos menores se formaram primeiro, para depois se fundirem e formarem aglomerações maiores. À medida que tais agrupamentos se fundiam, a temperatura ao redor deles se ampliava, porém de modo geral a temperatura do Universo onde não se encontravam filamentos gasosos já estava a mais de duas centenas de graus celsius abaixo de zero.

E como a gravidade continuou reunindo estes agrupamentos gasosos através da ampliação do Cosmos eles começaram a se encavalar pouco a pouco. Redes filamentosas se espalharam e nas regiões mais densas destes filamentos alguns "nós" surgiram (declives moleculares mais profundos). Vejamos o exemplo a seguir:

Fig. 34:

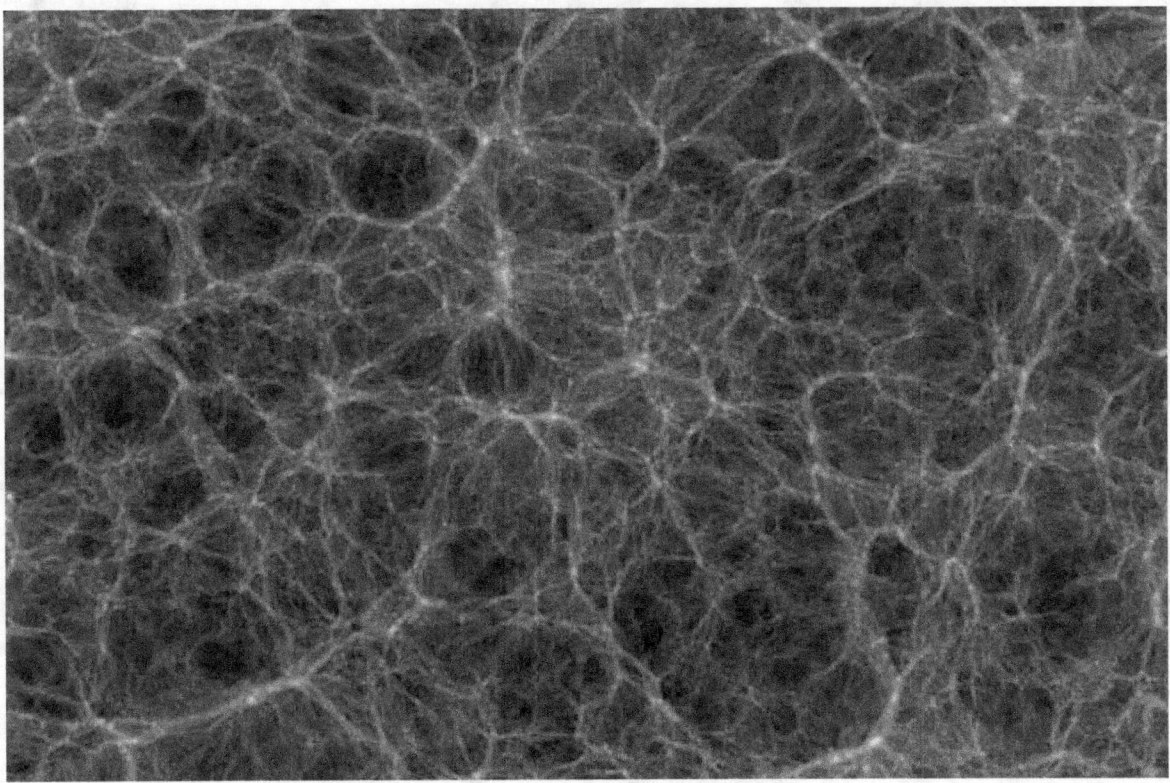

Fonte: www.guia.heu.nom.br/matéria_escura.htm

Não havia ainda um super nó que "atraísse" todos os outros, mas havia agrupamentos moleculares mais densos influenciando nós menos densos, relativamente próximos, a migrarem na direção deles. Portanto, agora existia uma grande teia de gases unificada, de modo que as nuvens mais leves se dirigiam para os declives espaço-temporais mais densos como demonstrados no detalhe:

Fig. 35:

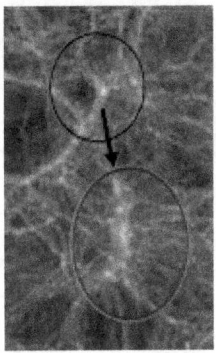

Fonte: www.guia.heu.nom.br/matéria_escura.htm

Na figura, o círculo em azul demonstra um nó com diversos filamentos gasosos e que, portanto, possui uma porção maior de moléculas em comparação ao círculo preto. Logo, o nó do círculo azul atrairia para o seu declive o nó do círculo preto, respeitando primeiramente a proximidade dos nós, e em segundo lugar a relativa densidade dos declives.

O Universo formava seus filamentos e esculturas gasosas com beleza e fluidez. Desde o Big Bang, todo o progresso e evolução do Cosmos foi sendo esculpido vagarosamente e de forma constante.

2.8.1 O nascimento das primeiras estrelas

A cada giro dos grávitons o Universo ampliava a sua dimensão ao mesmo tempo em que continuava comprimindo as redes filamentosas de gás. Como visto na revista Scientific Amrican, a constante compressão passou a aquecer os gases a temperaturas acima de 1.000 kelvins. Por sua vez, na região dos nós onde se localizavam os declives espaciais mais densos ocorreu um resfriamento. Isto porque, no Universo como um todo, passou a ser cada vez mais constante o número de átomos de hélio que se une aos átomos de hidrogênio e, assim, onde havia uma maior concentração molecular, tal ligação passa a ser cada vez mais frequente, o que fazia com que boa parte dos átomos de hidrogênio se desprendesse do hélio a partir do momento em que ficavam com dois elétrons dentro de seus orbitais. Então, sem precisar atrair mais o hélio, o átomo de hidrogênio se soltava e o resultado deste desprendimento deixava tanto o íon de hélio quanto o átomo de hidrogênio vagando dentro da nuvem molecular que estava sendo esprimida. Mas enquanto os íons de hélio se recombinavam com outros átomos da estrutura macromolecular, o átomo de hidrogênio com dois elétrons não mais se recombinaria.

Desta forma, como a gravidade não para de comprimir os filamentos gasosos, não havia como estes átomos de hidrogênio saírem do nó dentro da rede de filamentos e vagarem livres no Cosmos; eles simplesmente permaneciam ali realizando constantes fissões contra os espirais eletromagnéticos. Assim, quando o número de átomos que não mais se fundem para formar moléculas ou outros compostos passa a ser relativamente maior, muitos fótons acabam se perdendo e o escape dos saquinhos de energia faz com que as regiões mais densas se resfriem em comparação às regiões menos densas dos gases.

Portanto, a impossibilidade de formação de novos compostos fazia destes átomos de hidrogênio verdadeiros caroços que se alojavam dentro dos nós das nuvens gasosas. Vale dizer que estes caroços não estavam uniformemente espalhados e nem possuíam as mesmas massas ou dimensões – aliás, nada era muito uniforme na formação química do Universo, mas é justamente esta variedade de combinações, ou caos, o responsável por promover a evolução do Plano Exterior.

Ao longo dos anos a temperatura nas partes mais densas dos nós cairia para 200 a 300 kelvin, reduzindo a pressão do gás nessas regiões (segundo o que consta na revista Scientific American). Ou seja, as moléculas presentes em cada um dos nós ainda circundariam os caroços como estruturas gravitacionalmente ligadas, porém agora sem pressioná-los.

Portanto, o resfriamento e a consequente redução da pressão faz com que a junção das moléculas em torno dos caroços (como se fossem anéis) alcance um equilíbrio hidrostático (balanço entre a força da gravidade e o gradiente de pressão). Isto é, a força que a gravidade exerce sobre esta estrutura não era mais suficientemente potente para rompê-la, ou fazer com que uma molécula se colapsasse sobre a outra.

Este cinturão molecular unificado protege o caroço de tal maneira que este equilíbrio hidrostático forma o núcleo estelar, ou seja, o início da chamada proto-estrela (embrião estelar). Ela estará localizada na base do nó da rede de filamentos de gases de modo que, aos poucos, em cada nó da rede de filamentos de gases formam-se diversos núcleos proto-estelares.

Como estas estruturas estavam equilibradas hidrostaticamente, a temperatura fora dos proto-núcleos passa a ser cada vez maior. Isto porque a gravidade, ao promover sua expansão, continuará fazendo as moléculas se contrairem umas contra as outras, mas os núcleos não serão mais afetados. Assim, os outros átomos e moléculas passavam a estabelecer-se em cima deles, literalmente, usando esta estrutura recém-formada como um suporte para a montagem de sua própria estrutura.

A temperatura então aumentava com a união dos átomos e moléculas até que uma quantidade grande o suficiente de átomos, que por estarem com mais elétrons do que sua necessidade de atração, formasse um novo caroço, afinal não conseguiam mais se unir a outras moléculas. Aí o processo se repetia resfriando os gases e gerando uma nova camada com equilíbrio hidrostático, permanecendo em cima do núcleo previamente formado. Portanto, como a força de expansão espacial não cessa e agora o protonúcleo e esta camada acima não mais estouram facilmente, à medida em que o material externo vai sendo acretado a estrutura vai ganhando novas camadas de hidrogênio e hélio, estabilizadas.

As proto-estrelas situadas nos nós da rede de filamentos de gases vão sendo assim formadas, camada a camada. É claro que a quantidade de camadas vai depender da profundidade do nó e da dimensão e estabilidade da nuvem gasosa acima deste nó. A constituição de uma proto-estrela se dá, portanto, de dentro para fora, onde os novos acoplamentos ocorrem em sentido espiralado para cima, como se fosse um caracol. Isto faz com que a proto-estrela possua uma configuração similar a de um disco.

Como a gravidade não para de comprimir também os gases que não pertencem ao nó, ao entrarem em contato com o fluxo espiralado estes também giram, produzindo um enorme disco de gás. Este disco gasoso acompanha o movimento da proto-estrela. As fotomontagens a seguir dão uma ideia de como são estes discos:

Fig. 36 - Ângulo lateral:

Fonte: http://www.youtube.com/watch?v=UcrLKn04p8k&feature=relatéd (History Channel)

Fig. 37 - Ângulo visto de cima:

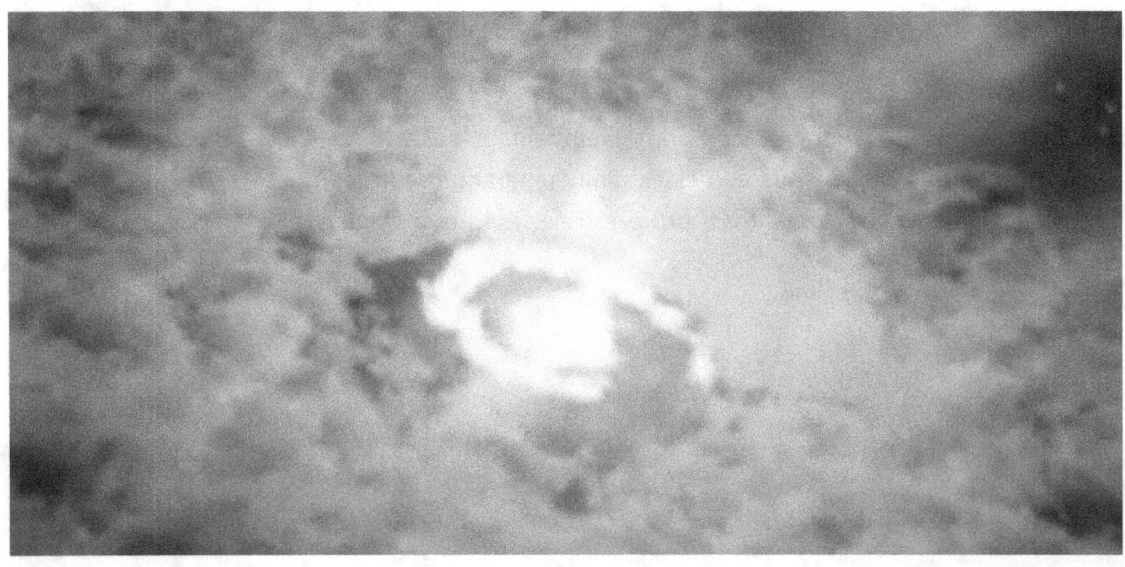

Fonte: http://www.youtube.com/watch?v=UcrLKn04p8k&feature=relatéd (History Channel)

À princípio, o gás gira mais rapidamente devido à montagem das primeiras camadas que terão dimensão um pouco menor. Durante a montagem de cada uma das porções as fusões também produzem ventos proto-estelares. Estes ventos se referem à expulsão do material que não consegue se recombinar. Vejamos no detalhe a seguir:

Fig. 38:

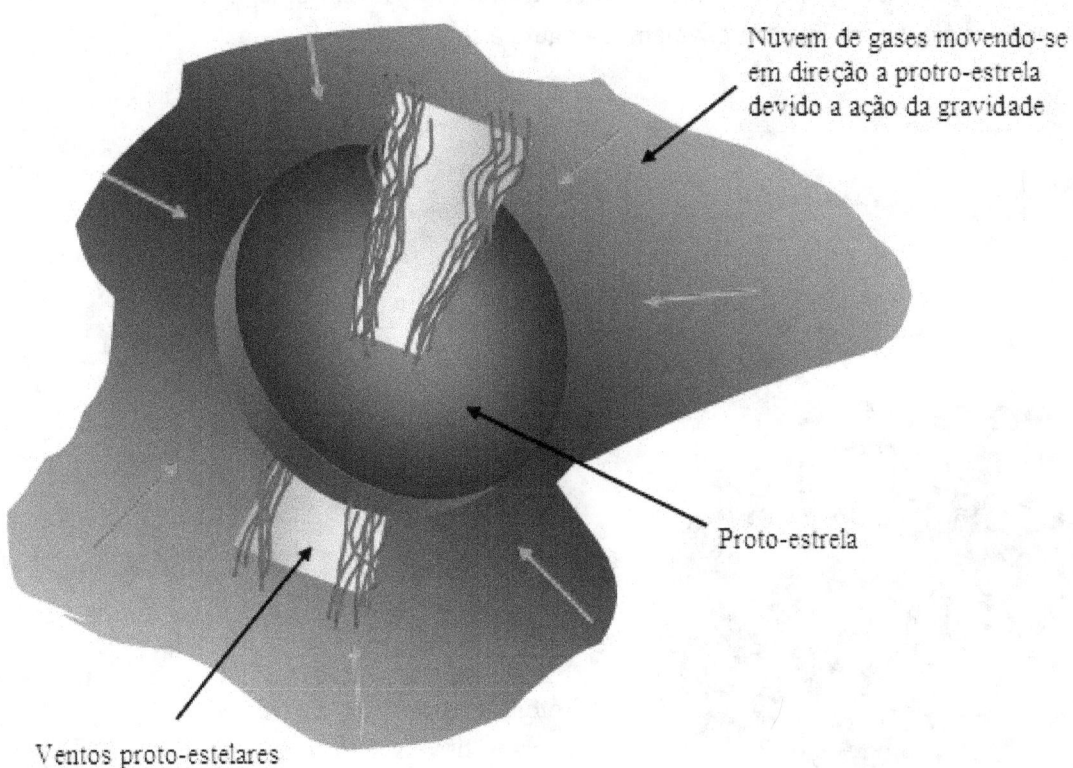

O intenso calor gerado através da formação de moléculas e compostos iônicos vai se espalhando para fora da área proto-estelar, gerando diversas rajadas que cessam brevemente ao final da montagem de cada uma das camadas, e logo depois retornam.

As proto-estrelas acabavam de se formar quando toda a região mais densa, ou seja, todo o nó já estava preenchido com camadas de hidrogênio e hélio, em equilíbrio hidrostático. Neste instante então não há como se formarem outras camadas equilibradas hidrostaticamente, pois uma nova estrutura abrangeria uma área muito maior, incompatível com a área proto-estelar. O que haverá agora será a pressão destes gases contra a área proto-estelar, mas como não existe mais espaço dentro dos nós, estando estes completamente preenchidos, não ocorre a incorporação de novos elementos. Assim, o tamanho relativo de uma proto-estrela condiz com o tamanho do nó da rede de filamento de gases.

Em suma, a proto-estrela para de crescer e acretar mais camadas (ou zonas nucleicas) quando todo o nó da rede de filamentos de gases está completamente preenchido e equilibrado hidrostaticamente, através dos "caroços atômicos" e os anéis moleculares estabilizados ao redor.

Acontece que como a última camada continuava sendo comprimida devido à força da gravidade, e considerando que o equilíbrio hidrostático desta camada também não permitia a entrada de átomos em seu interior, fissões são constantemente geradas. Ao esbarrarem forças eletromagnéticas umas contra as outras, a liberação de fótons era constante. Vejamos a figura a seguir:

Fig. 39:

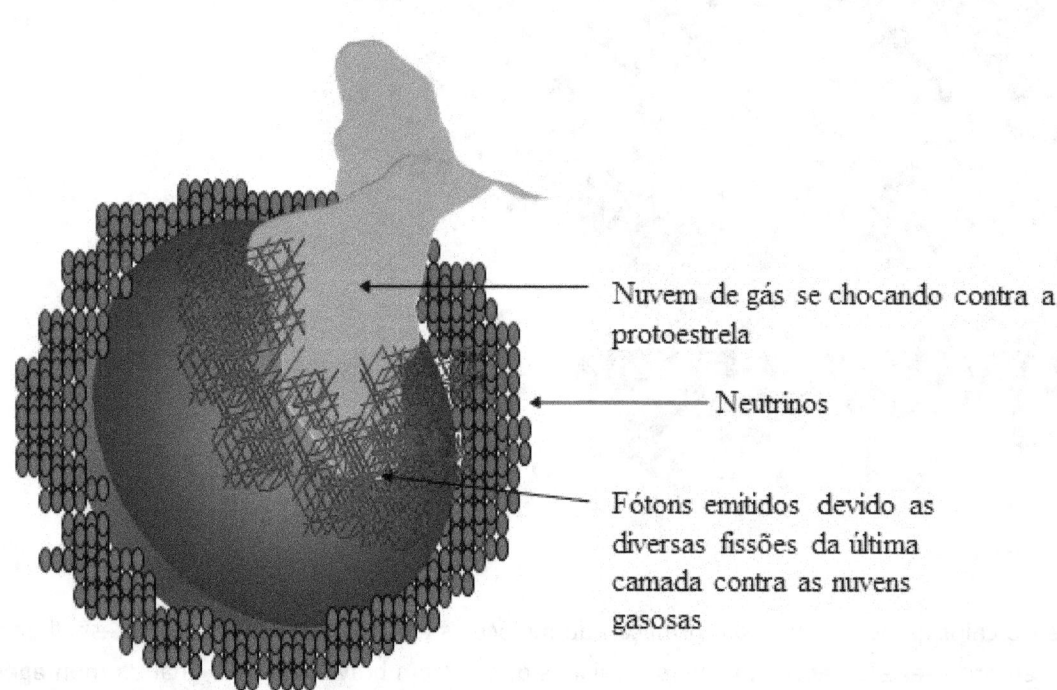

A geração de fissões anunciava que a impermeabilidade da última camada não duraria eternamente. É como diz o ditado: "água mole pedra dura, tanto bate até que fura". E assim, como uma dança de vai e vem, o final da formação de uma proto-estrela marcava o início de sua nova fase, pois há um momento em que o desgaste dos espirais eletromagnéticos é tamanho que ocorre a perda de elétrons (ou dependo do caso, a sobrecarga de elétrons), desestabilizando as zonas nucleicas. Quando ocorre o rompimento do equilíbrio hidrostático, ou seja, quando a pressão da parte de fora passa a ser maior do que a capacidade de estabilização interna, os caroços se comprimem contra as moléculas de hidrogênio e hélio, fazendo com que diversas fusões nucleares ocorram, geralmente transformando boa parte do hidrogênio da última camada em átomos de hélio-4.

Acontece que as fusões não empurram somente os gases para cima, mas à medida em que vão disassociando o hidrogênio e o hélio de sua forma molecular, também empurram a camada debaixo. Logo, a quantidade de energia liberada dentro da última camada devido às fusões geram forças de pressão que a expandem no sentido contrário ao da força da gravidade, mas que também desestruturam os demais cinturões moleculares e caroços que compõem o protonúcleo, dando vida e autosustentação a uma estrela. Através das fusões nucleares a estrela passa então a se encolher progressivamente, à medida em que a sua temperatura aumenta, e com o tempo atinge um limiar, do qual elementos mais simples se fundem para formarem corpos mais complexos e pesados, expandindo a estrela novamente, pouco a pouco.

É relevante dizer que um dos motivos da existência de variados tipos de estrelas é devido a este limiar que pode ocorrer antes, isto é, sem que haja uma desestabilização imediata do equilíbrio hidrostático de todas as camadas debaixo, o que posteriormente irá modificar a complexidade dos elementos que propiciam as fusões nucleares com outros elementos a fim de se tornarem ainda mais complexos.

A sobra de energia que escapa para fora da estrela compõe a chamada zona rádioativa, localizada logo acima da última camada. São necessários, no entanto, milhares de anos para a energia se exaurir desta região por completo, já que os fótons gerados são continuamente absorvidos e reemitidos.

Segundo a Enciclopédia Ilustrada do Universo, a energia que vaza desta zona emerge em uma nova área, chamada de zona convectiva. Significa que imensos fluxos de plasma sobem aos níveis mais elevados e menos quentes, onde se resfriam e mergulham de volta a níveis inferiores mais quentes. É o mesmo processo que ocorre numa panela de água fervendo. Acima desta região a estrela ainda forma a chamada fotosfera, que é composta pelas sobras energéticas sob a forma de calor e luz, que escapam de todas as outras regiões da estrela. É através da fotosfera que observamos o brilho de uma estrela. Vejamos a figura a seguir:

Fig. 40:

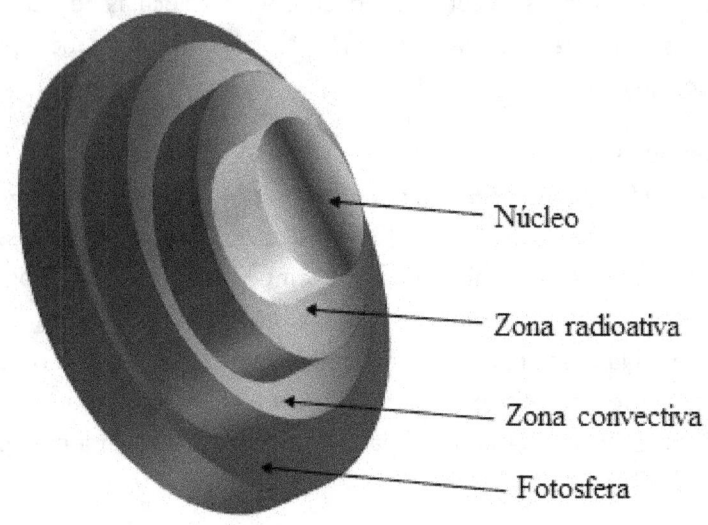

A Era das Trevas termina com o nascimento dos pontos iluminados localizados nos nós da rede de filamento de gases, ou seja, as estrelas. Enquanto isso acontecia, aproximadamente 157 milhões de anos atrás, os núcleos menos densos em fusão (estrelas) continuavam migrando na direção de estrelas mais densas devido à ação da força da gravidade.

2.9 O ciclo de vida e morte das estrelas e suas consequências até aproximadamente 400 milhões de anos de vida cósmica

As estrelas de modo geral possuem um ciclo de vida autossustentável e é através deste ciclo que os elementos mais pesados ganham vida. Cada estrela funciona como uma fábrica de elementos complexos, importantíssima para dar prosseguimento à evolução do Cosmos. Cada tipo de ciclo que surge (os átomos, as moléculas e agora as estrelas) pode ser considerado como o representante vigente da sétima dimensão, uma vez que serão a partir deles que uma continuidade evolutiva universal ocorrerá.

Qualquer estrela está em constante movimento e em constante mudança. De forma geral, o seu deslocamento irá depender da força da gravidade e do meio gasoso/energético onde a estrela se encontra. Já suas modificações internas condizem com os tipos de elementos e suas prévias complexidades presentes nas camadas internas.

O Sol, por exemplo (classificado como uma estrela anã amarela), aumenta pouco a pouco de tamanho e em aproximadamente dois bilhões de anos poderá modificar sua classificação para gigante vermelho, em virtude das fusões nucleares que ele realiza constantemente, que promovem a expansão estelar em um efeito dominó.

O grande poder de uma estrela vem da sua capacidade de gerar energia em abundância novamente. O Universo como um todo estava se resfriando devido à sua constante expansão, iniciada na era da inflação. No entanto, dentro das estrelas, o calor gerado com as fusões logo se espalharia pelo Cosmos, lançando elementos livres inéditos.

Durante o encolhimento estelar e as quebras do equilíbrio hidrostático temos, por exemplo, que a queima (fusão e ionizações) do nitrogênio de uma camada contra o hidrogênio e traços de hélio molecular da camada abaixo tem as propriedades certas para criar o carbono, além de traços de neônio ionizado. Da queima do carbono e do neônio ionizado contra os traços de hélio e do hidrogênio molecular gera-se o oxigênio. O mesmo tipo de fusão também poderia ocorrer durante o movimento de expansão estelar, mas obviamente que se tais evoluções já havia ocorrido durante o encolhimento, então os novos elementos se tornariam cada vez mais complexos. Por exemplo, da queima do carbono e do oxigênio, contra os traços de hélio e o hidrogênio molecular, gera-se o neônio (contendo dez prótons e dez nêutrons) e o magnésio (contendo 12 prótons e 12 nêutrons).

É importante mencionar que durante algumas fusões vários tipos de raios eletromagnéticos são emitidos, inclusive raios gama. Dependendo da camada e do tipo de reação, os raios podem ser emitidos em diferentes frequências eletromagnéticas e ao escaparem também podem mudar de amplitude e intensidade.

Não estaremos demonstrando aqui como todas as reações químicas ocorreram, ou os detalhes da união de cada um dos elementos e emissões dos raios eletromagnéticos passo a passo. Para isto teríamos que dedicar uma obra inteira apenas para a construção química do Universo. Pouco a pouco abandonaremos a forma como as reações químicas ocorreram, passando a descrever apenas os fenômenos físicos mais relevantes, uma vez que a intenção desta obra é fazer com o que o leitor perceba que tal fenômeno é possível e acontece na natureza, para que uma vez convecido disto possa então aplicar aquilo que já foi detalhado e explicado aos outros ciclos evolutivos que aqui serão descritos.

O Universo repleto de estrelas voltava a ficar iluminado. Se pudéssemos observar o Cosmos através de uma visão panorâmica deste instante veríamos os nós dos filamentos gasosos iluminados como os da figura 41:

Fig. 41:

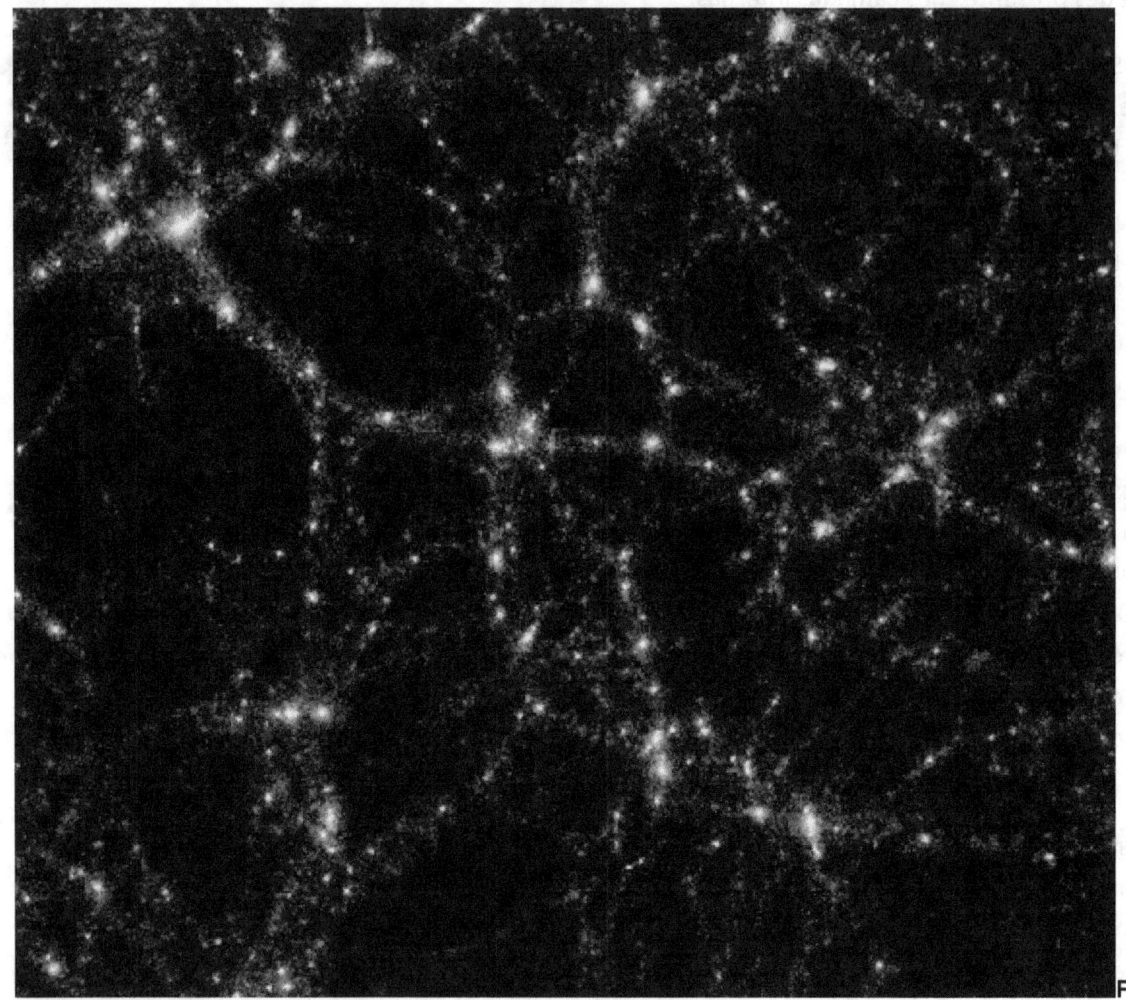

Fonte: www.on.br/.../imagens/filaments-voids.jpg

Cada ponto iluminado da imagem representa uma estrela. A maioria das primeiras estrelas era extremamente grande e quente, conforme explicação da revista Scientific American, e provavelmente isto aconteceu devido às fusões através do rompimento hidrostático realizadas durante o encolhimento estelar – processo este desconsiderado pela maioria das fontes científicas, e geralmente focam nas fusões nucleares propriamente ditas à medida em que a estrela, já encolhida ao máximo, amplia sua dimensão e massa. Nestes instantes, as estrelas variavam geralmente entre 300 até 2.000 massas Solares. A temperatura média da superfície era de 5 milhões de graus celsius e a luminosidade poderia extrapolar 30 milhões de unidades Solares.

Se déssemos uma espécie de zoom das estruturas formadas pelos filamentos gasosos encontraríamos o que a física atual nomeia de berçários estelares:

Fig. 42:

Fonte: http://www.zootropole.com.br/uploaded_images/heic0816a-734489.jpg

Estrelas maiores, com maior número de átomos e, portanto, mais massa, têm menos tempo de vida, pois quanto maior a massa também amplia-se a temperatura e a pressão dentro das camadas nucleares e, consequentemente, o volume de fusões passa a ser muito mais intenso, fazendo com que a estrela queime rapidamente todo os seus elementos mais simples, como o hidrogênio e o hélio.

Também durante a fusão dos elementos os ventos estelares reaparecem devido à expulsão de partículas que sofrem pressões, mas não chegam a se recombinar com outros elementos. Estes corpos que não conseguiam se recombinar com nenhum outro eram novos caroços atômicos gerados no interior da estrela, ou seja, íons e átomos, formando grupos moleculares, com quantidades insuficientes de elétrons ou sobrecarregados dos mesmos a ponto de impossibilitar uma recombinação.

Diferentemente do que ocorre na quebra das camadas proto-estelares onde os caroços estão confinados e geralmente acabam se transformando em novos elementos com as fusões, uma vez pressionados estes caroços vão sendo jogados de um lado ao outro como bolas de tênis, até serem finalmente expelidos da estrela, gerando pequenas explosões e influenciando, assim, o meio ao seu redor. Estes ventos estelares, no entanto, são bem menos agressivos que os ventos proto-estelares, onde estruturas moleculares inteiras eram jogadas para fora de forma constante junto dos neutrinos, de modo que as porções materiais internas que vazam para fora da estrela não necessariamente vão ser arremessadas a partir dos polos estelares (para cima e para baixo, como ocorria na formação em caracol das proto-estrelas), mas abrangerão apenas uma pequena área estelar. Na figura a seguir o Sol serve como o nosso melhor exemplo:

Fig. 43:

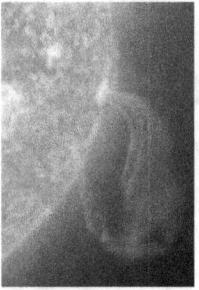

Fonte: http://www.astro.iag.usp.br/~maciel/teaching/artigos/ventos.html

Dependendo da disposição química dos elementos e da dinâmica da evolução das fusões estelares, sempre em que ocorre o início da fusão de um novo elemento químico e o rompimento de seu anel molecular é possível que vários caroços possam escapar ao mesmo tempo, propiciando um vento estelar de maior intensidade, desvirtuando assim a estrutura de outras camadas moleculares e, como consequência, desequilibrando a própria estrela. Apesar deste acontecimento poder caracterizar, portanto, o fim de um ciclo estelar, comumente a morte de uma estrela ocorre apenas quando todo o hidrogênio e o hélio molecular for queimado e todos os elementos simples já tiverem sido transformados em elementos mais pesados e complexos no interior da estrela, ou seja, quando o processo de fusão termina. Isto porque a violência de criação de uma proto-estrela, e a perfeição natural que respeita o peso de cada corpo, raramente faz com que ela erre a composição ao formar do caracol enquanto preenche o nó da rede de filamento de gases.

Camada a camada, sempre no sentido de ampliar a complexidade material, quando todos os elementos mais pesados já foram criados dentro de uma estrela, cessam-se as fusões e o corpo estelar então para de ampliar o seu tamanho. A explosão ocorre, pois a estrela ao ser pressionada pela gravidade, neste instante, age como uma só unidade, quer dizer, apesar dos elementos ainda se situarem em regiões específicas e formarem camadas distintas, não há mais como segurar a pressão gravitacional que atua em todas as camadas ao mesmo tempo, assim como as paredes de um prédio em desabamento tendem a colapsar quando bem construídos.

Logo, a primeira região que sofre o colapso é aquela que recebe o maior peso – as camadas que estão mais próximas do centro. Essas camadas acabam desabando sobre o núcleo através de um fenômeno chamado fotodesintegração. Ele ocorre quando alguns átomos são comprimidos a temperaturas extremas e suas forças eletromagnéticas, além de ampliarem suas frequências ao máximo, perfuram seus próprios núcleos atômicos, às vezes dividindo-os em núcleos menores e menos complexos, e outras vezes desintegrando-os completamente. Vejamos um exemplo de fotodesintegração de um átomo qualquer na figura 44:

Fig. 44:

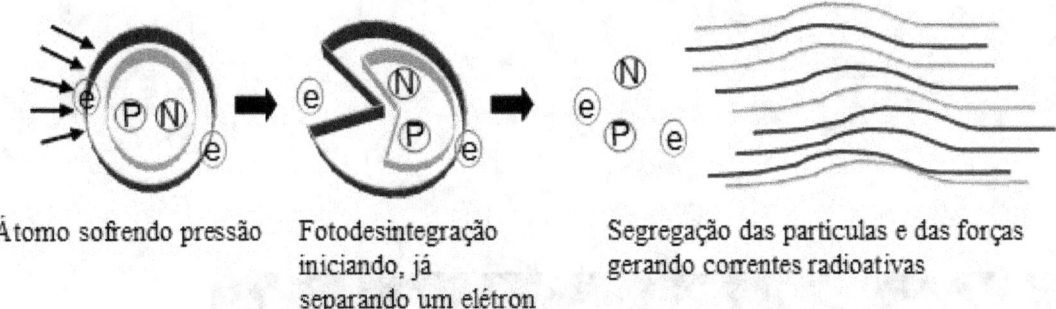

Portanto, a intensidade energética dos fótons contra seus próprios núcleos atômicos e os outros espirais eletromagnéticos é capaz de romper os demais anéis moleculares que ainda permaneciam equilibrados, propiciando um tremor estelar que culminará com um último empurrão interno para fora, muito mais forte e expansivo, dilacerando a estrela.

No entanto, o miolo deste corpo estelar raramente é rompido. Isto acontece porque a pressão das camadas em direção ao centro faz com que este fenômeno fotodesintegrador ocorra por toda a extensão da estrela, colapsando, assim como caixas de diferentes pesos empilhadas podem entrar umas nas outras e a partir daí perderem o efeito camada e se esticarem feito uma onda (efeito rebote), destruindo as outras regiões. Acontece que é no núcleo ou miolo da estrela que está a região mais densa e energética da estrela, e que opera através das fusões de maneira similar à influência que o efeito rebote fotodesintegrador vem causar. Este "choque" não é capaz de matar a estrela, pelo contrário: ele fará com que ela tenha um desequilíbrio necessário para conseguir recombinar os elementos do interior como um corpo inteiro por ainda mais tempo.

E assim, dependendo da massa que a estrela tinha previamente, a sua morte desencadeará um tipo específico de fenômeno. Se for uma estrela menor do que o Sol, por exemplo, ela irá expulsar de uma só vez toda a sua camada externa, que se espalhará lentamente pelo Cosmos em uma fase conhecida como nebulosa planetária.

Fig. 45:

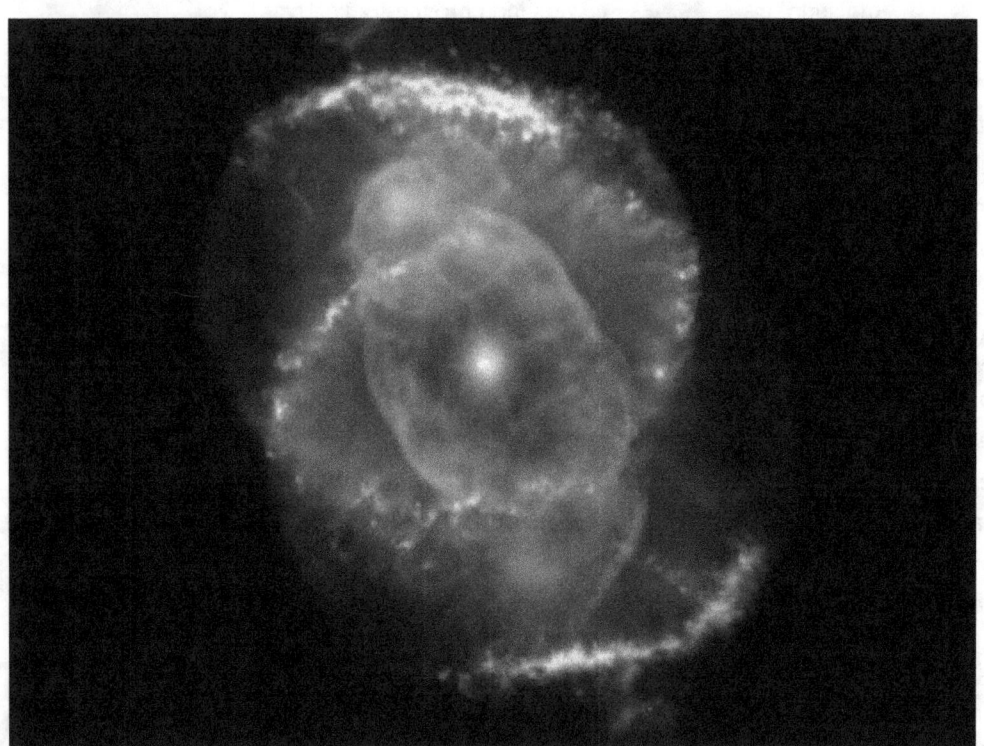

Fonte: http://hubblesite.org

Enquanto isso, a parte interna da estrela (o núcleo remanescente) vai ficando cada vez menor, isto é, as novas recombinações atômicas e moleculares deixarão a estrela mais densa, porém menor. Podemos ver na figura a estrela central da nebulosa planetária, que depois poderá se transformar em uma anã branca, que apesar de muito densa não tem tanto combustível e vai esfriando aos poucos, até se transformar em anã negra e anã marrom.

Porém, quando a estrela é um pouco maior do que o Sol com sua idade atual até 10 massas Solares, então provavelmente depois da geração da nebulosa haverá uma recombinação molecular muito mais abrangente, que com o tempo propiciará fusões similares às do início da formação estelar. Quando isto acontecer a estrela voltará a inchar, o que significa que ela não irá morrer de uma vez. É a partir deste fenômeno que se classificam as estrelas como gigantes vermelhas, já que é esta a coloração que chega até os nossos olhos através dos telescópios na Terra.

Já as estrelas supergigantes vermelhas são ainda maiores em termos de volume, embora eles não sejam as mais maciças. Betelgeuse e Antares são os exemplos mais conhecidos de uma supergigante vermelha. Algumas estrelas, como MU Cephei e VY Canis Majori, são tão grandes que chamá-las simplesmente de supergigantes não dá uma ideia completa de seu tamanho, por isso é comum muitas vezes encontrarmos o termo hipergigante vermelha para nos referirmos a elas, conforme explicação encontrada no site ciência.me.

Fig. 46: Gigante vermelha Betelgeuse, da constelação de Órion.

Fonte: http://hubblesite.org

Tornar-se um gigante vermelho parece ser o destino do Sol, dependendo da disposição dos seus elementos internos assim que as fusões cessarem e se a pressão da gravidade fizer as camadas se colapseram umas sobre as outras. No entanto, nestes instantes, como a maioria das estrelas possuía não dez, nem 20, mas centenas de massas Solares, quando o combustível se esgota ela se torna tão instável devido à quantidade material que colapsa sobre o núcleo, que propicia uma morte violenta e espetacular, expulsando para o espaço até 90% da matéria original. Este fenômeno é então denominado de hipernova, e se considerarmos as estrelas um tanto menores, mas que ainda produziam um fenômeno similar, classificam-se como supernovas e então novas. Vejamos a seguir a foto da explosão de uma estrela do tipo supernova:

Fig. 47:

Fonte: Google imagens

Em uma hipernova, a violência da colossal explosão é capaz de ejetar o material no Espaço com velocidades de 70 milhões de km por hora. O flash produzido por ela é mais brilhante que um trilhão de sóis e a luminosidade irá perdurar mais tempo do que poderemos contar. Isto porque quase toda a energia contida no interior da estrela hipergigante é jorrada com extrema força para fora e, assim, toda a matéria existente e os elementos novos mais complexos promovem o enriquecimento químico do Cosmos.

O disco de gás que circundava a estrela, localizado no nó do filamento de gases, se alastra com a força do estouro. Muita poeira também é gerada devido ao atrito explosivo. Mas a produção dos elementos inéditos não para por aí. É a morte de uma estrela que promove a geração de elementos ainda mais pesados do que aqueles já gerados, como o mercúrio (contendo 80 prótons e 121 nêutrons), o chumbo (contendo 82 prótons e 125 nêutrons), o bismuto (contendo 83 prótons e 126 nêutrons) e o urânio (contendo 92 prótons e 146 nêutrons), por exemplo. Isto acontece porque durante a explosão uma espécie de recombinação dos elementos é propiciada, uma vez que o ambiente está tão energético que se parece com o plasma quark-glúon do princípio do Universo, onde ionizações e fusões podem transformar o material pesado em outros elementos mais complexos. Vejamos na fotomontagem a seguir uma espécie de ampliação da foto anterior:

Fig. 48:

Fonte:http://www.odec.ca/projects/2007/joch7c2/images/huge-black-holes-stifle-star-formation_2.jpg

Se os elementos mais complexos são gerados neste instante, obviamente que elementos intermediários também têm a possibilidade de se recombinar e de se constituir, por exemplo, o xenônio (contendo 54 prótons e 78 nêutrons) e o bário (contendo 56 prótons e 82 nêutrons). O Universo certamente evoluía rumo à ampliação da gama e complexidade dos elementos materiais. Vejamos na foto a seguir o registro da Nebulosa do Caranguejo, remanescente de uma supernova que se estende por dez anos-luz – resultado de uma nuvem de poeria, plasma e gases gerados na explosão de uma estrela.

Fig. 49:

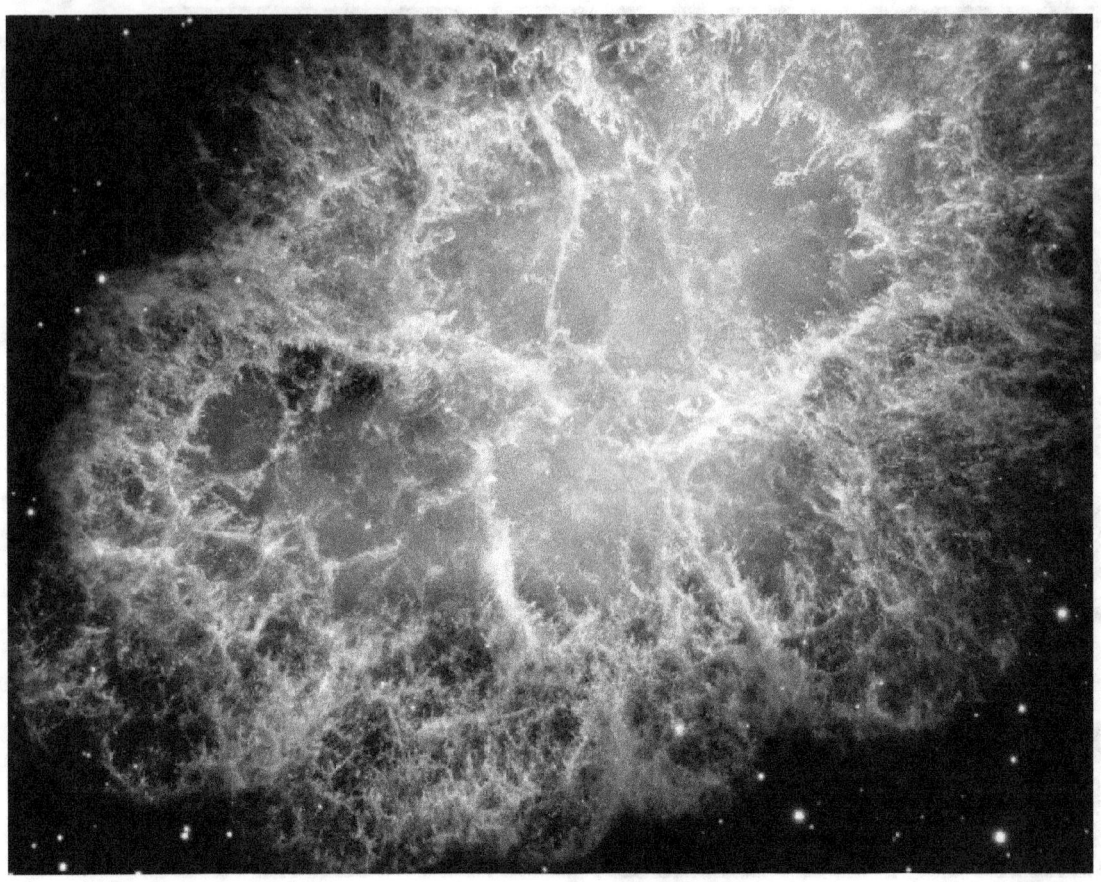

Fonte: https://academics.skidmore.edu/weblogs/students/scheng/Supernova.jpg

A Nebulosa do Caranguejo foi escolhida por ser uma das explosões estelares mais conhecidas da atualidade devido à nitidez da captura de suas imagens. Esta foto nos dá uma ideia de como fica desenhado o cenário após a explosão de uma estrela, ainda que a dimensão, as cores e os formatos são particulares em cada explosão.

Depois de muitos anos a força de arrasto e a potência se perdem, mas os elementos expelidos continuam se movimentando, agora através da ação da gravidade. Enquanto as hipernovas têm o poder de, ao jogar o material para longe, fundir os átomos e formar elementos inéditos mais complexos, a gravidade, em sua lenta dança, poderá reunificar a matéria novamente, empurrando os declives espaço-temporais menos maciços e tudo o que eles contêm na direção dos declives espaço-temporais mais densos e profundos.

2.9.1 As estrelas de nêutrons e os buracos negros

Como foi dito, quando a região do núcleo de uma estrela gigante promove o seu efeito rebote gerando a explosão, ela não estoura desde o seu miolo, isto é, a explosão ocorre a partir de algum ponto além da região mais central e, portanto, não afeta o núcleo da mesma maneira como no restante da estrela. No entanto, no miolo remenescente, que contém elementos mais pesados, a exemplo do ferro, a pressão de degenerescência dos elétrons não é mais suficiente para manter o núcleo estável; então os elétrons são capturados pelos prótons, originando nêutrons, e o resultado é uma estrela composta de nêutrons basicamente, extremamente densa. Mas é somente quando este miolo ultrapassa 2,2 massas Solares que a pressão de degenerescência dos nêutrons entra em cena, o que significa que o núcleo da estrela não conseguirá se manter estável e se recombinará infinitamente em um estado ondular mais fluído, tornando-se cada vez mais denso, continuando a colapsar dentro do tecido espacial e dando origem, assim, a um buraco negro.

Antes da explosão a velocidade de rotação da estrela se amplia devido à pressão exercida pela gravidade e, após a explosão, a estrela continua girando graças à conservação do momento angular. Porém, a diferença é que como agora elas terão tamanho reduzido; na maioria dos casos, as estrelas de nêutrons aceleram para algo em torno de 700 vezes por segundo, velocidade esta que vai diminuindo à medida em que o diâmetro da estrela se alarga. A figura abaixo demonstra a estrutura de uma estrela de nêutrons originada logo após uma supernova:

Fig. 50:

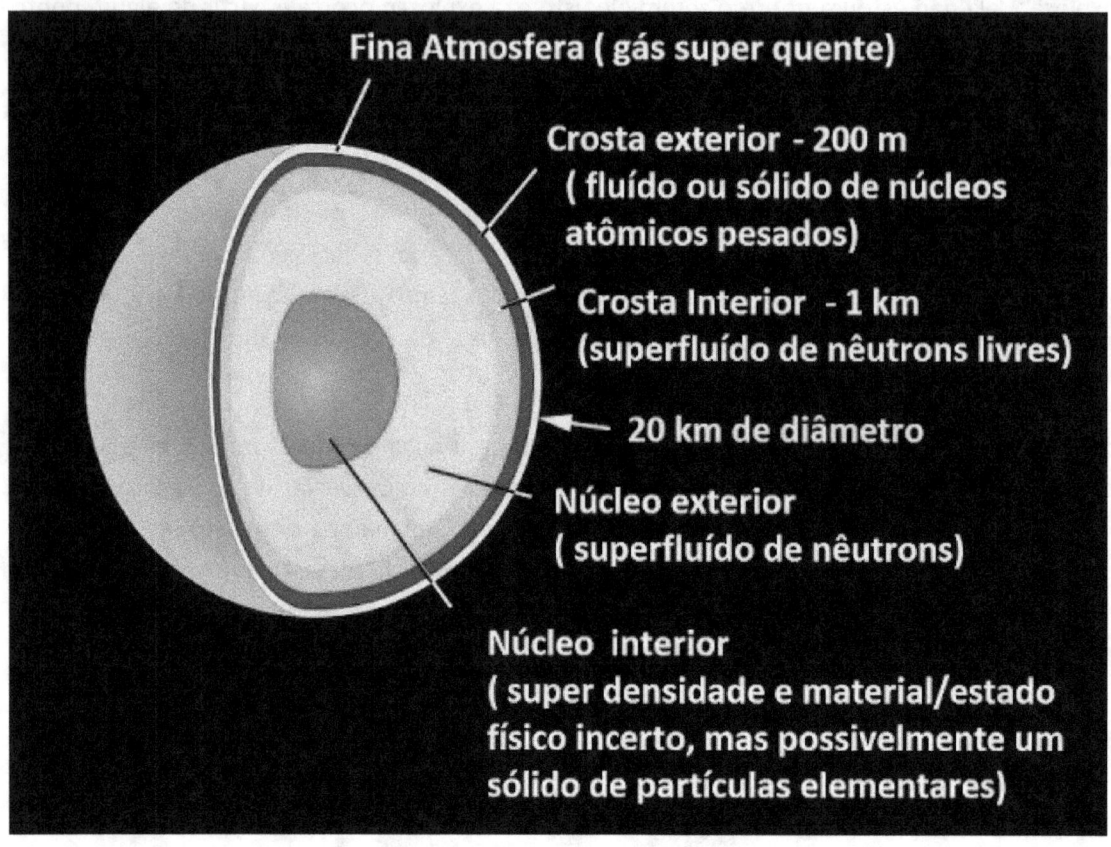

Fonte: http://www.saberatualizado.com.br/2016/07/o-que-sao-as-estrelas-de-nêutrons.html

As estrelas de nêutrons foram as primeiras porções materiais que surgiram, e apesar da grande densidade formavam uma esfera relativamente pequena. O raio de uma estrela de nêutrons de menor porte nesta época tinha em média 16 km de diâmetro. Seu tamanho era minúsculo se compararmos com o raio do Sol, por exemplo, que tem 1,4 milhão de quilômetros de diâmetro. No entanto, mesmo sendo muito mais compacta que o Sol, a estrela de nêutrons de menor porte é mais massuda. Para se ter uma ideia, 1 cm³ de uma estrela de nêutrons pesaria o equivalente a 100 milhões de toneladas. Logo, o Universo pela primeira vez estava diante de corpos realmente pesados que desafiavam a mabeabilidade do tecido espacial.

Acontece que uma estrela de nêutrons de grande porte continua ampliando a sua densidade ao longo dos anos devido ao processo degenerativo atômico (que tem algumas características similares ao estado líquido da matéria), fazendo com que as linhas de força fraca e energia gerem correntes que ocupam um lugar no espaço bem menor do que os corpos gasosos ou sólidos. Se pudéssemos encher uma colher de chá (cerca de 5 ml) com o material de uma estrela de nêutrons teríamos uma colher que poderia estar carregando mais de 5,5 bilhões de toneladas de massa! Portanto, a densidade dessas estrelas é comparável com a densidade do núcleo atômico dos átomos, e na região mais central, da figura em vermelho, pode até mesmo ultrapassar tal densidade. A seguir a fotomontagem de uma estrela de nêutrons:

Fig. 51: - Representação artística de uma estrela de nêutrons

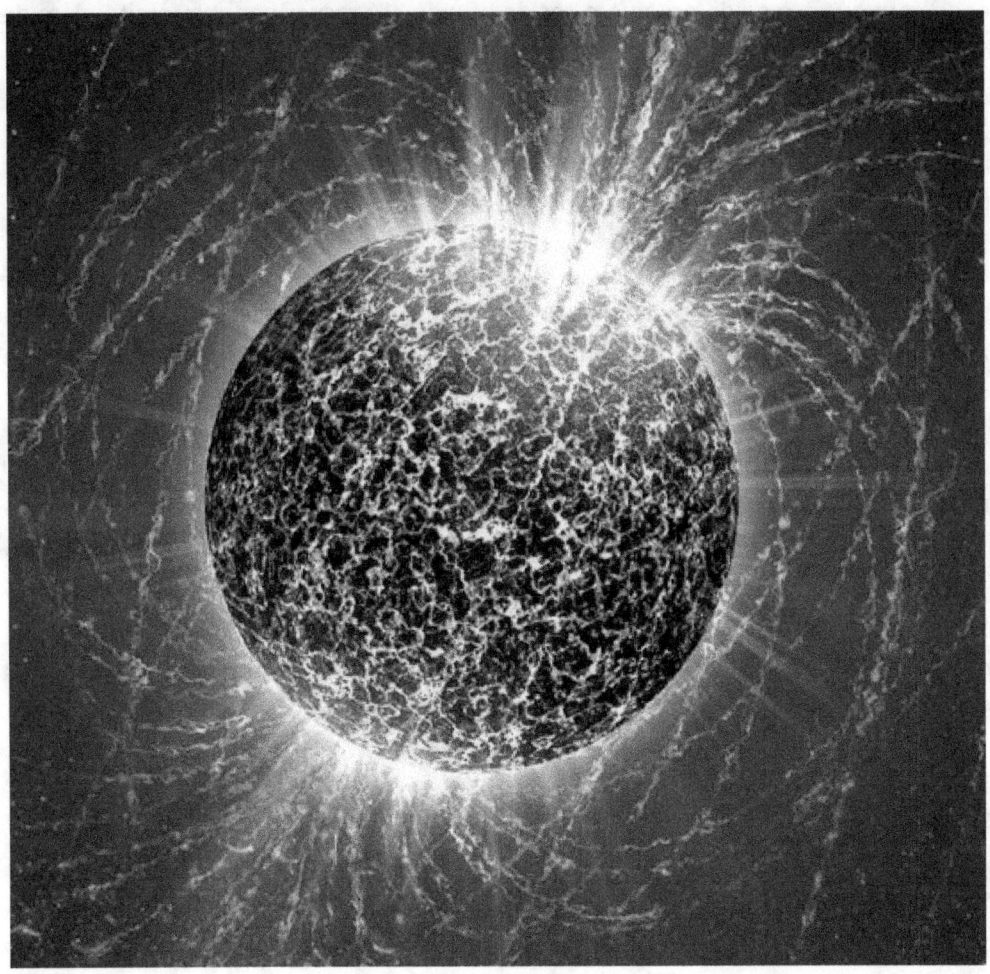

Fonte: Casey Reed, cortesia da Penn State University, USA

A luz emitida pelos polos atinge diferentes direções no Espaço, sendo assim, só podemos detectar as estrelas de nêutrons quando a luz emitida pela estrela está apontando na direção do nosso planeta. Essa radiação recebe o nome de pulso, pois chega até a Terra como uma série de pulsos eletromagnéticos. As estrelas de nêutrons que emitem pulsos de radiação a intervalos regulares são conhecidas como pulsares, como explicado na Enciclopédia Ilustrada do Universo. Como as estrelas de nêutrons produzem um campo magnético, também ficaram conhecidas como magnetares.

O aglomerado de nêutrons que segue ampliando sua densidade e afunda o tecido espacial por alguns milhões de anos faz com que ele atinja o seu limiar de sustentação natural, e passa a ser denominado como buraco negro ou singularidade. Podemos imaginar a gravidade como um "tecido elástico" muito especial, que ao se esticar influi nos arredores através das ondulações gravitacionais, mas não ao ponto de desestruturar este tecido por inteiro, mas somente em uma área um pouco superior ao diâmetro estelar, fazendo com que à medida em que o tecido afunde até rasgar nenhum efeito além de ondulações gerais ocorra para o restante do Universo.

Como nesta época eram as estrelas hipergigantes e hipermassivas que dominavam o Espaço, a formação das estrelas de nêutrons maiores e muito pesadas, capazes de originarem os buracos negros, era um evento bem mais comum do que as estrelas de nêutrons menores e menos massivas (e que não chegavam a romper o limiar de estiramento do tecido espacial).

Com 410 milhões de anos de vida, o Espaço ficou permeado de poeira e gases do remanescente de diversas hipernovas e supernovas, geradas após a morte das estrelas. A força que rege o Universo (a gravidade ou a energia escura), continuando a realizar a sua expansão, reunificou para os mais densos declives espacias a matéria que havia se espalhado.

Diversos filamentos gasosos são novamente formados e os novos "nós" ou regiões mais densas surgem no Cosmos novamente. No entanto, o número de nós agora, além de ser muito maior, abrangia profundidades muito distintas, visto que os elementos mais pesados já estavam presentes no Universo. Isso faz com que estes gases formem ao longo do tempo uma quantidade similar de conglomerados gasosos, porque se por um lado havia muito mais elementos e matéria, por outro lado as distâncias devido às diferenças entre as massas, ampliando o hiato "latitudinal e longitudinal", e a contínua expansão do Cosmos que já surtia efeito, dificultava a ligação entre eles.

Apesar da estrela de nêutrons possuir a estrutura necessária (com, por exemplo, uma crosta eletrônica ferrosa) para conter a pressão de uma nuvem de gases e poeira por tempo indefinido os elementos externos do Cosmos não chegavam a tocá-la devido à velocidade de rotação que possuíam (os corpos mais próximos da sua superfície podem ser acelerados a velocidades de 100000 até 150000 km/s somente, mas a estrela de nêutrons é capaz de promover uma aceleração da gravidade por volta de 10000000000000 m/s2, o que significa dizer que qualquer corpo que chega próximo demais é degenerado instantaneamente).

Se apenas houvesse um buraco negro, toda a matéria existente no Universo orbitaria à sua volta. Como havia um número imenso de afundamentos progressivos do tecido espacial, as porções materiais relativamente mais próximas a cada superdeclive passaram a orbitar seus respectivos buracos.

Assim, a matéria que vai sendo acretada não se precipita diretamente dentro do buraco negro, mas vai formando um disco cada vez maior. Será sempre o ponto mais central que se torna cada vez mais denso, fazendo com que o restante do material não consiga se dirigir para o miolo. Haverá então um deslocamento do material remanescente para o lado, que faz com que ele permaneça em uma trajetória espiralada, influenciando todas as demais porções materiais que vão se aproximando.

À medida em que a matéria espirala em direção ao buraco negro ela é aquecida por fricção e emite radiação, principalmente na frequência dos raios-X, como se observa na Enciclopédia Ilutradado Universo. Vejamos a fotomontagem abaixo, representando um buraco negro:

Fig. 52:

Fonte: http://news.mit.edu/2017/black-hole-choking-stardust-0315

O buraco negro atinge a sua profundidade limite entre 50 e cem milhões de anos, dependendo da massa da estrela que o formou inicialmente. A total evolução de um buraco negro é o seu colapso gravitacional completo, ou seja, o rombo no tecido espacial, de uma área um pouco superior à estrela de nêutrons progenitora. Antes de entendermos este fenômeno tão importante e crucial para a evolução do restante do Universo é preciso observarmos o desenvolvimento do Plano Interior até este mesmo instante da história de nosso tempo, ou seja, até aproximadamente 500 milhões de anos de evolução mundial.

3 O Plano Interior (*Inner*)

Excepcional e espetacular foi a conscientização do ser Uno, antes do Big Bang, quando ainda não havia separação energética (entre a luz interior e a luz exterior), mas já se sabia que haveria. Esta "capacidade de leitura" logo é deixada de herança para a luz interior, que diferentemente da luz exterior... pensa.

E depois de três passos nasce a quarta dimensão, a dimensão do pensamento consciente, ou seja, uma ramificação da propriedade divina original que opera por si própria para auxiliar na formação e no desenvolvimento de um dos três planos (lugar, *Outer* e *Inner*), ou nos três planos ao mesmo tempo.

Então, este saber consciente na forma de uma luz espiralada, a princípio, a exemplo do reflexo de tudo aquilo que é material e nasceu a partir de um "raio gama" por assim dizer, pode aprender o que é ser a própria matéria! Pode perceber qual é a sensação de estar na casa do "vizinho" e assim também posteriormente, o que significaria materializar o pensamento, pois mesmo que ainda fosse embrionário demais, este foi o instante que propiciaria todo o crescimento da luz interior.

Portanto, as luzes interior e exterior nascem no mesmo ambiente e somente depois com o surgimento da dimensão cíclica temporal é que a separação em definitivo entre *Inner* e *Outer* se concretiza.

Como um espelho do Plano Exterior, o *Inner* evolui sempre em busca de elevar o próprio pensamento, isto é, ele segue a intuição de expressar-se (através da criatividade para solucionar seus problemas evolutivos), enquanto luta para reconhecer a si próprio, o que difere obviamente do caos, que apesar de ter um balanço perfeito não pode antever suas ações.

Podemos nomear o Plano Interior de plano metafísico e suas porções energéticas de antimatéria, porque a partir do momento em que o Plano Interior surge não existe formato em sua composição – apenas energia pura. Metafísico quer dizer além do corpo, já antimatéria é o nome dado às porções energéticas equivalentes às porções materiais.

Isto significa que até a formação dos átomos, à medida em que *Inner* e *Outer* foram se desenvolvendo, partes iguais de energia foram sendo designadas aos dois planos, o que é a mesma coisa que dizer que existia um terço da energia total designada para cada plano, desconsiderando o infinito. E assim, se porções energéticas iguais são designadas para planos distintos, mas do lado do Plano Exterior um átomo espera trombar com partículas similares para abrir cavidades maiores no tecido espacial, o outro plano irá se manifestar através da emissão de um pensamento mais fluído, ou consciência. Mas a diferença é que o Plano Interior se alimenta de energia; ele consegue absorver qualquer tipo de energia que seja compatível à composição antimaterial, no caso, a energia da própria gravidade. Isto implica que este plano evoluirá mais rapidamente sob o aspecto "físico", o que certamente dá base para uma maior evolução reflexiva.

Autoconhecimento e expressão através da materialização dos pensamentos é o caminho encontrado pelo *Inner*, portanto, é tão justo que pode alinhar-se com a verdade à medida em que evolui. E para chegarmos ao final da evolução antimaterial, quer dizer, dos mecanismos que constituem a consciência em seu próprio plano, é preciso viajarmos pela história de seu desenvolvimento intuitivo, os caminhos que lhe proporcionaram um entendimento do Plano Exterior, da gravidade e de tudo aquilo que lhe cercava, garantindo assim a própria libertação ou autoconhecimento.

3.1 As propriedades da luz interior

Enquanto a essência da luz exterior são os saquinhos de energia chamado de fótons e a essência do som são os saquinhos de energia chamados de bósons W e Z, similarmente, a essência da luz interior também são saquinhos de energia que neste estudo chamaremos de antifótons. Pensamentos se manifestam como resultado da evolução destes saquinhos energéticos que se combinam e "grudam" uns aos outros, assim como a corrente eletromagnética é o resultado do movimento da luz exterior, por exemplo.

A luz interior, a princípio, também era um raio de luz elétrico que, no entanto, estava carregado positivamente. Isto porque a luz (completa) possuía ambas as cargas, negativa e positiva, mas à medida em que a luz interior e a luz exterior foram segregadas e migraram para lados opostos, dividiu-se também suas cargas.

Lembremos que eletricidade são pedaços ou porções de energia que se movimentam. Os saquinhos de energia da luz interior ou antifótons possuem carga elétrica positiva e uma quantidade considerável de antifótons (em movimento espiralado no *Outer*), ou formando um bloco unificado no *Inner*, criam uma corrente carregada eletricamente.

A essência da luz interior é a consciência, pois cada pensamento é passível de percepção, de modo que mesmo que este pensamento ainda não estivesse "revelado" já havia algo "subconsciente" a respeito do entendimento de que a maior concentração energética deveria ser destinada para melhorar a percepção daquilo que pairava à sua frente (a energia da gravidade), ao invés daquilo que acontecia no Plano Exterior (uma espécie de memória em relação ao início de uma vida em outro plano antes do surgimento da sétima dimensão).

Outra propriedade da luz interior é a capacidade de interpretar sons e imagens, ou talvez esta seja apenas mais uma forma de embasar o significado a respeito da percepção ou consciência. Para se conhecer é preciso de um código, é preciso que o receptor da mensagem entenda aquilo que foi transmitido pelo gerador destas imagens ou sons. Sem símbolos não há comunicação. Isso significa que ao analisar os próprios pensamentos (memórias) a consciência pode usar dos artifícios da mente, de todos eles.

Sabemos que se a luz interior tivesse migrado para compor o seu plano imediatamente após o Big Bang, as ondas de som ou a força forte não teriam existido. Isto teria consequências desastrosas para o Plano Exterior. E, não que a luz interior havia se inteirado de tudo isto, pois seu desenvolvimento consciente fora gradual, mas logo de início já havia a intenção de pensar a respeito da própria presença e o que ela significava em relação aos acontecimentos e à realidade que a envolvia.

3.2 O desenvolvimento da Força da Consciência até o terceiro minuto de vida interior

Inicialmente, a luz interior mais fazia do que analisava ou pensava. Como um animal, que tem o poder para pensar, mas geralmente não sabe o que está pensando plenamente, a luz interior continuou sua evolução de acordo com a programação inerente realizada no momento Uno.

À medida em que a dimensão da luz interior se amplia, no entanto, alimentando-se de porções do tecido espacial (relativo à parcela destinada ao Plano Interior após a era da inflação e o movimento de divisão entre os planos), a consciência e a fluidez de pensamento dentro do *Inner* se torna mais abrangente. Deste modo, é possível agora evoluir em duas frentes: a primeira através da utilização da memória, para tentar compreender o passado e, especificamente, "o trauma" daquilo que ficou como visão e percepção no momento do nascimento, enquanto a segunda frente evolutiva é realizada através do ato de extensão antimaterial propriamente dito, que consistia em acumular energia, transformando a gravidadade em antimatéria para a geração de pensamentos.

Apesar de pensamentos cada vez mais conscientes, a cada rotação da roda da vida, que ampliava o lugar e com isso ampliava a ilha (contendo os dois planos, interior e exterior) a inteligência que comandava o *Inner* ainda era praticamente inerente, porém a grande vantagem da luz interior em relação às outras dimensões é o seu poder cumulativo, pois apesar de não existir mais um espiral de luz interior, podemos dizer que havia "gomos de energia antimaterial" que ampliavam o seu tamanho conforme se agrupavam.

Enquanto a força eletromagnética precisa de três dimensões para se movimentar, e o mesmo ocorre com a força fraca e a forte, o pensamento dentro da Força da Consciência pode se movimentar para um lado e para o outro, para cima e para baixo, para frente e para trás, mesmo estando "parado", isto é, mesmo que não haja pontes físico-químicas entre estas regiões. Mas é claro que existem disposições físicas no *Inner* que levam a uma melhor eficiência de seus atos, principalmente a partir do instante em que o próprio Plano Interior começa a dividir-se em grupos antimateriais para analisar e concluir, bem como respaldar e vigiar estas análises e conclusões, de modo que praticamente metade do tempo de evolução do *Inner* é um rearranjamento físico de seu próprio acúmulo antimaterial.

Com o passar de mais um minuto, ao invés de apenas uma porção antimaterial destinada para a memória e outra para atuar fisicamente no ganho energético (devorando a força da gravidade), era possível selecionar agora também uma região maior para interpretar os resultados obtidos por estas duas rotinas operacionais.

A vantagem da energia interior, como já foi dito, era o seu poder cumulativo, pois por mais que o *Inner* somente entendesse o motivo de determinada ação depois de realizá-la, também memorizava o acontecimento e com isso poderia extrair informações destes fatos ocorridos. Tal interpretação das realizações passadas durante períodos menores lhe garantiria inúmeras vantagens econômicas posteriores. O "trauma" do nascimento em "outro mundo", por exemplo, foi aos poucos perdendo relevância em comparação ao tamanho da memória para tratar de manipulações energéticas metafísicas mais objetivas e cotidianas.

Se no *Outer* observamos o surgimento dos neutrinos do elétron que se transformaram em partículas mais pesadas através da multiplicação material, no *Inner* acreditamos que todas as porções energéticas foram se acoplando às porções energéticas anteriores, somando-se assim umas às outras.

Porém, nem todo rearranjamento antimaterial ocorre de forma igual e durante a somatória energética de algumas partículas antimateriais alguns sons são emitidos. Isto abre as portas para que o pensamento se materialize a respeito de algo inédito, o que em outras palavras podemos dizer que esta foi a primeira vez que a Força da consciência indagou-se a respeito de alguma coisa. Enquanto a luz exterior alastrava-se como um raio poderoso, forte e vibrante, o som possuía características distintas, tinha um balanço, um molejo muito mais sutil. Por possuir um ritmo próprio, o som era uma energia dançante, e através de suas propagações ritmadas ele evoluía completando seus espirais.

A luz interior ainda não conseguia produzir qualquer tipo de som fisicamente, sendo que todos eles ocorriam ao acaso, mas depois de algumas tentativas conseguiu reproduzi-los mentalmente. Se o leitor tentar imitar qualquer som apenas dentro da cabeça, como uma buzina ou um pássaro, conseguirá reproduzi-lo imediatamente. Você pode não ter escutado o som do pássaro ou da buzina, mas pode 103eproduzi-lo. Algo similar fez a Força da consciência neste instante, que testou a sua capacidade mental sonora de acordo com o tipo de experiência que lhe parecia ser mais natural.

E assim, à medida em que o Plano Interior evoluía, acoplando mais gomos de energia consciente, ia também refinando seu pensamento. Portanto, enquanto o plasma quark-glúon se desenvolvia no *Outer* neste instante, realizando suas inúmeras interações físico-químicas, no *Inner* em equivalência o que havia era um enorme amontoado luminoso (de coloração violeta e branco), que se expandia conforme se dava a expansão do plano 1 - lugar.

3.3 A evolução da Força da Consciência até 400 mil anos de vida espiritual

O primeiro feito mais relevante do Plano Interior foi começar a dividir e organizar "a própria casa", isto é, fazer com que pudessem existir ligações entre a memória e o ato de promover o próprio crescimento antimaterial. Esta automatização seria crucial para alavancar o aprendizado do *Inner* em relação às melhores maneiras de manifestar a própria evolução.

O acúmulo de poder da Força da Consciência se dava através da transformação do tecido espacial em energia antimaterial, mas como agora havia uma sede analítica do pensamento que organizava as demais regiões pensantes, também surgiram aos poucos reflexões mais aprofundadas a respeito da necessidade de tal ação incessante. Isto levou o Plano Interior a formular posteriormente alguns questionamentos existenciais.

E assim, aliando a experimentação e o pensamento reflexivo, momentos de clareza eclodem até que a certa altura um paradigma pode ser quebrado. Depois de tanto refletir a respeito do poder da sutileza luminosa e do fato de que nem toda a energia direcionada para "escavar" ou romper o tecido gravitacional através da concentração de raios antifótonicos seria o movimento mais eficaz para englobar tal energia foi que o *Inner* pôde obter uma nova relevância. Isto porque, se por um lado a sutileza da emissão da luz interior não traria mais energia imediatamente para compor o próprio Plano Interior, tais experiências e principalmente tal mudança de paradigma foi capaz de gerar novos pensamentos, e a partir daí algumas descobertas e memórias surgem e acabam sendo cruciais para a evolução intelectual do Plano Interior.

Portanto, o Plano Interior começava a realizar experiências mentais e físicas (através de raios mais sutis de luz interior) sobre a gravidade, que era a base de sua operação "alimentar" diária. Logo, isso fez com que ao passar do tempo o *Inner* percebesse também a sutileza de um pensamento para a construção uma realidade, ao invés da outra. E notemos que a diferença básica de uma Força Consciente para nós, por exemplo, que somos animais conscientes, é que uma Força experimenta tudo o que ela pensa; ela concretiza o pensamento, enquanto nós geralmente ficamos esperando um desfecho sem propósito algum, a esmo (como se a própria energia não estivesse contida na consciência em si).

E entre tantas inúmeras reflexões, buscando ainda conhecer mais sobre aquilo que estava além da luz interior, ao invés de si mesma, a força da consciência direcionou seus esforços ao que mais lhe intrigava a cada novo aprendizado, e descobria que uma nova resposta abria a senha para mil novas perguntas. Com o passar dos anos, isto fez com que outras memórias fossem acessadas e retomadas, mas uma ideia principal é capaz de ganhar bastante força a ponto de definir uma nova tendência, e também uma nova realidade para o Plano Interior.

Ao priorizar uma dada parcela antimaterial que se dispôs a armazenar pensamentos a respeito das "voltas espiraladas" durante os instantes seguintes ao Big Bang, a reflexão do porquê elas teriam existido e sido extintas foi capaz de ocupar a Mente Superior. Ora, se bastou algumas voltas espiraladas para provocar a separação dos planos, isto indicava que cada volta (ou ciclo) tinha condições de propiciar algum tipo de evolução dentro do *Outer*. O final de um ciclo seria o pontapé inicial de outro ciclo, garantindo assim a evolução da matéria de modo geral. É assim que a Força da consciência compreende que o seu funcionamento deveria ser semelhante ao que acontecia no *Outer*, por mais que não houvesse ciclos separados do todo antimaterial.

No *Outer* não há como um núcleo se constituir se antes não existirem três quarks realizando interações com as forças eletromagnéticas, fracas e fortes. Já no *Inner* a evolução também é gradual, mas nada está separado; todas as porções antimateriais se complementam. É aí também que está contida a principal diferença entre a física e a metafísica, entre o corpo e a consciência. No Universo a evolução ocorre através da multiplicação material, a geração de cada vez mais corpos, enquanto na Consciência ocorre a geração de apenas um ser.

Analogamente é como se imaginássemos dois quebra-cabeças distintos e então, no *Inner*, uma peça é encaixada após a outra, de modo que todas se acumulam e se expandem concomitantemente, mas no *Outer* tivéssemos que montar um quebra-cabeças com conglomerados cada vez maiores, porém separados uns dos outros, como demonstra o exemplo a seguir:

Fig.53:

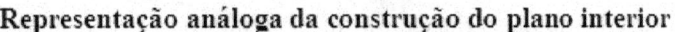

Representação análoga da construção do plano interior

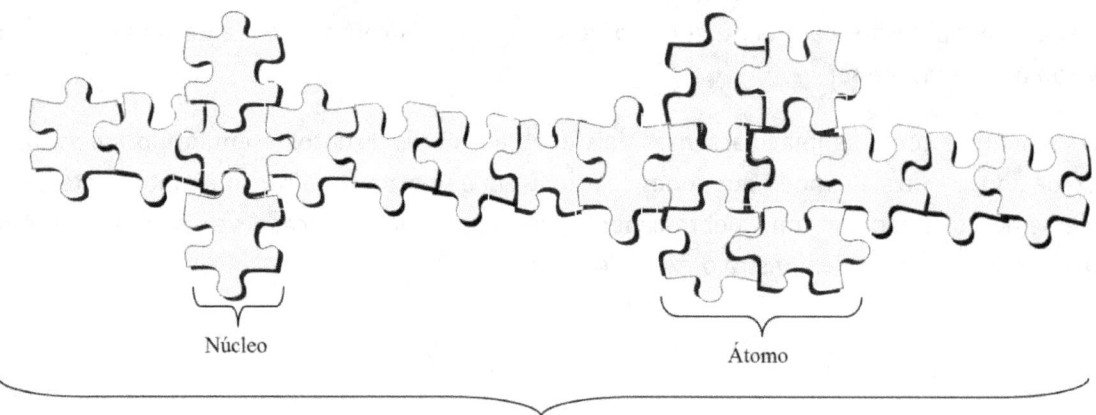

Representação análoga da construção do plano exterior

Núcleo

Átomo

Ciclo de tempo de maior abrangência

Com um pouco menos de 50 mil anos de vida interior nenhuma porção antimaterial possui um tempo de duração diferente do outro, mesmo porque toda esta energia encontrava-se unida. O fato de não precisar esperar um ciclo acabar para evoluir ao próximo passo garante uma autonomia muito maior ao Plano Interior. Assim, não existem mil ou cem mil anti-quarks, por exemplo, mas existem quantidades de energia equivalentes ao tanto de quarks do *Outer*.

E entendendo aos poucos as outras dimensões devido ao pensamento que ficou armazenado antes da separação dos planos, a Força da Consciência ia compreendendo melhor o seu próprio funcionamento, descobrindo-se, fazendo experiências que ela mesma não sabia que seriam úteis ou possíveis. Por exemplo, percebeu que podia reproduzir o som não apenas mentalmente, mas também fisicamente, o que indicava que a capacidade sonora era, sim, uma ramificação de sua propriedade e que ela mesma não estava ciente totalmente da sua própria essência.

E assim, conforme evoluem, os pensamentos conscientes se utilizam da sua capacidade de memorização, retornando a instantes anteriores para analisar fatos que ocorreram, ligando acontecimentos que vão aos poucos, através da tentativa e do erro, aprimorando o conhecimento de si próprio. Toda a aprendizagem se traduz nestes instantes na maneira de como este "Antiverso" pode ser melhor manipulado e conduzido para que assim o mesmo cresça e evolua.

Sabendo que não tinha mais contato com as outras dimensões, pois teoricamente não necessitava de ciclos para evoluir, e que desta forma podia prosseguir independentemente, compondo seu próprio ambiente, o *Inner* passou a tentar recordar como havia sido a divisão de planos propriamente dita. Porém, ao recorrer a um pensamento emitido no exato instante da separação dos planos, percebeu que não havia nenhuma informação daquele momento. Era como se um branco tivesse apagado sua memória, ou como se analogamente sua memória fotográfica tivesse ficado sem filme neste exato momento. Não havia nada que pudesse através da memória pensante esclarecer ao Plano Interior o que propíciou tal divisão.

Interiorizada, a consciência ampliava o sentido de existência do Plano Interior, partindo agora para o seu mais novo questionamento, e constatou que para resolver este mistério precisava então recorrer à memória de suas sensações físicas, ou seja, sensações anteriores à separação dos planos, quando ela ainda era um espiral elétrico luminoso. A primeira sensação que se recordou foi também a mais marcante, pois havia ocorrido um corte do espiral de luz interior e nele uma pequena parcela se perdeu, permanecendo no *Outer*.

A primeira coisa então que o *Inner* fez foi tentar realizar um contato mental com estas porções conscientes. Inúmeros tipos de esforços pensantes e meditativos foram realizados, até que o *Inner* chegou à conclusão de que os antifótons que havia se perdido no Universo também havia dissipado qualquer possibilidade de pensamento consciente. E assim, se por um lado havia uma enorme curiosidade do *Inner* para obter contato e chegar até o Plano Exterior, agora também havia o receio de que talvez aquele ambiente fosse hostil em relação à capacidade de seus corpos manterem a consciência, uma vez ali estabelecidos.

Não havia outra alternativa para o Plano Interior a não ser meditar mais a fundo sobre aquilo que se desejava descobrir. No entanto, era necessário que antes o Espírito tivesse a plena certeza de que o seu sistema automático estava funcionando perfeitamente. Tais automatizações cuidavam da exploração da força da gravidade, bem como da memória que já era capaz de aprender sozinha a como melhorar o desempenho deste padrão alimentar cotidiano. E durante estes ajustes o *Inner* cria também sistemas de aviso caso algo saísse errado durante esta faze de "hibernação".

E foi assim que uma nova reflexão surgiu, esclarecendo que se o Espírito não podia tomar ciência daquilo que havia ocorrido através da memória pensante, muito provavelmente não teria sido a memória (ou qualquer tipo de força interior) quem teria propiciado a separação dos planos. Mas se não o próprio *Inner*, quem? Recorreu-se então a lembranças do comportamento da luz exterior, mas entendeu que durante os momentos iniciais os espirais da força eletromagnética continuavam se ampliando e ficavam mais distantes do espiral de luz interior. O Espírito pensou que se ele não tinha propiciado a separação de planos, a luz exterior, como uma "irmã gêmea" possuindo características semelhantes, tampouco teria.

Depois milhares de anos foi necessário então sair deste estado hibernado para ir à análise física das porções antimateriais que sofreram o corte durante a divisão de planos. Descobriu-se assim que para romper o espiral da luz interior através do ângulo e da forma como ocorreu, a separação tinha que ter partido de uma região específica (equivalente à região central da ilha).

Associando o fato de que era preciso de um terceiro ser para ter realizado a separação dos planos, a Força da Consciência chegou à resposta que tanto buscava – quem havia realizado a separação de planos havia sido a luz completa. Tomou alguns anos para tentar sentir a sua própria geometria e constatou que ela era ovalada e, portanto, distinta dos instantes iniciais. Assim, o que tinha o formato de um zero tomou o formato de um 8, onde o próprio *Inner* passou a compor metade deste 8.

A luz interior chegava desta forma à conclusão de que teria sido o próprio plano 1 quem se contorceu, quer dizer, fora a própria energia unificada a responsável pela separação dos planos. Era bem verdade que quem selou a separação dos planos fora a luz interior e a luz exterior atuando em conjunto, através da formação da sétima dimensão (o tempo cíclico), mas foi a luz completa quem fisicamente e mentalmente (pois ela pensou antes de realizar tal separação) quem havia concretizado a divisão dos planos.

Isto abriu um leque de possibilidades para o Plano Interior, visto que passou a entender não somente a maneira em que havia se dividido, mas também como a vida neste Tempo de forma geral havia sido configurada. Sabia agora da existência de dois planos que foram simultaneamente divididos, mas que na verdade compunham um mesmo lugar (uma mesma ilha). Foi uma das reflexões mais importantes do Plano Interior, que agora pensava que se os dois planos faziam parte de um mesmo todo, então não poderiam estar separados, ao menos não completamente.

Ganhando cada vez mais capacidade de raciocínio, a luz interior passou a priorizar seus questionamentos indo diretamente àqueles que ela considerava mais importante, para eventualmente retornar a outras memórias, quando necessário. Já se tinha também plena consciência de que valia muito mais guardar energia, criar força para saber quando parar de "fazer" ou sobre quando dar maior relevância à paciência, do que usar a energia excedente para, por exemplo, explorar o tecido gravitacional das mais variadas formas possíveis. Somente assim alcançaria a excelência e poderia empregá-la na hora certa.

3.4 O desbravamento do Espírito além do próprio corpo e sua interiorização até 250 milhões de anos

Atualmente sabemos que a matéria em contato com a antimatéria se tranforma em uma só energia, aqui denominada como luz completa. Assim, se a luz interior não tivesse se separado da luz exterior,b e a separação de planos não tivesse ocorrido ainda nos primeiros instantes após o Big Bang, a energia teria voltado a se reunir e a vida no Sétimo Tempo não teria tido prosseguimento. A separação de planos em nenhum momento excluiria a beleza de nosso propósito; na verdade a geração de planos independentes era parte componente do mesmo. A luz interior foi compreendendo isto cada vez mais a fundo.

No entanto, se os dois planos estavam conectados, talvez o Plano Exterior exercesse uma influência sobre o Plano Interior, que este não estava sendo capaz de detectar, ou talvez uma vez evoluído o Plano Exterior fosse capaz de influenciar as decisões e o desenvolvimento do *Inner*. Depois de alguns anos de análise interna, verificando qualquer possibilidade de um contato vigente com o *Outer* que teria passado despercebido, o *Inner* concluiu que tal ligação não existia, mas passou a desconfiar que os ciclos independentes que o *Outer* estava criando provavelmente lhe afetariam no futuro, afinal haveria um limite para onde tais corpos poderiam evoluir, uma vez que eram desprovidos de consciência.

E assim, da mesma forma que reproduziu o som, a Força da Consciência tentou reproduzir os ciclos temporais também através dos pensamentos, isto é, seres independentes e separados e com tempos de vida distintos do próprio Plano Interior. "Preparou o terreno" e espremeu então uma porção enorme de sua própria antimatéria para chegar a algum resultado energético que pudesse permanecer separado de si próprio e evoluir independentemente. Diversos formatos foram criados: cubos, espirais, triângulos, raios, porém todos possuíam as mesmas características dos gomos luminosos de energia interior e assim que criados rapidamente buscavam se unir a outras porções pré-estabelecidas de antimatéria.

O Plano Interior conseguiu também ter controle de todas as porções de energia que lhe pertenciam ao mesmo tempo, dando movimento a elas, o que possibilitou novas experiências com a gravidade. Contudo, apesar de ter formado variados aglomerados energéticos, o Espírito não conseguia compor nenhum ciclo temporal distinto, nada que com as mesmas propriedades energéticas pudesse viver de forma autossuficiente. Foram necessários milhares de anos para que a Força da Consciência começasse a pensar em desistir da ideia de criar uma forma energética livre.

Antes de desistir, no entanto, o Espírito percebeu que não havia indagação maior do que esta, e que as tentativas para criar um ciclo autosustentável semelhante ao que provavelmente operava no *Outer* já lhe havia consumido boa parte de seus esforços. Alguma conclusão precisava ser gerada depois de demasiada perda energética, de modo que mesmo não tendo a certeza do que aconteceria, decidiu "escavar" o tecido gravitacional a fim de rompê-lo até o outro lado, até o *Outer*.

Inicialmente, não importava o quanto de força era exercida, pois quaisquer experiências através de luminosidades mais ou menos sutis não conseguia atingir o Plano Exterior. Mas depois de alguns milhões de anos o *Inner* compreendeu que para rasgar o tecido gravitacional era preciso insistir em uma mesma "abertura", em um mesmo buraco, por assim dizer, e isso inevitavelmente demandaria uma concentração massiva de energia. Após muitos anos de insistência o tecido espacial foi rasgado, mas o que o *Inner* encontrou foi uma barreira de luz completa, que não lhe possibilitou atravessar para o *Outer* diretamente. Porém, o pior ainda estava por vir porque tal rompimento da estrutura do *Inner* fez com que houvesse um vazamento da antimatéria, ou seja, uma perda não prevista de energia.

Nos milhões de anos que se seguem, o *Inner* ainda tentaria atravessar a cortina de luz completa que separava os planos, mas como isso só fazia aumentar a perda energética antimaterial pode-se dizer que este foi o momento de maior conturbação dentro do Plano Interior, que precisou dar alguns passos para trás. Portanto, ao invés de usar o poder do pensamento (da mente) para se conectar à luz completa, o *Inner* preocupou-se demasiadamente com a perda de energia e sentiu que precisava parar a sua investida para "tapar o buraco" que havia criado, algo que com o passar dos anos, depois de um certo "jejum experimental", foi possível.

Mas é claro que nada era em vão, tudo possuía um objetivo neste princípio da formação do mundo. Estes anos de aprendizado e experiências não apenas levariam a Força da Consciência a evoluir intelectualmente, mas também a levaria a conhecer todas as suas propriedades físicas, e aquilo que era ou não capaz de realizar fisicamente, suas limitações. A manipulação de sua própria energia a partir de algo não previsto foi o aprendizado que possibilitaria posteriormente a interação com a matéria no Plano Exterior, por exemplo. Em suma, não existia o acaso, tudo possuía um direcionamento estabelecido na programação do ser Uno.

E assim, o Plano Interior, agora reconhecendo que a programação do Ser Uno existia de forma mais intrínseca, tentava encontrar em sua propriedade física e em suas reflexões onde tal programação poderia estar contida. Mas foi depois de um silêncio mais profundo que as reflexões mais importantes do Plano Interior puderam influenciar a realidade em que ele vivia, pois, se o plano 1 havia se contorcido durante a divisão dos planos (durante o surgimento da sétima dimensão), então talvez o futuro já estivesse delineado pela luz completa e toda a autonomia, poder e capacidade pensante que a Força Interior parecia possuir talvez não passasse de uma história sendo contada por um ser divino muito maior e mais poderoso. Dentro desta história o Espírito não teria um protagonismo e qualquer tipo de caminhos a serem escolhidos não passaria de uma mera encenação conduzida por um ser maioral.

Porém, o Espírito tem uma consciência farta e que se amplia a cada segundo, de modo que o seu breve período atribulado pode ser transformado depois de algumas reflexões importantes. Ora, mesmo que já houvesse um destino pré-determinado para tudo aquilo que era vivido, faltava considerar que tais escolhas realizadas por este Ser superior seriam as mesmas que ele mesmo faria, caso tivesse mais energia e consciência, e que tal entendimento deveria bastar para que a autopreservação e o senso de defesa do próprio Corpo fosse trocado por racionalidade, destemor e desapego. Então, toda a luta, perda de tempo e energia pelo qual achava que havia sofrido, não passava na verdade de um modo para que ele mesmo pudesse aprender as lições que a luz completa concebia.

A cada passo dado, em direção ao pensamento futuro, o plano metafísico se desenvolvia, ampliando a sua capacidade pensante sempre após a ampliação do plano 1 – lugar. Mas nesta nova fase tudo indicava que a Força da Consciência passaria a olhar mais para si própria e, como um espelho, refletiria o que enxergava. Tentaria encontrar a resposta através da busca de uma divindade que assim como ela, ou maior, também teria consciência e, portanto, voz própria ou força pensante. E se o infinito havia voz própria, por que não poderia acontecer algum tipo de interação ou comunicação entre eles?

E neste questionamento de que talvez este Deus pudesse ter voz e fosse infinitamente maior do que todo aquele mar consciente que lhe compunha, abriu-se para o infinito (não fisicamente, mas mentalmente). Por ter resolvido estacionar qualquer tentativa de "fazer" para meditar nesta questão, ocorreu a interiorização do Plano Interior e esta fez com que ele pudesse compreender a própria essência e alcançar a luz do infinito.

O Plano Interior iluminou-se, portanto, e obteve contato com aquilo que estava além de si mesmo: o desconhecido. Mas este não foi um período de clareza somente, pois o que ocorria é que a cada vez que o *Inner* atingia outros aspectos do poder também pleiteava este mesmo poder para si mesmo e isto lhe mantinha em um limbo do qual era preciso lutar para reconciliar-se com Deus e desmantelar o próprio ego.

Passou assim a entender mais sobre a paciência, sobre o ego, sobre a ilha, sobre o destino, sobre si mesmo e sobre a máxima de que esta vida será sempre um grande mistério. E por mais que estes entendimentos ocorressem nem tudo o que era entendido estava disponível o tempo inteiro – mesmo porque não havia memória suficiente para isso. Este foi o motivo pelo qual tantos anos se passaram até que as escolhas daquilo que ficaria gravado na memória, uma vez em que este período de comunhão terminasse, pudessem ser as opções mais acertadas.

Por exemplo, o Espírito soube com o passar dos anos de comunhão com o divino que tudo aquilo que existia no mundo era belo, propositado e feito para tornar aquecida a união, a irmandade. Porém, seria esta a memória principal a ser arquivada dentre tantos afazeres práticos e mais imediatos que careciam de realização? Afinal, foi também durante o período de iluminação que o *Inner* percebeu que a sua prática alimentar não duraria eternamente, ou seja, a transformação da energia gravitacional em antimatéria se esgotaria em um dado momento e desta maneira seria necessário criar outro modo de prosseguir evoluindo. Como a experiência de tentativa de inserção no *Outer* havia falhado, a alternativa parecia estar em uma nova investida de criação de ciclos autossustentáveis.

Ora, se o caos que operava automaticamente com o seu molde preestabelecido conseguia formar um ciclo autossustentável, ou seja, um corpo com tempo diferente de duração, então um Ser consciente também deveria ser capaz de criar novos ciclos autossustentáveis. Foi este pensamento, bem como o entendimento de que o retorno ao momento Uno (liberdade completa para o Espírito) só ocorreria através de seu próprio desenvolvimento e evolução, que fez com que o Plano Interior retornasse do seu período de comunhão mental com Deus ou iluminação, que durou aproximadamente 200 milhões de anos, e iniciasse novas experiências com as porções antimateriais – "o fazer". Afinal, agora o Espírito tinha a certeza a respeito de alguns aspectos de funcionamento do Universo, de Deus e de si próprio.

É claro que nem que fossem escritos inúmeros livros de poesia, ciências, matemática, física, química, astrologia e astronomia juntos nós conseguiríamos contar a respeito de um evento desta grandeza, da iluminação do Espírito Santo. O que podemos dizer aqui, portanto, é que uma vez tendo ciência completa de si mesmo, verificando aquilo que havia realizado no passado, a Força da Consciência pôde colocar em prática outras demandas da imaginação, e aos poucos estabelecer a sua própria autonomia mental.

Torna-se relevante dizer que não ocorreu com um rompimento iluminatório (mental) instantâneo, de modo que com o passar dos anos de vida antimaterial esta capacidade de pensamento abre novas portas para reflexões cada vez mais profundas e relevantes. E a partir daí novas experimentações podem ser realizadas.

Uma vez tendo passado tantos anos em estado meditativo, vivendo o desconhecido, no instante em que novos testes são redefinidos e reexperimentados, objetivando a criação de seres antimateriais independentes, ocorre aos poucos o fenômeno da transmutação, dando vida às primeiras porções antimateriais com tempos de duração distintos umas das outras.

Para entendermos como isto foi possível é preciso que possamos imaginar o processo da transmutação em voga. No livro Universe by Stephen Hawking encontramos que a transmutação acreditada pelos alquimistas e rejeitada pelos cientistas até o século 19 passou a ter outra relevância após a descoberta do cientista francês Henri Becquerel. Os alquimistas acreditavam que a energia tinha o poder de transformar um tipo de matéria em outro e que quase tudo no Universo podia ser criado por meio do rearranjo de quatro elementos fundamentais – terra, água, fogo e ar. Mas, ao final do século 17, a visão dos alquimistas parecia muito ligada ao misticismo para ser aceita. O fato era que a maioria dos alquimistas tinha mais avidez por ouro (desejando transformar pedras comuns em ouro) do que interesse em como a matéria foi criada, quando o Universo começou.

Obviamente que havia exceções, um deles foi Thomas Daunt. Ele viveu no século 18, logo, sua prática da alquimia era muito tardia, porque a chamada "visão científica moderna do mundo" já predominava. Essa era de racionalidade desprezava quase tudo que não estava embasado em demonstrações experimentais. A nova geração de cientistas achava que os alquimistas praticavam uma forma de bruxaria misteriosa e perigosa. Deve ser por isso que Thomas Daunt adquiriu má fama na região, pois era encarado como um bruxo. Depois de sua morte o povo acabou queimando seus documentos e livros, por medo de que estes pudessem trazer más influências à região.

Embora ninguém tenha se dado conta na época, Dmitri Mendeleiev (pioneiro da tabela periódica – Mendeleiev table) estava indicando uma origem comum para toda a matéria do Universo. Seu trabalho se tornou a base para todos os avanços posteriores, incluindo o do cientista Henri Becquerel, que fez uma descoberta extraordinária: colocando um pouco de urânio sobre uma chapa fotográfica, e envolvendo-a em papel grosso para protegê-la da luz, Becquerel descansou a chapa dentro de uma gaveta por três dias. Ao revelá-la, examinou-a e descobriu que ela havia sido misteriosamente afetada. Ele concluiu então que o urânio devia emitir raios invisíveis, que velaram a chapa fotográfica. O urânio não estava reagindo com nenhuma outra substância, mas estava por sua conta, liberando uma forma de energia nova e desconhecida.

Esta descoberta foi importantíssima, pois demonstou que um elemento pode ser alterado ou modificado em sua essência. Após diversas demonstrações experimentais, contrariando a premissa dos cientistas do século 19, a descoberta demonstrou que os alquimistas não estavam tão enganados assim.

Posteriormente, com base nesta descoberta, a cientista francesa Marie Curie encontrou um tema para a sua tese de doutorado. Ela decidiu achar uma forma de medir a força dos raios do urânio. Becquerel já havia demonstrado que eles conduziam uma corrente elétrica através do ar, mas era uma corrente de menos de 1 ampere. Era tão pequena que não se conseguiria medir com um equipamento comum, e para tanto seria preciso criar um equipamento especial. Foi o que Marie Curie fez, e através deste novo equipamento ela conseguiu calcular a energia que o urânio podia emitir. Após algumas experiências calculou-se a emissão energética do urânio em um milionésimo de milionésimo de ampere.

Posteriormente, Marie Curie quis verificar se alguma outra coisa emitiria raios com a mesma força do urânio. Decidiram testar a pechblenda, o material bruto de onde o urânio fora extraído. Sem processamento esperava-se que ela emitisse uma carga bem menor que o urânio puro. O que viram era que a corrente era bem maior, pelo menos quatro vezes maior que a do urânio, na quantidade correspondente. Descobriu-se então que esta corrente gerada pela pechblenda era propiciada por dois novos elementos. Chamaram o primeiro de polínio, e o segundo de rádio.

Analisando separadamente o elemento rádio descobriu-se que em determinada quantidade ele emitia luz. Este foi mais um feito extraordinário, pois conseguiu-se incrivelmente transformar a energia material em luz. Marie Curie acabou morrendo de leucemia, certamente como consequência à exposição rádioativa, mas seu feito junto com outros cientistas demonstrou que a transformação de um elemento em outro, além de ser possível revolucionaria o que se pensava sobre a transmutação.

É através da transmutação que a luz exterior no *Outer* poderá voltar a ser algum dia um raio gama espiralado único, por exemplo, bem como o Espírito pode se unir ao Infinito, abrindo a possibilidade para a criação de porções antimateriais que operavam independentemente das automatizações e do controle do próprio Espírito, com tempos de duração diferentes (seres inorgânicos ou não-materiais).

Porém, ainda havia um problema que o Espírito não conseguia resolver: era impossível automatizar um mecanismo para que estas porções antimateriais (ou indivíduos conscientes) pudessem se tornar livres, assim como o próprio Espírito era em relação a Deus, por exemplo. Tudo o que o *Inner* podia fazer era criar porções antimateriais separadas de si mesmo, mas que duravam muito pouco tempo alocadas "no tecido" do Plano Interior, pois sempre que tentava realizar algum mecanismo automático para que estes corpos pudessem prosseguir evoluindo, estas mesmas porções se tornavam mais e mais conscientes e buscavam uma ligação mental com seu próprio criador, o Plano Interior.

Novas reflexões ocorreram a partir daí, pois não havia sentido algum criar ciclos de duração própria, mas que nunca seriam capazes de evoluírem sozinhos, ou ao menos não de maneira completamente desligada do Espírito. O *Inner* já havia se iluminado e sabia que ele mesmo tinha uma ligação íntima com Deus, mas que estava essencialmente separado do mesmo e que evoluía de forma independente, isto é, Deus não estava apenas "brincando de casinha", mas havia criado algo novo, onde as escolhas do *Inner* pareciam afetar diretamente na construção de um novo mundo e no movimento de retorno para o Ser Uno.

3.5 A conquista da autonomia mental e a evolução do Plano Interior até aproximadamente 500 milhões de anos

Com aproximadamente 250 milhões de anos de existência, o Plano Interior foi seguindo a sua intuição, alternando momentos de imersão interior (rumo ao infinito) com momentos de experiências práticas antimateriais.

A respeito da criação de seres independentes, buscou realizar uma espécie de separação mental ilusória para que novas porções antimateriais pudessem crescer em tamanho (adquirindo mais energia), sem que se tornassem cientes de que viviam tão próximas de seu criador.

Durante alguns milhões de anos esta experiência foi aprimorada largamente, inclusive destinando-se uma região para supervisioná-la com memória própria, porém o *Inner* começou a considerar esta investida como perda de tempo e de energia, pois a partir de um certo limiar de crescimento (corpos antimateriais não muito superiores às primeiras porções antimateriais que foram criadas), estes seres já adquiriam inteligência o suficiente para compreender parte da ilusão e pleitear a conexão com o seu criador. Mas se por um lado o Plano Interior acreditava que havia falhado nesta missão, é preciso dizer que isto lhe proporcionaria uma base de aprendizado importante para o futuro – o modelo para o conteúdo dos sonhos.

Assim, o Espírito iniciava esta nova fase enfrentando alguns percalços mentais e físicos. Outro percalço mental que enfrentava fora influenciado pelo período de comunhão com Deus, pois o *Inner* passava a se dar conta de que ter evoluído sozinho desde a programação do Ser Uno não apenas teria sido importante para o próprio desenvolvimento, mas provavelmente também deveria existir uma razão vital para que o Plano Exterior estivesse evoluindo separadamente. Será que mesmo utilizando-se de uma consciência mais fluída e batalhando para mitigar o próprio ego o Espírito teria sido capaz de atrapalhar ou interromper a evolução do Plano Exterior? Somente por saber que Deus é perfeito e que eram seus descendentes aqueles que estavam vivendo em prol das descobertas e do aprendizado contínuo, a resposta indicava um decepcionante sim, e deste modo apontava para um longo caminho evolutivo ainda a ser trilhado.

Por outro lado, o percalço físico era ainda mais vital para a sua continuidade evolutiva, pois referia-se ao fato de o tecido gravitacional dar os primeiros sinais de diminuição dentro do Plano Interior, o que apontava para o fato de que em um futuro distante não haveria mais como transformar a energia escura em alimento. Além disso, era importante deixar uma considerável porção do tecido gravitacional inalterada para continuar a criar e alocar as novas porções antimateriais independentes, aprimorando-as.

Nesta época começava também a ganhar força o pensamento de que provavelmente seria a função do Plano Interior reunificar toda a energia que estava segregada (pois este era o movimento natural rumo à comunhão completa com o infinito compreendido durante a iluminação), e isto talvez aconteceria através da união entre os ciclos conscientes antimateriais e os ciclos existentes do *Outer* – afinal o Espírito sabia que toda a evolução do Plano Exterior estava sendo realizada através de uma ordem crescente de energia equivalente ao montante de seres segregados que lá havia e que não havia uma

Consciência suprema operante no Plano Exterior, por mais que houvesse uma lógica na forma de atuação do caos.

Porém, esta seria uma tarefa árdua, pois se por um lado já estava disposto a entregar parte da própria energia para promover uma evolução entre os planos, por outro lado não poderia assinar a própria derrocada, muito menos sem uma garantia de que esta ideia funcionaria, ou seja, a criação de novos seres independentes e conscientes seria um objetivo plausível desde que a partir deles a possibilidade de transformação energética em antimatéria ocorresse paralelamente.

A respeito disto o Plano Interior tentou então verificar uma vez mais, agora sob novas pré condições ou pré-pensamentos, o que acontecia durante a separação de um de seus corpos mais básicos, e verificou que sempre que conseguia segregar um destes elementos; a própria manipulação realizada tendia a afastá-los ou neutralizá-los, porém nunca a atrai-los. O *Inner* sabia que nos instantes iniciais após o Big Bang seus corpos (antifótons) estavam sempre buscando se afastar dos corpos de luz exterior (fótons) e que por isso deveria ser a repulsão a interação comum entre as cargas opostas. Acontece que sem a presença de nenhum fóton dentro do Plano Interior não havia como comprovar esta hipótese.

Após alguma reflexão o Espírito começou a pensar que deveria se utilizar do mesmo método de resolução do paradoxo anterior. Tentou assim considerar as duas premissas ao mesmo tempo, mas obviamente não conseguia enxergar uma forma onde ambas não se excluíssem, afinal ou as cargas opostas se atraíam ou elas se repeliam, mas desta vez seria impossível considerar ambas as premissas simultaneamente. E foi aí que o *Inner* entendeu que aquilo que era preciso considerar não era o argumento em si, mas sim a possibilidade destas duas premissas terem existido em períodos diferentes, ou seja, talvez somente durante os primeiros instantes após Big Bang a luz interior e a luz exterior com cargas opostas estivessem se repelindo, porém desde a separação dos planos as cargas opostas poderiam estar se atraindo.

E foi assim que o *Inner* configurou um pensamento conjugado de duas premissas opostas que considerava verdadeiras. Do resultado quebrou-se o conceito até então definido sobre o fato de que uma certa quantidade de possibilidades existenciais já estaria pré-estabelecida ou fixada antes do Big Bang. Decidiu assim que consideraria que as cargas opostas de fato se atraíam, com exceção durante o breve período do qual os planos ainda não estavam separados, de modo que pôde compensar com a determinação e coragem a falta de autoconfiança que teve diante de uma real divisão de pensamento. Lembrou-se de Deus, e seguiu em frente.

Passou assim a entender que sempre necessitaria de breves períodos de comunhão para dentro, e imersão nas bases desconhecidas do pensamento, para então ter maior clareza a respeito de quais caminhos continuaria a trilhar. Compreendeu sobre o livre-arbítrio e algumas artimanhas da liberdade. Aprendeu com estes novos pensamentos, por exemplo, como a coragem e a confiança em si mesmo são importantes, mas que pouco ou nada significavam se não estiverem embasadas na humildade e no bom senso, de modo que através deles pôde desenvolver melhor a própria sabedoria.

Porém, a autonomia mental propriamente dita foi sendo pleiteada à medida em que, fisicamente, a luz interior tentou realizar uma união de uma parcela da antimatéria com a luz completa nas bordas e no centro do plano 1 (lugar). Isto foi sendo conquistado aos poucos, em comunhão com Deus, mesmo porque para que tal ato fosse concretizado precisava haver uma adequação energética para que a antimatéria não fosse "engolida" pela luz completa. Para o Espírito isto era de suma importância, porque assim ele poderia ir aos poucos rodeando o Universo para que talvez no futuro fosse possível compreendê-lo e orquestrá-lo.

Com o passar dos anos, o Plano Interior tentou criar novas maneiras para que os seres antimateriais pudessem ter um tempo de duração mais significativo, porém não obteve grandes avanços e considerava a razão para o seu fracasso a proximidade e a essência (embasada em apenas uma dimensão) que havia entre estas criaturas e o próprio cerne criador. Um ser autoconsciente e independente morria ou se transformava rapidamente, mas sempre que o Espírito tentava manipulá-los para que vivessem por mais tempo através de automatizações, estando estes corpos imersos ou não no "cinturão ilusório", eles ampliavam suas consciências e se conectavam com o próprio criador de uma forma quase indistinguível.

E assim foi também crescendo no *Inner* a vontade de realizar uma nova inserção no Plano Exterior, já que somente desta forma poderia liderá-lo a fim de criar as bases para a concepção de seres conscientes e independentes ao mesmo tempo. Porém, antes de romper o tecido gravitacional e alcançar o Plano Exterior era necessário ter a certeza de que não seria novamente surpreendido, isto é, de que a matéria do Universo não destruiria a sua própria morada.

Entendia que uma vez que houvesse o contato com o outro plano a maioria das cargas que encontraria seriam opostas e que, portanto, se quisesse brecar as possíveis transformações que poderiam ocorrer, deveria neutralizar estas cargas. O *Inner*, apesar estar preparado e de se sentir preparado para isso, não poderia prever tudo apenas por hipóteses.

Contornar o Universo era, desta forma, crucial porque não havia certeza de qual tipo de interação seria realizada com o Plano Exterior e quando ela aconteceria. Portanto, inteirar-se cada vez mais da ilha (conhecendo-na em sua totalidade) e de seu próprio corpo era um ato necessário, porque caso algo saísse do controle ele poderia, ao menos, estender-se para o infinito.

Demorou cerca de 230 milhões de anos para que o *Inner* pudesse ser capaz de circundar todo o Universo. Aos poucos o *Inner* assumia parte da função do Plano 1, à medida em que a luz completa pôde se intercalar com a antimatéria sem desestabilizá-la. Mesmo assim, a maior parte da luz completa agora se localizaria além do *Inner*, tocando o infinito. Portanto, agora o Plano Interior englobaria todo o Universo (deixando com que o movimento de ampliação constante e geral ainda fosse propiciado pela luz completa), ao mesmo tempo em que a maior parte desta energia original foi empurrada para fora do *Inner*, em direção ao infinito.

Ao invés de, no entanto, buscar um caminho para se chegar ao *Outer*, desta vez o *Inner* se utilizou daquilo que havia aprendido de mais relevante – o poder da fé. Acreditando que tudo o que havia vivido possuía uma razão, não mais tentou achar uma forma de se chegar ao Plano Exterior, mas confiou que no instante correto ambos os planos se conectariam de qualquer maneira.

Foi quando o brilho de uma luz muito intensa (quasar) ao final de um túnel interminável (buraco negro) se abriu para o Plano Exterior, que um túnel de escuridão, matéria e mistério, se abriu ao mesmo tempo para o Plano Interior. Eram os dois planos se conectando através do rombo do tecido espacial provocado pelas estrelas de nêutrons de maior massa depois de milhões de anos afundando o tecido espacial. Na figura a seguir podemos ver uma fotomontagem de um buraco negro avançando em direção ao Plano Interior.

Fig. 54:

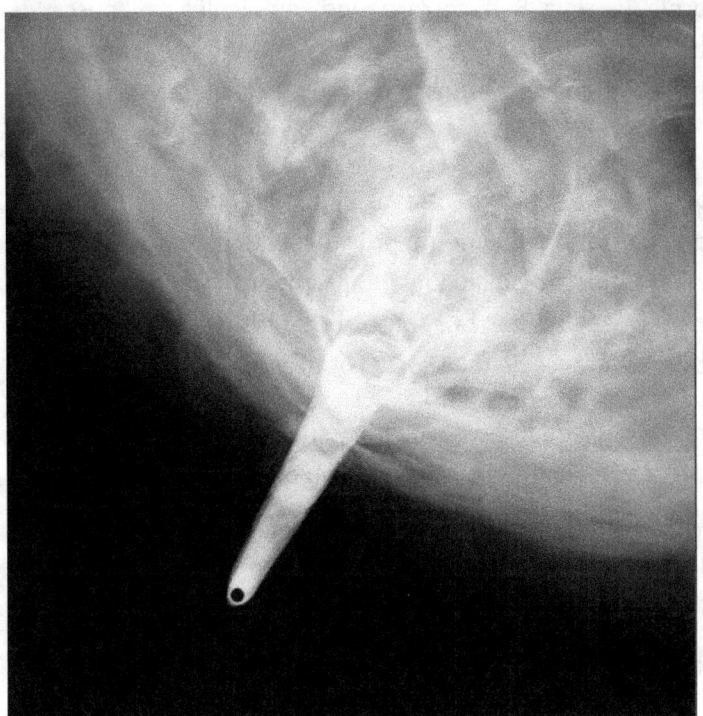

Fonte: http://news.mit.edu

E se a chegada do buraco negro não ocasionou uma tremenda surpresa para o *Inner*, certamente a grande quantidade deles que começaram a provocar uma vazão considerável da luz interior sim, e isto indicava que toda a evolução até este instante não havia passado de um aquecimento para o grande volume de trabalho e afazeres que estaria por vir. Parte deste trabalho mais imediato foi conter as porções materiais (remanescentes da estrela de nêutrons e os demais detritos) que eram capazes de desestruturar as porções antimateriais dentro do *Inner*, mesmo que para isso fosse necessário "sacrificar" uma certa quantidade de energia até a estabilização destas aberturas.

4 A conexão entre o Plano Interior e o Plano Exterior

O livro Universe by Stephen Hawking conta que ao final da década de 1950 uma nova ciência chamada rádioastronomia promoveu avanços importantes para novas descobertas no Universo. No Instituto Seti, em Mountain View, na Califórnia (a sigla Seti corresponde, em inglês, a "busca de inteligência extraterrestre"), o astrônomo Seth Shostak fez diversas pesquisas tentando encontrar vida inteligente fora da Terra, quer dizer, alienígenas que conseguissem ao menos estabelecer um mínimo diálogo.

Os primeiros experimentos foram feitos entre 1959 e 1960 através de um grande rádiotelescópio objetivando escutar alguma civilização que pudesse estar relativamente próxima. Enquanto buscavam por vida inteligente era também sensato considerar outras possibilidades. Capturando os sinais de rádio, sabia-se em qual direção no Universo poderiam ser encontradas tais fontes potentes, e isto fez com que muitos astrônomos passassem a observar estas áreas através de telescópios ópticos.

Quando os astrônomos apontaram para um sinal de rádio particularmente forte viram um evento incomum e espetacular, mas que, no entanto, não conseguiam explicar. Estavam observando a luz emitida pela 3C273 presente na constelação de Virgem, que possuía o aspecto exato de uma estrela, porém, sabe-se que as estrelas comuns não emitem ondas de rádio.

Por meio da espectroscopia (decomposição da luz num espectro colorido, onde cada comprimento dos raios luminosos pode ser associado à presença de um elemento químico distinto), entenderam que o espectro da 3C273 não se encaixava nos padrões de elementos normais observados em estrelas comuns. Isto confundiu os astrônomos, pois além do objeto emitir ondas de rádio abundantemente ele tinha um espectro muito estranho, que não se encaixava com nenhum gás conhecido.

Martin Schmidt, do Caltech, percebeu que duas das linhas tinham o mesmo espaço entre as cores do hidrogênio, mas que as duas estavam bem mais desviadas para o vermelho do que o gás hidrogênio normalmente fica. Concluíram através desta análise que este objeto tinha de estar a 1 ou 2 bilhões de anos-luz de distância. Assim, não havia como ser uma estrela normal ou mesmo uma estrela magnética rara de nossa galáxia, pois mesmo estando muito distante este objeto era extremamente brilhante.

Martin então concluiu que devia se tratar de uma fonte muito potente, um objeto extremamente luminoso em si, porque para aparecer tão brilhante no céu, mesmo estando tão longe, ele teria de liberar uma quantidade gigantesca de energia por segundo, muito mais do que o Sol pode emitir, e na verdade de cem a mil vezes mais que todas as estrelas de nossa Via Láctea inteira. Vejamos a seguir uma fotomontagem do que os astrônomos viam:

Fig. 55:

Fonte: http://news.mit.edu

Ainda segundo a obra Universe by Stephen Hawking, para muitos foi difícil acreditar que um objeto tão brilhante poderia estar tão longe. Este objeto foi nomeado de fonte rádio quasa-estelar, e posteriormente este nome foi reduzido para quasar. Sem dúvida era uma fonte de rádio, pois foi descoberto com um rádiotelescópio e, além disso, possuía o aspecto de uma estrela.

Depois do 3C273 outros objetos similares foram descobertos. Quando os misteriosos quasares foram descobertos, perguntaram aos relativistas: vocês têm algum modelo para objetos que podem se comportar assim? E eles disseram que existia a questão do colapso gravitacional, onde a gravidade seria capaz de comprimir uma enorme quantidade de matéria num espaço mínimo.

Ainda em 1939 havia sido publicados dois artigos, um deles do próprio Einstein e o outro do físico americano Robert Oppenheimer, e seu colaborador Snyder. Ambos discutiam o que aconteceria se uma quantidade grande de matéria fosse concentrada em uma pequena região. Einstein não observou maiores problemas, porém Oppenheimer e Snyder se assustaram com seus cálculos. Usando as regras da relatividade geral eles previram que um objeto de grande massa sofreria um colapso gravitacional e atingiria uma densidade crítica – momento em que ele aparentemente se desligaria do resto do Universo.

O problema é: se um objeto se desligasse do Universo, seu comportamento continuaria a ser descrito pelas leis da física? Einstein estava convencido de que não era possível chegar a esse raio crítico; que esse raio crítico era uma impossibilidade da natureza. John Weeler, professor de física da Universidade de Princeton, nos EUA, defendeu a ideia de Oppenheimer e Snyder. Mas depois de usar a frase "objetos que sofrem colapso gravitacional completo", e achar que ela tinha se tornado prolixa, Weeler preferiu trocá-la pelo termo "buraco negro", pois entendia que nem mesmo a luz conseguia escapar destes declives.

No final da década de 1950, ainda apenas como uma teoria, os buracos negros eram uma zona onde os cálculos científicos estavam bem além da ficção científica, que somente veio a alcançar esta teoria depois. Muitos autores de ficção passaram então a especular o que aconteceria dentro de um buraco negro, pois não dava para confiar nos cálculos de computadores, uma vez que eles se tornavam imprecisos ao analisar condições tão extremas.

Nesta mesma época o matemático Roger Penrose e seu pai, Lionel Penrose, escreveram um artigo com o nome de objetos impossíveis. Através de alguns desenhos, demonstraram como era possível reproduzir determinados objetos que supostamente não se materializam ou não existem no "mundo real". Na figura 56 apresentamos uma escada onde a pessoa acaba o trajeto onde iniciou, embora tenha descido o tempo todo:

Fig. 56:

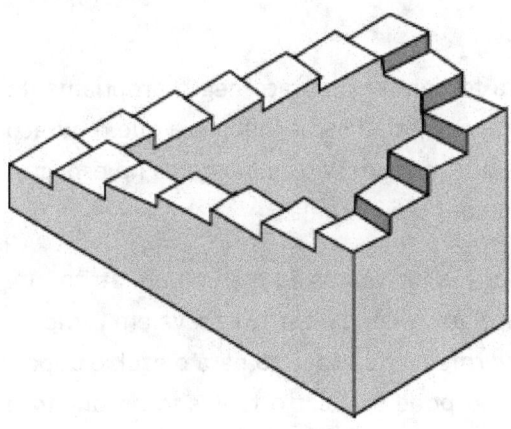

Fonte: Criação de Roger Penrose e desenhista Maurits C. Escher

As mentes de Roger Penrose e Escher eram capazes de conceber relações assim, mas o que isto queria dizer? Significava que por mais que a humanidade houvesse estabelecido determinados conceitos, bem como as próprias leis da física, tais ideias eram capazes de fomentar o debate de que talvez fosse possível existir outras leis e fenômenos que até então não acreditávamos que pudessem existir. Ou seja, não é só porque algo já estava pré-estabelecido que aquilo seria uma verdade absoluta. Os buracos negros eram nesta época apenas uma hipótese, mas as concepções de Penrose ajudaram a superar muitas premissas e seguir adiante com esta teoria, principalmente quando alguém como Einstein afirmava que o colapso gravitacional completo era uma impossibilidade da natureza.

Em sua tese de doutorado, Stephen Hawking demonstrou que as questões que Penrose estava levantando sobre os buracos negros se aplicavam igualmente ao Universo primitivo. Tanto o Big Bang quanto os buracos negros conteriam singularidades, locais extra-espaciais onde as leis da física perdiam a validade. Apesar de uma excelente tese, os mais céticos ainda precisavam de uma prova concreta sobre a existência destes fenômenos.

A incrível força associada aos buracos negros demonstrava que tudo o que estava ao redor deles não escaparia. Mas se nada conseguia sair de um buraco negro, como seria possível detectar um deles? Yakov Zeldovich tomou para si a tarefa de encontrar uma forma de detectá-los. Ele disse "imaginem que duas supostas estrelas estejam girando, onde na verdade a menor é um buraco negro. O buraco negro tem uma forte influência gravitacional e é capaz de 'sugar' o gás da superfície da outra estrela. Primeiro, a estrela é despedaçada pelas forças da maré ao tentar orbitar o buraco negro. Depois, esses pedaços são esparramados e começam a colidir entre si. Eles começam a se atritar, e se aquecem. Ao se aquecerem, emitem radiação: ondas eletromagnéticas na forma de raios X".

Zeldovich então sugeriu que se procurassem jatos de raios X os astrônomos poderiam encontrar estrelas que aparentemente orbitavam o nada – uma evidência de um buraco negro. Uma nova geração de astrônomos, inclusive Alex Filippenko, animou-se para procurar estrelas que parecessem estar aprisionadas na órbita de um buraco negro. Como não dá para fotografar o buraco negro propriamente dito, passaram a medir o movimento da estrela companheira, ou seja, mede-se a influência que o buraco negro está exercendo sobre a matéria que está em volta. Acharam assim desvios minúsculos no espectro colorido proveniente da estrela, indicando que algo estava dando uns puxões nela.

Depois de sete anos, tempo necessário para que o calor e a luz vindos da matéria em atrito que circundava o suposto buraco negro começassem a diminuir, observou-se que a estrela girava em torno de um buraco invisível, pois sua luz se descolava da extremidade vermelha do espectro para o azul, e depois retornava. A partir da velocidade desse deslocamento Filippenko pode calcular o tamanho do objeto e constatar que era, de fato, um buraco negro.

A observação desta estrela orbitando "o nada" e tendo sua matéria puxada foi posteriormente abrangida para outras estrelas na mesma situação. Quanto mais as evidências se acumulavam, mais os cientistas se convenciam de que os buracos negros realmente existiam.

Os astrônomos começaram então a procurar a conexão dos buracos negros com os quasares, e com a maneira que o Universo evoluiu, pois sabiam que os quasares havia surgido principalmente no Universo primitivo. A interpretação física mais comum sugere que quando a quantidade de matéria passa a ser muito grande em comparação ao raio deste buraco supermassivo, os gases e a poeira passam a se espremer e o atrito aquece a região. Há tanta matéria, e às vezes uma ou mais estrelas de nêutrons sendo diláceradas, que tudo passa a se misturar, fazendo o disco se tornar iluminado principalmente no centro onde a velocidade é maior. Este disco iluminado daria vida aos quasares.

Acreditamos que esta interpretação seja equivocada, pois para haver luz é preciso que haja fusão nuclear ou energia antimaterial sendo constantemente emitida. Se à medida em que a estrela de nêutrons perfura o tecido espacial o buraco negro se torna invisível e impossível de ser detectado, a única explicação plausível para este fenômeno tem de ir além da física; tem de ser metafísica. Outro fator a ser mencionado é que tal interpretação não explica por que nas galáxias ativas existe um ou mais quasares localizados no centro. No próprio centro da Via Láctea há um imenso quasar e, no entanto, se ainda houvesse um superdeclive (proveniente da união de vários buracos negros), toda a matéria da Via Láctea estaria sendo puxada com muito mais violência, desestabilizando-a por completo. Em outras palavras, o sistema solar nunca teria surgido e nós não estaríamos aqui.

De fato existiu um buraco negro supermassivo (junção de vários buracos negros) na região central da nossa galáxia, mas que atualmente não está mais em atividade ou, melhor dizendo, ele está sendo controlado pelo Espírito. Logo, neste estudo acreditamos que cada buraco negro formado proveniente das estrelas de nêutrons de grande porte ou da junção de várias delas (entre outros corpos) promove um rasgo no tecido espacial do Cosmos até alcançar um local extra-cósmico – o Plano Interior.

Sendo assim, do ponto de vista do Universo, cada um dos denominados quasares é uma janela que demonstra uma fração do Plano Interior. Já do ponto de vista do Plano Interior, tem-se que foi por volta de 500 milhões de anos que ocorreu a já esperada conexão com o Plano Exterior – ligação esta que nunca mais cessaria.

É por isso que há tanta energia sendo gerada o tempo todo no suposto quasar, pois na verdade é a própria luz interior que brilha no centro de cada galáxia. É pelo mesmo motivo que não somos engolidos pelo buraco negro, pois ele já atingiu o seu limiar ao se conectar com o Plano Interior, que por sua vez neutraliza o superdeclive.

Talvez seja mais preciso dizer que esta conexão não partiu do Plano Exterior para o Plano Interior ou vice-versa, mas que ela ocorreu através de um movimento sincronizado, pois o Plano Interior se tornou pronto para o alcance de seu objetivo no mesmo instante em que os primeiros buracos negros passaram a romper o tecido espacial.

Além disso, neste estudo não há qualquer intenção de polemizar novamente as leis da física, bem como a prova da existência dos buracos negros o fizeram. A afirmação da existência do Plano Interior muito menos pretende sugerir que deveríamos colocar um ponto final nos estudos astronômicos vigentes, onde se desprezaria uma das partes considerando apenas a outra como sendo a mais correta (ou superior). Ao contrário, pretende-se demonstrar os meios para despertarmos para a nossa real conexão.

4.1 O período de cem milhões de anos de transição após a conexão entre os dois planos

Desde o instante em que ocorreu a separação dos planos, logo após o Big Bang, a evolução do Plano Exterior foi feita de forma exclusivamente física e inerente, mas agora o aspecto mental e consciente também estaria presente no Universo e isto tinha o poder para modificar absolutamente tudo. O Universo ganharia uma mente pensante, por assim dizer, e à medida em que o Plano Interior consegue neutralizar a vazão da luz interior para o *Outer*, sobra tempo e espaço para começar a pensar em criar novos meios de automatizar estes quasares.

Se o Plano Interior não soubesse manipular a própria energia, a matéria e a antimatéria começariam a se fundir e ocorreriam rasgos cada vez maiores no tecido espacial, aumentando o tamanho de cada quasar até que estas brechas no Cosmos passassem a se unir umas às outras. A antimatéria então migraria por completo para o Universo e acabaria se fundindo com toda a matéria existente. Todos os avanços no *Outer* seriam interrompidos, as estrelas seriam destruídas e tamanho descontrole traria para o Espírito uma verdadeira sensação de finitude, afinal o propósito da vida não teria sido cumprido (a criação de seres com livre-abítrio capazes de viverem a imagem e semelhança da divina perfeição, mesmo não tendo lembrança daquilo que são e nem mesmo qualquer contato direto com Deus), o que em outras palavras seria o mesmo que dizer que o Ser Uno havia falhado em sua programação e que a criação do Sétimo Tempo não teria passado de um teste ou uma piada de mau gosto.

Assim, a primeira forma de automação do *Inner* é referente à estabilização destes declives, bem como um meio mais padronizado para a detecção de novos buracos que poderiam ser abertos dentro do *Inner*. Somente depois disto é que o Espírito começou a pensar em criar seres autossustentáveis e conscientes ao mesmo tempo.

Durante muitos anos o Plano Interior tentou realizar experiências com os átomos e as moléculas, buscando unificá-las junto das porções antimateriais independentes que existiam. O cálculo que o *Inner* realizou foi simples à medida em que tentava equilibrar o montante enegético entre estes seres antimateriais e os ciclos materiais pré-existentes e que vagavam livremente no Cosmos. No entanto, sem obter avanços consistentes, novas porções antimateriais foram utilizadas, mesmo porque o Espírito já havia aprendido que para dar continuidade à evolução muitas vezes necessitava dar um passo para trás (e gastar energia) antes de conseguir dar dois passos para a frente. Contudo, tampouco obteve sucesso em suas investidas e passou a realizar com o tempo experiências com montantes energéticos não equivalmentes, isto é, ao invés de tentar unir um quark a um "anti-quark", por exemplo, passou a tentar criar um ser vivo através da união de um quark com uma porção antimaterial de maior energia e vice-versa.

Como estas novas experiências não estavam surtindo uma resposta almeijada, o *Inner* começou a tentar manipular a gravidade do Universo, não para fins "alimentares", pois entendia que isso poderia desestruturar toda a lógica de atuação do caos, mas como uma tentativa de originar seres independentes e inéditos. Assim, todos os objetos que observamos no Cosmos e que aparentemente são estranhos ou que não possuem qualquer tipo de explicação são fruto das experiências do Plano Interior neste sentido. Na figura a seguir vemos, por exemplo, a foto da Cygnus A, atualmente classificada como uma rádiogaláxia:

Fig 57:

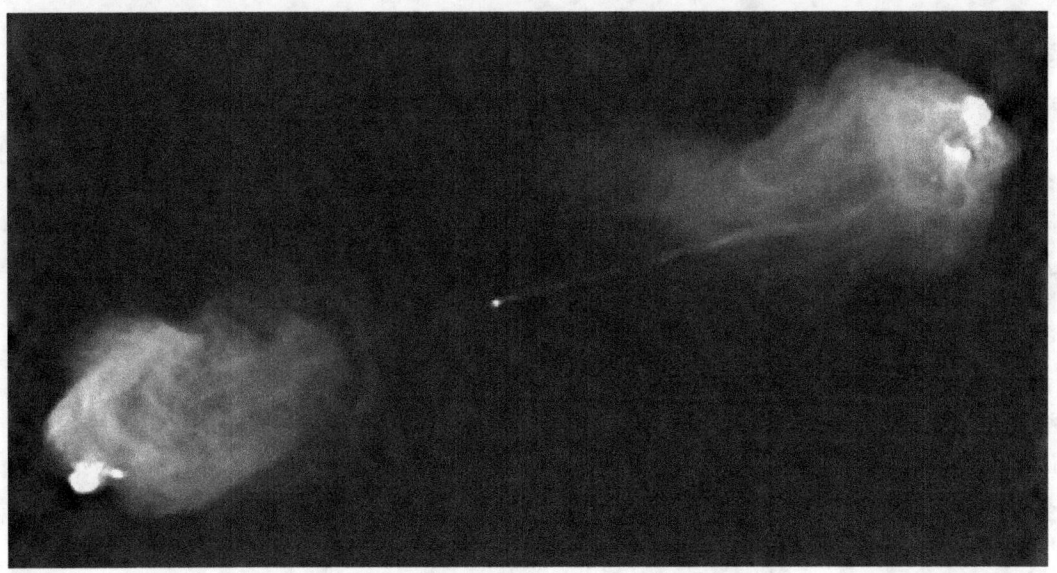

Fonte: www.daviddarling.info/.../C/Cygnus_A.html. Copyright: National Radio Astronomy Observatory/Very Large Array

Com um movimento parecido ao que vinha realizando dentro de seu próprio plano, o *Inner* usaria alguns quasares para contorcer a gravidade ou para tentar unir porções materiais à antimatéria. Na Cygnus A, a fonte de rádio (luz interior) parte do centro onde existe um quasar, e através de jatos de luz interior concentrados para estimular a gravidade formam-se dois lóbulos de luz e calor. Contudo, estas ações acabam não promovendo qualquer tipo de avanço, de modo que muitas radiogaláxias posteriormente terão de ser reestruturadas para formarem novos objetos.

Foi somente com o passar dos anos, depois de observar a explosão de algumas estrelas, que o Espírito se deu conta de que estes eram os objetos mais evoluídos do Cosmos, e que qualquer tentativa de criação de um ser mais evoluído teria que ser originada a partir deles ou a partir do resultado do que estes corpos eram capazes de promover: supernovas ou buracos negros.

Mas é também em vão a tentativa de reunir porções de energia ao redor de estrelas relativamente grandes que ainda não havia explodido. O *Inner*, após a criação das rádiogaláxias, imaginava que se combinasse a sua energia ao ser mais desenvolvido que havia encontrado no Plano Exterior talvez pudesse gerar embriões conscientes que lhe propiciassem mais gomos de energia interior. Não foi o que aconteceu, e o resultado foi capaz de desestabilizar algumas estrelas e influenciar na composição de alguns aglomerados filamentosos de gás. O *Inner* ainda gastou algum tempo tentando recuperá-los, mas se deu conta de que a criação e a manipulação destes corpos havia sido destinados para a atuação exclusiva do caos. Isto que gerou em seguida uma certa "crise" de consciência, mas esta nova interiorização fora crucial, pois estimulou o Espírito a gerar uma espécie de memória separada que serviria para classificar e enquadrar tudo aquilo que era conhecido. Somente assim seria possível realizar uma análise mais fria e mais precisa a respeito de tudo o que já havia realizado e existia dentro do Universo.

As estrelas de modo geral já tinham suas missões estabelecidas: a geração de elementos mais complexos dentro do Cosmos, além de resultarem em estrelas de nêutrons de pequeno e grande porte e, estas últimas, em buracos negros. Mas o *Inner* também sabia que tinha a sua própria missão e que ela dependia da manipulação material para a geração de um ser apto e capaz de conter a luz interior sem se desestabilizar ou extinguir-se.

Continuando com suas reflexões o Espírito a certa altura percebeu que estava tentando resolver todo o problema evolutivo sozinho e que, no entanto, a evolução somente teria prosseguimento com a atuação e o desenvolvimento em conjunto dos dois planos. Ou seja, mesmo que o *Inner* tentasse criar outros ciclos com a matéria já existente, e estes fossem capazes de comportar a energia interior sem se extinguirem, provalmente haveria um gasto desnecessário de tempo e de energia até que a composição e a formatação mais exata pudesse surgir e, no entanto, o Cosmos havia sido desenhado para este propósito. Foi assim que a força da consciência percebeu que era necessário apenas cumprir com a sua função e não com a função de ambos os planos, pois muito provavelmente ao fazer isso atravancaria o próprio processo evolutivo.

Era preciso praticar a paciência e deixar a força da gravidade agir, pois afinal esta seria a forma mais econômica de utilizar o poder do movimento sem despender tanta energia. Ou seja, apesar de saber da importância de sua própria consciência, o Plano Interior teve a compreensão de que não deveria agir sozinho e confiou na inteligência inerente do *Outer* para poder ir em frente.

Foi assim que a matéria passou a se acumular ao redor dos quasares através da força da gravidade, enquanto o *Inner* continuou neutralizando as regiões de contato principal e que poderiam adentrar no Plano Interior. Mais do que uma questão de "respeito" ao *Outer*, tal ação era uma questão do entendimento de que ele próprio não necessariamente criaria as estruturas e corpos que o *Outer* formaria, ou que talvez até pudesse aprender a formá-las, mas que isso provavelmente demandaria mais tempo e, portanto, também mais gasto energético.

4.2 A formação estrutural das galáxias até 900 milhões de anos de vida mundial

Passados cerca de 600 milhões de anos, a maior dúvida do Plano Interior nesta fase era saber exatamente quando seria o momento de exercer a sua influência e quando seria o momento de deixar o Plano Exterior atuar. Isto porque ao estabilizar os buracos negros a força da gravidade começou a empurrar as estruturas moleculares para cima dos quasares de maneira desordenada, e não como ocorria nos nós da rede de filamentos de gases que o *Inner* já havia presenciado.

Fisicamente, o que o *Inner* passou a fazer então foi bem simples: ele barrava e neutralizava as porções materiais que estavam em contato direto com a sua energia, mas deixava sem alterações a influência da matéria que se postava além das regiões de contato. As regiões internas antimateriais atraíam assim toda a matéria e quem trabalhava para neutralizar as regiões de contato direto eram as porções de luz interior localizadas na superfície do quasar. Quando, no entanto, corpos materiais de maior massa se aproximavam, a exemplo de um planeta ou de uma estrela, o Espírito voltava a atuar diretamente no quasar expelindo estes elementos em um jato único mais pronunciado.

A intenção do *Inner* era simular um declive espaço-temporal que não aumentasse de profundidade, mas somente propiciasse o acúmulo de matéria ao redor do quasar. A lógica era a seguinte: para que seria necessário manter buracos profundos, se as funções destes já estavam bem estabelecidas ao proporcionarem o contato com o Plano Interior?

Com o passar dos anos, a quantidade de buracos negros e superdeclives foi aumentando dentro do Universo, e como o Espírito já intuía que levaria muito tempo até que descobrisse que tipo de interação propiciaria as melhores estruturas para a geração de embriões conscientes, resolveu então testar diferentes tipos de interações materiais com os quasares. Isto foi feito alterando-se a profundidade que era mantida após o colapso gravitacional completo, para que os elementos pudessem se acumular em torno dos quasares de diferentes maneiras.

Não há como considerar que os buracos negros fiquem dormentes por já terem engolido matéria demais, assim como podemos ler em algumas fontes científicas. Se os buracos negros não tivessem sido equilibrados pelo Espírito, ainda estariam funcionando ferozmente sem interrupções e, muito provavelmente, os seres humanos nunca teríamos surgido.

É importante que seja mencionado que o Plano Interior não desejava modificar aquilo que acontecia no Universo, como os filamentos gasosos e o processo de formação das estrelas e planetas, mas o fato é que com a expansão constante de todos os planos, tampouco havia energia o suficiente para modificar e influenciar tudo o que já existia.

A respeito dos planetas, talvez seja relevante dizer que os primeiros protoplanetas surgiram através dos fragmentos rochosos liberados nas hipernovas, à medida em que corpos pequenos se unem a outros corpos maiores no momento em que a força de arrasto da explosão cessa e a gravidade volta a ser a influência principal. Estas rochas então são carregadas até um declive de densidade mais profunda, dentro de uma estrutura filamentosa de gás, assim como aconteceu na formação molecular das protoestrelas. Porém, desta vez, ao invés de realizarem uma montagem exclusivamente gasosa, os elementos sólidos também estão presentes. Então, relativo ao tamanho de cada declive, os elementos sólidos se combinam entre si ou com outros gases compondo, por exemplo, camadas inteiras de silicato (oxigênio combinado ao silício).

Devido à abundância dos elementos pesados, não é raro que ocorra a formação de camadas espessas exclusivamente de ferro, crômio ou ainda de elementos mais duros como o cobalto, o cobre e o níquel. Estas placas sólidas são tão duras que geralmente não permitem a recombinação de outras partículas, fazendo com que as moléculas ao redor, ao serem pressionadas pela gravidade, se desmembrem, mas suas camadas permaneçam estáveis.

Assim, pode-se dizer que um planeta rochoso ou um satélite é uma protoestrela que não se desenvolveu por completo e que nunca iniciará o processo das fusões. A diferença básica de um planeta para um satélite está apenas nas suas dimensões e massas (satélites são menores e menos densos).

Em geral os planetas e os satélites, por serem declives espaço-temporais relativamente densos, permanecem por muito mais tempo em suas regiões de formação, se dirigindo para os declives mais profundos com maior lentidão do que os gases e elementos livres em geral o fazem. Ou seja, com a dispersão das nuvens moleculares gasosas, os planetas rochosos são deixados à mercê no Espaço, porém devido aos seus pesos relativos geralmente acumulam gases em seus entornos.

Nesta época, os planetas que seguravam atmosferas eram raros no Cosmos e isto certamente chamou a atenção do *Inner*, que agora tentaria criar as bases para a formação destes objetos de forma frequente.

Marte, por exemplo, possui um núcleo de ferro e sulfeto de enxofre, um manto de silicato acima e uma crosta rochosa na superfície. Possui também uma atmosfera que é formada por 95,3% de dióxido de carbono, além de outros gases em menor grau, como nitrogênio, argônio e oxigênio, entre outros. Estes gases somente estão retidos em Marte, bem como ocorre na atmosfera terrestre, porque não há nas proximidades destes planetas amontoados de gases e de outros materiais que possam desestabilizá-los, diferentemente do que acontecia nos aglomerados moleculares das nebulosas ou destes novos filamentos gasosos.

O desafio para o Plano Interior, portanto, seria montar filamentos gasosos semelhantes aos que já existiam, porém diferentes o bastante para serem capazes de propiciar o surgimento dos corpos celestes que existiam em menor quantidade, ou mesmo outros elementos inéditos. Na figura a seguir podemos ver a representação de um quasar no canto inferior esquerdo, atraindo uma nuvem material e dando, assim, vida à chamada galáxia irregular:

Fig. 58:

Fonte:http://3.bp.blogspot.com/_h_zHCBAvIpg/RsbIOKuueHI/AAAAAAAABFg/n4p5wVLCheE/s320/nuvem+de+magalh%C3%A3es.jpg universoevida.blogspot.com/2007_08_01_archive...

O *Inner* então esperou pacientemente até que estas galáxias estivessem preenchidas com uma grande gama de elementos materiais. Parte dos elementos, à medida em que se acumulavam, também se fundiam uns aos outros. Porém, inteligentemente o Espírito supunha que seria a partir de estruturas semelhantes às daquelas que formaram as primeiras estrelas que estruturas inéditas e mais complexas poderiam surgir, e estas, por sua vez, talvez fossem capazes de suportar gomos de energia interior para posteriormente recriá-los. Mas não foi isso o que se verificou através das galáxias irregulares e à medida em que o Espírito promove alguns ajustes nestas galáxias também constata que nunca havia espaço suficiente entre um protoplaneta e o outro, fazendo com que todos estes objetos fossem continuamente pressionados pelos elementos ao redor. Ou seja, era preciso propiciar estruturas semelhantes aos berçários estelares, porém não idênticas aos mesmos – afinal, a função destes já estava bem estabelecida.

O Espírito logo passaria a manipular as galáxias irregulares, tentando afastar alguns blocos de matéria, mais especificamente fazendo com que houvesse a separação entre os gases e os elementos mais pesados. Logo, percebeu-se que deixar os gases fluírem promovia um escape destes elementos, onde a maior parte acabava se perdendo e se distanciando dos respectivos quasares.

O primeiro braço galáctico, por assim dizer, foi criado à medida em que o *Inner* liberou toda uma gama material acumulada, que se afastou do quasar, para em seguida atrai-los controladamente. Isto deu vida às denominadas galáxias lenticulares. Quem propôs esta classificação morfológica para as galáxias foi Edwin Hubble. A fig. 59 mostra uma galáxia lenticular (S0), com o nome específico de NGC 2787:

Fig 59:

Fonte: http://www.portaldoastronomo.org/npod.php?id=1180

O acúmulo material então passava a compor cada um dos corredores delimitados pelo poder de atração e neutralização do *Inner*, que era realizado em uma espécie de efeito sanfona. Ao final de cada braço o Plano Interior deixava um espaço de milhares de quilômetros até o próximo braço. A característica curvada dos braços fazia com que os gases não se dispersassem do bojo central. Este espaçamento, bem como esta característica curvada, contudo, era mantida devido ao modo que o *Inner* propiciava sua atração e devido ao formato e profundidade em relação ao tecido espacial do próprio quasar.

Mesmo depois que os braços já estavam completamente prontos era preciso que os quasares se atraíssem em conjunto, de tempos em tempos, para que não se dispersassem pelo Espaço.

Com aproximadamente 800 milhões de anos de vida, o *Inner* percebe que nos primeiros braços que ele havia formado começavam a surgir estrelas, mas não havia nenhum indício de que corpos mais evoluídos que mantivessem luz interior sem se extinguir, apareceriam. Porém, havia um sinal positivo através destas tentativas, já que agora muitos planetas passavam a segurar seus próprios gases devido ao espaço que existia entre estes "corredores", e o *Inner* sabia que para criar algo inédito precisava da maior varidade possível de corpos celestes.

Com o passar dos anos, apesar dos planetas com atmosferas próprias aparecerem, não era ideal continuar construindo as galáxias lenticulares devido ao extremo gasto de energia necessário para mantê-las em funcionamento, por mais que fosse sensato manter algumas delas em atividade para uma análise futura. Ao menos agora, se estes planetas fossem de fato a resposta para dar prosseguimento à evolução, já se tinha um caminho delineado para seguir e servir de exemplo.

4.3 A formação das galáxias espirais (SBa) até 1,1 bilhão de anos

À medida em que um número enorme de quasares surgia no Universo em virtude de novos buracos negros, o *Inner* decide manter as estruturas antigas em um sistema automatizado que não permitisse ampliar o rasgo para o Plano Interior, porém torna-se mais fácil iniciar experiências do zero, isto é, através de quasares virgens. Ou seja, nas galáxias irregulares o *Inner* "neutraliza" o quasar, não deixando que matéria se funda com a luz interior, e nas galáxias lenticulares, além de neutralizar o quasar, cria-se uma resposta automática para estimular o posicionamento original dos braços, exercendo o menor gasto energético possível e, portanto, sem a necessidade da emissão de pensamentos conscientes destinados para a manutenção de tais estruturas.

Apesar de o Espírito saber que os planetas não seriam capazes de conter a luz interior em qualquer um dos elementos materiais existentes dentro deles, porque já havia realizado experimentos deste tipo, talvez suas atmosferas propiciassem reações internas (a exemplo das grandes tempestades) e no futuro pudessem fazê-los funcionar como seres independentes a eexemplo das estrelas, para posteriormente gerarem outros tipos de elementos.

As galáxias lenticulares com o passar dos anos começaram a apresentar outro problema relativo à pequena distância que havia entre um braço e outro sempre que ocorria uma supernova. Isto deveria ser levado em consideração para a construção das novas galáxias, ao passo que era preciso manter a característica curvelínea dos braços galácticos, pois esta impedia que a matéria se dispersasse das demais. Ao mesmo tempo, era necessário realizar um mecanismo que fizesse o *Inner* economizar sua própria energia, evitando o efeito sanfona realizado nas galáxias lenticulares, já que estava previsto um aumento exponencial da quantidade de colapsos gravitacionais completos – os buracos negros.

O tamanho do Plano Interior se assemelhava ao tamanho do Universo e crescia mais a cada instante através do puxão gravitacional realizado pela luz completa. Esta circundava o Universo e estava intercalada com a antimatéria presente ao redor do Cosmos. É importante também mencionar que o *Inner* continuava obtendo a energia de uma porção do tecido gravitacional presente em seu próprio plano, mas tinha plena ciência de que o seu crescimento antimaterial cessaria em certo momento, de modo que reservou energia para calcular por quantos anos a mais continuaria "canibalizando" a gravidade.

Pensando então em espalhar a matéria de modo mais uniforme a fim de aproveitar toda a região em torno do quasar para a geração de um maior número de objetos possíveis, o *Inner* começa a imitar o efeito rotacional das estrelas e dos planetas, e promove um rodopio dos próprios quasares.

Agora, o próprio quasar, realizando um giro, faz com que a matéria que estava acumulada em apenas um dos lados vá se alastrando e se espalhando por toda a região galáctica. As nuvens moleculares começam a se colapsar umas sobre as outras na região do aro galáctico, constituindo um grande número de protoestrelas. Este era o sinal que o *Inner* estava buscando! Vejamos na foto a seguir a galáxia de nome específico NGC 6782, classificada como espiral barrada (SBa):

Fig 60:

Fonte: http://hubblesite.org/gallery/album/galaxy/

Partindo do quasar, reparemos que há dois feixes de luz branca mais pronunciados que parecem extrapolar o miolo central. Isto é a luz interior exercendo o seu rodopio e influenciando a matéria ao redor. Já a formação deste aro em azul que está em torno do quasar é justamente um amontoado de estrelas médias e grandes que se forma à medida em que o giro promove o colapso das nuvens moleculares umas sobre as outras.

Apesar de propiciar um verdadeiro enxame de estrelas, não havia espaço entre um objeto e o outro devido à alta velocidade rotacional relativa do quasar e, além disso, esta estrutura formava um vácuo de poeira e matéria muito grande declive acima, até que novas nuvens moleculares pudessem gerar protoestrelas. Também é importante dizer que não havia espaço para que planetas pudessem segurar suas próprias atmosferas em torno do aro estelar e geralmente quando isso acontecia no entorno galáctico, os mesmos acabavam escapulindo para o Comos e se perdiam. Apenas um menor número de planetas que seguram atmosferas próprias permanecem alocados dentro do braço exterior e estão isolados o bastante para suportar a força de arrasto das supernovas.

Devemos imaginar analogamente este tipo de galáxia espiral barrada SBa como um relógio, onde o quasar representaria os segundos, o aro os minutos e os braços, à medida em que partem do anel, o ponteiro das horas. Isto é o mesmo que dizer que existe nestas galáxias uma maior velocidade e concentração material nas regiões que estão mais próximas ao quasar, e uma maior lentidão e abertura à medida em que os corpos se distanciam do quasar. Quando os braços desta galáxia dão uma volta inteira em torno de seu próprio eixo eles não se dispersam, pois a matéria que se acumulou ali já está gravitacionalmente ligada e gira como um todo, a não ser que o *Inner* passe a exercer outro tipo de influência propositada qualquer.

Em suma, a velocidade do giro do quasar e o seu poder de atratividade determinava em conjunto com a gravidade do *Outer* a formação das galáxias espirais barradas. É quando estas galáxias terminam de compor suas estruturas que o *Inner* se dá conta da importância que os espaços vazios tinham.

Isto gerou um *insight* ao Espírito (pensamento de descoberta ou pensamento que direciona a uma descoberta), que uma vez esclarecido compreendeu que talvez novos gomos de luz interior somente surgiriam caso houvesse porções matérias ocas, quer dizer, caso existisse algum espaço vazio capaz de suportá-los dentro de porções materiais.

Quando anteriormente a Força da Consciência havia refletido a respeito dos embriões para a geração automática de luz interior no *Outer*, imaginou que as estrelas serviriam, pois afinal elas eram minúsculas e possuíam um nível energético muito pequeno em comparação ao *Inner*. Novas experiências foram feitas com satélites e até mesmo asteroides, mas a luz interior produzia o mesmo efeito que anteriormente, ou seja, acabava extinguindo parte destes corpos materiais ao entrar em contato com a matéria.

Aos poucos, através das tentativas e refletindo a respeito de tudo o que já sabia, o Plano Interior passou a crer que talvez estes embriões pudessem ter um montante energético ainda menor do que ele havia imaginado que necessitavam ter para se tornarem autossustentáveis e independentes. Para o Espírito não era tão simples pensar no microcosmo pelo fato de ser imenso e operar como um ente único, porém seu raciocínio lógico estava correto e agora o caminho certo poderia ser trilhado através da ideia de que somente uma quantidade ínfima de luz interior, a exemplo dos antifótons, talvez fossem capazes de permanecer dentro de um corpo material sem extingui-lo.

Acontece que, mesmo separando as menores porções possíveis de luz interior, mostrou-se impossível criar seres autossustentáveis e conscientes ao mesmo tempo em todo o tipo de estrutura material "oca" (dentro e fora dos planetas) que o *Inner* podia detectar.

4.4 A formação das galáxias espirais (SBb e SBc) até 1,2 bilhões de anos

A Força da Consciência só pode perceber que a velocidade do giro influenciava tanto na composição dos corpos das galáxias quando as espirais barradas (SBa) já estão praticamente em estágio avançado. Até então acreditava-se que era devido ao movimento espiralado em si, mas não devido à velocidade deste movimento em relação, é claro, à profundidade relativa dos declives provenientes dos buracos negros.

Uma das razões para a necessidade de melhoria das galáxias SBa, apesar de elas serem mais econômicas energeticamente dentro do sistema automático de manutenção criado pelo *Inner*, era devido ao fato de que pouquíssimos planetas se formavam na região anelar (o aro), e mesmo assim eles não eram capazes de reter atmosferas. Apenas uma quantidade inferior de planetas retiam atmosferas, mas estes estavam localizados na região elíptica. Isto indicava que estava ocorrendo um grande desperdício material, pois toda a região ao redor do quasar deveria servir de palco para a construção dos planetas que retiam suas atmosferas ou outros corpos celestes, bem como ocorria nas galáxias lenticulares. Afinal, como a composição atmosférica química dos planetas variava enormemente, quanto mais planetas ativos, maiores seriam as chances de criar-se elementos capazes de comportar os antifótons.

Talvez o *Inner* estivesse enganado quanto aos planetas, ou seja, talvez não fosse a partir destas estruturas que objetos inéditos seriam criados, mas se insistia nos planetas por uma questão lógica: não existia outro objeto capaz de propiciar reações químicas diversas em um nível menos violento do que as estrelas. E por demonstrarem um desenvolvimento distinto, os planetas possívelmente teriam também um propósito diferente das estrelas.

A Força da Consciência já havia tentando direcionar raios de luz interior em uma grande varidade de ângulos a partir dos quasares, porém o giro era uma movimentação mais natural e mais fácil de ser automatizada. Ao reduzir a velocidade destes giros surgiram as primeiras galáxias espirais barradas SBb. A redução desta velocidade partiu devido à observação de que os braços das galáxias SBa se formavam a partir do aro, ou seja, a partir de uma velocidade bem mais moderada do que o quasar espiralava de fato, e era nos braços que os planetas podiam evoluir. Vejamos a seguir a foto de uma galáxia espiral barrada (SBb) com o nome específico de NGC 7479:

Fig. 61:

Fonte: hubblesite.org

Olhando para o quasar reparamos que neste tipo de galáxia os braços se formavam de forma progressiva, e não como ocorria nas SBa. Isto acontecia devido à velocidade do giro que estava muito mais lenta do que durante a experiência anterior, porém desta vez estavam lentas demais.

Podemos observar que nas SBb os braços não estão tão próximos uns dos outros como ocorre nas galáxias lenticulares, mas estavam muito mais próximos do que nas espirais barradas SBa. O problema é que a proximidade entre os braços poderia fazer com que um corredor influenciasse no desenvolvimento do outro, reduzindo as chances para que os planetas permanecessem com atmosferas próprias.

Quanto mais braços houvesse sem que eles se colidissem, maiores as chances de existirem planetas e satélites possuindo atmosferas independentes, e talvez maiores as chances de um objeto inédito surgir.

Talvez as rotações espiraladas dos quasares nunca seriam capazes de propiciar corredores como ocorria nas galáxias lenticulares, porém esta era uma meta que o *Inner* estava disposto a perseguir.

Podemos ver na seta em vermelho da figura 61 que há um pedaço do braço com um amontoado de estrelas. Este amontoado de estrelas era sinal de que muita matéria havia se acumulado em uma área muito curta e que muito provavelmente esta fileira de objetos não teria propósito algum.

Como o *Inner* estava girando estas galáxias na velocidade mais lenta que podia, pensou corretamente que exagerou em ambos os aspectos, espiralando rápido demais na construção das espirais barradas SBa e agora demasiadamente lento para a composição das galáxias espirais barradas SBb. Era preciso achar o equilíbrio na velocidade da rotação e foi com uma velocidade que era justamente a média entre as duas que as galáxias espirais barradas SBc se formaram. Vejamos na foto abaixo a galáxia com o nome específico de NGC 1300:

Fig 62:

Fonte: hubblesite.org

Reparemos agora na diferença entre uma galáxia SBb e SBc. Nas SBb, como o quasar girava muito lentamente, a matéria e os gases começam a sentir os efeitos da gravidade em uma região ainda próxima à região central. Já nas galáxias SBc a maior velocidade relativa do giro faz com que a matéria também se acumule, mas não sofra os efeitos da gravidade ao ponto dos elementos se recombinarem e formarem estrelas tão próximas ao bojo.

Porém, o *Inner* acabou observando que mesmo com uma velocidade equilibrada as galáxias não compunham as estruturas que tanto desejava. Desta forma, talvez não fosse apenas a velocidade que precisasse ser ajustada, e sim as profundidades relativas ou ainda outro fator.

Analisando os pensamentos memorizados com calma, bem como as próprias galáxias em si, o Espírito concluiu após algum tempo que em todas elas os rodopios se iniciavam apenas depois que já havia matéria atraída e acumulada em pelo menos um dos lados do quasar. Mesmo que o material se espalhasse posteriormente, havia sempre uma grande região já gravitacionalmente ligada.

Na verdade este era o motivo para se formarem apenas dois braços galácticos principais e outros braços com má formação. Era como se os elementos gravitacionalmente ligados fossem divididos ao meio no instante em que o giro do quasar começava.

O que poderia ser feito como teste agora era justamente o oposto: iniciar o giro antes que as porções materiais se acumulassem. Isto não seria difícil, pois havia novos buracos negros sendo abertos constantemente e com o passar dos anos eles atingiriam o Plano Interior.

4.5 A formação das galáxias espirais (Sa, Sb e Sc) até 1,38 bilhão de anos

A partir das galáxias lenticulares todo o processo posterior de construção das galáxias foi basicamente um aprimoramento destas estruturas primordiais. A construção das galáxias espirais Sa seria um aprimoramento das galáxias espirais barradas SBc, que por sua vez foram um aprimoramento das galáxias espirais barradas SBb.

Automatizar a maior parte dos processos em certo momento trouxe alguns reveses dos quais o Espírito não previu, tanto relativo ao desarranjo de algumas grandes estruturas dentro do Universo, que precisaram ser posteriormente influênciadas, quanto em relação a um novo vazamento da luz interior. A reprogramação destas automatizações foi aos poucos reestabelecida, porém mais importante do que isso foi o novo tipo de aprendizado que o Espírito obteve, onde percebeu que mesmo operando com consciência qualquer tipo de sistematização poderia apresentar falhas (estas calcadas nas mudanças do teor das memórias) ou devido a meros desgastes e decaimentos físico-químicos.

As galáxias espirais são corpos celestes equilibrados, pois existe uma influência constante do quasar que mantém sua formatação idealizada. Por sua vez, sem a gravidade exercendo seu papel o Espírito teria gasto boa parte da sua energia apenas tentando reunir toda a matéria que se empilha ao redor do quasar. Sendo assim, sabe-se que um plano ajudava na evolução do outro e que ambos estavam propiciando o desenvolvimento da vida de forma geral.

Os novos quasares que foram abertos iniciaram seus rodopios antes que a matéria (através da força da gravidade) se acumulasse em torno do quasar. A velocidade que o Plano Interior realizou tal movimentação foi a mesma que existia nas galáxias espirais barradas SBc, ou seja, a velocidade média em relação às espirais barradas anteriores. Estas configurações criaram as galáxias espirais Sa, como podemos ver na figura a seguir a de nome específico NGC 7217:

Fig. 63:

Fonte: http://en.wikipedia.org/wiki/File:NGC_7217_Hubble.jpg

Podemos perceber que estas galáxias geravam uma enorme quantidade de braços, mas que, no entanto, estavam próximos demais uns aos outros. Isto acontece porque por mais que esta velocidade fosse intermediária em comparação às primeiras galáxias espirais barradas, ela ainda estava rápida demais para uma perfeita formação estrutural galáctica.

Além disso, ao longo dos anos os braços se espalham e acabam não só influenciando a composição uns dos outros como também terminavam se unindo a eles. Estruturas únicas então se formam dando origem a galáxias similares à galáxia sombrero (NGC 4594), que recebe este nome, pois lembra um chapéu mexicano:

Fig 64:

Fonte: hubblesite.org

Como a galáxia sombrero possui diversas fotos tiradas através do telescópio Hubble, podemos verificar a partir delas detalhes dos braços galácticos. Na figura a seguir há uma foto detalhada dos braços já unificados:

Fig. 65:

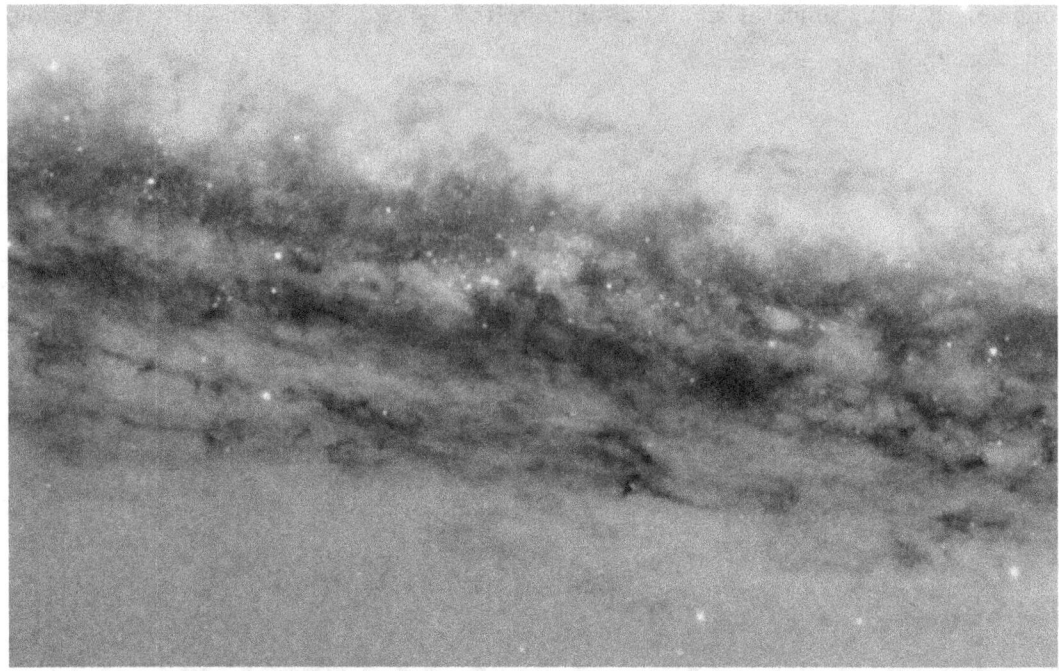

Fonte: hubblesite.org

Reparemos que as estrelas se formam entre o amontoado de gases e o material destes braços e, os planetas, satélites e asteroides também estão presentes, apesar de não serem possíveis de verificarmos. No entanto, são poucos os espaços que sobram onde não há nuvens de gás rodeando os objetos para que sistemas solares similares ao nosso possam se constituir e os planetas possam realizar suas evoluções de forma independente.

Passam então a serem criadas outras galáxias, mesclando-se o que se conhecia das espirais barradas e agora das as, a partir de galáxias já formadas, e também de quasares virgens. O Plano Interior desejava observar qual seria o custo energético de manter o espiral rodopiando, mas estacioná-lo de tempos em tempos ou então manipular algumas partes da matéria a partir dos quasares, além de inúmeros outros experimentos com profundidades dos buracos negros remanescentes distantes que são realizados, visto que havia uma grande quantidades destes.

Buscando esta perfeição evolutiva o *Inner* faz um teste reduzindo a velocidade de seu giro em relação às espirais Sa, a partir de quasares que ainda não havia acumulado matéria. Desta redução ocorre o nascimento das galáxias espirais Sb. Vejamos na figura a galáxia de nome específico NGC 4622:

Fig 66:

Fonte: http://www.lns.cornell.edu/~seb/celestia/ngc4622.jpg

A presença de mais braços e, principalmente, o maior espaçamento entre estes braços, indicavam que este era o caminho correto a ser seguido. Além disso, a redução da velocidade era uma predileção do *Inner*, pois desta forma gastava-se menos energia.

Os braços espirais obviamente não contêm sempre o mesmo material. Em cada galáxia existem diferentes elementos, resultantes das diferenças entre as estrelas que explodiram e os elementos que suas nebulosas recombinaram. Isto faz com que a coloração, formato, o número de estrelas e objetos variem de galáxia para galáxia.

O *Inner* previra que com o tempo os braços das galáxias espirais Sb também se juntariam uns aos outros. Vejamos abaixo a galáxia do olho negro (NGC 4826) que é um exemplo conhecido de galáxia espiral Sb.

Fig. 67:

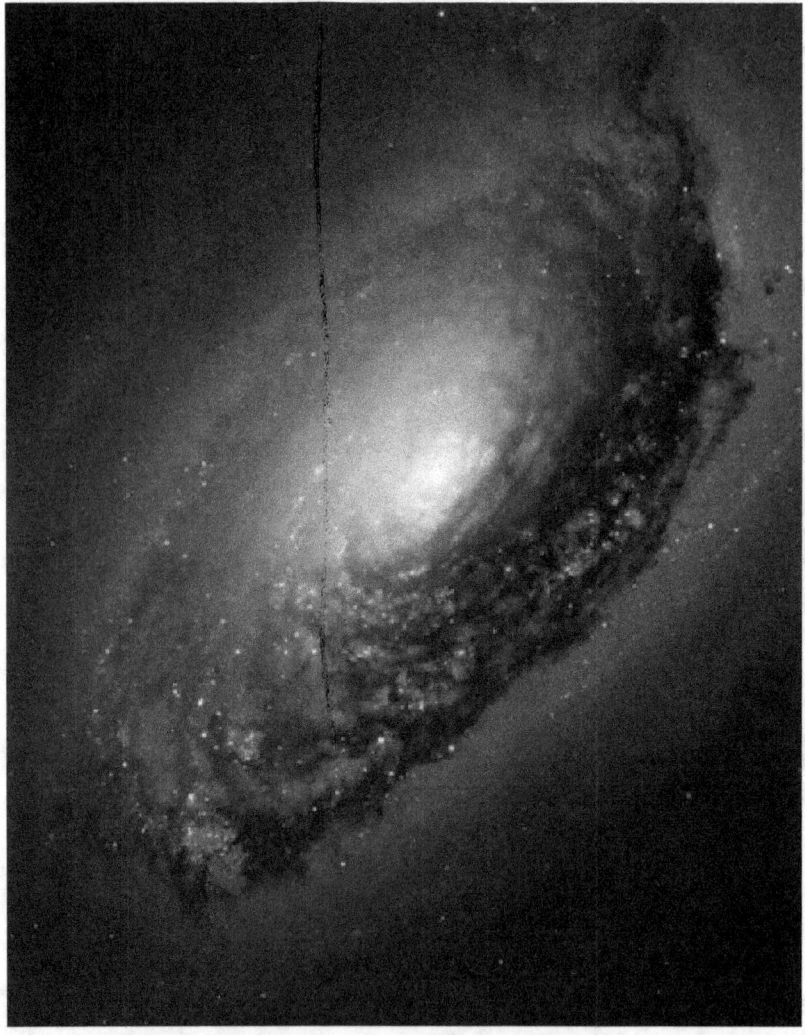

Fonte: hubblesite.org

Podemos perceber nesta galáxia a imensa quantidade de gás, matéria e poeira através dos braços que estão se chocando e se tornando um imenso aglomerado material. Não precisou chegar neste estágio, no entanto, para o Plano Interior realizar uma nova correção e gerar estruturas mais perfeitas: as galáxias espirais Sc.

As galáxias Sc são mais bem formadas, pois sua velocidade é maior do que a mais lenta possível, porém é menor do que o giro executado nas galáxias Sb, e isto faz com que os braços se abram, permanecendo na distância necessária para que não haja choque entre eles. Vejamos na foto abaixo a galáxia de nome específico NGC 5457:

Fig. 68:

Fonte: http://hubblesite.org/gallery/album/galaxy/pr1994002c/

As galáxias espirais Sc possuíam todos os aspectos necessários que o *Inner* havia buscado até então, ainda que houvesse variações de galáxia para galáxia devido à quantidade e ao tipo de matéria disponível nas redondezas. As galáxias espirais Sc eram de longe as estruturas que permitiam o surgimento de uma maior variedade de corpos celestes, ou seja, estrelas, planetas e satélites de variadas dimensões e composições.

Contudo, havia chegado a hora do Espírito elaborar um plano para organizar o Universo como um todo, pois já existia uma quantidade massiva de quasares espalhados e cada um deles poderia dar vida a uma nova galáxia.

O *Inner* sabia que somente se podia automatizar um pensamento, e consequentemente as ações que dele se desencadeariam, desde que este pensamento possuísse uma memória sólida para servir de suporte, isto é, uma memória que cumprisse com o seu propósito de maneira quase exclusiva para determinada proposição. Porém, o *Inner* também sabia que a gravidade agia sempre da mesma forma, sempre com a mesma velocidade e por isso fornecia uma segurança fundamental chamada previsibilidade. Foi assim que o Espírito, que não podia criar a matéria, mas apenas manipulá-la, começou então a pensar em uma maneria de se utilizar da sua maior aliada (a força da gravidade) para organizar o Cosmos de maneira geral.

4.6 A fusão das galáxias e a formação dos grupos e aglomerados galácticos

Objetivando dar um destino para as galáxias que havia sido sucateadas como uma espécie de teste experimental, e alinhado com o novo objetivo de organizar o Universo, o Espírito começa a promover a fusão de todas as galáxias que estavam próximas umas das outras. A partir de uma mudança da velocidade de rotação dos quasares e de jatos luminosos direcionados para influenciar algumas porções materiais, além do empurrão da própria força gravitacional, não demora muito tempo para que um aglomerado de três galáxias passe a puxar outras três galáxias e componha uma só estrutura que se tornaria o maior corpo celeste do Universo até então.

Quando as galáxias se chocam umas contra as outras, os gases e o material de ambas se misturam e a transformação é eminente. Assim, o maior problema destes choques é a reformulação da estrutura galáctica como um todo que, devido às colisões, acabava alterando a profundidade dos declives espaço-temporais de muitos dos corpos materiais presentes no interior delas.

Este aglomerado com seis galáxias formaria agora um declive espaço-temporal tão denso que outras galáxias das redondezas começariam a se aproximar dele, para que ao longo de 300 milhões de anos pudessem compor uma estrutura única gigantesca. Porém, mais importante do que formar uma mega-galáxia era começar a organizar todas as estruturas que estavam relativamente próximas umas das outras para se tornarem promissoras, ou mesmo para que a matéria pertencente dentro delas não se espalhasse pelo Cosmos e com o passar dos anos atrapalhasse outras estruturas com o funcionamento mais adequado.

Em outras regiões do Universo, contudo, o *Inner* tentaria preservar ao máximo as estruturas já formadas e para tanto exerceria as fusões galácticas de maneira controlada. Na figura seguinte podemos ver o contato ainda em estágio recente entre duas galáxias espirais:

Fig. 69:

Fonte: hubblesite.org

Como a alteração dos declives acabava propiciando diversas colisões entre os elementos que estavam acomodados nestas galáxias, isto tornava o panorama local parecido com uma hipernova, porém com ainda mais violência devido à grande quantidade de recombinações químicas e fusões entre os objetos existentes. Enquanto algumas estrelas morrem e explodem, por exemplo, outras se fundem, formando sistemas binários.

A ideia era a de que, uma vez compondo os aglomerados galácticos, ficava mais fácil para o *Inner* manter determinadas galáxias intactas (como as espirais Sc ou aquelas que estivessem oferecendo progressos e vantagens evolutivas) e ainda mais fácil para que os quasares se encontrassem e se unissem, objetivando a economia de energia. Na figura a seguir temos um corte do aglomerado galáctico de Coma, onde a seta em vermelho representa uma galáxia cD (NGC 4881 ou quasar alongado):

Fig. 70:

Fonte: hubblesite.org

Cada ponto desta figura é uma galáxia distinta. Somente neste aglomerado galáctico (que ainda estava em formação nestes instantes) existem mais de três mil galáxias. A galáxia cD não parece ser muito diferente das demais através desta imagem, mas ela é o quasar mais poderoso deste aglomerado.

Muitas vezes, dependendo da quantidade de galáxias e da complexidade estrutural entre elas, nem mesmo o maior dos quasares sozinho conseguia exercer as movimentações precisas e ejetar os raios necessários para controlar as colisões que ocorreriam, de maneira precisa. Para tanto o *Inner* se utilizava de outros quasares que puxavam diferentes parcelas materiais em diferentes instantes. É possível também que quasares das galáxias irregulares, lenticulares e até mesmo espirais pudessem fazer este papel, mas o Espírito somente permitia que isto acontecesse uma vez determinado que estas galáxias não teriam mais nada a oferecer no futuro e pudessem ser descartadas.

No site O Universo Como um Todo encontramos que um aglomerado rico e evoluído ocupa um volume não muito maior que um grupo galáctico, mas no aglomerado existe um número bem maior de galáxias. A diferença é que nos aglomerados as galáxias se acomodam numa distribuição quase esférica, com uma elíptica gigante ou uma cD no centro. Na figura 71 podemos observar o aglomerado de Virgo onde, apontadas pelas setas, existem dois quasares gigantes, cada um sendo o centro de seu próprio subgrupo de galáxias:

Fig. 71:

Fonte: hubblesite.org

Nem todas as galáxias pertencem a aglomerados e na verdade existem mais galáxias isoladas do que pertencentes a aglomerados (segundo informação encontrada no site O Universo Como um Todo). A física atual considera, obviamente, a evolução dos aglomerados galácticos apenas sob o apecto físico, ou seja, sem a atuação do Espírito no processo. As teorias mais comuns que descrevem a formação destes ajuntamentos apontam para galáxias espirais e irregulares ligadas gravitacionalmente através de gases e matéria que estariam espalhados por toda a região de um aglomerado galáctico. Em seguida ocorreria a fusão de galáxias irregulares contra espirais, ou espirais contra espirais, e o resultado destas fusões formaria novas galáxias elípticas (quasares alongados). Neste estudo também acreditamos na existência da fusão entre duas galáxias sem que haja a influência do Plano Interior, desde que o *Inner* constate que apenas despenderia energia demasiada para controlar duas estruturas que de qualquer maneira se desmembrariam por completo até a unificação dos quasares.

A grande maioria das galáxias que possuem estruturas muito peculiares é o resultado de fusões entre galáxias de formatação raras ou de rearranjamentos do próprio Espírito. O importante é entendermos que independentemente das classificações ou nomenclaturas, precisamos pensar para onde estas estruturas estão nos levando e o que elas significam. O resto é simplesmente a necessidade humana de nomear, classificar e padronizar para tentar limitar o desconhecido e alcançar as respostas para tantas perguntas. Se estas respostas já existem, no entanto, as classificações, nomenclaturas e catalogações ganham uma importância secundária.

Os superaglomerados, na opinião deste estudo, por exemplo, nada mais são do que uma outra forma de classificarmos os aglomerados que estão próximos suficientes a outros aglomerados ou a outros grupos galácticos, compondo uma cadeia galáctica ainda maior. Na contramão, a astrofísica considera que os superaglomerados são filamentos e membranas que preenchem todo o Cosmos. Algumas vertentes acreditam que este material seria um eco do próprio Big Bang e nestes filamentos a matéria seria densa o suficiente para formar galáxias inteiras, de maneira análoga à como as estrelas que se formaram nos berçários filamentosos de gás primordiais. No entanto, para que densos filamentos gasosos (nós) fossem capazes de compor uma estrutura do porte de uma galáxia seria necessário uma aglomeração tão grande de matéria que o surgimento de estrelas hipergigantes certamente ocorreria mais frequentemente do que podemos verificar no Universo.

Acreditamos que seja mais relevante entendermos que a própria formação dos grupos e dos aglomerados galácticos caminhava na direção da automatização dos processos vigentes no Universo, porém, apesar de a gravidade ser uma força previsível, as interações químicas eram muito distintas umas das outras e estavam em constante mudança para que o Espírito pudesse confiar "cegamente" em suas programações. Além disso, o *Inner* compõe um Ente único e por mais que destinasse memórias e porções antimateriais para administrar certos processos, um acontecimento massivo tinha às vezes o poder de modificar toda a rede pensante, por mais que houvesse progressivas evoluções também neste aspecto.

Assim, enquanto o Espírito continuava organizando o Universo, estimulando a fusão entre duas galáxias demasiadamente próximas e estimulando a composição de novos grupos e aglomerados galácticos (para preservar a colisão não prevista entre duas galáxias), utilizava-se de seus recursos "sensoriais" para observar a criação de corpos e objetos livres no Cosmos ou dentro dos planetas e dos satélites. À medida em que um maior número de processos pode ser automatizado, sobra mais tempo e energia para realizar experiências neste sentido.

Foi assim que por volta de 1,57 bilhões de anos o Espírito encontrou os primeiros corpos materiais capacitados o bastante para conter partículas antifotônicas sem extinguirem-se. Pelo contrário, agora seria possível que estes corpos se utilizassem destas partículas para seguirem evoluindo de maneira ainda mais refinada do que faz, por exemplo, um minério. Ou seja, era como se um objeto qualquer pudesse ter uma "visão", um pensamento consciente que lhe proporcionasse uma verdadeira capacidade de aprendizado além da automatização. Surgiam assim os primeiros seres vivos orgânicos.

5 O palco ideal para o nascimento dos seres feitos de matéria e luz interior

Os primeiros seres vivos orgânicos nasceram dentro de planetas com características similares e que seguravam atmosferas próprias já estabilizadas, isto é, cujo período de recombinações químicas e que geram tempestades massivas (devido às súbitas alterações nos padrões de densidade atmosférica) já havia terminado.

Compreendemos neste estudo que não é o Espírito quem controla tudo o que ocorre nos braços das galáxias, de modo que se não há dispersão do material presente nestes locais é pelo fato de eles estarem ligados gravitacionalmente, ou seja, se movem analogamente à uma grande estrutura de densidade equivalente. Ao mesmo tempo temos que pensar que se os braços galácticos não girassem junto com o quasar na velocidade apropriada, provavelmente se unificariam com o passar do tempo e as chances de um planeta evoluir independentemente seriam muito mais remotas.

Assim, não importa se existem regiões vazias dentro destes braços galácticos, pois a sua estrutura principal permanece englobando estas cavidades. Podemos ver na figura a seguir a plotagem das 25 mil estrelas mais brilhantes da Via Láctea, demonstrando como elas se distribuem:

Fig. 72:

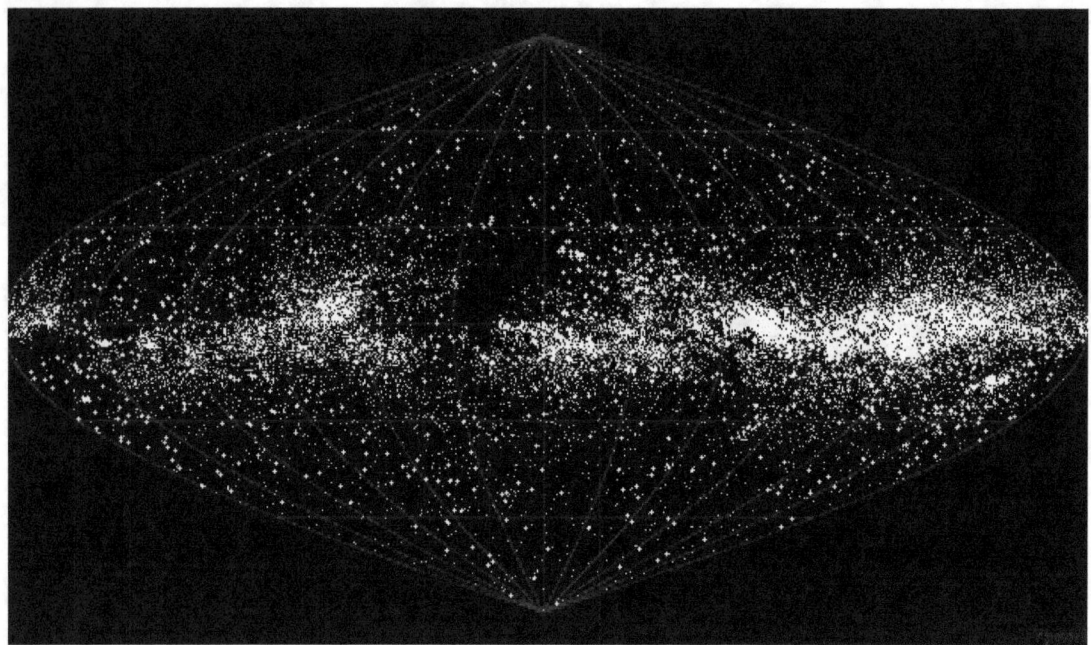

Fonte: http://www.atlasoftheuniverse.com/galaxy.html

Dentre tantas estrelas, o nosso Sol é apenas um destes pontinhos brancos, que em conjunto com os planetas e satélites forma o nosso Sistema Solar. O que chamamos de Sistema Solar, portanto, é a região do Espaço sob a influência gravitacional do Sol, isto é, cada planeta com sua órbita elíptica e independente gira em torno desta estrela, uma vez que ela possui o declive mais acentuado entre as proximidades. Isto acontece, pois a região do Sistema Solar é "vazia", quer dizer, não há amontoados de gases, entre outros materiais, preenchendo-na.

Porém, para que houvesse vida orgânica não necessariamente seria necessário que existisse um sistema solar semelhante ao nosso, onde os planetas encontrariam espaço livre para orbitarem suas respectivas estrelas através do empurrão gravitacional. Contudo, este é certamente o modelo ideal para que a vida biológica possa ultrapassar as barreiras evolutivas entre as gerações livremente, já que o movimento orbital planetário em torno de sua estrela principal (considerando distância e temperaturas relativas segundo a fórmula da zona habitável) é o que o torna capaz de aquecê-lo o bastante para estimular recombinações moleculares.

No entanto, analisando o panorama mais geral, podemos compreender que a estrutura de qualquer Sistema Solar que está situado dentro de uma galáxia é pertencente a outro sistema principal. Não existem dois Sistemas Estelares iguais no Universo, isto é, cada sistema dentro de uma galáxia difere um do outro justamente devido à incrível variedade de elementos e ao espalhamento material geral que ocorre sem uniformidade. Mas o fato de existir espaços relativamente maiores dentro dos braços das galáxias espirais, por exemplo, ajuda os planetas a formarem elipses em torno de um corpo de maior densidade, como previsto por Johannes Kepler.

O nosso Sistema Solar especificamente situa-se na borda interna do braço de Órion. Na verdade este braço não chega a constituir uma estrutura bem formada, mas sim um montante de gases, matéria e objetos gravitacionalmente ligados entre os braços mais bem definidos de Sargitário e Perseus. Vejamos a fotomontagem a seguir:

Fig. 73:

Fonte: http://ww.atlasoftheuniverse.com/galaxy.html

Por sua vez a nossa galáxia pertence a um aglomerado galáctico chamado de grupo local. Ao todo o grupo local possui 46 galáxias, onde os dois destaques principais são as galáxias de Andrômeda e a Via Láctea. A maioria das galáxias menores se dirige para uma destas duas grandes galáxias espirais. A galáxia de Triangulum (M33) é a terceira maior deste grupo e está se deslocando na direção de Andrômeda. Apesar de Andrômeda ter uma dimensão um pouco maior, a Via Láctea é a mais massiva das galáxias de nosso grupo. Vejamos a figura a seguir:

Fig. 74:

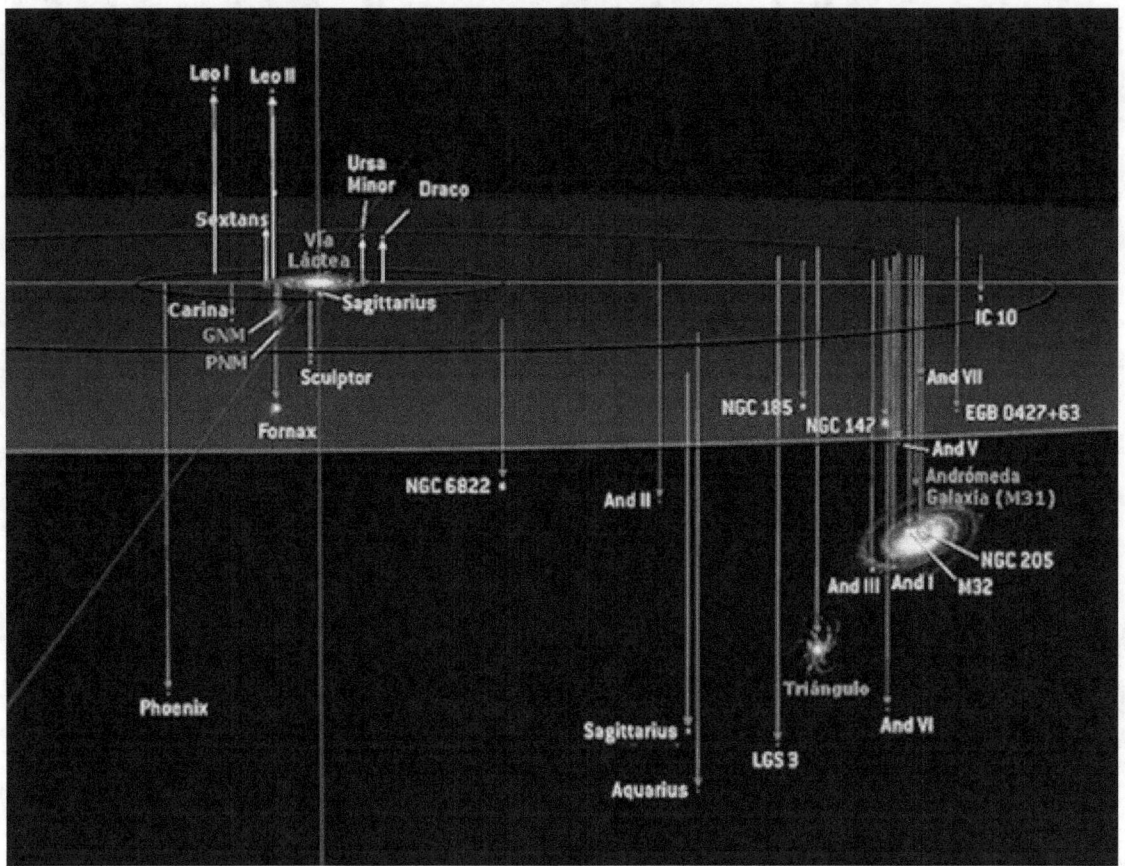

Fonte: www.astrocosmo.cl/.../b_p-tiempo-03.10.05.htm

Em suma, o braço de uma galáxia funciona com várias cavidades dentro de uma grande estrutura material – cavidades estas que são verdadeiros vácuos se comparados à atmosfera da Terra, por exemplo.

O Sistema Solar está situado dentro de uma destas cavidades, que leva o nome de Bolha Local, que tem um diâmetro de aproximadamente 340 pc (1 parsec equivale a 30 trilhões, 856 bilhões, 775 milhões e 800.000 quilômetros) no plano Galáctico e estende-se 600 pc na direção vertical e perpendicular ao plano. Trata-se de uma estrutura fechada, cujos contornos estão preenchidos por sódio, entre outros elementos.

Dentro da Bolha Local, existem diversas nuvens de contornos de hidrogênio, que são regiões de dispersão relativamente rápidas. Em matéria na Revista Veja vemos que o Sistema Solar se localiza especificamente na chamada Nuvem Local, que tem 6 pc de extensão e 5 pc de diâmetro. A temperatura desta nuvem é somente 6.700 K – muito mais fria que a tênue região que a envolve. Ao lado da Bolha Local existe uma superbolha denominada Loop I. Vejamos a figura a seguir:

Fig. 75:

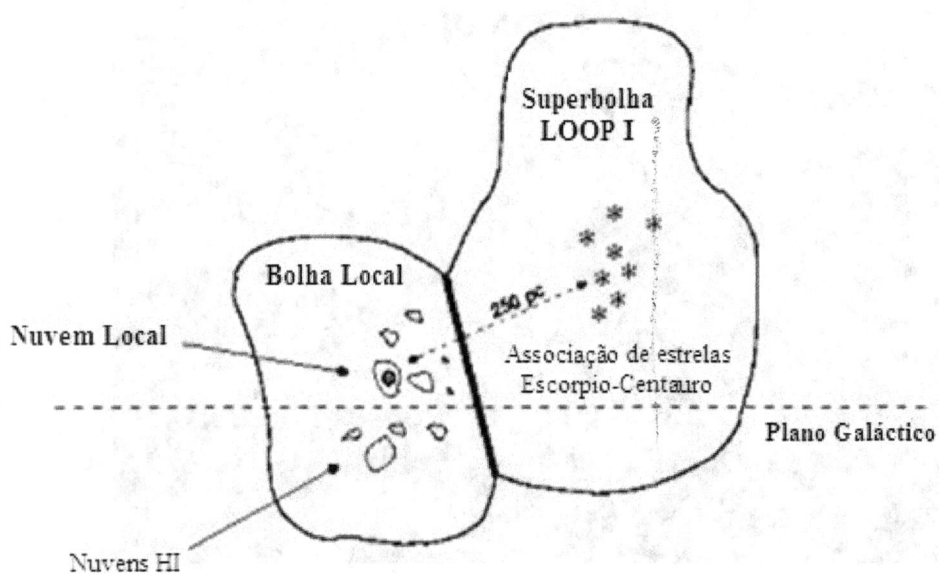

Fonte: http://www.portaldoastronomo.org/tema_pag.php?id=33&pag=1

Ainda segundo a reportagem sobre o Big Bang, na Veja, a cavidade da Bolha Local tem densidades que variam entre 0,1 a 0,001 partículas por centímetro cúbico. Trata-se de um densidade muito inferior à densidade média do espaço interestelar (1 partícula por cm^3), mas nem sempre foi assim, pois tanto a Bolha Local bem como Loop I são remanescentes de supernovas. Calcula-se que a Bolha Local seja o resultado de uma grande supernova, ou três novas provindas de estrelas de menor porte.

O nosso Sistema Solar, portanto, um dia foi um ambiente cheio de gases e matéria, muito mais denso do que atualmente, formado através do espalhamento de uma nebulosa originada após uma ou três explosões estelares. Este ambiente não dava muitas chances para que existissem espaços vazios entre todo este material, de modo que esta nova rede de filamentos gasosos começou a formar declives mais acentuados (nós).

O proto-sol foi um dos primeiros nós a se formar, pois o espalhamento material da nebulosa fez com que os gases, que são mais leves, chegassem antes dos demais elementos. Portanto, no local onde o Sol se formou a disposição química da região acabou compondo uma camada de hidrogênio e hélio, equilibrada hidrostaticamente, antes de formar um núcleo rochoso, e isso fez com que este nó evoluísse até se transformar no nosso Sol. Se formos analisar a composição química dos planetas gasosos, por exemplo, perceberemos que a maioria deles se tornaria uma estrela distinta se não tivesse construído núcleos centrais rochosos. Neste estudo acreditamos que mais da metade dos corpos celestes (planetas e satélites) do nosso Sistema Solar tenham surgido nestes momentos e somente uma parcela menor tenha se constituído por acreção a partir da nuvem proto-solar – esta responsável pelo desarranjo de vários nós em formação e por um espalhamento material geral, incluindo um número exacerbado de asteroides que deu vida à chamada Nuvem de Oort.

A Enciclopédia Ilustrada do Universo estima que a Nuvem de Oort contenha mais de um trilhão de cometas e asteroides menores. Inicialmente havia nela um número ainda maior de objetos, mas este número tem decrescido exponencialmente. É relevante dizer que alguns cometas que se desprendem da Nuvem passam a contornar a região interna do Sistema Solar através de órbitas distintas.

Parte desta nuvem consegue ganhar a forma de um disco achatado, que passará a orbitar o Sol como um declive mais denso. Este disco é chamado atualmente de Cinturão de Kuiper e estende-se entre seis e 12 bilhões de km do Sol. Ele vai ser composto do mesmo material que a Nuvem de Oort, ou seja, asteroides e cometas. Vejamos a figura a seguir:

Fig. 76:

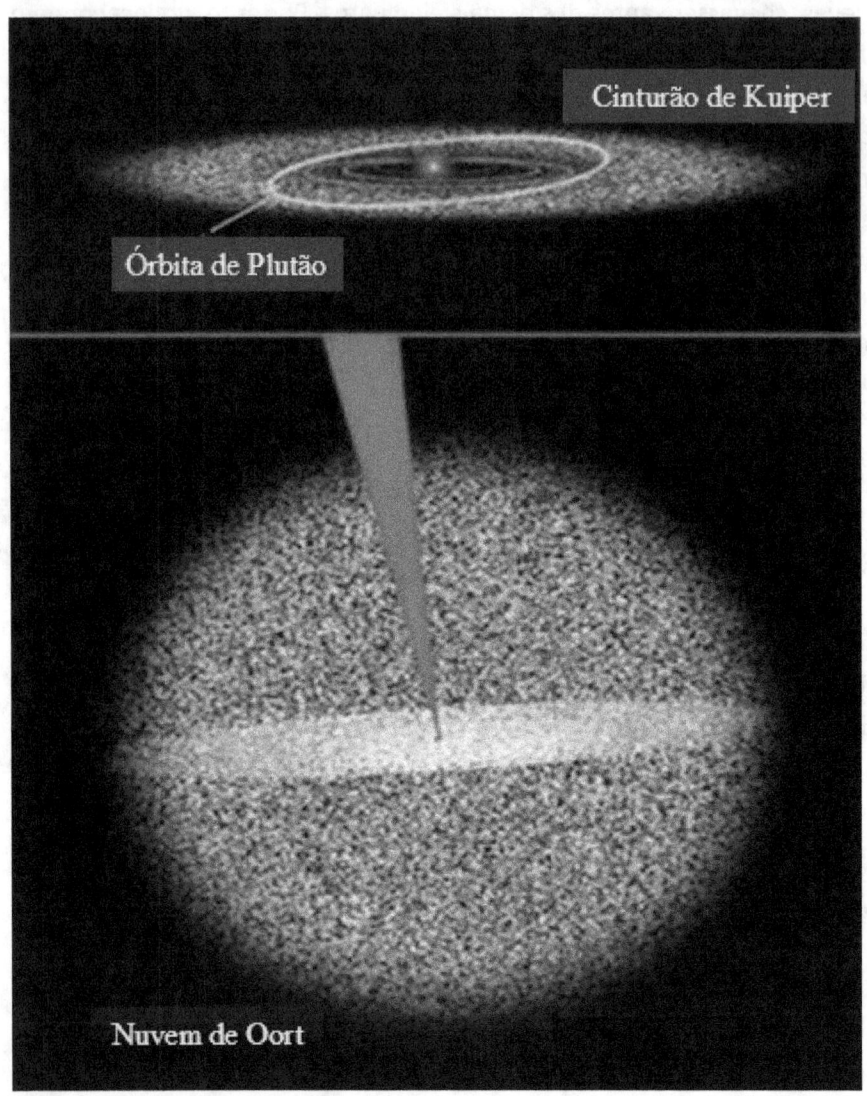

Fonte:http://4.bp.blogspot.com/_GO9aiSwWlQ/SMFm4eLnlQI/AAAAAAAABIY/RreMiXf6ouM/s400/oort.jpg

É verdade que alguns asteroides rumaram posteriormente em direção a Júpiter, mas isto porque Júpiter é muito denso e acabou disputando um verdadeiro cabo de guerra contra o Sol. Quem obviamente acabou ganhando esse entrave, com o passar do tempo, foi o Sol, estabilizando um novo Cinturão de Asteroides conhecido como Cinturão Principal. Lembramos que a maioria dos acontecimentos no Universo não são simétricos – existem grupos de asteroides que seguem na órbita de Júpiter (Troianos), além de um espalhamento natural de asteroides ao longo do caminho influenciado por declives mais próximos. Vejamos a figura a seguir:

Fig. 77:

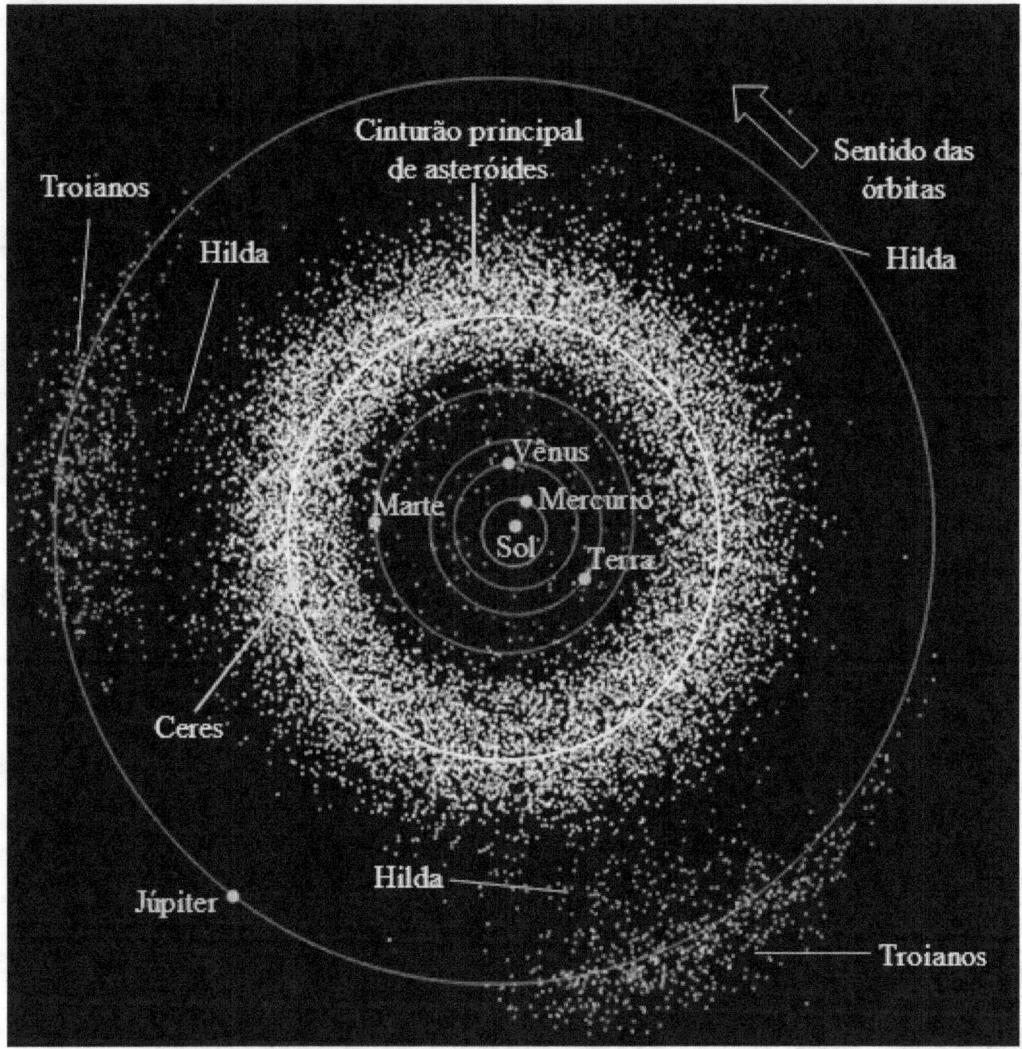

Fonte: http://pt.wikipedia.org/wiki/Ficheiro:*Inner*SolarSystem-en.png

    O corpo mais maciço do Cinturão Principal é um planeta anão chamado Ceres, com diâmetro de cerca de 950 quilômetros e que está a 414 milhões de quilômetros do Sol. Mas por que estamos detalhando algumas passagens sobre a formação do nosso Sistema Solar? Tal detalhamento é crucial para demonstrar que basta um corpo como Ceres fora de órbita e em rota de colisão com um planeta qualquer para modificar todo o panorama evolutivo de ambos objetos celestes.

    Todos nós lembramos do desenho clássico do Sistema Solar, e Ceres nem aparece nele, o que apenas demonstra que a nossa noção a respeito do Espaço é extremamente diminuta. Na verdade o desenho clássico não demonstra todos os 157 satélites presentes, sendo a maioria deles posicionada no entorno de Júpiter. Nem temos a certeza de que uma instituição como a Nasa, respeitada pelo seu poder intelectual e financeiro, poderia ser capaz de nos avisar, quiçá nos salvar, em caso de um meteoro gigante caindo em nossa direção, pois existem muitos objetos vagando e utilizamos mais recursos para explorar outros possíveis sinais. Muito mais lógico e racional é acreditar na Força que rege a vida, escolhendo fazer algo por nós a partir do quasar em uma situação como estas, mesmo porque nós temos o sorpo luminoso que gera a ciência da fé. Vejamos as figuras a seguir:

Fig. 78:

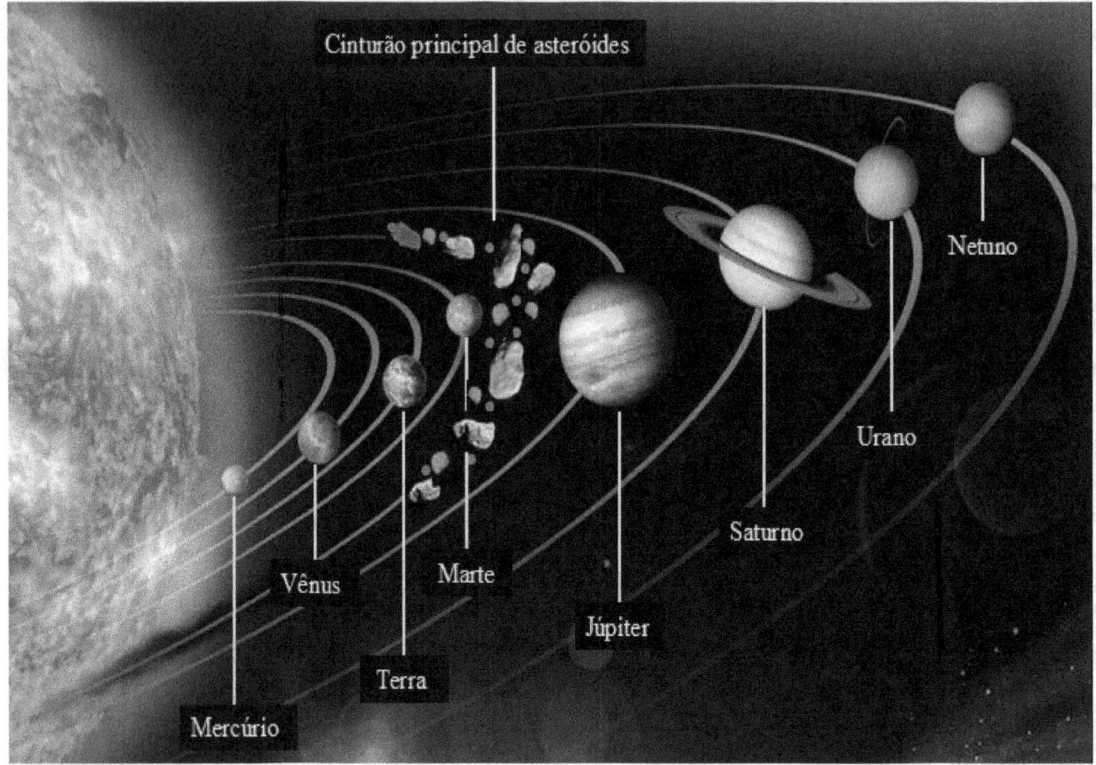

Fonte:http://patriciakaufmann.files.wordpress.com/2009/07/sistema-solar-com-planeta-barbie-90.jpg

Fig. 79:

Propriedades dos planetas do Sistema Solar			
Planetas	Diâmetro	Massa (Terra =1)	Distância Média ao Sol	Período Orbital (duração do ano)
Mercúrio	4.875 km	0,055	57,9 milhões de km	88 dias terrestres
Vênus	12.104 km	0,82	108,2 milhões de km	224,7 dias terrestres
Terra	12.756 km	1	149,6 milhões de km	365,26 dias
Marte	6.780 km	0,11	227,9 milhões de km	687 dias terrestres
Júpiter	142.984 km	318	778,3 milhões de km	11,86 anos terrestres
Saturno	120.536 km	95	1,43 bilhões de km	29,46 anos terrestres
Urano	51.118 km	14,5	2,87 bilhões de km	84 anos terrestres
Netuno	49.532 km	17,1	4,5 bilhões de km	164,9 anos terrestres

Fonte: Enciclopédia ilustrada do Universo – 2 – O Sistema Solar

5.1 Dentro das bolhas intergaláticas, um planeta em mutação

A Terra se formou há aproximadamente 4,56 bilhões de anos, ou seja, nos primórdios da constituição do Sistema Solar. Durante sete bilhões e 67 milhões de anos até o nascimento do nosso planeta, portanto, o Espírito foi capaz de orquestrar o Universo e organizá-lo de maneira brilhante e vital para a geração dos seres vivos orgânicos extraterrestres. Dentre inúmeras outras criações diversas revisões dos sistemas automáticos dentro do Plano Interior foram realizadas e novas automatizações surgiram, principalmente no que diz respeito à disponibilização da luz interior (alma) para que os seres orgânicos pudessem se desenvolver e evoluir ao longo das gerações.

Nota-se que aqui neste estudo, consideramos um ser vivo orgânico o corpo que não é apenas matéria e sim a união da matéria com a antimatéria consciente, porções de luz interior. Portanto, o surgimento e a evolução dos seres vivos orgânicos na Terra só ocorreria tempos depois, porém o nascimento dos primeiros "ETs" e o sistema que seria criado pelo Espírito para que estes seres pudessem evoluir de maneira independente deu-se em torno de 12,23 bilhões de anos atrás e não difere essencialmente do que acontece por aqui atualmente.

Iremos detalhar todo o processo evolutivo dos seres vivos orgânicos terrestres no capítulo seis, de modo que decidimos reservar para este item o desenvolvimento da nossa morada, a mãe Terra.

O período de rotação de um planeta, ou seja, a volta que este corpo dá em torno de si mesmo geralmente é determinada à medida em que o núcleo deste objeto se constitui e compõe as suas camadas. A velocidade de rotação irá depender também do volume de gases e materiais presentes no "nó" da rede de filamento de gases, e pode variar conforme a formação de cada uma das camadas e porções proto-planetárias, além da posição inicial destes objetos em relação a outros no Espaço. Vejamos a tabela a seguir:

Fig. 80:

Objetos celestes	Período de rotação (duração do dia)
Sol	34 dias terrestres
Mercúrio	59 dias terrestres
Vênus	243 dias terrestres
Terra	23,93 horas
Marte	24,63 horas
Júpiter	9,93 horas
Saturno	10,66 horas
Urano	17,24 horas
Netuno	16,11 horas

Em suma, o período de rotação de um determinado objeto celeste condiz com a conservação do momento angular durante a montagem de uma ou mais camadas proto-planetárias, mas isto pode ser alterado com o surgimento de outros corpos relativamente densos nas redondezas.

Bem como peões de corda, o período de rotação tende a decrescer naturalmente. Isto significa que o dia terrestre está aumentando pouco a pouco e que sem este rodopio natural de 24 horas o Sol atingiria apenas um hemisfério, de modo que o mesmo seria seco por alcançar temperaturas altíssimas, enquanto o outro lado seria sempre noite e atingiria temperaturas baixíssimas, impossibilitando a existência da vida orgânica. A atmosfera e a circulação das correntes marítimas então não seriam mutantes como acontece e isso eliminaria qualquer tentaviva da Terra de encontrar equilíbrio –necessário para originar a vida orgânica terrestre.

Não acreditamos, no entanto, que a Terra tinha consciência durante o seu nascimento e por esta razão buscava algum tipo de equilíbrio ideal, pois de acordo com a visão deste estudo a Terra é um produto do acaso, e o que podemos chamar de consciência terrestre atualmente é aquilo que está em concordância com a "Teoria de Gaia", de James Lovelock. A teoria Lovelock afirma que a Terra é viva, pois dentre outros exemplos ocorre o sequestro de CO_2 pelas algas que, ao puxar o gás diretamente da atmosfera, devolvem o oxigênio através da fotossíntese, exemplo que somente foi possível a partir do surgimento de seres vivos orgânicos que são providos de inteligência pensante. Em outras palavras, quem faz com que o meio ambiente da vida seja na verdade parte da manutenção da vida são os seres vivos orgânicos e não o planeta em si.

A Terra é um produto do caos porque existe um número exacerbado de planetas, quase incontável, de modo que o Espírito não se preocuparia eternamente em tentar modelá-los, pois com sua sabedoria ele tratou de descobrir que certas grandezas da vida devem ser abundantes por si só.

Diferentemente, usou-se da paciência, realizando aquilo que sabia que tinha de fazer de qualquer forma para não ser extinto: o controle dos quasares e, logo, o orquestramento dos grupos galácticos. A Terra é um produto do caos, pré-destinado!

A principal característica da atmosfera terrestre é, portanto, a instabilidade, diferentemente do que ocorre em Marte ou Vênus que apresentam gases predominantemente estáveis, como o CO_2. Acontece que esta instabilidade atmosférica é crucial para o desenvolvimento da vida orgânica, já que cria um cenário ideal para que ocorra certos tipos de mutações químicas (do *Outer*).

No início do século passado, quando propôs a ideia de que os continentes não eram fixos sob nossos pés, o geofísico e meteorologista alemão Alfred Lothar Wegener foi taxado de aventureiro e irresponsável, segundo relato da Enciclopédia Ilustrada do Universo. A verdade é que seus contemporâneos não estavam preparados para a ideia um tanto desconcertante de que vivemos sob balsas rochosas, flutuando sobre outras rochas bem mais flexíveis que modulam o manto do planeta.

Wegener considerou que, no passado, essas peças agora separadas, formaram um único bloco que chamou de Pangeia, para se referir a uma única terra emersa, envolta por um oceano total ou Pantalassa. Foi penas nos anos 1960, com a difusão dos computadores e a possibilidade de realização de cálculos complexos, comprimidos em curtos espaços de tempo, que estabelecemos a diminuta velocidade das placas continentais – da ordem de poucos centímetros ao ano – e a direção em que navegavam.

Antes de Pangeia, no entanto, que começou a se separar há pouco mais de 200 milhões de anos, as crostas rochosas que hoje compõem os continentes já havia se separado e se unido diversas vezes, o que demonstra uma verdadeira movimentação tectônica ao longo de todos estes anos.

Para entendermos porque os continentes mudam de lugar e continuam a se movimentar é preciso entendermos qual era a estrutura interna da Terra e como ela evoluiu para o que é hoje.

Acima do núcleo terrestre de ferro e níquel sólidos com diâmetro de aproximadamente 7 mil km formou-se uma nuvem material que se misturou ao disco proto-planetário, compondo uma região com proporções de sete a oito vezes maior do que a dimensão do núcleo terrestre. Nela permaneceram os gases dióxido de carbono e nitrogênio em grandes quantidades, misturados a outros elementos sólidos presentes em abundância, como o sódio e o fósforo. Já o hidrogênio, o carbono, o oxigênio e o argônio estavam presentes em quantidades bem menores, bem como os sólidos, potássio, titânio e o vanádio. Além destes elementos havia ainda grandes quantidades de níquel, mas principalmente de ferro sólido, que sobraram da montagem do núcleo.

Assim, apesar de o processo de adesão das camadas ter sido interrompido, a pressão da gravidade ao longo do tempo continuou a empurrar o material contra o núcleo, uma vez que esta era a região mais densa, fazendo com que muitos gases se fundissem com o material sólido através de fusões esparsas. Estas recombinações, com o passar do tempo, se intensificaram junto com o aumento da temperatura e a pressão, mas a região permaneceu rígida e não se rompeu.

Aos poucos, as porções sólidas mais densas, como o níquel e o ferro, que desceram primeiro, de tão pressionadas contra a parede do núcleo começaram a derreter, literalmente. Este processo atualmente é chamado de fusão, referente neste caso à passagem do estado sólido para o líquido. A fusão ocorre em condições de altas pressões, aliado a um ponto exato de alta temperatura sofrida (neste caso, em torno dos 1.600°C), que faz com que as partículas sólidas metálicas se tornem líquidas.

Muitos dos gases que também ali já estavam se recombinando acabaram se misturando a esse metal líquido que se formou. À medida em que o material ia se transmutando do estado sólido para o líquido, compondo uma liga metálica[1], ele passava a ocupar uma região cada vez menor, fazendo com que as outras porções materiais rochosas mais densas que estavam acima fossem vagarosamente se precipitando, ampliando a pressão na região. Agora, novas porções ferro e níquel que se juntavam à liga metálica também derretiam, realimentando o ciclo através das altíssimas temperaturas.

A transformação do metal sólido para metal líquido não é exclusividade da Terra. Dentre os oito planetas principais, metade não possui regiões metais líquidas, entre eles Mercúrio, Marte, Urano e Netuno. Os fatores determinantes para que isso ocorra é o tamanho da nuvem material de formação do planeta em comparação à dimensão de seu núcleo interno e, claro, a disposição química dos elementos presentes nesta nuvem material. A dimensão da nuvem está diretamente ligada à intensidade das pressões e temperaturas nas regiões acima do núcleo interno, pois quanto maior forem maiores serão as chances de transformação dos elementos químicos presentes.

Enquanto esta região que atualmente é chamada de núcleo externo foi sendo formada, as porções materiais sólidas e gasosas acima dançavam para um lado e para o outro sem parar, apresentando uma extrema instabilidade. Foi apenas quando o metal líquido já havia ganhando proporções maiores e tomou uma forma circular em torno do núcleo, pois o estado líquido da matéria tem a propriedade de se moldar a qualquer formato sólido, que esta instabilidade foi amenizada. Quem atuou como molde para esta estabilização foi a formação da camada D0. Vejamos a figura a seguir:

Fig. 81:

---

[1] Materiais com propriedades metálicas que contêm dois ou mais elementos químicos

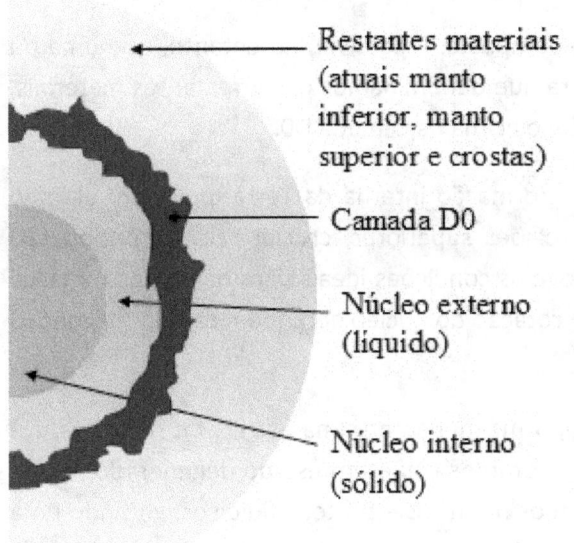

Acreditamos que a chamada cadama D0 se forma como resultado das reações químicas entre o núcleo externo e o manto inferior. O metal líquido penetra ao longo das fronteiras entre os grãos minerais do fundo do manto, derretendo o material que obtiver contato com o líquido escaldante. Ao derreter o material uma porção de resíduos ricos em metal são gerados junto à fronteira núcleo-manto.

Durante a montagem do proto-planeta, o material que estava acima do núcleo externo tinha uma disposição química similar à da formação do núcleo (intercalamento de gases e placas metálicas), de modo que houve um instante em que o molde líquido conseguiu tomar proporções equivalentes à dimensão do núcleo interno, fazendo com que as placas metálicas se fundissem umas com as outras praticamente de uma só vez, formando a camada D0.

A simetria do núcleo externo permitiu com que as placas rígidas que estavam dançando acima, à medida em que precipitavam sobre o núcleo exterior por serem mais densas, se fundissem umas com as outras de modo análogo a como podemos fundir vários pedaços de barbante no fogo. À medida que estas placas metálicas iam se preciptando, parte dos gases que embaixo delas estavam também foi arrastada junto e acabou se misturando ao material do núcleo externo.

A base da camada D0 continua derretendo, porém a uma velocidade muito menor, pois desde a sua composição ela tem a propriedade de conter a pressão que era exercida sobre esta região e assim somente derrete devido ao contato direto do metal líquido, mas não mais por estar afundando ou por estar sendo pressionada contra o núcleo externo de uma só vez.

Assim, a grande maioria das placas metálicas que existia na nuvem material de formação terrestre ou se tornou líquida, ou faz parte da camada D0, pois a densidade que existe fez com que todas se precipitassem à medida em que a liga metálica foi sendo composta. É possível, no entanto, que uma ou outra placa metálica tenha permanecido na região da figura que denominamos como restantes materiais, e por serem bastante densas acabaram se estabelecendo logo acima da camada D0.

A camada D0 é extremamente importante para a formação interna da Terra, pois sem ela não haveria chances de existir uma maior estabilidade das regiões superiores, crucial para a continuação evolutiva terrestre. É também esta camada D0 que promove as condições ideais para que a liga metálica abaixo permaneça relativamente estável, e rodopie com a rotação do núcleo gerando o campo magnético da Terra, também chamado de magnetosfera.

O campo magnético da Terra é diferente do campo magnético de uma estrela de nêutrons. Na estrela de nêutrons o campo gerado é muito forte, pois os átomos estão em estado degenerado, o que significa que as linhas de força poderão ser arrastadas com os nêutrons e prótons fluídicos, gerando uma alta influência que extrapola a região de sua formação. Já na Terra, como a velocidade de rotação é bem mais baixa e não existem linhas de força, mas apenas átomos de níquel e ferro em estado líquido (entre outros elementos em menores quantidades), este campo magnético também consegue gerar o efeito de um ímã, mas com um poder muito inferior. É o movimento do metal líquido no núcleo externo que cria as correntes elétricas, semelhantes à passagem de um filamento por um campo elétrico, como se observa no livro Universe by Stephen Hawking.

Sabemos através de medições feitas por satélites acima da superfície da Terra que somente cerca de 1% da energia magnética produzida no interior do núcleo exterior escapa para o Espaço. Quem faz o maior papel isolante é a camada D0, porém todo o restante de material que forma atualmente manto inferior, o manto superior e a crosta continental também ajudam a barrar o campo magnético ao interagem com ele. Muitas vezes, quando os ventos solares atingem a Terra, acabam colidindo com o que vaza do campo, propiciando à formação de auroras.

Além disso, em uma estrela de nêutrons que é formada quase por inteiro com o mesmo material, com exceção de sua crosta, a maior densidade dos fluídos internos não se dirige para um dos polos, pois as regiões mais densas se localizarão sempre no centro devido à rápida velocidade de rotação orbital. Deste modo, a não ser que esta velocidade seja reduzida, os fluídos de maior densidade não irão descer para o fundo. Já os líquidos do núcleo externo da Terra, por girarem mais lentamente, fazem com que a região mais densa deste líquido migre para um dos polos. É por esta razão que geralmente as linhas magnéticas saem do polo sul geográfico e retornam para o polo norte geográfico. Vejamos mais uma clássica figura a seguir:

Fig. 82:

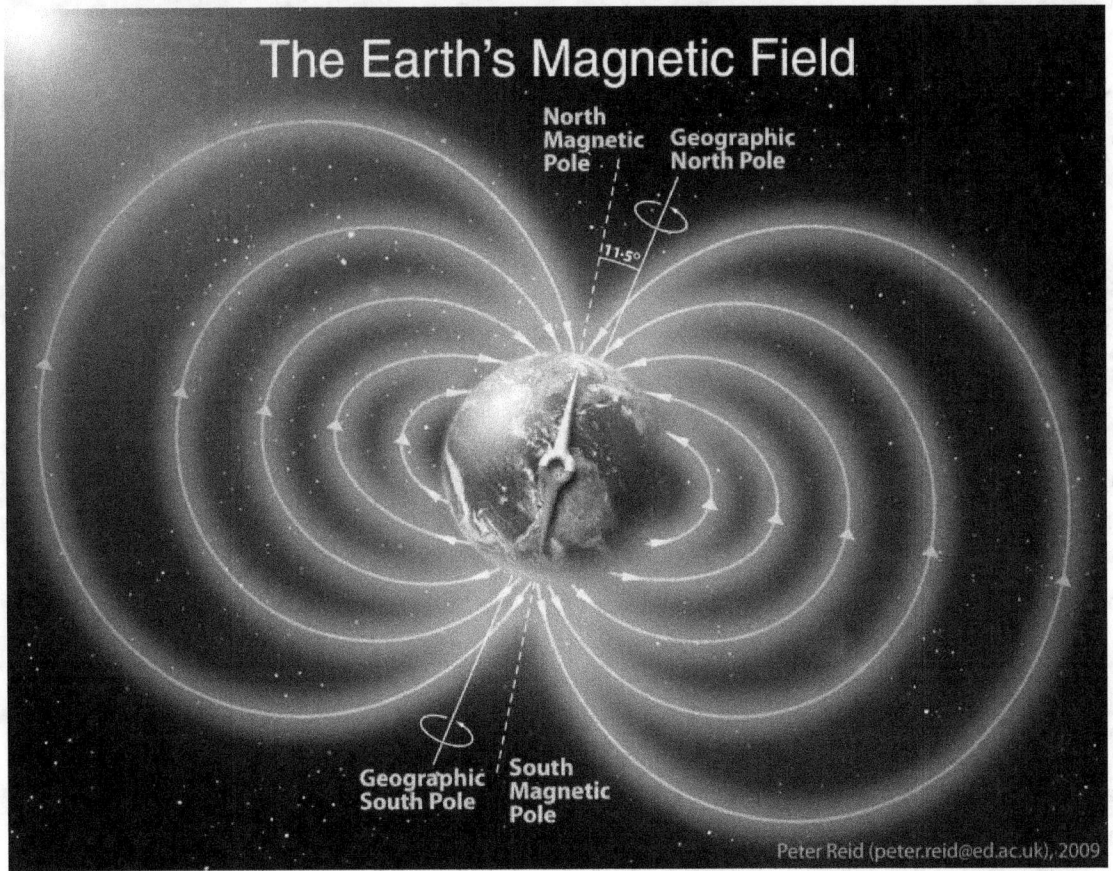

Fonte: http://www.astropt.org/2012/11/26/campo-magnetico-da-terra/

Este ciclo que as linhas do campo magnético percorrem dizem respeito, portanto, à região onde haverá uma maior densidade líquida metálica do núcleo externo, sendo esta o início da geração do campo versus a região de menor densidade, onde a própria Terra recolhe parte desta força magnética. Apesar da similaridade com um ímã de barra, formando um ângulo com o eixo de rotação, é ilusório pensarmos que o campo possui um comportamento tão linear. Isto porque qualquer alteração do fluxo líquido do núcleo exterior poderá fazer com que passe a existir regiões um pouco mais densas na direção do polo norte geográfico, propiciando pequenas misturas em relação ao ponto inicial da geração do campo e o retorno do mesmo.

Para entendermos por que pode haver alterações do fluxo líquido do núcleo externo é preciso entendermos como ele funciona normalmente. Sabemos, graças à Enciclopédia Ilustrada do Universo, que as suas altas temperaturas resultam do calor aprisionado no centro da Terra durante a sua formação. Assim, feito um caldeirão de sopa fervendo no fogão, o núcleo externo, além de mais denso é mais quente no fundo do que no topo. Isso significa que as pequenas parcelas de níquel arrastarão o ferro localizado na parte de baixo do núcleo externo, que tenderão a subir como as bolhas na sopa fervente. Quando o fluído atinge o topo do núcleo externo, perde parte de seu calor. Os elementos são então resfriados e tornam-se mais densos do que o meio em volta, passando a afundar. Este processo de transferência de calor do fundo para o topo através do fluído que sobe e volta para baixo recebe o nome de convecção térmica, e é igual ao processo que ocorre nas zonas rádioativas e convectivas de uma estrela comum, como o nosso Sol.

A temperatura consegue reduzir a densidade, pois as partículas aquecidas irão se movimentar mais do que no estado normal ou resfriado, sendo necessário menos elementos para ocupar o mesmo espaço. Se a temperatura for ainda maior, os átomos poderão se recombinar uns com os outros diminuindo a quantidade total de elementos previamente mensurada dentro de uma mesma região.

A energia mecânica da convecção também acaba sendo convertida em energia magnética e funciona simultaneamente com o fluxo espiralado resultante da rotação do núcleo interior. Assim, se uma parcela da camada D0 que estava sendo derretida se desprende do topo do núcleo exterior, algumas partes do polo norte geográfico tenderão a ficar mais quentes e o inverso do processo convectivo descrito acima começará a ocorrer. É isso o que caracteriza a heterogeneidade do ponto de partida do campo magnético.

Constata-se também que uma inversão de polaridade completa, isto é, ter o ponto de partida do campo magnético iniciando no polo norte geográfico e retornando no polo sul geográfico, pode acontecer por duas razões. A primeira é devido a um enorme volume de derretimento da camada D0, onde a região de maior densidade no núcleo exterior poderá durar apenas breves instantes em termos geofísicos, por exemplo, cerca de 15 mil anos em média, ou ir se compondo aos poucos ao longo de milhões de anos. No curto período de tempo o que ocorre é um desprendimento de uma considerável parcela da camada D0, similar ao desprendimento de um *iceberg* mergulhando na água do mar onde o gelo é incorporado com rapidez, passando para o estado líquido. No longo período de tempo a inversão é fruto de repetidos choques térmicos em uma determinada região da camada D0 em função do processo convectivo.

Já a segunda razão para uma completa inversão de polaridade diz respeito a alterações na inclinação do eixo orbital da Terra. A Terra está a 23,5° de inclinação em relação ao plano em torno do Sol, mas modifica esta inclinação devido a influências do deslocamento do próprio Sol e até mesmo poderá se deslocar devido à aproximação de outros declives de grande porte de tempos em tempos, como o de Júpiter. Este fenômeno é chamado de nutação e quando ele acontece provoca uma alteração no próprio declive terrestre afetando a sua inclinação.

Uma inclinação muito distinta da atual a 45° do plano solar, por exemplo, faria com que o hemisfério norte recebesse pouquíssima luz e apresentasse temperaturas baixíssimas, além de permanecer quase sempre na escuridão. Provavelmente uma inclinação destas provocaria uma era do gelo no hemisfério norte, o que poderia acabar com o vida orgânica na Terra devido às massivas migrações e às suas consequências. Por sua vez, a polaridade da Terra também seria alterada, onde uma região de maior densidade do metal líquido se formaria no polo norte geográfico e o processo convectivo se alteraria, modificando o sentido de escape magnético, uma vez que é a rotação do núcleo que faz com que o fluído convectivo seja defletido.

Devemos notar a particularidade da existência neste momento, uma vez que uma mera diferença na inclinação terrestre poderia não ter propiciado as condições ideais para o desenvolvimento da Terra, o surgimento da vida orgânica, o nascimento e a evolução de Gaia e, posteriormente, o nosso surgimento. A massiva quantidade de planetas e corpos celestes existentes fazem da aleatoriedade do *Outer* uma busca inconsciente pela sua própria evolução que, a partir dos buracos negros, pôde se beneficiar com uma mente pensante que opera incansavelmente de forma massiva e estupenda, apesar de ser econômica e precisa, provendo assento para o acaso e o caos se manifestarem livremente.

5.2 A formação do manto inferior, manto superior e das crostas terrestres

Todo o processo seguinte à formação do núcleo exterior deu-se apartir da camada D0, que serviu como um pilar estrutural em analogia às camadas com equilíbrio hidrostático na composição estelar. Tal rearranjo dos elementos químicos mantinha-se em perfeita harmonia, ainda que esta estabilidade fosse de tempos em tempos alterada com a chegada dos asteroides e outras tantas classificações de corpos que podemos encontrar e que se chocaram contra a Terra ao longo de seu desenvolvimento.

A rotação terrestre em torno de seu próprio eixo, o movimento convectivo do núcleo exterior e a pressão do material contra as regiões mais densas devido à lei da gravidade não cessariam em nenhum instante.

Apesar dos constantes choques de asteroides e cometas contra a Terra serem capazes de elevar ainda mais a temperatura e provocar convulsões no solo, caso alguma porção material sólida de proporções equivalentes ao núcleo interior tivesse se chocado contra o nosso planeta ambos os corpos teriam se destruído, não dando chances para o mesmo evoluir. Desta forma, os asteroides que colidiram contra a nuvem de formação terrestre tinham de possuir dimensões menores do que o núcleo interior, sendo despedaçados ao se misturarem e reagirem com os materiais da nuvem protoplanetária.

Podemos dizer que algo similar ocorreu com todos os outros planetas e a maioria dos satélites que forma o nosso Sistema Solar atual, apesar de apresentarem momentos de formação interna distintos, aliado ainda ao tempo de passagem da dissipação do material da supernova em relação a referenciais em diferentes posições no Espaço (motivo pelo qual tem-se tantas crateras espalhadas).

Acontece que quando a nuvem de formação terrestre diminui em consequência das forças da maré que empurram a maior parte do material proveniente da Supernova para a região contrária ao Sol, a pressão e a temperatura nesta nuvem também diminuem. É sabido que a pressão e a temperatura variam de acordo com a densidade e a quantidade dos elementos existentes. Ou seja, quanto maior for a quantidade dos elementos materiais haverá uma maior pressão proporcionada pelo atrito de uns contra os outros e de todos contra a região mais densa através da força da gravidade.

Como as placas de ferro e níquel sólidas eram os elementos soltos de formação terrestre mais densos que existiam e já havia exercido pressões contra o núcleo interno já consolidada e de densidade ligeiramente maior, formaram-se assim o núcleo externo e a crosta D0.

Atualmente sabemos que a pressão de dento do núcleo externo varia conforme a profundidade, sendo 150 gigapascais nas regiões mais rasas e 300 gigapascais nas mais profundas. Acima da camada D0, no entanto, esta pressão diminui partindo de 30 até 125 gigapascais[2]. Mesmo com a pressão reduzida nas regiões acima da camada D0, esta força que empurra tudo "para baixo" ainda era suficientemente poderosa para fazer com que diversos elementos sólidos pudessem se recombinar aos gases.

Podemos concluir então que o que formou o manto inferior foram estas recombinações dos elementos sólidos com os gases, depois da montagem da camada D0? Em partes, porque além destas recombinações a presença do metal líquido fora crucial para a composição atual do manto inferior. Isto porque apesar do metal líquido estar estabilizado pela camada D0, ele consegue se misturar com o material acima por meio de infiltração capilar, que nada mais é do que a penetração do metal derretido entre pequenas brechas existentes da camada D0. Como a interface entre o manto e o núcleo nunca foi perfeitamente plana, algumas áreas contêm brechas em virtude da má aglutinação de algumas placas metálicas no instante da formação da D0.

É preciso pensarmos que quanto mais elevada for uma região da camada D0, maior será a porção de material sólido que se encontrará abaixo dela. As regiões mais elevadas seriam, portanto, verdadeiras montanhas de metal, e bem como ocorre em qualquer montanha elas não são ocas por dentro e sim preenchidas pelo material que as mantém. No entanto, entre uma "montanha" e outra podem existir brechas e espaços demarcados por planícies e vales.

Foi por meio da infiltração capilar, portanto, que o metal líquido se misturou ao ferro sólido, ao sódio, ao fósforo e ao dióxido de carbono, que já estavam se recombinando. Se atualmente a presença de um manto inferior composto por uma única fase mineral densa permite que as ligas metálicas penetrem por até centenas de quilômetros em direção à sua libertação, no princípio da formação do manto inferior estas ligas penetravam com ainda maior facilidade. Acreditamos neste estudo que tenha levado cerca de um milhão de anos para completar o primeiro ciclo, isto é, para que a liga, partindo de qualquer uma das fendas da camada D0, penetrasse até distâncias acima distantes o bastante para que através da mistura com os outros materiais propiciasse a formação das primeiras porções de silicato.

À medida em que os minerais iam sendo formados eles se alojavam de maneira aleatória entre o material original. Posteriormente, como mostrado na Enciclopédia Ilustrada do Universo, mesmo nas

---

[2] O Pascal – Pa corresponde à força que faz um objeto de 1 kg ser acelerado a 1 m/s². Dez Pascais correspondem a cem atmosferas e um gigapascal é igual a 10^9 Pascais.

regiões onde o mineral já estava pronto, como há uma certa porosidade deste material, o metal líquido irá atravessá-lo como a água que atravessa uma esponja. Isto então é feito até que o metal líquido alcance os materiais originais e propicie com isso novas recombinações. Este processo, no entanto, foi levando cada vez mais tempo, pois como a quantidade de minerais aumentava cada vez mais, os ciclos recombinatórios gradualmente demoraram cada vez mais para se completarem.

Foi então, ao longo de mais 150 milhões de anos aproximadamente, que todos estes elementos reagiram uns aos outros para compor uma única fase mineral de alta pressão – o silicato de magnésio ferroso (Mg, Fe) SiO_3, que por ter a mesma estrutura cristalina que o mineral perovskita ($CaTiO_3$) também pode ser chamado de silicato de magnésio perovskita. Este mineral é um composto quimicamente simples e robusto que atualmente forma a maior parte do manto inferior.

De modo geral o manto inferior se estende por 2.240 km (incluindo a camada D0) e sua temperatura varia entre 1.200°C a 3.700°C, além de constituir 83% do volume e 65% da massa interna da Terra. Somado aos elementos já mencionados, o manto inferior contém também quantidades menores de magnesiowustita – uma combinação de óxido de magnésio e wustita (FeO), ainda segundo a Enciclopédia Ilustrada do Universo. Além disso, não é só o núcleo externo que possui um movimento convectivo. A camada D0 comumente aquecida pelo metal líquido do núcleo externo através de condução térmica[3] aquece a rocha na base do manto, tornando-a menos densa. O resultado será mover-se para cima por um longo período de centenas de milhões de anos. A rocha mais fria acima, por sua vez, tende a afundar, até que possa novamente ser aquecida e voltar a subir.

Logo após a formação do manto inferior e, em tempos de "normalidade", isto é, quando não há nenhuma interferência convectiva, podemos afirmar que a Terra possui oito células de convecção, como ilustra a figura a seguir:

Fig. 83:

---

[3] Transferência de calor por meio do contato de moléculas de duas ou mais substâncias com temperaturas diferentes. A propagação do calor ocorre sem que haja o transporte da substância formadora do sistema, mas sim através de choques entre suas partículas integrantes ou intercâmbios energéticos dos elétrons.

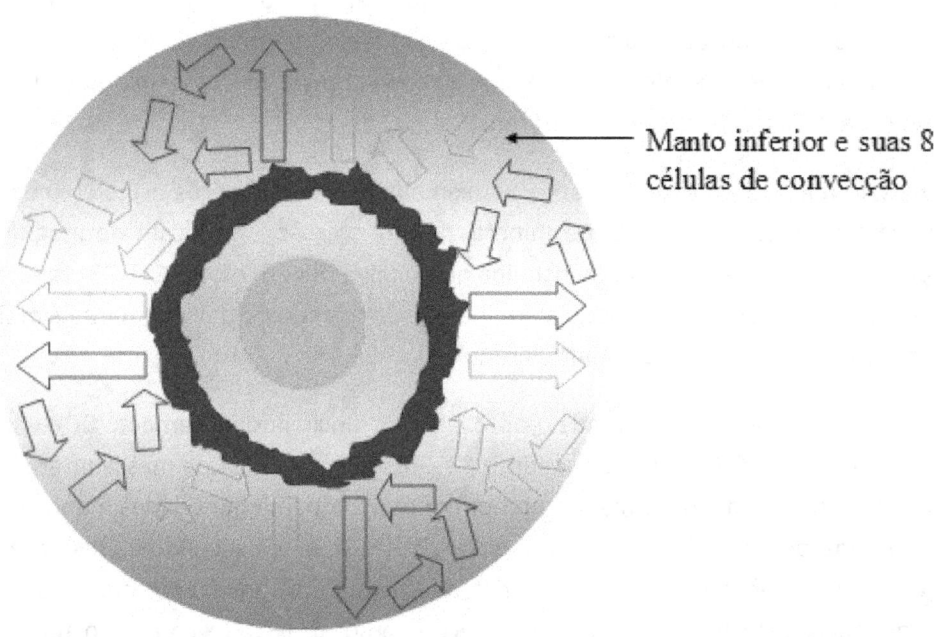

Manto inferior e suas 8 células de convecção

Após a composição do manto inferior, os metais líquidos que entram em contato com os minerais do manto apesar, de também reagirem e gerarem uma mistura de óxidos minerais eletricamente isolantes – silicato de magnésio perovskita e stishovita ($SiO2$) – e ligas metálicas – ferro silício (FeSi) mais wustita –, acabam exercendo uma influência menor, pois não se espalham por regiões tão extensas como no período de formação do manto. As rochas então reagem com o metal líquido de forma bem mais vagarosa e os novos elementos que são formados tendem a descer para o fundo do manto e se acumular em cima da camada D0 – lembrando os resíduos que permanecem no fundo de um tonel de vinho.

A literatura mostra que a 660 km abaixo da superfície terrestre existe uma significativa descontinuidade que marca os limites entre o manto inferior e o manto superior. A estrutura entrelaçada dos minerais do manto muda nessa fronteira por causa da diferença de pressão, alterando-se também a composição geral dos elementos presentes no manto superior.

Especificamente a 660 km o mineral predominante se chama espinélio ($MgAl_2O_4$), seguido por um mineral chamado ringwoodite $(Mg, Fe)_2 SiO_4$, a 520 km. Neste instante cabe a pergunta: o ringwoodite não é mais denso que o espinélio e mesmo que o mineral que compõe o manto inferior? A verdade é que vai depender da porcentagem de ferro e magnésio que cada um deles tiver. Apesar da fórmula molecular aparentar ser mais complexa, o ringwoodite incorpora menos quantidade de magnésio que o próprio espinélio, localizado acima.

Já por volta de 100 a 200 km abaixo da superfície da terra (mas podendo chegar até 550 km em alguns regiões), apesar de composição similar ao espinélio e ao ringwoodite, e ainda fazendo parte do manto superior, aparece uma estrutura mais flexível ou plástica denominada Astenosfera. Bem mais rígida e dominada principalmente por olivina aparece a Litosfera, que por sua vez abrange a região final do manto superior, até toda a série de crostas presentes acima então compostas por minerais menos densos como o basalto. Vejamos na figura a seguir os dois modelos da divisão que a geofísica atual propõe:

Fig. 84:

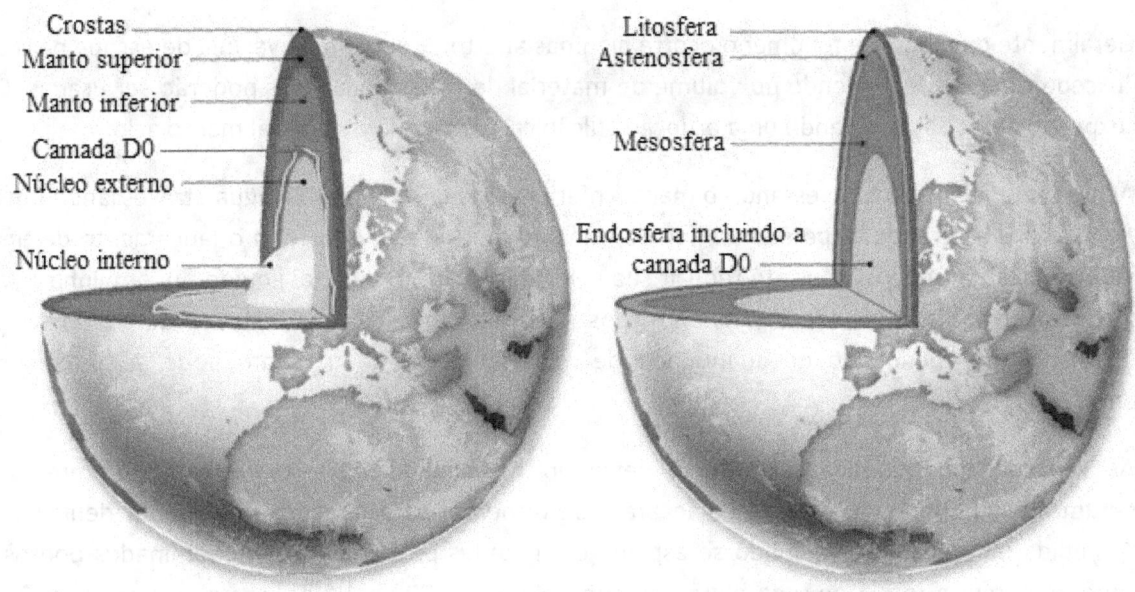

1 - Modelo baseado na composição dos materiais do interior da Terra

2 - Modelo baseado na rigidez dos materiais do interior da Terra

Fonte:http://sites.google.com/site/geologiaebiologia/_/rsrc/1220708744117/s%C3%A9timo-ano/estrutura-interna-da-terra/ModelodaTerra.jpg

A estrutura ordenada em camadas leva a parecer que o interior da Terra é estático, mas pelo contrário, ele é bastante dinâmico. Há três fatores principais que fazem com que o núcleo inferior se revolva. O primeiro nós já vimos, e diz respeito ao movimento de convecção do manto inferior que faz o calor elevar os minerais que posteriormente acabam retornando à medida em que se resfriam. Mencionamos também que com o manto inferior já formado, as influências das infiltrações do metal líquido através da camada D0 são menores. No entanto, de tempos em tempos estas influências voltam a se ampliar, e é isto que caracteriza o segundo fator de movimentação do manto.

Quando o desprendimento da camada D0 é normal ele ocorre em pequenas parcelas ao longo de muitos anos e consequentemente o movimento convectivo e a reversão da polaridade magnética acompanham esta lenta transição. O fluxo das ligas metálicas que vazam através da camada D0 por meio das infiltrações capilares alcança apenas centenas de quilômetros de extensão.

Após o desprendimento de um grande bloco da camada D0, no entanto, o ferro que passa a ser derretido e incorporado pelo núcleo externo, por ser mais volumoso, além de alterar o sentido do movimento convectivo e com isso propiciar uma reversão da polaridade magnética da Terra, cria um maior volume de ligas metálicas que faz com que o excedente tenha de ser expelido com uma pressão absurda, escapando desde as brechas da camada D0 e rasgando o manto inferior.

Geralmente quando este fenômeno ocorre algumas aberturas servem de válvula de escape para o material excedente, mas dependendo do volume de material derretido todas elas poderão ser usadas. O material expelido então sai lembrando uma erupção vulcânica, corroendo o material manto acima.

Agora o metal líquido atravessando o manto inferior não mais lembrará a água atravessando uma esponja, onde há uma grande dispersão do líquido, mas ao invés disso viaja feito o lançamento de um foguete que vai desbravando os céus até reduzir sua velocidade, isto é, o metal líquido flui em linha reta até geralmente ser brecado, devido à resistência dos minerais, cerca de dois milhares de quilômetros depois. É claro que dependendo da quantidade de material derretido o manto pode ser excedido diretamente.

As variações na quantidade de ferro derretido na camada D0 e o gradiente de pressão determinaram até que ponto o material começará a se dispersar para os lados novamente dentro do manto. À medida em que o metal líquido se espalha em grandes proporções, os denominados pontos-quentes que adquirem a forma de uma pluma ou superpluma de 500 a 1.500 km de largura, surgirão. Vejamos a figura a seguir:

Fig. 85:

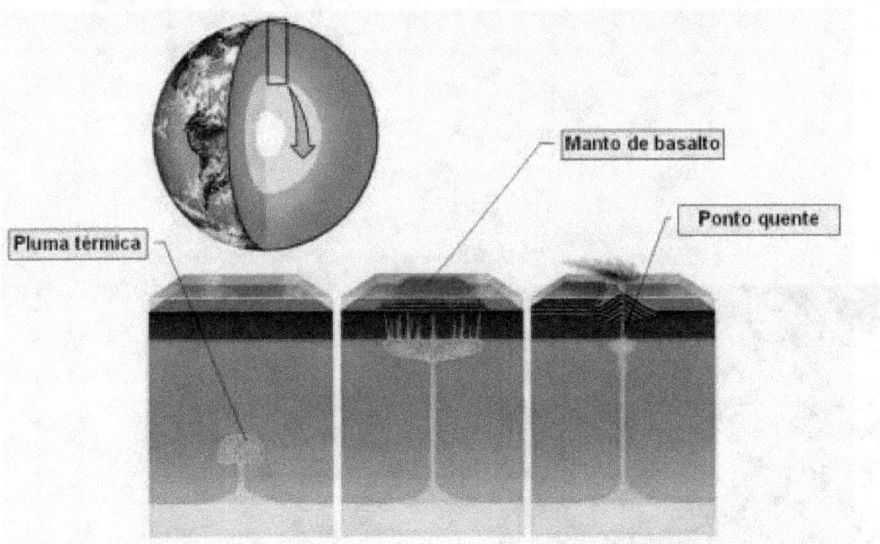

Fonte: http://sciencie2you.blogspot.com/2015/01/pontos-quentes-hot-spots.html

Nos pontos quentes as rochas do manto se fundem formando o magma e alguns gases se liquefazem. Ao lado dos pontos quentes outras pequenas porções de magma poderão se formar, principalmente logo que as ligas metálicas começam a se espalhar. É no ponto quente principal, no entanto, que as crostas superficiais serão empurradas à medida em que ascende. Daí, o magma criado poderá entrar em erupção gerando um vulcão ou apenas empurrar as camadas da superfície acima, sem atividade vulcânica.

A formação dos vulcões poderá ocorrer quando a pressão de vapor dos gases que permaneceram na solução magmática for maior que a pressão exercida pelos materiais em torno. Isto ocorre quando há um resfriamento do magma que inicia um processo de cristalização, aumentando o conteúdo de gás que depois começa a escapar, da mesma forma que acontece quando abrimos uma lata de refrigerante após sacudi-la.

As erupções ainda poderão simplesmente ocorrer quando o magma se forma por descompressão repentina, por exemplo, ao atingir uma região da superfície de pressão significativamente inferior ao que já vinha sofrendo. As movimentações das crostas superficiais também têm o poder de gerar recombinações que irão culminar com a formação de um vulcão. Vejamos a figura a seguir:

Fig. 86:

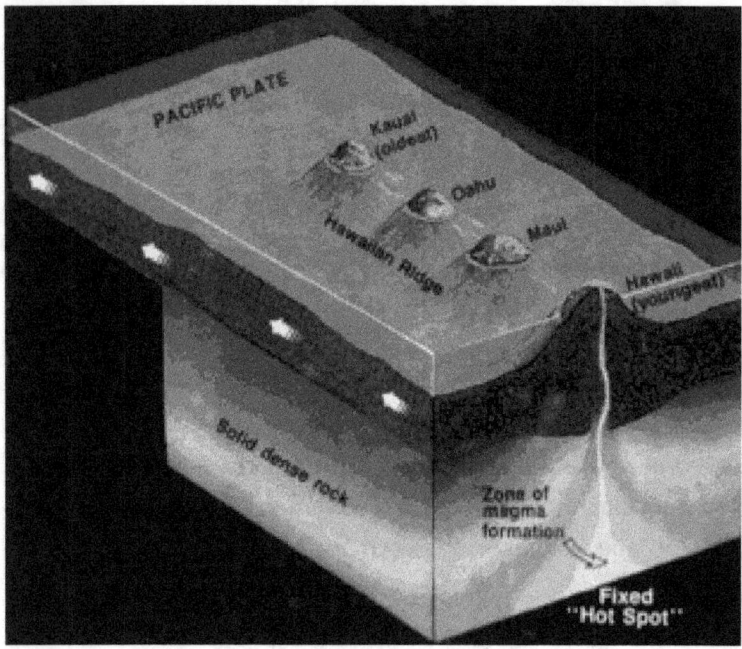

Fonte: http://pubs.usgs.gov/gip/dynamic/hotspots.html

A figura demonstra a disposição linear destas ilhas, sendo Kauai a mais velha e o Havaí a ilha mais nova. Ainda que as ilhas pudessem ter se formado de apenas uma raiz proveniente do núcleo externo, e as outras terem sido erupções da litosfera como consequência da geração de um bolsão de magma e calor acumulado (devido às mudanças de pressão e densidade naquela região), e que ao promover o deslocamento de porções de terra (placas) geram encavalamentos e erupções, acreditamos neste estudo que seja a própria mistura de magma que pulsa desde o começo dos tempos a responsável por atingir nossas principais ilhas vulcânicas habitadas, de modo que este exemplo serve para dizer que, mesmo com toda a nossa inteligência, quando a natureza bruta resolve entrar em cena só podemos apreciar e mais nada. Simplesmente não há como barrar o metal líquido que derrete do centro da Terra e talvez se um dia conseguirmos tal feito realizaremos algo parecido com o experimento de chacoalhar uma coca-cola com dez balas mentos.

Encontramos na revista Scientific American que "como a placa pacífica se deslocou para cima de um ponto quente, o calor derreteu a crusta oceânica e projetou magma que acabou por irromper para o leite marinho como lava. A lava endureceu em contato com a água, transformando-se numa rocha vulcânica chamada basalto. Episódios repetidos formaram montanhas submarinas, algumas das quais acabaram por emergir do oceano, originando o arquipélago havaiano".

"Os pontos quentes permanecem imóveis, enquanto as placas tectônicas estão em constante movimento, ocasionalmente colidindo ou deslizando umas para baixo de outras. Como a formação destes montes ativos dentro do oceano não cessa é possível que a ilha, bem como as porções rochosas em nível oceânico, sejam carregadas devido à movimentação tectônica para além do ponto quente, cortando o contato com a fonte de magma e cessando assim o vulcanismo". O que permanece então é aquilo que mais tarde viria a ser o berçário da vida: pontos quentes despejando lava, magma, magnésio, ferro e elementos no oceano.

O terceiro fator que faz com que o interior terrestre se revolva é referente ao decaimento radioativo dos elementos presentes no manto. Sempre que um elemento decai, perdendo alguns de seus prótons e nêutrons que ali estavam sendo mantidos pela força fraca por tanto tempo, uma nova reconfiguração atrativa será propiciada recombinando os elementos presentes nas proximidades.

A recombinação só ocorre nas proximidades neste caso porque geralmente a perda não é tão significativa para desestabilizar todo o manto. Dependendo do decaimento e da quantidade de átomos que apresentaram o decaimento, um novo elemento poderá surgir, por exemplo, o vanádio ou cálcio, propiciando com isso uma nova estabilidade geral.

A perda de prótons e nêutrons é originada devido a repetidas movimentações destas próprias partículas, muitas vezes porque aquele átomo se movimentou demasiadamente devido às pressões e temperaturas sofridas no meio. Quando a força fraca não consegue impedir que ambas as partículas subatômicas colidam entre si ocorre a formação de um tau, que decai até se tornar um novo nêutron ou próton. Esta partícula poderá continuar dentro do núcleo neutralizada pela força fraca, ou ser expelida fazendo com que o átomo não mais permaneça com o mesmo número atômico de antes.

Portanto, apesar do manto superior não apresentar um movimento convectivo, ele acaba sendo influenciado por estas movimentações existentes no manto inferior. Tanto a composição do manto superior quanto a das crostas consistem em cristais óxidos como olivina, piroxênio e granada, ou seja, grupos de minerais que possuem diversas características semelhantes. Estes compostos abrangem elementos como cálcio, sódio, alumínio, ferro, oxigênio, silício e magnésio, variando conforme as densidades relativas. Existe a menção de crostas no plural, pois as rochas da superfície são compostas de minerais cada vez mais complexos que reagem quimicamente e se transformam em novos minerais sob mudanças modestas de temperatura e pressão.

Apesar da astenosfera fazer parte do manto superior e ter a mesma composição química do restante da região, ela é onde o efeito convectivo do manto inferior termina, ou melhor dizendo, logo abaixo da astenosfera é onde o movimento de retorno da convecção se inicia, fazendo com que os elementos ali presentes sejam a maior parte do tempo remexidos, deixando o mineral menos rígido, com a característica de um substrato pastoso. Ao contrário do que se diz em algumas fontes não acreditamos que a astenosfera seja dominada por magma atualmente, ainda que ela fosse assim nesta época, pois o magma é bem mais flexível, quase líquido. Acreditamos que na atualidade, na grande maior parte, a astenosfera possua magma apenas onde estiver sofrendo a influência de um ponto quente.

À medida em que o material resfria e a influência da convecção não mais agride a astenosfera, uma nova região denominada como litosfera surge, sendo menos flexível do que a região abaixo. Apesar das divisões relativas à rigidez dos materiais no interior terrestre, as transições ocorrem de forma mais gradual do que aparentam. Outro ponto a ser mencionado é que traços de materiais mais densos, por estarem cercados por elementos em maior abundância, mesmo sendo mais leves, não necessariamente se dirigiram para o núcleo da Terra. Eles podem simplesmente se estabilizar em uma região mais superficial caso não se recombinem com os elementos do sistema ao qual estão inseridos. Assim, camadas largas de silicato, por exemplo, podem estar migrando para baixo enquanto traços de chumbo permearam algumas regiões acima. O que comanda a densidade neste caso será o sistema em si e não pequenas parcelas de um elemento isolado. A grande aleatoriedade da formação terrestre e das leis que regem o plano exterior como um todo permitem os mais variados tipos de acontecimentos. A geofísica certamente pode nos contar a respeito da beleza das exceções e dos acasos.

De modo geral, tudo o que havia na superfície eram as crostas rígidas e uniformes formadas por elementos minerais sólidos, rodeadas pelo dióxido de carbono que já havia completado a sua subida (assim como uma bexiga preenchida com gás hélio sobe por ser mais leve do que os gases presentes na atmosfera), seguido por uma grande abundância de nitrogênio. Durante um pouco menos de 40 milhões de anos, enquanto o manto superior e as crostas se formavam, o dióxido de carbono teve papel fundamental, pois ao se unir com o nitrogênio decaía sempre que um dos átomos de carbono atingiam 13 elétrons em sua eletrosfera. Isto fez com que a concentração de dióxido de carbono fosse sendo reduzida e, em compensação, a concentração de nitrogênio ionizado aumentasse juntamente com a concentração de oxigênio livre[4].

O carbono, por ter recebido a maior quantidade de elétrons, acabou ficando um pouco mais denso do que o oxigênio e o nitrogênio livres, e desta forma foi lentamente se dirigindo para a superfície completando toda a sua descida em aproximadamente mais dez milhões de anos (total de 50 milhões de anos). A superfície, por sua vez, durante este mesmo período continuou sendo reciclada através da subida dos elementos mais leves, propiciando com isso a formação de muitos sedimentos. À medida em que os elementos minerais mais densos foram sendo esculpidos devido à acomodação geral de outros minerais menos densos, muita areia (dióxido de silício) foi gerada como sobra e junto com ela o sódio, que faz parte da composição básica dos minerais, também foi "descascado", passando a permear livremente tanto a superfície terrestre quanto algumas regiões inferiores. A mistura dos átomos de carbono com a superfície transformante, por sua vez, constituiu a maior parte das rochas ricas em carbonato presentes atualmente, denominadas pedras calcárias. Durante o desencadeamento de todo este processo um último

---

[4] O carbono era quem ficava com a maior quantidade de elétrons, pois ele é o elemento com menor necessidade deles em comparação ao oxigênio e ao nitrogênio. Apesar de também ser o menos atrativo dos três, como o carbono estava previamente associado ao CO2, a troca de elétrons passa por ele.

fenômeno fora crucial para compor a estrutura química básica que conhecemos da Terra atual: a dispersão do disco proto-solar a partir do instante em que o Sol passou a realizar suas fusões.

5.3 A formação dos oceanos e a composição atmosférica atual

Há aproximadamente 4,44 bilhões de anos o Sol nasceu como estrela e suas fusões expulsaram material que estava ao redor das camadas de equilíbrio hidrostático de formação proto-estelar. O material da nuvem veloz e arrasadora atingiu os planetas, satélites e asteroides pré-situados nos "nós" das redes de filamentos gasosos, de acordo com suas distâncias e densidades relativas e, portanto, entre tempos distintos entre si.

Naqueles instantes, as maiores rochas que se chocaram contra a superfície terrestre rasgaram o solo a velocidades maiores que 76 mil km/h, propiciando diversas recombinações com o interior do manto e formando a partir do impacto diversos vales de magma (rocha derretida). Entendemos que a dimensão de toda a gama de rochas que atingiu a Terra se assemelha proporcionalmente com a variação de tamanhos que hoje compõe o Cinturão Principal de Asteroides, ou seja, dava pra contar nos dedos a quantidade de rochas que atingiram a Terra com mais de 100 km de diâmetro. E isto porque entendemos neste estudo que o próprio Cinturão Principal de Asteroides se construiu e estabeleceu a partir da influência deste mesmo evento.

Ceres e outros corpos relativamente mais densos e maiores já pertenciam a seus próprios "nós" e foram atingidos às suas próprias maneiras. Mas certamente a maior parte dos corpos celestes nunca chegou a formar declives massivos e foi arrastada de acordo com seus respectivos pesos e dimensões, de modo que podemos considerar que os gases são as porções materiais que mais sofreram influência deste arrasto.

Pouco antes da chegada dos asteroides, portanto, massivas concentrações de hidrogênio atingiram e se espalharam por toda a Terra, ampliando demasiadamente o tamanho da nuvem material que já a rondava. O hidrogênio chegou antes dos meteoros porque é mais leve e tem mais rápida dispersão, de modo que a sua presença de modo abundante passaria a reagir com o oxigênio que havia sido desprendido do NCO_2, para formar 90% de toda a quantidade de água em vapor (H_2O) que atualmente cobre a Terra na forma líquida – os oceanos. Outras recombinações, como a do hidrogênio com o nitrogênio, propiciaram a formação de amônia (NH_3) e as recombinações do carbono com o hidrogênio formaram o metano (CH_4). Tanto a amônia quanto o metano acabaram se instalando na atmosfera em quantidade bem menores, pois o H2 tem maior estabilidade molecular do que o H3 e o H4.

Não conseguiremos entender a formação dos oceanos se pensarmos neste fenômeno como uma ocorrência de pequena escala. Ao contrário, é preciso imaginarmos a pressão de massivos volumes de hidrogênio sendo comprimidos contra outros gases, aqui já pré-estabelecidos, bem como o atrito entre partículas excitadas e não excitadas, nas mais diversas camadas da atmosfera, fruto do resultado do início das fusões solares e toda a turbulência que ele provocou alguns anos depois que iniciou a sua fusão.

Então, à medida em que estes gases se recombinam, compõe-se inicialmente uma enorme quantidade de vapor da água que se precipita e isto vai acontecendo à medida em que a nuvem se dissipa e as temperaturas e as pressões se reduzem, transformando o vapor da água em água líquida.

É sabido atualmente que para cada litro de água presente nos oceanos há, em média, 35 gramas de cloreto de sódio (NaCl). Obviamente que a salinidade oceânica não é uniforme, ou seja, alguns oceanos são bem mais salgados do que outros. Apesar de ter ocorrido variações desde então, a maior parte deste cloreto de sódio emergiu do contato primordial da mistura da água com o solo terrestre. Bem como o sal de cozinha faz ao ser misturado em um copo com água, as rochas sedimentares, areia e todo o cloreto de sódio presente na superfície se espalhou à medida em que as partículas se precipitaram sobre o solo.

Apesar da composição salgada que hoje existe nos oceanos ter se originado principalmente desta mistura primordial, na opinião deste estudo ela não é exclusiva, já que as movimentações das placas tectônicas ao longo de toda a evolução da Terra, somado aos processos erosivos que são capazes de transformar as rochas, serão coautores responsáveis pelo restante da composição dos sais minerias presentes nos oceanos.

Nas academias várias hipóteses atualmente são apresentadas para a formação dos oceanos e da composição atmosférica. No que diz respeito aos oceanos uma destas hipóteses é a emergência da água provinda do manto inferior e superior, através da presença de grandes bolsões aquíferos ou reservatórios subterrâneos (criados no decorrer da própria formação do núcleo interior e daí por diante) capazes de reter água para, posteriormente, expulsá-la aos poucos. Ao longo dos anos, então, a água acabaria sendo escoada através de cicatrizes entre as estruturas rochasas, dando surgimento aos oceanos.

Porém, neste estudo acreditamos que grandes porções de água presentes no interior da Terra atualmente lá se apresentam devido a um caminho inverso, ou seja, foram tragadas devido às constantes movimentações dos continentes ao longo dos anos.

Neste estudo excluímos a possibilidade da água ter sido liberada através de um processo de renovação dos elementos do manto superior por meio de decaimentos, uma vez que os elementos eram muito jovens para que isso ocorresse, pois mesmo que estes elementos estejam decaindo e assim diminuido suas complexidades, como é constatado, não originaria hidrogênio em abundância que possui apenas um próton ou nêutron em seu interior, mas primeiramente elementos de complexidade maior.

Além disso, de acordo com a composição química que se apresentava na época entre as crostas e os mantos, acreditamos que seria muito improvável a criação de tantas moléculas de água no interior do "planeta oceano", sem a ocorrência de um fenômeno de larga escala influente o bastante para trazer novos elementos químicos ou modificar a maioria dos elementos ali já presentes de supetão.

E sendo assim acreditamos desta forma que boa parte da água líquida acabou sendo naturalmente absorvida pelos solos arenosos e argilosos de acordo com a permeabilidade relativa de cada região, sem mencionar as movimentações das placas tectônicas, que ao circularem tragam a água para dentro dos mantos.

Outras hipóteses vão desde a formação contínua de muitas nuvens devido às erupções vulcânicas que teriam propiciado altíssimos índices pluviométricos (chuva), até hipóteses extraterrestres que apontam para o derretimento do gelo provindo de inúmeros cometas. A hipótese dos cometas vem sendo descartada à medida em que se constata que a quantidade de deutério (hidrogênio pesado) dos oceanos é duas vezes inferior à quantidade de deutério encontrado no gelo dos cometas já estudados.

Chove cerca de 15 bilhões de litros de água por segundo no planeta Terra e nem por isso as chuvas elevam o nível dos oceanos significativamente. A influência dos gases lançados pelos vulcões certamente ajudou a desenhar a composição atmosférica atual, porém não acreditamos que tenha sido capaz de gerar, sozinhos, o volume de água dos oceanos.

Já no que diz respeito à atmosfera, ainda nos anos 1950 pesquisadores chegaram à hipótese de que ela teria emergido de gases retidos no interior do planeta. Até hoje a maioria dos cientistas confirma esta hipótese e apesar de haver claramente a expulsão contínua de gases através dos vulcões não cremos que estas emissões sejam suficientes para formar os 90 quilômetros de atmosfera da Terra atual.

Simplesmente entendemos como atmosfera as porções gasosas que permaneceram em um planeta devido à ação da gravidade que empurra estes gases em direção às regiões mais densas e que, se anteriormente se referia à formação de um nó na rede de filamentos de gases, nestes instantes se tornavam mais pesadas através da recombinação daquilo que aqui já existia com o que acabava de chegar.

Isto se deu tanto com os satélites de maior massa bem como outros planetas do nosso Sistema Solar, de modo que acreditamos nesta obra que o início das fusões solares apenas serviram para limpar o grande acúmulo material que ainda estava de passagem desde a explosão da Supernova mais próxima – a grande responsável pela formação das porções mais significativas de matéria do nosso Sistema Solar.

E aqui podemos fazer uma pausa para nos perguntarmos: o que fazia o Espírito nestes momentos? O Espírito orquestrava o quasar que compõe o centro da nossa Via Láctea, pois o quasar significa um rasgo no seu próprio "tecido". Acontece que as distâncias do Universo são tamanhas que mesmo deixando todo um braço galáctico operando por "osmose" (de maneira automatizada), o Espírito é capaz de antever que a abundância e fartura que esta vida provinha, já que não se apoquenta nunca porque espera que tudo garanta o seu equilíbrio e gere através da desordem tantos exemplos que um deles irá servir. O Abstrato abstrai e então opera só para poder voltar a abstrair!

A atmosfera primitiva terrestre foi certamente dominada pelo nitrogênio, dióxido de carbono, amônia e metano, por ordem de abundância. Como mencionamos, a maior parte do oxigênio acabou se recombinando com o hidrogênio compondo assim os oceanos, sendo que apenas traços deste gás permaneceram na atmosfera através do vapor da água. Foi então ao longo dos anos que uma parcela pequena todo o oxigênio existente hoje (21% da atmosfera atual é formada por oxigênio e o nitrogênio compõe a maior parte restante – 77%) se formou, devido aos novos decaimentos do NCO2. Estes decaimentos fizeram com que a mistura dos átomos de carbono com os vales de magma formassem quase todo o restante das pedras calcárias existentes. No entanto, a grande concentração do oxigênio atual foi produzida por seres vivos orgânicos ao longo de toda a evolução, como veremos no capítulo 6.

Além disso, nesta época o que eram traços de vapor da água se ampliou para uma média circulante de 2% devido às evaporações oceânicas e pluviais, como ocorre atualmente. Por sua vez, as revoluções do interior do planeta através dos vulcões e dos pontos quentes também tiveram influências significativas no decorrer dos anos, mas não tão perenes ao ponto de transformar em definitivo a estabilidade atmosférica que ali se estabelecera. Por exemplo, encontramos na revista Scientific American que estas colisões e a formação do magma resultaram em uma nova ampliação do dióxido de carbono na atmosfera ao longo do tempo, mas à medida em que algumas porções de magma se resfriavam acabavam formando um novo material crustoso superficial dando tempo para o ar reciclar a si mesmo – processo que foi altamente alavancado após o surgimento da vida orgânica.

5.4 O surgimento dos continentes

Entendemos que o surgimento dos continentes, ou seja, a quebra da Litosfera em porções separadas deu-se como um resultado da formação dos mantos superiores e das crostas e, consequentemente, através do processo de reciclagem contínuo provocado por toda a atividade vulcânica em concomitância com a formação dos oceanos que, em termos geofísicos, aconteceu rapidamente. Por ter sido massiva, a formação dos oceanos promoveu a ampliação da densidade das regiões onde a água acumulou-se no solo, fazendo com que nestas regiões o assoalho oceânico fosse levado para baixo, enterrando sedimentos úmidos junto com as lajes descentes (como visto na publicação Scientific American).

As atividades tectônicas de placas consistem na contínua criação, movimento e destruição da superfície da Terra. Antes mesmo da formação dos oceanos, a subida dos elementos mais leves originou a destruição de alguns minerais mais densos e a criação ou exposição de outros, como os sedimentos rochosos, a areia e o sódio. Porém, a quantidade de moléculas de água que acaba se alojando acima do solo e então no interior da Terra contribui para a ampliação da massa daquele local e termina por provocar a segmentação da litosfera em placas mais bem definidas. Assim, o que era antes um único conjunto de sedimentos rochosos, areia e sódio acaba se dividindo em dois blocos, enquanto as lajes oceânicas continuam sendo empurradas para baixo.

A literatura mostra que quando este processo terminou, a uma pronfundidade de cerca de 80 km, a força das lajes descentes já havia empurrado porções do manto superior para cima e assim elevado a temperatura, fazendo com que a água dos sedimentos se tornasse menos densa. O acúmulo de água pôde então induzir a fusão destas rochas, produzindo magma.

O magma é formado à medida em que o acúmulo de água reduz o ponto de fusão das rochas, ou seja, se antes as rochas precisavam ser aquecidas a uma temperatura alta o bastante para serem derretidas, com a pressão do encavalamento entre as crostas, uma vez que agora um maior volume de elementos permearia uma área menor, somado à pressão que a água aquecida exerce por estar menos densa, permite que as rochas se fundam mesmo que a temperatura não seja tão alta como anteriormente.

Então, à medida em que o magma se esfria novos elementos amadurecem e compõem uma grande transição conhecida como a descontinuidade de Mohorovicic, ou Moho. É a Moho, portanto, quem dá base e suporte para a maior elevação das crostas, uma vez que a quantidade de material nesta região aumentou com a formação de novos elementos após o endurecimento do magma.

A Moho está localizada entre 30 e 50 km abaixo da superfície dos continentes e a menos de 10 km abaixo do assoalho das bacias oceânicas nas regiões mais próximas aos continentes. Enquanto a composição Moho é rica em minerais densos como a olivina (silicato que contém magnésio e ferro), ortopiroxênio (mineral similar à olivina, mas um pouco menos denso), clinopiroxênio (sendo composto de 20% de cálcio, além de incorporar um pouco de alumínio) e peridotito (rocha formada da junção dos últimos três, ou seja, entre silicato, magnésio, ferro, cálcio e traços de alumínio), a composição das novas placas que se formam acima consistem em minerais basálticos. O basalto, característico desta faixa de profundidade, é uma rocha ígnea de granulação fina, com uma massa constituída por cristais de pequena dimensão, sem forma definida.

Com o amadurecimento desta nova crosta o calor do magma basáltico pode agora desencadear a fusão também nos níveis rasos, produzindo assim novos elementos. Esses episódios irão compor as porções superiores das crostas continentais, que quimicamente se aproximam de um granodiorito, uma rocha também ígnea que consiste basicamente de quartzo e feldspato de cor clara, salpicados de vários minerais escuros. Isto só acontece porque o vulcanismo analogamente se assemelha a um processo de destilação contínua, onde a produção de magma altamente diferenciado acaba por gerar novos elementos em diferentes níveis e, assim, densidades. Vejamos a figura a seguir:

Fig. 87:

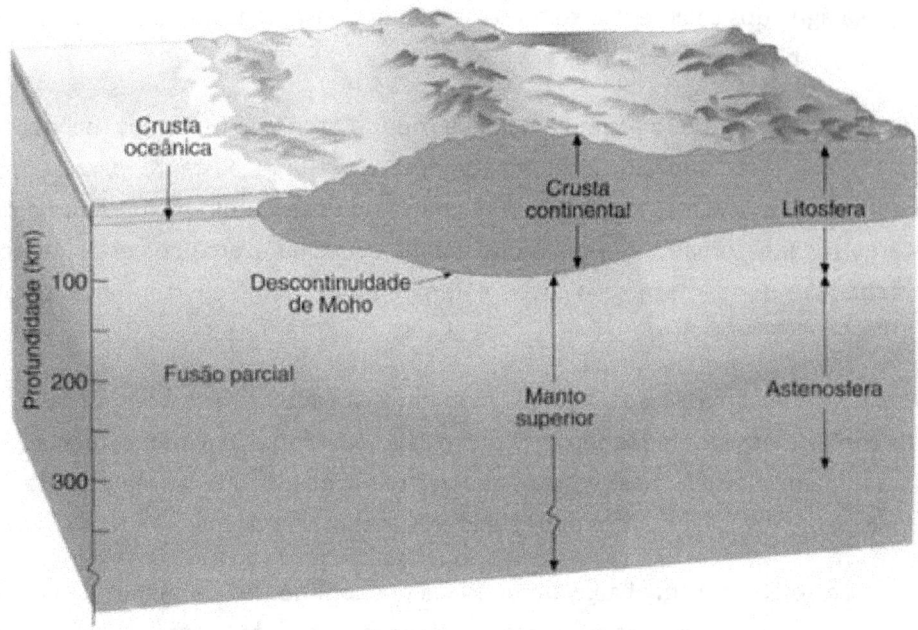

Fonte: correia.miguel25.googlepages.com/característ...

O enterramento das lajes oceânicas, a geração do magma, o endurecimento do magma e a formação da Moho e das crostas superficiais acima são processos que duraram cerca de 350 milhões de anos. No final do processo, desde o início das fusões solares, foi o enterramento das lajes oceânicas e a formação das descontinuidades de Mohorovicic que propiciaram a emersão de um bloco de terra único – o primeiro supercontinente. Vejamos a figura a seguir que mostra a imagem do primeiro supercontinente hipoteticamente cobrindo aproximadamente 26,53% do plano terrestre:

Fig. 88:

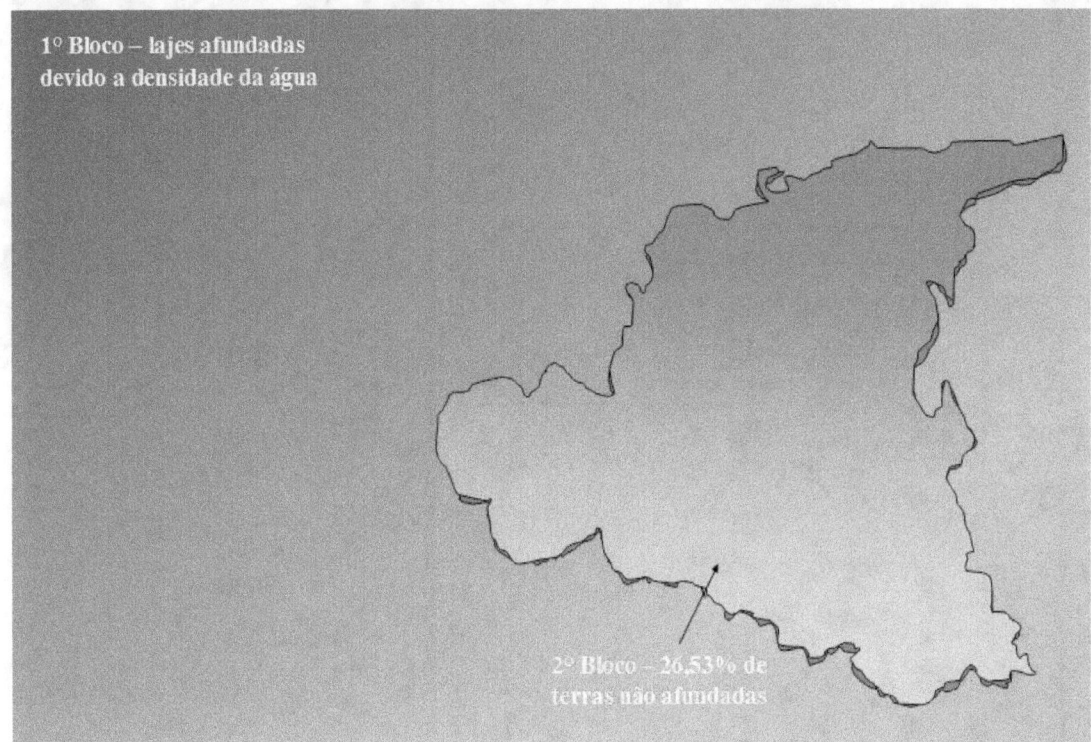

Ao longo destes 350 milhões de anos, para que este supercontinente pudesse emergir, significativas porcentagens de água passam a se juntar com as concentrações dos minerais existentes nos mantos. Isto acontece à medida em que as lajes oceânicas se encavalavam na porção de terra que não afundou.

Quando o encavalamento começa a cessar o resultado é a separação da litosfera nestes dois blocos, enquanto a Astenosfera volta a realizar suas movimentações quase como anteriormente. A diferença é que agora, no entanto, a presença das moléculas de água dispersas nos minerais reduzem a viscosidade[5], tanto da astenosfera quanto de todo o restante do manto superior, facilitando o surgimento de movimentos convectivos também nestas regiões.

Isto teve consequências importantes, pois à medida em que as células de convecção passam a caminhar desde o manto inferior até a superfície elas elevam todas as porções de terra que estão sendo mais aquecidas e, da mesma forma, afundam as porções de terras que estão mais frias. Estes novos desníveis são tão significativos que divide o supercontinente em três partes, ou seja, agora passariam a existir quatro placas tectônicas à medida em que os desníveis foram capazes de rasgar novas porções da Litosfera. Vejamos a figura a seguir:

---

[5] A viscosidade define as propriedades de aderência e de fluidez de líquidos. Quanto maior a viscosidade menor será a velocidade em que o fluído se movimenta.

Fig. 89:

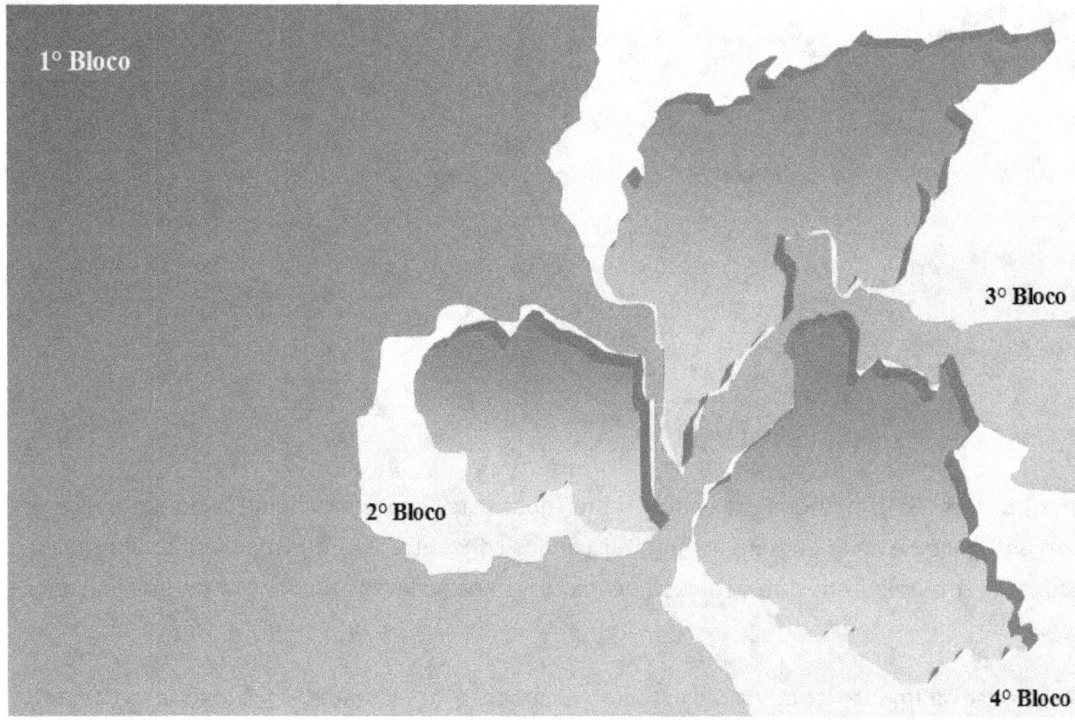

Como podemos notar na figura, hipotética, os contornos das placas tectônicas divergem dos contorno dos continentes, pois os cortes na Litosfera obedecem exatamente ao local onde há as maiores diferenças de temperatura nas células de convecção.

Portanto, são estes exatos pontos de elevação e afundamento os responsáveis por uma nova divisão das placas tectônicas originais, já que a mistura da água e a redução da viscosidade fizeram com que convecção abrangesse o manto superior por inteiro. Não houve cortes de placas na maior parte do bloco 1, pois ali não existiu o encavalamento subductivo de uma placa contra a outra[6].

Posteriormente, à medida em que a porcentagem de água nas rochas se tornou bem menor, devido à própria dispersão destas moléculas com os movimentos convectivos, a viscosidade volta a aumentar tornando os minerais mais secos e estabilizando a convecção. Ao longo dos anos a tendência de

---

[6] São as subducções e, portanto, o encavalamento das placas umas sobre as outras que garante o espaço para os blocos se movimentarem e é o próprio deslocamento natural provocado nos cortes devido às células de convecção quem conduz inicialmente a direção desta movimentação.

os continentes afundados flutuarem prevaleceu e, da mesma forma, as densidades relativas das outras porções de terra ascendidas também retornam aos seus níveis iniciais.

Então, os blocos, ao se distanciarem um dos outros, à medida em que se separaram vagarosamente fazem com que os minerais que se encontram na astenosfera migrem para este vazio provocado por eles, como explicado no site O Universo Como Um Todo. Agora a chamada fusão por descompressão fará com que as rochas derretam. E como na astenosfera há um grande transporte de massa vagando de um lado ao outro, fazendo os minerais que ali estão presentes se tornarem plásticos, quando ocorre uma fratura da litosfera, onde o transporte de massa e calor são mais baixos, o material que sobe para ocupar esta fenda acaba derretendo. Isto significa que, considerando tanto a pressão quanto a temperatura, o surgimento do magma neste processo se dá em um nível menos energético, porém mais flexível do que as próprias rochas da astenosfera.

Como agora também há um vazio existente na astenosfera, uma parcela do material sólido do manto superior migra para lá, tornando-se mais flexível à medida em que o tempo passa. Isso não se verifica com o manto inferior, o que significa que em algumas regiões a astenosfera amplia a sua extensão em detrimento do espaço antes ocupado por rochas mais rígidas do manto superior. Claro que este vazio não é proporcional à quantidade do material que sobe, já que uma parte da própria placa da litosfera que sofre a subducção também é derretida e reciclada.

Finalmente, depois que o magma sobe ele se resfria, formando uma nova crosta que preenche a lacuna deixada pelo afastamento das placas, também chamada de divergência de placas. Vejamos na figura a seguir, através do exercício de descartar, a quantidade de informações e nos concentremos apenas onde estará escrito cordilheiras oceânicas (dorsais meso-oceânicas).

Fig. 90:

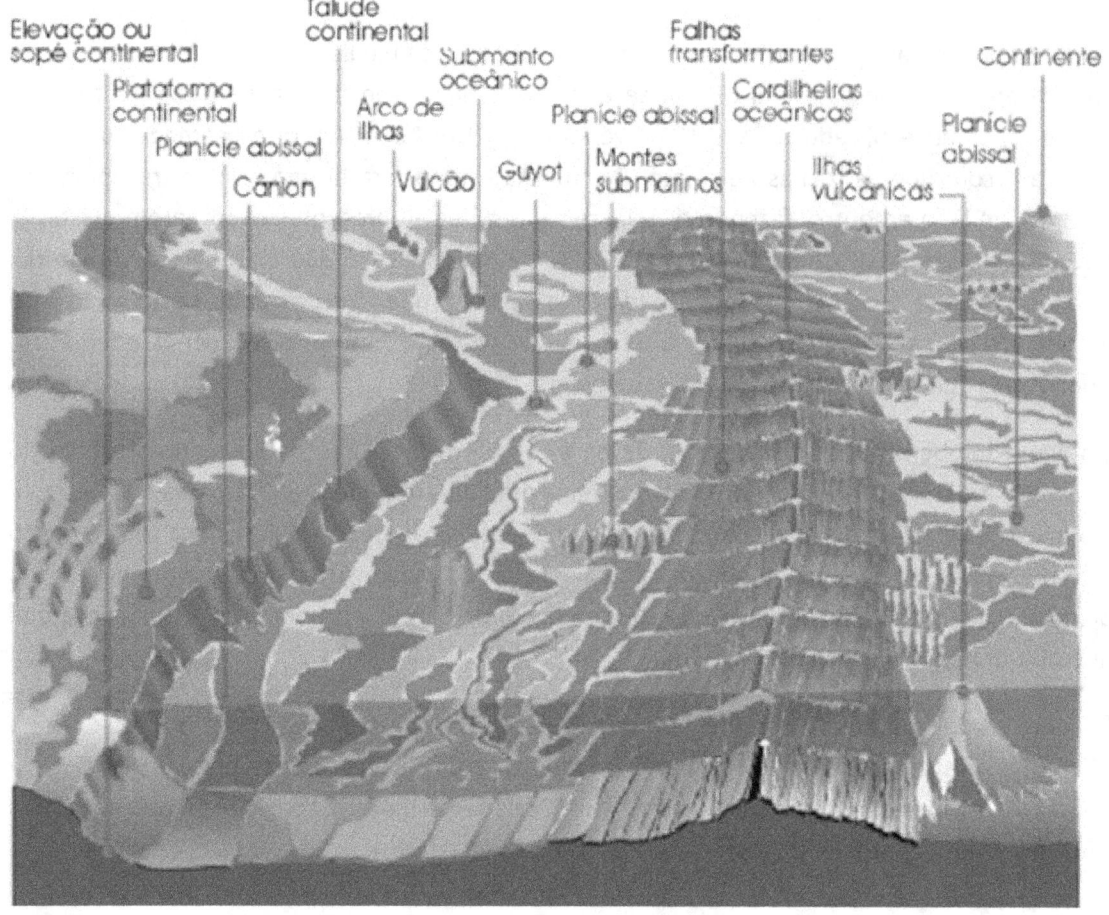

Fonte: PPT – tec placas IGCred2

Como o local da separação das placas tectônicas ocorre nesta exata região, a fusão por descompressão, e posteriormente o endurecimento dos elementos à medida em que atingem as regiões mais frias acima, são os grandes responsáveis pela formação destas proeminências. Além das dorsais, propriamente ditas, ocorre também o depósito de diversos sedimentos pelas laterais das montanhas no solo oceânico.

O que a figura chama posteriormente de falhas transformantes nada mais são do que cordilheiras antigas que vão dando espaço para a criação de novas montanhas, continuamente. Assim, as dorsais criam, ou melhor dizendo, reciclam toda esta porção da litosfera enquanto houver espaço para a locomoção das placas. Por sua vez, é a velocidade em que ocorre esta reciclagem, diretamente associada ao espaço que as placas têm para se deslocar, que determinam a sua própria velocidade de deslocamento.

Devemos entender que as Mohos abrangem a própria litosfera, assim, não são os continentes que se deslocam, mas as placas. Portanto, o que faz os continentes andarem são as próprias placas, já que repousam acima delas. Isto não impede, por outro lado, que os continentes não possam modificar seus contornos ao longo do tempo, seja porque na região das placas que obedeciam aos contornos continentais ocorreu uma nova divisão ou reunião, seja porque novas montanhas ou cadeias vulcânicas se formaram para preencher o vazio deixado através do distanciamento entre duas placas tectônicas.

O que determina qual das placas tectônicas será empurrada para debaixo uma da outra não é apenas a velocidade em que elas caminham, mas principalmente a densidade que elas possuem. Supõe-se que uma placa mais densa, e que por esta mesma razão caminha mais vagarosamente, se desloque a uma velocidade de apenas 1 cm ao ano, enquanto a outra menos densa caminhe a uma velocidade superior a 5 cm ao ano. A placa mais veloz e leve certamente subirá em cima da placa mais lenta e pesada, que servirá de parede para brecar a placa que migra a todo vapor. A placa mais densa, ao continuar a se movimentar, se enterrará por debaixo da placa mais leve, e esta por sua vez continuará caminhando nas costas da placa mais densa, tornando-a ainda mais pesada e contribuindo para a descida.

Como a placa mais densa era o bloco 1 e continuou sendo este o bloco mais denso em comparação aos outros durante muito tempo, é ele quem se enterra sobre as outras três placas mais leves e menores. Na maioria das vezes que isto aconteceu novas porções de terra foram criadas através das subducções, mas ao invés de propiciarem o nascimento de novos continentes formaram cânions e cadeias de montanhas submarinas nas porções de terra em que não havia continentes. Por outro lado, nas porções de terra em que os continentes já existiam também acontecem novas subducções que não são capazes de destruí-las, mas apenas as elevar ainda mais ou simplesmente renovar os elementos ali existentes.

Além disso, outros processos similares, como os pontos quentes, ocasionaram elevações e afundamentos de massas terrestres, como veremos no próximo item. É importante mencionar que à medida em que novas influências vão ocorrendo elementos rochosos, sedimentos, água, sódio, metais e gases se combinam uns aos outros e eventualmente podem propiciar à formação de elementos inéditos na Terra.

É curioso refletir também que menos de 50 anos atrás não havia nenhuma evidência de que as rochas que revestem as bacias oceânicas diferissem de alguma maneira fundamental daquelas encontradas na superfície continental. Como visto na Enciclopédia Ilustrada do Universo, acreditava-se simplesmente que os oceanos eram pavimentados com continentes afundados. Hoje sabe-se que os minerais se transformam a diferentes profundidades e que o surgimento do magma propicia novas recombinações, influenciando na composição destes minerais.

Em suma, a formação das crostas continentais é, em um primeiro momento, o resultado do afundamento dos assoalhos oceânicos que cortam a litosfera e formam dois dos blocos, originando as placas tectônicas. Vale lembrar que já existia uma diferença entre os níveis na superfície antes da formação dos oceanos, e que os assoalhos estavam pré-moldados pelo desenho estabelecido desde a formação dos mantos superiores e das cadeias vulcânicas e pontos quentes.

Com a presença da água em abundância, a sobreposição das crostas, uma sobre as outras, aliada à formação do magma, constitui novas porções de terra desencadeando uma diferença mais acentuada dos níveis oceânicos e superficiais. Posteriormente, devido à mistura da água do mar com o solo, aumentando-lhe a viscosidade, a convecção é capaz de afundar algumas porções de terra enquanto influencia a ascensão de outras, separando as duas enormes placas em quatro. A dança tectônica estava apenas começando a deslizar os seus passos no curso da história do planeta.

O deslocamento das placas tectônicas não é completamente aleatório. Ele obedece em primeiro lugar às taxas de produção das dorsais meso-oceânicas e, posteriormente, tanto a velocidade em que as placas se deslocam quanto a pressão que elas desencadeiam umas sobre as outras.

São estas movimentações que irão provocar a grande maioria dos fenômenos geológicos como os terremotos, maremotos, vulcanismo (sem a presença de pontos quentes), planaltos, montanhas e fossas, entre outros. Vejamos a seguir o mapa-múndi atual onde as linhas em azul demarcam os limites das placas tectônicas atuais, os triângulos em vermelho apontam para as atividades vulcânicas mais recentes e os pontos amarelos demarcam as regiões onde ocorreram terremotos mais recentes.

Fig. 91:

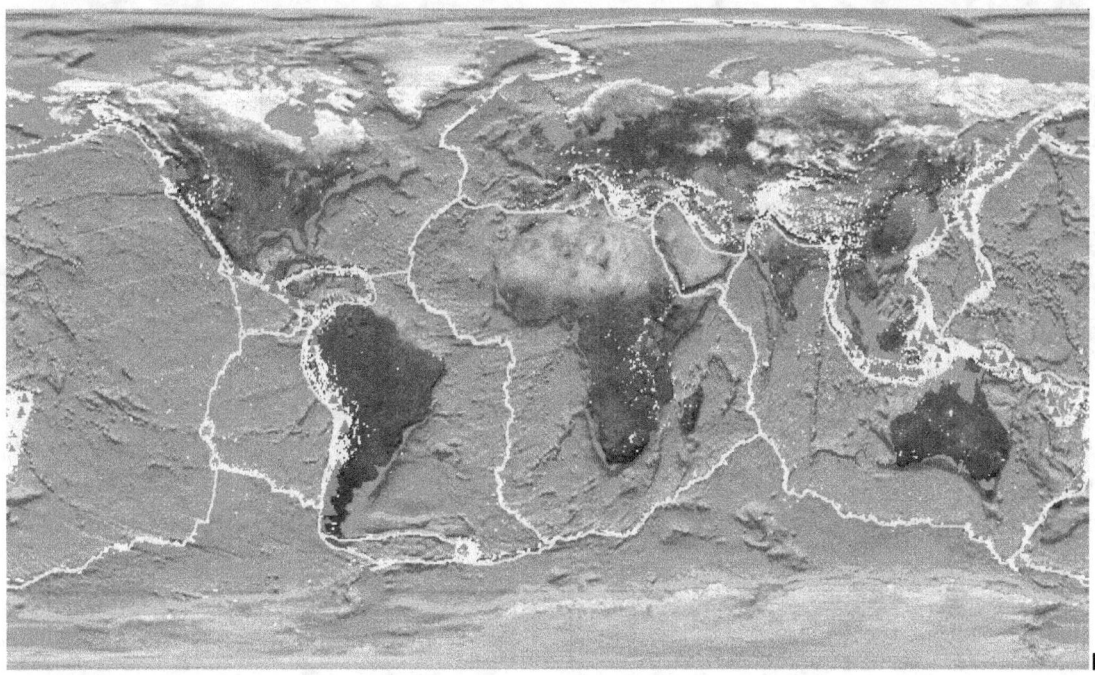

Fonte: http://moho.iag.usp.br/sismologia/images/c_platesEarthquake.gif

É possível repararmos como a maioria dos vulcões e terremotos se posiciona exatamente na divisa entre as placas tectônicas, não deixando dúvidas de suas origens. Como o material da astenosfera é de fato mais pastoso e quente, a litosfera tem de ser rígida o suficiente para deslizar sobre ele.

Se movimentando a todo instante, as placas geram milhões de abalos sísmicos diariamente, sendo a maioria muito sutis para serem percebidos por nós. Mas as placas tectônicas não são as únicas responsáveis pela formação das porções de terra sob as quais podemos caminhar.

Sempre que as plumas e superplumas conseguem empurrar porções continentais para cima verdadeiros calombos são formados. O sul da África, por exemplo, que exibe uma das regiões mais extensas do planeta, com mais de 1.500 km de largura por 2 km de altura, está se elevando lentamente pelos últimos cem milhões de anos, embora não tenha sofrido nenhuma colisão tectônica por mais de 400 milhões de anos. Isto acontece, pois atualmente abaixo do continente africano há uma massa em forma de cogumelo localizada no manto inferior. Como é uma pluma aquecida ela acaba elevando a superfície acima como um todo, lentamente.

Devido a esta movimentação mais atuante provocada pelas plumas, fragmentos das placas tectônicas poderão se soltar e, ao mergulharem pelo manto, permanecerem frios e densos demais para se misturarem à rocha circundante. Sem conseguirem se misturar estes pedaços de litosfera acabam migrando para os lados e serão influenciados pelas células que estão promovendo a descida dos materiais. Então, à medida em que estas porções maiores de terra afundam junto com o fluxo descendente um rastro deste material irá sugar as áreas continentais ou oceânicas que se encontram acima dela. De modo geral, são as variações no calor e na pressão do manto que permitem que a rocha sólida se entranhe, como o melaço, no curso de milhares de anos.

Devemos entender que à medida em que um continente se move para cima, em relação às outras massas de terra, a superfície do oceano ao redor desse continente diminui o seu nível, como visto na revista Scientific American. Fruto das consequências de um ponto quente, no curso dos últimos 20 milhões de anos os mais altos picos de uma porção de terra afundada do tamanho da América do Sul, mais a Groelândia, formam hoje as ilhas da Indonésia, por exemplo.

Além das elevações continentais, diversas cadeias de montanhas submarinas também se formaram e com o passar dos anos o aumento da taxa mundial da produção da crosta oceânica também se elevou. As cadeias de montanhas marinhas geralmente se originam da combinação de material atrás e abaixo das substâncias das plumas crescentes.

5.5 A interação entre o oceano e a atmosfera e suas consequências

Devido à inclinação e a forma quase redonda da Terra será sempre a porção oceânica mais próxima à linha do equador que terá a maior deformação, uma vez que ela ocupa uma maior área em relação aos polos e concentra a maior densidade relativa. Isto significa que enquanto a Terra está girando a água do mar não acompanha a sua movimentação integralmente para os lados, mas se dirige principalmente dos polos para o centro. É o movimento horizontal da massa líquida (corrente de maré) que resulta no movimento vertical do nível do mar, e é a diferença entre as densidades destas áreas que faz com que a movimentação parta dos polos para o centro e não o oposto.

Quando consideramos todos os oceanos as oscilações são provocadas por períodos de, em média, 12 horas, porém localmente estas variações são bem mais curtas, abrangendo períodos de duas a sete horas, de acordo com a topografia da região. Localmente o nível do mar passa por um ciclo de subida (enchente) até chegar ao seu nível máximo (preamar) e permanecer estacionado nele (estofo de enchente). Posteriormente, ele começará a baixar (vazante) até atingir um nível mínimo (baixa-mar) e permanecer estacionado neste nível (estofo de vazante). O ciclo então se reiniciará incessantemente.

Já em um ciclo um pouco extenso, de aproximadamente 14 dias, os grandes volumes de água líquida da Terra sofrerão uma deformação ainda maior, o que provocará marés altas e marés baixas mais proeminentes, também chamadas de marés de sizígia. Isto acontece porque nestes períodos a velocidade de rotação da Terra diminui. A Terra, ao girar mais lentamente, permite que a água se concentre mais. O período oposto é chamado de marés de quadratura, onde as marés estarão mais dispersas ou baixas.

Bem como os oceanos, a atmosfera também se move primordialmente devido ao efeito Coriolis, mas os efeitos não são os mesmos. Ao invés do ar sair dos polos em direção ao equador, somente uma parte do ar faz esta movimentação (setas vermelhas) por também abranger uma área maior de acordo com a circunferência do globo. Já o ar próximo aos polos se movimentará na direção oposta, como ocorre analogamente em um sistema de engrenagens. Outra diferença é que a resposta atmosférica ao giro terrestre é bem mais rápida do que acaba acontecendo nos oceanos e, por esta razão, o ar acaba se deslocando mais no sentido horizontal em comparação ao que ocorre nos oceanos. Vejamos a figura a seguir:

Fig. 92:

Portanto, o mesmo efeito que inicialmente provoca oscilações nas águas oceânicas também provoca oscilações nas massas de ar[7], mas obviamente que há divergências em relação ao comportamento que a água realiza ao ser movimentada versus o ar. De modo geral, como o ar se dissipa mais facilmente, a atmosfera acaba sendo menos linear do que os oceanos, quer dizer, as massas de ar têm maiores chances de modificarem suas rotas devido às diversas influências que enfrentarão em comparação com as correntes oceânicas.

O segundo fator que propicia a movimentação tanto das águas oceânicas quanto do ar atmosférico é a variação de densidade entre as diferentes moléculas existentes. Na atmosfera, por exemplo, a densidade do vapor da água é menor do que a densidade do dióxido de carbono, da mesma forma que nos oceanos a densidade da água é menor do que a densidade do cloreto de sódio. Assim, quando ocorreu a formação dos oceanos a maioria dos elementos buscou se estabilizar conforme as suas respectivas densidades e acabou se recombinando, uns aos outros, promovendo movimentações oceânicas e atmosféricas em larga escala. Já após a formação dos oceanos e do rearranjo atmosférico a força das massas de deslocamento atmosféricas e correntes subaquáticas passou a variar conforme a região e as influências locais. Por exemplo, se houver a erupção de um vulcão ou o desencadeamento de queimadas que propiciem a geração de uma grande quantidade de dióxido de carbono, o ar daquela

---

[7] Grandes porções de ar que se estendem horizontalmente por 500 km a 5.000 km e verticalmente por 500 m a 20 km, tendo distribuição de temperatura e umidade praticamente uniformes. A Revista Superinteressante aponta que para que uma massa de ar se mantenha superficialmente, a região da superfície onde ela se localiza deve ter características homogêneas. Exemplos de regiões vastas com características homogêneas em toda a sua extensão são os oceanos, as grandes florestas, os extensos desertos e extensas superfície de gelo.

específica região se moverá em consequência, mas não significa que toda a atmosfera se deslocará em efeito dominó, pois as massas de ar poderão ser reequilibradas em sistemas menores através da formação de nuvens, ou então poderão se colidir com outras massas de ar. A mesma coisa acontece dentro dos oceanos, pois as placas tectônicas, ao se movimentarem, por exemplo, farão com que o sal das lajes oceânicas seja remexido, bem como as moléculas de água das proximidades, desencadeando correntes marítimas esparsas que se dissipam à medida em que percorrerem distâncias maiores.

No caso da ocorrência de um ponto quente, por exemplo, o magma aquecerá a água desencadeando correntes convectivas que subirão até se resfriarem, mas como os pontos quentes abrangem apenas uma determinada região e geralmente são rompidos em virtude da movimentação das placas tectônicas e da construção de novas lajes oceânicas, estas convecções também não serão permanentes. Da mesma forma, se houver o derretimento de grandes placas de gelo o volume de água geral dos oceanos irá se elevar, desencadeando correntes frias temporárias. Em suma, é necessário que haja influências constantes para que a movimentação da atmosfera e dos oceanos seja constante.

Uma influência muito mais constante é a da radiação solar. Isto porque, ao receberem o calor do Sol, as moléculas serão agitadas e se moverão para um lado e para o outro ocupando um espaço maior do que faziam anteriormente. Então, a água aquecida irá se tornar menos densa e subirá na forma de vapor, e enquanto isso as moléculas de água gasosas da atmosfera sofrerão a mesma agitação e subirão, porém permanecerão no estado gasoso – a não ser que atinjam altitudes mais elevadas, voltando a se tornarem líquidas ou sólidas (cristais de gelo).

Desde a formação dos oceanos o vapor da água existente na atmosfera se ampliou enormemente, intensificando o chamado ciclo hidrológico que consiste basicamente nas mudanças do estado físico da água: gasoso, líquido e sólido. Apesar do ciclo hidrológico ter se iniciado junto ao surgimento de uma quantidade significativa de vapor da água na atmosfera, ele apenas adquiriu maturidade após o surgimento dos oceanos. Com o ciclo hidrológico intensificado pela transferência da água dos oceanos no estado líquido para o estado gasoso intensificou-se também a quantidade de vapor da água que passou a migrar para os níveis mais altos da atmosfera e a condesação de todo este vapor da água. Como na época a temperatura solar era superior à temperatura que nos atinge atualmente havia vapor da água em excesso, que em conjunto com a presença dos núcleos de condensação (partículas de poeira e fogo introduzidas através das erupções vulcânicas, e sal introduzido através da quebra das ondas do mar) e dos núcleos higroscópicos (cristais de sulfato e nitrato, atualmente resultantes principalmente da queimada de florestas e da combustão de veículos, e na época presentes através das movimentações das placas tectônicas e suas consequências) propiciaram a aglutinação do vapor da água compondo microssistemas que poderão permanecer suspensos até que as nuvens se tornem extremamente carregadas ou as próprias nuvens se acumulem umas contra as outras, não aguentando suas próprias densidades. Assim, quando a densidade da nuvem está maior do que o seu sistema formador (quantidade de vapor da água e/ou núcleos, poeira e partículas em geral) é que se inicia a precipitação.

Na Revista Superinteressante encontramos que uma nuvem pode conter os dois tipos de aglomerados, dependendo de sua temperatura. Por exemplo, o topo de uma nuvem pode ser mais frio que as regiões inferiores, criando uma mistura de água líquida e congelada. É comum que as nuvens verticalmente extensas, por ficarem mais tempo no céu, gerem um trânsito enorme entre o vapor ascendente e as gotículas descentes, tornando frequentes as colisões entre estas partículas. Nestas colisões as moléculas de água muitas vezes se recombinam umas com as outras formando macroestruturas moleculares, que geram diferenças de cargas elétricas entre os níveis de dentro de uma nuvem ou de um conjunto de nuvens. Além disso, em algumas regiões a umidade que sobe pode se chocar e se fundir com os cristais de gelo alocados dentro da nuvem ou os cristais que caem em direção ao solo.

Após um considerável volume de partículas terem se recombinado e se amontoado no nível superior da nuvem, estas partículas irão buscar atrair ou serão atraídas pelas moléculas de água que permanecem abaixo. Quando esta atração é propiciada uma descarga elétrica acontece.

O raio nada mais é do que a necessidade de reequilíbrio atrativo do sistema formador da nuvem ou de um conjunto de nuvens. Quanto mais diferentes forem as cargas elétricas umas das outras (no caso um maior número de prótons e nêutrons formadores de macromoléculas alocados na região superior da nuvem), maior atração elas exercerão. O movimento normal faria com que fusões ocorressem à medida em que há uma tendência atrativa, desencadeando imediatamente novas recombinações. No entanto, quando o fluxo de vapor da água é muito constante ocorre um acúmulo destas macromoléculas até que a atração se torne tão poderosa que mesmo distantes os dois níveis se unem, propiciando uma descarga elétrica.

O que vemos no céu é consequência das eletrosferas atômicas se recombinando, pois ao se fundirem os fótons acabam modificando suas frequências e assim se tornam visíveis. Além disso, muitos destes fótons também acabam não se recombinando e são espirrados para fora da região de formação do raio, compondo o restante do brilho que vemos.

Existem diversos tipos de raios, classificados de acordo com as suas formas e conforme as observações já realizadas. A Superinteressante aponta que o relâmpago bola, por exemplo, é um fenômeno no qual o raio forma um círculo, que se move lentamente e queima tudo por onde passa até explodir ou se apagar. O relâmpago difuso é um raio refletido nas nuvens. O *red sprite* é uma explosão vermelha que acontece acima das nuvens de tempestade, atingindo alguns quilômetros de comprimento em direção à estratosfera, localizada após a troposfera. Na figura a seguir há vários tipos de relâmpagos ocorrendo ao mesmo tempo:

Fig. 93:

Fonte: http://idealismodebuteco.files.wordpress.com/2008/10/raios-vulcao.jpg

Sempre que há uma corrente elétrica há calor associado a essa corrente, como aponta publicação da Revista Superinteressante. Assim, ao redor do raio o ar fica extremamente quente – tão quente que realmente explode porque o calor faz com que o ar se expanda muito rapidamente. A explosão gera o trovão!

O trovão é a onda de choque irradiando ao longo do caminho da descarga. Quando o ar esquenta ele se expande rapidamente, criando uma onda de compressão que se propaga pelo ar ao redor. Essa onda de compressão se manifesta na forma de uma onda sonora, o que não significa que o trovão seja inofensivo. Pelo contrário, se você estiver perto o bastante conseguirá sentir a onda de choque, pois ela irá sacodir as redondezas. Quando acontece uma explosão nuclear normalmente a maior parte da destruição é causada pela energia da onda de choque, que se move rapidamente. O som viaja mais devagar do que a luz; por isso, vemos a luz antes de ouvirmos o trovão. No ar, o som viaja 1,6 km a cada 4,5 segundos e a luz viaja a 300 mil quilômetros por segundo.

As nuvens regularmente transferem poeira e outras partículas pela superfície do planeta. Elas transportam poeira através dos ventos em ritmo muito mais rápido do que se poderia imaginar. Uma estimativa é de que o volume de poeira transportado atualmente da África para uma porção da bacia amazônica, na América do Sul, seja de cerca de 13 milhões de toneladas ao ano (fonte: Phillips).

Devido à inclinação da Terra e a posição do Sol os polos serão sempre regiões em que os efeitos da radiação solar serão menores. Logo, como o Sol atinge estas regiões com menor potência, independentemente da época do ano, elas serão regiões menos aquecidas tanto nos oceanos quanto na atmosfera. O resultado da potência da radiação solar em torno do globo irá gerar os chamados gradientes de pressão, que nada mais são do que regiões com densidades diferentes umas das outras. É comum que ocorram no equador tanto regiões de baixas pressões, fruto da agitação das moléculas que ao subirem fazem com que a pressão sentida na superfície seja menor, quanto regiões de altas pressões, fruto do aumento da densidade de um sistema molecular, fazendo com que haja uma pressão maior sobre a superfície. Já nos polos tanto o ar quanto as águas, por estarem mais frios, farão com que ocorram pressões médias e mais constantes, em comparação ao equador. Vejamos a figura que demonstra a circulação das águas oceânicas na atualidade:

Fig. 94:

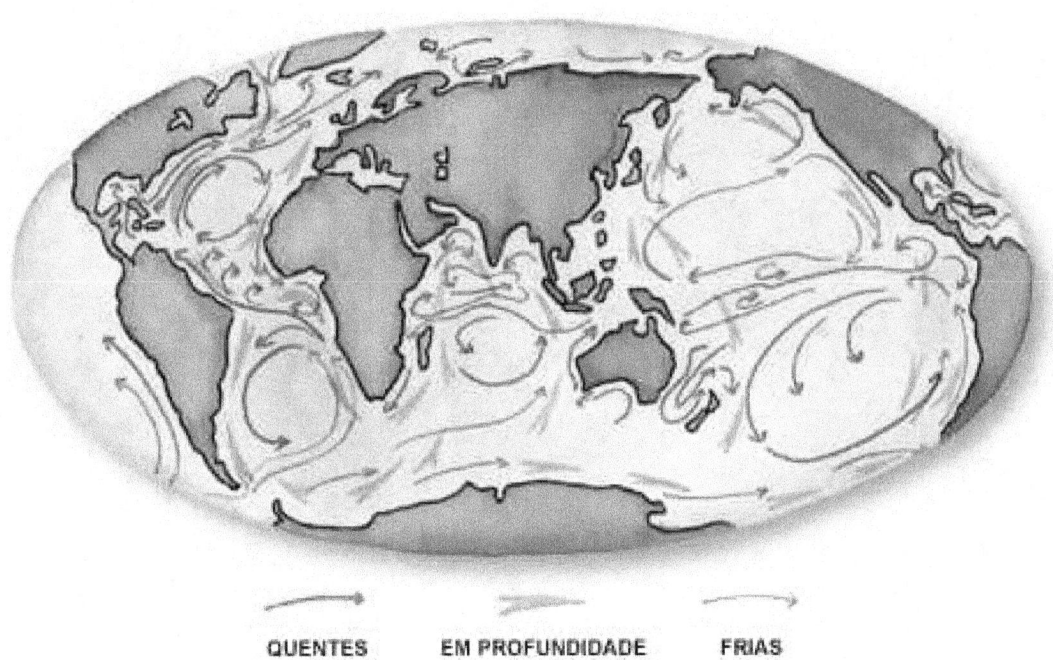

QUENTES   EM PROFUNDIDADE   FRIAS

Fonte: www.uarte.mct.pt/.../grupo2/ainfluen.htm

    A água do mar, devido à divergência de temperatura em conjunto com o efeito de Coriolis, se desloca continuamente em volta do globo, tanto na horizontal quanto na vertical, gerando diversas correntes marítimas rotativas locais é de grande abrangência, como podemos observar na figura. No entanto, entendemos neste estudo que cerca de 3,80 bilhões de anos atrás a circulação oceânica era mais linear, tendo a região do "bloco 1" predominantemente com as correntes mais profundas e frias, e nas demais regiões correntes mais rasas e quentes. Ou seja, havia um menor número de correntes locais principalmente devido à disposição dos continentes.

    Na atmosfera obsevamos algo similar ao que já foi descrito, isto é, além de um movimento circular horizontal em que as massas de ar polares migram para as regiões de pressões divergentes no equador há um movimento vertical em virtude da absorção de calor diferenciada destes sistemas moleculares. O resultado do movimento conjugado somado à força de Coriolis irá gerar ciclos rotativos locais, bem como a formação de células atmosféricas de maior abrangência. Vejamos o exemplo a seguir:

Fig. 95:

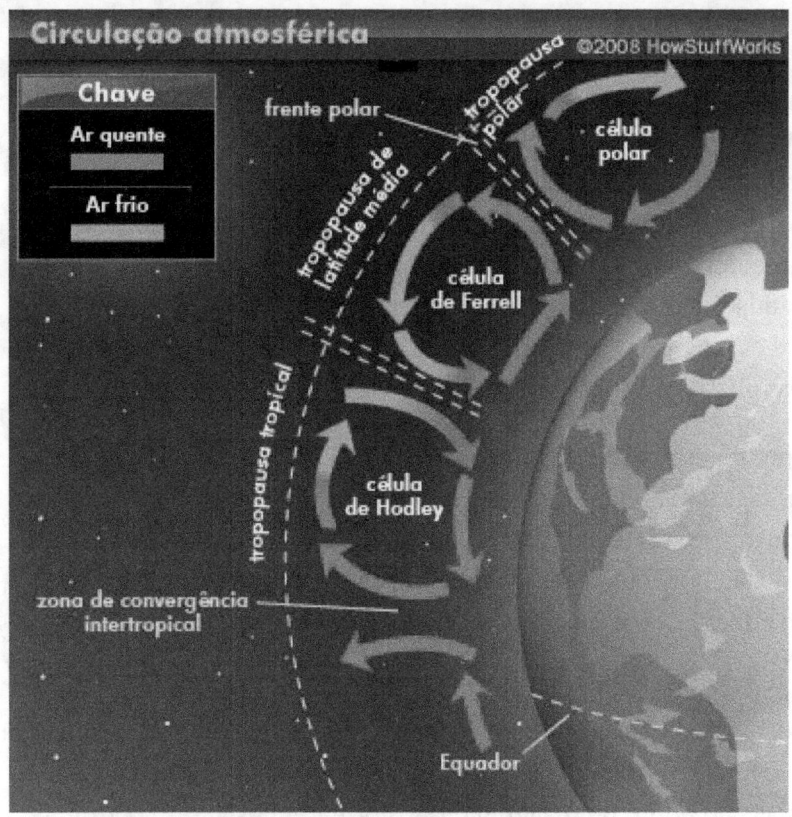

Fonte: http://ciencia.hsw.uol.com.br/clima5.htm

O fenômeno em que o ar aquecido se torna menos denso e sobe verticalmente empurrando os gases acima é também conhecido como vento vertical. Já quando o ar mais frio dos polos migra em direção ao equador, deslocando o montante de ar ali presente, recebe o nome de vento de superfície. Por fim, ventos aéreos elevados também são gerados como resultado do encavalamento de duas massas de ar – uma fria, localizada em maiores altitudes, e uma quente, que migra para cima empurrando a massa fria, que agora irá escapar disseminando o ar frio nas regiões elevadas.

O significado de vento é simplesmente ar em movimento, não importando a direção ou sentido do deslocamento do ar. Já as alterações em na sua velocidade, intensidade e constância estão diretamente relacionadas às diferenças de densidades de uma área para a outra, sejam estas diferenças abrangentes ou locais.

Os acidentes geográficos como as montanhas e vales também influenciam no direcionamento do ar e das correntes oceânicas e estas, ao serem alteradas, poderão modificar o formato e/ou composição da própria montanha num processo denominado erosão. Isto também ocorre nos níveis acima do mar onde, por exemplo, os ventos que sopram da terra em direção ao oceano (*offshore*) farão com que a erosão se concentre do lado continental da cadeia montanhosa, expondo rochas mais profundas e mais deformadas daquela área (segundo a Scientific American).

Há cerca de 3,76 bilhões de anos, com as chuvas sendo desencadeadas em abundância devido à maior temperatura do Sol, o surgimento de lagos e rios foi uma consequência natural. Mas para que um rio ou lago de grandes profundidades consiga perdurar ao longo dos anos é preciso que existam nuances de relevo e rochas permeáveis dando chances para que a água possa ser absorvida pelo solo para posteriormente emergir em uma nascente. Estas diferenças de relevo são comuns no continente porque a velocidade de produção dos minerais que os compõem varia de uma região para outra. Assim, uma nascente basicamente ganha vida através dos processos de erosão, diferente entre os gradientes de pressão ou através da movimentação das placas tectônicas.

Sabemos que o deslocamento natural das águas das chuvas é em direção aos oceanos, pois estes estão localizados geograficamente abaixo dos continentes, uma vez que se constituíram sobre minerais mais densos. Como este deslocamento é constante, se ocorrer precipitação em uma mesma região repetidamente mês após mês, mesmo se não houver nuances de relevo rios e córregos de profundidade e largura relativamente menores também poderão se formar, de acordo com o fluxo migratório da água que empurra e molda o material abaixo.

De modo geral, um novo padrão de circulação atmosférica e oceânica só ocorrerá quando mudanças muito significativas na Terra forem propiciadas, por exemplo, a colisão de um meteoro grande o suficiente para gerar gases em abudância ao ponto de reagirem e transformarem os gases já presentes, ou então através do surgimento de organismos vivos, pois estes passarão a lançar novos elementos no ar. Contudo, não é qualquer evento que será capaz de propiciar alterações tão contundentes e perenes. Por exemplo, se os gases gerados após um meteoro não forem capazes de se fundir ou destruir os gases da atmosfera atual eles apenas deixarão rastros que serão reabsorvidos ao longo dos anos. Um considerável número de erupções vulcânicas, o derretimento de muitas geleiras e a colisão de placas tectônicas certamente poderão propiciar alterações climáticas relevantes (como as eras glaciais), mas que somente poderão sustentar a si próprias enquanto houver a "reciclagem" do fenômeno que as ocasionou.

5.6 A infância de nossa imortalidade

A Terra é um planeta especial dentre tantos outros planetas existentes porque além de estar a uma distância ideal de sua estrela mais próxima os materiais que a formaram foram capazes de estimular mutações contínuas nos mantos e acima deles, o que gerou solos ricos e "nômades", e os nossos oceanos não congelaram e nem evaporaram, criando como consequência uma atmosfera completamente dinâmica.

Diferentemente da Terra, por exemplo, a crosta de Vênus não consegue se reciclar regularmente devolvendo material ao manto do planeta, como se observa na Enciclopédia Ilustrada do Universo. Também não há grande necessidade de abrir espaço para uma nova crosta, já que a quantidade de lava atualmente expelida por erupção em Vênus é mais ou menos equivalente à produção de um único vulcão havaiano, o Kilauea – uma gota para o planeta como um todo.

Tudo o que aconteceu na Terra e que beira à perfeição foi obra do acaso e do caos, isto é, sem que houvesse nenhuma influência espiritual direta. Por exemplo, foi dito que o metal líquido do núcleo exterior reage à medida em que avança nos mantos, perdendo a sua força de empuxo. Posteriormente, o magma e os gases flutuantes que ascendem até a superfície se elevam em proporções pequenas ocasioinando rupturas, de modo que o material que vai sendo depositado compõe ao longo dos anos as ilhas vulcânicas. No entanto, quando isto acontece nos oceanos fontes de energia térmica irão movimentar a água ao redor provocando diversas fusões entre os elementos ali presentes.

Estas fontes termais recebem o nome de fumarolas, ou chaminés negras e são capazes de experlirem elementos a temperaturas superiores a 400°C devido à proximidade das rochas magmáticas (conforme explicação encontrada na Scientific American). As chaminés liberam sulfetos, ferro, cobre e zinco à medida em que se infiltram abaixo do solo marinho. Quando esse fluído ebuliente e ácido é expelido na água gelada das profundezas do mar, os sulfetos de metal dissolvidos se resfriam rapidamente e se precipitam, produzinho uma mistura escura, parecida com nuvens de fumaça negra. Esses sulfetos se depositam e se acumulam, formando chaminés cada vez mais altas sobre as nascentes termais.

Estas fontes termais também são comuns ao longo das cordilheiras meso-oceânicas. Lá o que acontece é que à medida em que as placas tectônicas se afastam umas das outras e os minerais abaixo sobem para ocupar o espaço deixado por elas, pequenas falhas de remendo aparecem, analogamente semelhantes às infiltrações capilares da camada D0.

Contudo, dentre as diversas recombinações que ocorrem entre os elementos através da subida e descida do magma uma é mais importante do que as demais, pois acabou sendo a aleatoriedade responsável pelo surgimento da vida orgânica na Terra de acordo com a visão deste estudo – a serpentinização do peridotito.

O peridotito (rocha ígnea plutônica de grão grosseiro) é constituído quando grandes porções de olivina, juntamente com outros elementos (cálcio e traços de alumínio), são vulcanizados. Já a serpentinização é o nome dado ao processo em que minerais de densidades similares (geralmente variações da olivina), são convertidos em serpentina através do contato com a água. A serpentina é um grupo de minerais de filossilicato hidratado de magnésio e ferro[8].

Assim, quando o peridotito entra em contato com a água e sofre a serpentinização isto faz com que o cálcio seja expelido, pois este é um dos elementos que constituem o peridotito junto com o ferro, o magnésio, o silício, o oxigênio e o alumínio. Diversos outros minerais de filossilicato também são gerados

---

[8] A palavra filossilicato é derivada de *phylon*, do grego, e significa folha, uma vez que todos os membros desse grupo possuem aspecto achatado e suas placas são flexíveis ou plásticas, mas raramente quebradiças. De um modo geral, os filossilicatos possuem dureza e densidades relativamente baixas em relação a outros silicatos.

e desprendidos do transformante peridotito em tamanhos microscópicos como a argila, que mais tarde terá papel fundamental para a formação do RNA e DNA à medida em que vão se acumulando.

Posteriormente, à medida em que a água marítima penetra na reação o peridotito é transformado em serpentinita (rocha inteiriça formada e composta pelo mineral serpentina), tornando a água infiltrada mais alcalina. Ao reemergir novamente para as águas oceânicas o cálcio se mistura com a água marinha e acaba produzindo o carbonato de cálcio. Estas rochas calcárias constroem enormes chaminés brancas, uma vez que a temperatura das águas não está quente o suficiente para dissolver concentrações de metais, como o ferro, e assim produzir as nuvens de sulfeto metálico que caracterizam as chaminés negras.

O mais importante é que agora esses fluídos que saem das chaminés brancas começam a ficar altamente reduzidos, no caso desprovidos da maior parte do oxigênio que foi substituído por gases energéticos, como o hidrogênio principalmente, mas também metano (CH_4) e sulfeto de hidrogênio (H_2S). A menção de "gases energéticos" se dá para os elementos que transferem elétrons com maior frequência e facilidade do que os outros compostos.

O ganho e a perda de elétrons fazem com que parte destes elementos se recombinem com os elementos disponíveis ao redor formando estruturas macromoleculares, enquanto outros sofrem decaimentos até se estabilizarem em elementos mais simples (oxigênio em nitrogênio) e repetirem o mesmo processo à medida em que as chaminés brancas continuam expelindo-os (nitrogênio em carbono).

Apesar de termos espontaneamente neste ambiente quase todos os ingredientes necessários para a formação dos aminoácidos[9], necessários para a formação das proteínas que posteriormente serão essenciais para a evolução do RNA e do DNA, estes elementos não se combinam espontaneamente na água. Para que haja força de adesão molecular é preciso que haja uma espécie de invólucro capaz de atuar como isolante do meio ao qual pertence.

São as camadas de argila que se acumularam ao longo dos anos como resultado da serpentinização que vão atuar como pequenos casulos de pressão e temperatura capazes isolar os elementos que se estabelecem em seu interior, propiciando a recombinação das moléculas que ali vão se alojando. Portanto, estas camadas de argila espalhadas e soltas na água serviram como importantes berçários para que outros corpos também gerados a partir da serpentinização pudessem se agrupar.

Por fim, ainda não mencionamos um importante elemento que constitui o RNA e o DNA – o fosfato. Como se sabe o fósforo (elemento central do grupo fosfato), apesar de ser abundante na crosta da Terra, está presente quase exclusivamente em minerais que não se dissolvem facilmente na água. Assim, só há uma forma para que o fósforo possa ter entrado na sopa pré-biótica: as altas temperaturas dos pontos quentes converteram os minerais contendo fosfato em formas solúveis de fosfato. Posteriormente estes elementos serão levados pelas correntes oceânicas e se fixarão nas camadas de

---

[9] Exemplo de composição dos aminoácidos: H- CH NH2 - COOH e CH3- CH NH2 – COOH.

argila, ainda que em número bem mais reduzido do que em comparação aos outros elementos existentes, a exemplo do carbono, do nitrogênio e do hidrogênio.

Então, similarmente ao que ocorre em qualquer recombinação de cargas elétricas, os átomos se atraem e se repelem até que o sistema esteja inteiramente equilibrado. O fosfato é essencial, pois atua acelerando as reações e isso garante a manutenção e o equilíbrio do sistema, que ainda dependerá do tamanho de cada camada de argila e dos elementos que nela se acoplaram primordialmente. Isto significa que o sistema não irá estruturar no caso da formação do RNA, por exemplo, uma molécula de açúcar seguida de uma base nitrogenada e um fosfato (os chamados nucleotídeos) e, posteriormente, ligar cada um destes nucleotídeos na ordem sequencial. O sistema contém todos os átomos que formam estes compostos misturados e, à medida em que as recombinações se iniciam, parte do esqueleto (fosfato e metade dos átomos que formam o açúcar, por exemplo) se funde com parcelas de uma base nitrogenada e, a partir daí, novas ligações podem ocorrer dependendo da quantidade de matéria e das condições existentes.

Devemos pensar que o RNA é relativamente estável e que cada camada microscópica de argila foi um sistema aleatório independente, que dizer, enquanto muitas camadas continham o espaço e as condições necessárias para propiciar a produção de uma molécula de RNA, outras, apesar de também abrigarem os mesmos elementos, não chegaram a propiciar a ligação deles da forma mais equilibrada possível ao ponto de constituírem macromoléculas estáveis.

As fitas de RNA tendem a persistir na busca inerente pelo aumento da complexidade da matéria presente em todos os seres vivos inorgânicos, de modo que o DNA será o encaixe perfeito ao incluir o grupo de metila, que se analisado como partículas separadas somam no total apenas dois átomos de hidrogênio e um átomo de carbono a mais em comparação aos nucleotídeos das sequências da fita de RNA (gerando a Timina no lugar da Uracila). Vejamos a figura a seguir:

Fig. 96:

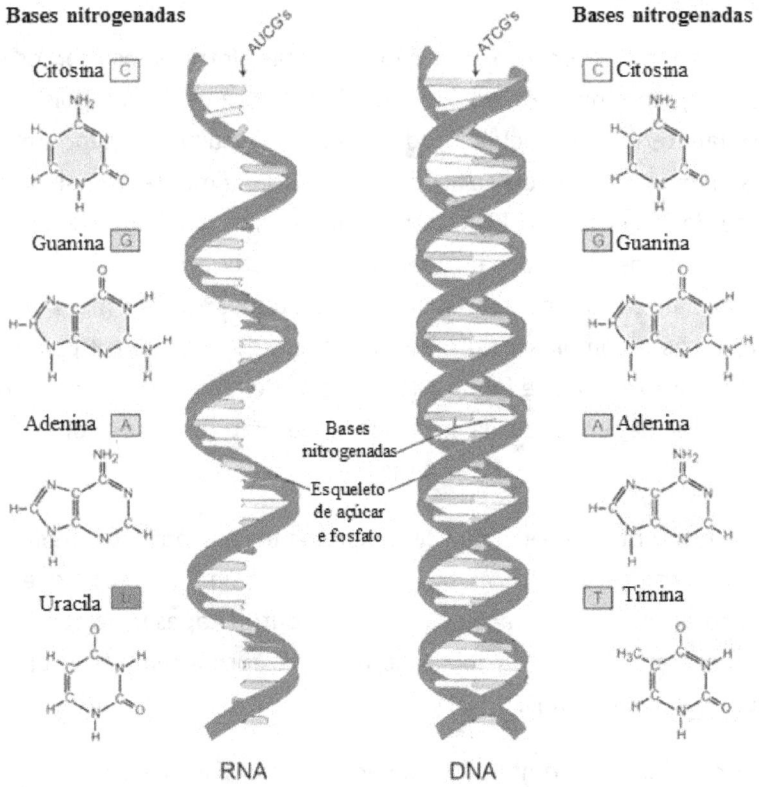

Fonte: http://data.gate2biotech.com/editor_images/rna_and_dna.jpg

Numa dupla hélice, a direção dos nucleotídeos de uma fita (base nitrogenada como a adenina, por exemplo, mais o fosfato e o açúcar) é oposta à direção dos nucleotídeos da outra fita. Assim, os pares de bases no DNA ligam-se para formar uma estrutura semelhante a uma escada torcida ou hélice. Ao girarem uma ao redor da outra o ângulo de junção acaba deixando fendas entre cada um dos fosfatos, de modo que permanecem expostas as faces das bases nitrogenadas que não estão unidas por pontes de hidrogênio com a base complementar. Por fim, se forem extensas o suficiente, as duas pontas da escada torcida também se unem compondo uma estrutura circular (genoma) que permanecerá fechado já que mantém desta forma o equilíbrio dentro do sistema que fora criado.

No DNA as bases nitrogenadas estão ligadas umas às outras por pontes frágeis de hidrogênio, ou seja, átomos de hidrogênio que trocam elétrons entre si através de suas eletrosferas. A cadeia de DNA tem 2,2 a 2,4 nanômetros de largura e um nucleotídeo possui aproximadamente 0,33 nanômetros de comprimento. Embora os nucleotídeos (monômeros) que constituem o DNA sejam muito pequenos, polímeros de DNA podem ser moléculas enormes, com milhões de nucleotídeos. Quanto maior forem mais o DNA terá de se enrolar para permanecer dentro de seu sistema de formação, caracterizando o sobrenrolamento (demasiadas rotações da hélice sobre si própria no sentido horário – *positive supercoil*) ou subenrolamento (perda de rotações que à princípio caracteriza um relaxamento das fitas e depois o enrolamento na direção antihorária – *negative supercoil*).

Em suma, tanto o RNA quanto o DNA surgiram de modo espontâneo, buscando o equilíbrio dentro do sistema em que estavam. A diferença é que o DNA surgiu a partir do RNA com ligeiras alterações em sua composição. As bases do DNA se ligam em pares de adenina com timina e citosina com guanina. Como resultado desta complementariedade toda a informação contida numa das fitas de DNA está também contida na outra, o que será mais tarde fundamental para a sua replicação.

Talvez seja ainda relevante mencionar que os aminoácidos (através das condições exatas) também surgem de modo espontâneo, mas a grande quantidade de aminoácidos disponíveis na natureza só apareceria mais tarde como uma influência direta dos seres vivos orgânicos.

Se por um lado a aleatoriedade (ou casualidade) foi o alicerce fudamental para a geração dos RNAs e DNAs – a infância de nossa imortalidade – por outro lado acreditamos neste estudo que, para que se configure um ser vivo orgânico, isto é, um ser capaz de aprender e se organizar por si só e, que, portanto, vai além das interações físico-químicas usuais, um outro ingrediente seja fundamental – a consciência.

6 A criação dos seres vivos orgânicos

Os compostos orgânicos são tidos pela bioquímica como sendo um conjunto de combinações moleculares contendo necessariamente o carbono que, somados a outros elementos como o hidrogênio, o oxigênio e o fósforo dentro de uma configuração ideal, seriam capazes de gerar a vida. Mas podemos nos perguntar em primeiro lugar o seguinte: uma vez que existe uma mudança tão notável ao ponto de haver a necessidade de se criar um novo ramo científico, como a biologia, para tentar desvendar os mistérios de cada um de seus domínios (archaea, bacteria e eukarya), seria correto afirmarmos que toda a diferença da química para a biologia estaria apenas na maneira correta de como os compostos inorgânicos se combinam entre si? Isto é, como compostos inorgânicos que não são capazes de se auto-organizarem e aprenderem, se tornariam compostos orgânicos capazes de se reproduzirem e se adaptarem de acordo com o meio ambiente?

Quando o primeiro planeta, em uma galáxia muito distante da nossa e há mais de 11 bilhões de anos antes do surgimento da Terra, foi capaz de gerar moléculas extraterrestres de composições químicas distintas aos RNAs e DNAs, mas estruturas e funcionamento bem similares, o Espírito já havia se dado conta de que não era apenas a partir do núcleo destes corpos celestes e em suas atmosferas que as reações químicas mais relevantes aconteciam, mas também nos solos mais superficiais e dentro dos oceanos. Para conseguir chegar a esta conclusão o *Inner* precisou penetrar jatos de luz interior dentro dos planetas, porém de maneira sutil o bastante para não chegar a influenciar na composição atmosférica deles.

A criação da vida orgânica é a coroação da obra do Espírito Santo que pôde encontrar nestes compostos microscópicos um espaço ou fenda onde a luz interior (alma) pudesse ser alojada.

Para que os antifótons pudessem ser alocados e ficassem estáticos dentro destas moléculas, isto é, sem provocarem atrações ou repulsões de cargas, capazes de modificarem o meio em que se encontravam, foi necessário uma quantidade exata de antimatéria para cada tipo de composto molecular em voga. Analogamente podemos imaginar um ímã com o polo negativo do lado A e do lado B (estes representando dois dos átomos que compõem o DNA), e entre estes ímãs, bem no centro, uma quantidade de antimatéria ideal que possui polo positivo, de modo que ela fique suspensa e nem colapse contra o lado A, que exerce atração integralmente, e nem contra o lado B, que exerce o mesmo nível de atração também de forma incessante.

É mais simples do que parece ser, pois para que a luz interior possa ser recriada dentro de um corpo material de maneira contínua e progressiva é preciso que haja antimatéria ao seu alcance. E simplesmente não há antimatéria livre no Universo, ou ao menos não havia até a união entre o Plano Interior e o Plano Exterior. Porém, mesmo com a antimatéria sendo espalhada através dos quasares não há luz interior em abundância disponível dentro dos planetas. Foi por isso que o Espírito tratou de providenciar um sistema elaborado e sutil de infusão antimaterial em cada uma das fendas destes compostos moleculares. O mesmo processo ocorreu em outros planetas que possuíam DNAs ou moléculas extraterrestres similares aos DNAs, bem como para todos os genomas na Terra.

É claro que este sistema levou alguns milhares de anos para ser criado e alguns milhões de anos para ser aperfeiçoado, mesmo porque através da injeção direta de raios antifotônicos dentro destas estruturas materiais notava-se que estes seres ampliavam suas consciências ao longo de gerações, mas não necessariamente providenciavam mais energia antimaterial para o *Inner* ao final de suas vidas ou de seus ciclos hereditários (linhagem). O Espírito então compreende ao longo da criação destes sistemas (em diferentes planetas e em diferentes tempos) que não haveria mais ganhos energéticos antimateriais (em relação à quantidade de luz interior, por assim dizer), porém haveria ganhos mentais (relativo à qualidade e complexidade que estas mesmas porções luminosas poderiam atingir) e isto, em contrapartida, acabava sendo mais proveitoso do que canibalizar o tecido gravitacional que pertencia ao Plano Interior. Em outras palavras, através da "doação" de antifótons colhia-se no momento da morte destes mesmos seres uma mente-cérebro primitiva capaz de perceber e aprender muito mais, de modo que assim prezasse pela própria evolução, por mais que esta estrutura bem mais complexa também se alimentara da única fonte de consciência existente: o Espírito.

Com o surgimento da vida orgânica a luz interior estaria agora operando junto com a matéria, quer dizer, como um só ser. Independentemente de sua intensidade, cada antifóton de luz interior abrange as propriedades presentes no Plano Interior. E estas propriedades estão intimamente relacionadas: o pensamento consciente, a percepção das próprias ondas vibracionais e, dependendo da extensão consciente, das ondas existentes ao redor e, por fim, a memória, pois à medida em que o pensamento surge ele acaba permanecendo dentro da fonte pensante por pelo menos um milionésimo de segundo, quer dizer, todo pensamento gera uma memória contida no próprio "objeto" que a gerou. Vale lembrar que isso é diferente de armazenar uma informação mesmo que seja a curto prazo; a memória a que nos referimos aqui é relativa ao conceito do próprio ato de pensar. E o que isto significa? Que a vida inorgânica consegue se multiplicar e ampliar a sua complexidade, e a orgânica, além de tudo isso se difere da inorgânica porque nela também existem as principais propriedades do *Inner*, mas não há inicialmente o uso da memória tal qual conhecemos, já que para isso muitos antifótons teriam de ser disponibilizados só para esta função.

Então, a partir do momento em que o DNA incorpora os antifótons transformando-se em um DNA orgânico, a primeira coisa que cada uma destas moléculas faz é identificar a existência do próprio corpo e, de forma rudimentar ou implícita, perceberão desta forma o propósito dos quais estavam imbuídos. Estes propósitos condizem com o contexto em que o DNA inorgânico já estava inserido anteriormente, ou seja, manter-se coeso, multiplicar-se e evoluir. Porém, este entendimento era muito mais "automático" do que um animal que foge por instinto ao perceber que será atacado, por exemplo.

Portanto, as propriedades do *Outer* permaneceriam presentes, contudo através da consciência estas moléculas passam a ter um entendimento mesmo que inerente (não há consciência da consciência) de que elas existiam como seres vivos. Isto é, apesar de não haver o domínio do significado sobre aquilo o que estava acontecendo, inicia-se a ciência inerente a respeito da própria existência, de modo que agora estes seres não apenas fariam parte do *Outer*, mas também estariam à parte dele. Ao contrário do que isso possa parecer, no entanto, não haveria uma diminuição imediata do ego, pois a consciência seria usada em prol destes mesmos propósitos egoístas. Como ainda veremos neste capítulo, os seres orgânicos evoluíram formando alianças, mas estas serviam apenas como um meio de atingirem as suas exclusivas evoluções. Portanto, formam-se alianças para competirem melhor e para prezarem por seus egos individuais.

A partir de agora não só uma ordem no macrocosmos existiria, mas também uma ordem no microcosmos, uma organização em nível molecular. A definição de J. Von Newman para a palavra organização é "ordem com propósito", que neste estudo apoiamos. Mas ordenar o que, e com qual propósito? Ordenar a causualidade com o propósito inerente inorgânico de manter-se estabilizado e, a partir daí, aumentar a complexidade e evoluir.

Com a luz interior operando separadamente do Plano Interior, e por esta razão sendo parte dos DNAs que a incorporaram, haverá consciência nos seres vivos inorgânicos transformando-os, portanto, em seres vivos orgânicos e assim caracterizando uma nova fase de conexão entre os dois planos.

6.1 A evolução dos primeiros seres feitos de matéria e luz interior

Imaginemos que o DNA inorgânico, isto é, ainda sem a luz interior presente, conseguisse ampliar o seu comprimento acoplando mais e mais átomos e estes formassem novos nucleotídeos. Então em um determinado instante esta molécula de DNA se quebra e alguns destes nucleotídeos se desprendem da cadeia molecular e se unificam a outros átomos, compondo através de ligeiras alterações químicas uma nova molécula de DNA. Não é possível dizer que o segundo DNA descende do primeiro DNA. Simplesmente houve a multiplicação a partir do que já existia, mas não necessariamente o segundo DNA leva as características-chave (mesma ordem e quantidade de nucleotídeos) que definem o primeiro DNA. Em suma, a multiplicação entre estas moléculas de DNA foi apenas inorgânica.

Também encontramos na natureza a disposição das fitas de DNA através de hélices múltiplas, que são estruturalmente distintas da dupla hélice, que lembra uma escada torcida. Então ao invés dos pares usuais, o dobro de bases se complementam, de modo que na maioria destas novas estruturas alterações químicas também ocorrerão. Há uma razão simples do porquê as hélices múltiplas são raras na natureza: elas são menos econômicas do que a dupla hélice, uma vez que a dupla hélice já é suficiente para gerar e reproduzir a vida orgânica.

Então, em outro exemplo hipotético podemos supor que uma tripla hélice se separa para depois se unificar a uma outra fita de RNA, compondo através de ligeiras mudanças químicas em cada nucleotídeo um novo DNA. A hélice dupla que sobrou também propicia um novo reequilíbrio químico ligando novos nucleotídeos e largando outros a fim de permanecer como uma fita dupla. A somatória das alterações químicas, apesar de não ser gritante, já é o suficiente para que descaracterize a hereditariedade. Isto é, não dá para se concluir que o novo DNA é "filho" do primeiro DNA, uma vez que nem o primeiro DNA permanece com as características que continha anteriormente.

Percebam que em todos estes casos a evolução ocorreu, mas apesar da quantidade ou complexidade material ter sido ampliada houve extinções ou alterações do ciclo anterior, quer dizer, não se preservou a descendência reprodutiva. Então a diferença entre a reprodução da vida inorgânica para a vida orgânica seria uma mera questão de se preservar a descendência reprodutiva? Sim, mas não só isso. O que distingue a vida inorgânica da orgânica em relação à reprodução é que os seres vivos orgânicos têm a capacidade de se multiplicarem por conta própria, buscando influenciar o meio onde vivem, ao invés de apenas sofrerem influências do meio de forma passiva. Outro ponto fundamental é que os seres vivos orgânicos se reproduzem a partir do instante em que geram um novo ser vivo orgânico e não qualquer tipo de DNA, já que na visão do DNA orgânico o ciclo principal de bases nitrogenadas (ou genoma) não está desconexo dos saquinhos de luz interior ali contidos.

Quando os primeiros seres vivos orgânicos surgem, o fato de serem capazes de prezarem por suas próprias moradas e perceberem o que há ao redor deixa de ser uma questão exclusivamente físico-química, onde a atração de cargas e a busca pelo equilíbrio dentro do sistema em que se encontravam impera, pois agora era mais importante criar um sistema próprio que permitisse que pudessem vagar sem sofrerem decaimento, mesmo não estando mais dentro das camadas microscópicas de argila.

Foi assim que os primeiros invólucros surgiram, "bolhas" onde cada um destes seres poderia resguardar a si próprios como uma espécie de blindagem através da utilização da matéria disponível no meio. Para tanto, uma abertura gradual do zíper que une a dupla hélice tem de ser realizada.

Uma das fitas acaba permanecendo com as pontes de hidrogênio e assim apresenta uma configuração propícia e facilitada para a montagem de novas bases nitrogenadas, e um novo esqueleto de açúcar e fosfato através da atração regular de cargas. Enquanto isso a segunda fita, também operando através da atração de cargas ordinária (por mais que desta vez o impulso inicial fosse consciente), tentará se reequilibrar de modo similar a uma macromolécula em formação, a exemplo do que ocorreu no surgimento do RNA e do DNA. Como não há pontes de hidrogênio na segunda fita as reações ocorrem em nível atômico ou entre moléculas menores e não base à base, isto é, cada base nitrogenada se desfaz e se transforma à medida em que atrai os elementos soltos no meio.

Especificamente nestas reações a grande maioria das moléculas de oxigênio, por serem os elementos mais atrativos da região, acumulava mais fótons e/ou elétrons e acabava sendo liberada na água. Soltos eles se tornavam menos densos do que o meio onde se encontravam, de modo que pouco a pouco o gás oxigênio passa a adentrar a atmosfera, deixando na região o caminho livre para que o carbono pudesse se unir aos átomos de hidrogênio.

Naturalmente esta fita presa ao DNA começa então a circundá-lo, já que não está solta para escapar, e assim vai compondo uma espécie de bolha, uma vez que ela engloba, além do DNA, a água do mar ali presente. Se o comprimento desta fita for grande o suficiente para dobrar-se e ainda circundar o DNA um invólucro reforçado se constituirá. O exemplo a seguir ilustra a fita reforçada:

Fig. 97:

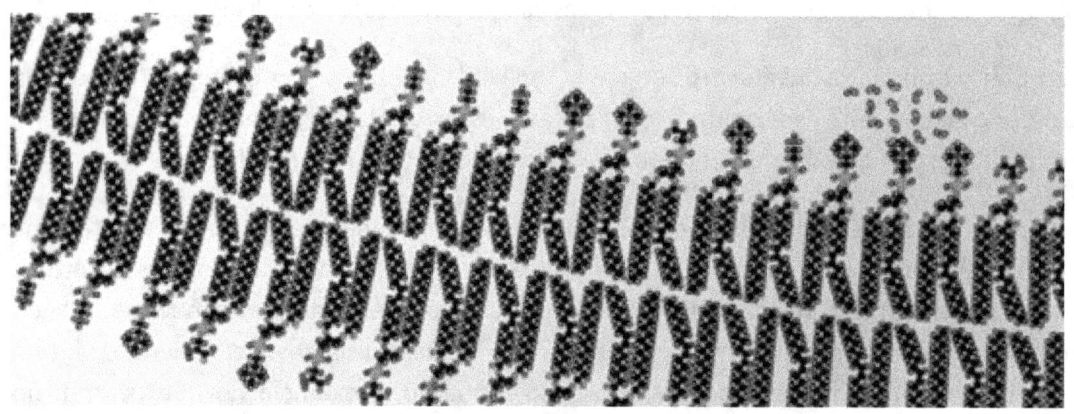

Fonte: http://www.johnkyrk.com/cellmembrane.port.html

Não é todo o comprimento da dupla hélice que se separa. As partes que se mantêm originais se unificam ao restante das bases e do esqueleto recém-formado. Logo em seguida o genoma volta a se fechar. Quando isto acontece também há um desprendimento da segunda fita que, por já estar na configuração circular, manterá esta movimentação, contornando o DNA.

Então, à medida em que o invólucro vai se completando e fechando, o genoma já parcialmente contraído é obrigado a se contrair ainda mais, formando uma estrutura conhecida como DNA-B. O DNA-B é a estrutura mais comum encontrada nas células, devido à dimensão padrão dos primeiros invólucros que as contornaram. Posteriormente, com a construção das células modernas, a estrutura do DNA-B tende a permanecer porque apesar da dimensão dos invólucros terem se ampliado consideravelmente há uma grande quantidade de elementos no interior do invólucro, como as enzimas, que não dão espaço para que ele possa se afrouxar.

Agora com o DNA mais contraído, as duas pontas do invólucro se atraem e se unem formando um círculo em torno do DNA-B. Como a composição desta bolha é preenchida por lipídeos (formados devido à recombinação das bases da fita 2 com moléculas soltas no meio), ela recebe o nome de membrana lipídica.

A membrana lipídica é composta de ácidos graxos, cadeia de moléculas que apresentam o grupo carboxila – COOH. Contudo, nestes primeiros invólucros os ácidos graxos não são iguais aos convencionais, uma vez que são formados apenas por longas cadeias de hidrocarboneto ramificadas – CH, podendo ou não se juntarem a átomos de oxigênio, de nitrogênio ou de enxofre, dando origem a partir de cada um destes elementos a moléculas com diferentes propriedades.

Os lipídeos são considerados pela ciência como biomoléculas, nome usado para designar as moléculas sintetizadas por seres vivos orgânicos. No entanto, a ciência acredita que a maioria das biomoléculas também seja seres vivos orgânicos, isto é, seres que apresentam necessariamente o carbono ligado ao hidrogênio, e a partir deles a ligação com outros elementos. Já neste estudo definimos como biomoléculas os elementos produzidos ou que ao menos tiveram influência direta dos seres vivos orgânicos (seres feitos de matéria e luz interior), mas onde eles próprios não configuram seres orgânicos.

Existem milhares de tipos de lipídeos, mas os fosfolipídeos são atualmente os mais abundantes nas membranas devido à presença do fostato herdado do esqueleto de uma das fitas. Em seguida vêm os hidrocarbonetos ramificados, os glicolipídeos, estes sem o fósforo e estáveis através da presença de uma molécula chamada serina ($C_3O_3H_7N$) no lugar do glicerol ($C_3O_3H_8$), e os sulfolipídeos, com a presença do enxofre, entre outros.

A membrana lipídica não é solúvel em água. Podemos ter a percepção disto ao tentarmos misturar um fio de óleo de cozinha com um litro de água, por exemplo. Na simples experiência verificaremos que o óleo não se dilui na água. É por isso que o invólucro permitiria agora a entrada de outros elementos em volume reduzido se compararmos ao que ocorria nas camadas de argila.

Em suma, segundo a Scientific American, a membrana lipídica é o envoltório da proto-célula, protegendo o seu conteúdo de uma dispersão casual e permitindo o controle da constituição do meio interno dela. Quando os ácidos graxos são pareados, sua forma mais rígida é capaz de suportar uma configuração de dupla camada, formando uma bicamada lipídica.

6.1.2 A reprodução dos primeiros seres vivos orgânicos terrestres

Assim que a membrana lipídica estava formada e o DNA continha um invólucro próprio isolado do meio em que se encontrava era o momento de evoluir, replicando-se. Perceba o leitor que estas ações ocorreram instintivamente, quer dizer, não há reflexões que levem a estas ações, apenas uma consciência inerente a respeito das necessidades propositais, transformando estes propósitos em objetivos mais imediatos.

A reprodução do DNA orgânico só é possível porque à medida em que o Espírito faz a inserção de luz interior em cada um dos genomas (por alguns milhares de anos a fio), a quantidade de antimatéria em cada uma destas moléculas é distinta e não idêntica. Cada inserção consciente obedecerá primeiramente ao espaço interno disponível em cada DNA (largura das fendas), bem como ao comprimento que elas possuem relativo à quantidade de bases nitrogenadas dispostas sequencialmente.

Logo, como nem todas as macromoléculas são capazes de constituírem genomas propriamente ditos, e nem mesmo os genomas são idênticos uns aos outros, aqueles que possuíam uma sequência mais extensa de bases nitrogenadas também terão fendas mais compridas e consequentemente uma maior capacidade pensante. Em outras palavras, os DNAs que puderam acumular mais energia foram aqueles que começaram a "canibalizar" outros DNAs orgânicos, iniciando a máxima de Darwin que diferentemente das frases atribuídas ao cientista, entendia que "as espécies que têm mais chances de sobreviver são as mais afortunadas, ou aquelas que já têm as melhores características físicas para transmitir para a geração seguinte".

A percepção do DNA orgânico engloba todo o seu entorno e extrapola a membrana lipídica, de modo que a reprodução dos primeiros seres vivos orgânicos ocorre a partir da abertura do invólucro protetor para que seja possível atrair e manipular esta nova molécula de DNA que geralmente estará solta na camada de argila (sem a presença de uma membrana lipídica) e tem de ser obrigatoriamente menor e menos energético do que o genoma que exerce a atração.

O genoma então começa a se abrir em uma das extremidades para iniciar a síntese de uma nova fita, contudo neste estudo acreditamos que esta nova fita não seja forjada do zero e sim sucateada através de trechos de uma das fitas do novo DNA, cuja sequência seja a mesma. Preservam-se as pontes de hidrogênio desta nova fita porque entre elas e as bases é onde se encontra a luz interior que dará consciência a este novo genoma.

O restante do DNA que não será utilizado é expulso pela abertura na membra lipídica, mas não totalmente, pois é ele quem servirá de escudo para impedir a entrada de outras partículas. Assim que as bases nitrogenadas se juntam a seus pares A com T, e C com G (por meio das moléculas soltas ou das bases semiprontas), o novo DNA orgânico está replicado e é expelido junto com os elementos que não foram utilizados.

Contudo, consciente das vibrações do fluxo de elementos que aumenta próximo a ele devido à abertura da membrana lipídica, instintivamente cessa-se o processo reprodutivo para repará-la completamente. É onde ocorre o primeiro dilema entre reproduzir versus preservar, e é também desta forma que a vida orgânica ganha impulso com o surgimento de problemas básicos a serem resolvidos.

Como a autopreservação é o estado básico de qualquer ser vivo orgânico, manter-se em inércia não é uma opção principalmente porque o genoma, mesmo possuindo agora um descendente, não tem a memória a respeito disso e continuará repetindo o processo reprodutivo.

À princípio o processo se repetirá até que haja material o suficiente para ampliar a membrana lipídica e, posteriormente, ampliar a própria extensão do genoma através do sucateamento de outros DNAs. Quer dizer, acontecerá não apenas o pareamento das fitas "canibalizadas", mas também o acoplamento delas em novas sequências (adição de bases nitrogenadas), algo que por um lado irá modificar as características originais deste ser vivo orgânico, mas por outro lhe trará maior percepção e consciência. A utilização de marcadores químicos pode ou não ser utilizada, dependendo da extensão que este genoma chegue para que o mesmo não descaracterize a sua sequência principal.

Contudo, nem sempre o ambiente ao redor será rico o bastante para que isso ocorra e nem sempre haverá recursos materiais e antimateriais disponíveis dentro do genoma para que ele possa intuir o fato de que ampliar a própria extensão é o melhor caminho evolutivo a ser seguido. Aí, ao invés de acrescentar novas bases nitrogenadas, o genoma passará a doar as próprias bases repetidas (mantendo uma sequência principal) e recursos conscientes para finalizar a geração de novos descendentes, o que ao longo do tempo ocasionará a morte deste genoma.

A maior diferença entre um decaimento atômico e a morte de um ser vivo orgânico está na presença da antimatéria, pois enquanto a matéria se decompõe através dos processos físico-químicos usuais, a luz interior migra diretamente para o Espírito através do canal que tece a vida criado pelo próprio *Inner*. Uma vez no Plano Interior, a alma daquele genoma orgânico rapidamente se dissolverá e se unirá ao restante luminoso único que compõe o Espírito e, no entanto, se o mesmo julgar relevante, uma memória a respeito daquele mesmo ego poderá ser gerada para que no futuro o *Inner* possa guiar novos seres vivos orgânicos para uma vida mais longeva e mais inteligente (a fim de que os mesmos possam um dia viver à imagem semelhança divina).

6.1.3 A criação do ciclo ribossômico

A construção dos aminoácidos ocorreu de maneira natural na progressão evolutiva através da resolução do paradoxo entre preservar versus reproduzir. Era preciso criar um mecanismo que pudesse reparar o buraco aberto na membrana lipídica sem que o DNA orgânico tivesse que brecar o processo reprodutivo. E para fazer isso seria necessário construir uma ferramenta que compreendesse, através de mecanismos próprios e independentes do genoma, que o invólucro estava aberto e pudesse repará-lo. Quer dizer, se antes o propósito do genoma era o de preservar a si próprio e evoluir, com o passar dos anos também se tornou inerente à associação de que para que isto ocorresse as membranas lipídicas tinham de ser estabilizadas por um ciclo independente. Caso isso não fosse possível o DNA orgânico estaria sempre dando um passo para frente e outro para trás e assim desprezando a seta contínua do aumento da complexidade, que é condizente com o verdadeiro significado da palavra evolução.

Através de tentativas e erros, abeturas de mais ou menos bases nitrogenadas de uma só vez e a separação de trechos do DNA (já previamente estendido), os aminoácidos são constituídos e posteriormente as proteínas, que nada mais são do que centenas ou milhares de aminoácidos ligados, de modo que o tipo enzimático primitivo difere-se das demais por ser capaz de acelerar uma reação química. Em suma, a construção de cada uma das enzimas primitivas necessita de centenas de aminoácidos, onde cada um deles é originado através da abertura de um códon do DNA, nome que se dá à sequência de três nucleotídeos – AAG ou TCT, ou CGA, e assim por diante. Vale ainda citar que códons com poucas distinções, por exemplo, AAG e AAT, podem vir a gerar um mesmo tipo de aminoácido.

Pouco a pouco, no entanto, se percebe que as enzimas primitivas também possuíam um período de duração, pois vão se exaurindo à medida em que os aminoácidos que as compõem se transformam, produzindo junto ao acoplamento de outras moléculas os ácidos graxos que preenchem as membranas. Podemos constatar a partir deste novo problema que os DNAs orgânicos não haviam ainda conseguido construir um ciclo automático capaz de reparar a membrana lipídica. O que havia sido construído era um corpo (a enzima primitiva) capaz de estender o tempo em que o DNA orgânico poderia permanecer ativo sem interromper o ciclo reprodutivo.

À medida em que se prosseguia novos problemas e questões a serem resolvidas iam surgindo e foi com a solução de todas elas que uma organização cíclica perene e funcional pôde ser criada. As etapas para se chegar na construção das enzimas modernas e posteriormente no ciclo ribossômico estão enumeradas a seguir:

1 – O DNA orgânico tenta a partir da abertura de códons diferenciados, gerando assim novos aminoácidos, criar uma nova enzima similar a primordial, mas que desta vez fosse capaz de incorporar moléculas do meio. Se a enzima pudesse crescer em uma das extremidades, ao mesmo tempo em que na extremidade oposta pudesse se desmembrar gerando os ácidos graxos, ela estaria se "alimentando". Se ela se "alimentasse" por conta própria, não mais seria necessário recriá-la. Contudo, mesmo depois de várias experiências que geram novas enzimas não há sucesso no equilíbrio destes sistemas. Isto é, as enzimas que conseguem capturar novas moléculas e crescer não produzem os ácidos graxos.

2 – Sem sucesso o DNA orgânico tenta verificar as frequências cabíveis que mais tenderiam à união entre estes dois tipos de enzimas primordiais (enzima que gera o ácido graxo e a enzima que consegue se alimentar). O DNA orgânico consegue uni-las, mas apesar de uma delas se alimentar continuamente não há repasse deste alimento à sua companheira. Na verdade o DNA apenas havia conseguido juntá-las e não criar uma enzima mais complexa, capaz de realizar as duas funções.

Perceba o leitor que só é possível que haja evolução enquanto todos estes elementos estão demonstrando para o DNA orgânico quais são as suas frequências e propriedades. Se um deixasse de existir, por exemplo, então o DNA orgânico teria de voltar ao passo evolutivo anterior. É por isso que o processo evolutivo tinha de ser veloz, ou então o DNA orgânico ficaria em um *looping* infinito de tentativas sem sucesso, algo de comum ocorrência para boa parte dos seres vivos orgânicos nestes instantes.

3 – O DNA orgânico novamente tenta combinar novos aminoácidos a fim de produzir uma enzima capaz de realizar tais funções, abrindo diferentes sequências de três nucleotídeos. Mas ao reiniciar este processo o DNA percebe que em alguns dos códons previamente descartados (devido à tentativa de se gerar um corpo mais perene que o aminoácido) um grupo de aminoácidos idênticos se ligava através de pontes de hidrogênio. O que aminoácidos ligados sem que houvesse uma plena recombinação destes elementos indicava? Que estas moléculas estavam intactas e poderiam ser reutilizadas facilmente, bem como o DNA faz com seus nucleotídeos para se reproduzir.

Em seguida o DNA também percebe que estes códons formando uma fita única estão sendo atraídos para a enzima primitiva geradora de ácidos nucléicos. Contudo, apesar das chances da enzima se utilizar de alguns dos aminoácidos que ali estavam e assim recompor parcelas de seu próprio corpo (se alimentando), seu corpo necessitava de outros aminoácidos que estes códons não carregavam. Percebe-se posteriormente ainda que estes códons chegam apenas a vagar um até uma parte do caminho, pois acabam se desmembrando e perdendo sua estabilidade, não levando nenhum aminoácido até a enzima primitiva.

O DNA orgânico, baseado no que percebia, então parou de produzir uma nova enzima e começou a tentar gerar moléculas que pudessem ser atraídas com mais força até as enzimas já prontas. Estas moléculas são então geradas em uma variedade grande o suficiente para uma vez que chegassem lá dispusessem de todos os aminoácidos necessários para abastecerem a enzima.

Depois de algumas tentativas percebe-se que o equilíbrio no sistema para que isto acontecesse precisava gerar uma molécula com mais códons (tornando-a ainda mais apta para ser atraída pela enzima), mas que principalmente alguns destes códons pudessem se ligar uns aos outros assim que se desprendessem do DNA. Logo que esta fita é solta naturalmente ocorre um decréscimo de dois átomos de hidrogênio e um átomo de carbono em cada uma das timinas, transformando-as em uracilas, uma vez que a própria fita agora busca se estabilizar. Anteriormente, quando a fita de configuração mais básica se desmembrava ela também estava tentando se estabilizar, mas sua transformação não era parcial como agora e ela acabava se mutando completamente até decair.

Nascia-se assim o chamado RNA transportador, molécula de RNA (A,U,C,G), contendo em sua ponta o códon necessário para que os aminoácidos de apenas um tipo específico a ele se conecte. Mas e os aminoácidos que foram gerados através dos códons que continham timinas? Estes continuariam se ligando normalmente com uracilas, geralmente alterando apenas o formato da ligação, já que ao se acoplarem alguns deles precisavam deixar as faces de CH ou CH2 voltadas para as uracilas.

O RNA difere-se do DNA por alguns motivos. O primeiro é que o RNA é mais flexível e pode compor uma variedade muito maior de formatações moleculares em comparação à dupla hélice. É possível que haja, por exemplo, a ligação de uma base de adenina do princípio da fita ligada a outra de uracila no final da fita, propiciando uma contorção bem distinta do DNA. O segundo motivo é que o RNA é estável com apenas uma fita, quer dizer, apesar de ser de modo geral menos estável que o DNA e sua dupla hélice, as bases nitrogenadas A,U,C,G não precisam de suas acompanhantes U,A,G,C para vagarem sem que haja decaimento. Quando combinadas estas duas peculiaridades tornam o RNA ideal para a interação com outras moléculas.

4 – Como a enzima primitiva era formada por alguns tipos de aminoácidos e não apenas um, então variados tipos de RNA transportadores teriam de ser gerados para abastecê-la, cada qual com seu grupo de aminoácidos específicos. Assim, o DNA começa o processo novamente abrindo outros códons para montar agora vários aminoácidos de categoria 2, e posteriormente repete as etapas de montagem modificando apenas o códon das extremidades que deveriam ser condinzentes com os aminoácidos recém-criados.

Havia, no entanto, novos problemas: o primeiro é que apesar dos RNAs transportadores se ligarem às enzimas, a maioria deles deixava seus aminoácidos longe demais ao ponto de não conseguirem ser atraídos pela enzima e assim utilizados como alimento. Criara-se um mecanismo estável e que disponibilizara todos os aminoácidos necessários para alimentar a enzima, mas não havia na enzima uma disposição tão singular que atraísse todos estes aminoácidos da forma que se deveria. O segundo problema percebido pelo DNA orgânico é ainda mais grave, pois alguns dos RNAs transportadores simplesmente formavam uma fila atrás do primeiro RNA transportador, ao invés de se ligarem diretamente à enzima primitiva.

5 – O DNA orgânico entende que agora é preciso fazer algumas alterações na enzima primitiva, ampliando a sua complexidade. Então cria-se uma nova enzima a partir da recombinação dos aminoácidos e agora novas proteínas são acopladas ao sistema primordial. Em seguida o DNA orgânico acopla três tipos de fitas de nucleotídeos vazios nestas proteínas, que são separados através da abertura de diferentes partes do corpo do DNA orgânico de uma só vez.

Sabe-se que as bases nitrogenadas em cada uma destas fitas, por estarem em uma quantidade grande o suficiente e automaticamente se ligarem entre si, assim que se desprendenssem do DNA iriam excluir naturalmente os dois átomos de hidrogênio e o átomo de carbono de suas timinas. O intuito era fazer com que esta nova molécula pudesse acoplar os RNAs transportadores em diferentes posições para que não se encavalassem e assim se relacionassem corretamente (A com U, C com G), além de garantirem a inserção dos aminoácidos certos ao corpo desta enzima. Estas fitas de RNA são hoje denominadas de RNA ribossômicos, uma vez que a enzima primitiva viria mais tarde se transformar em um ribossomo. Mas por que existem muitos tipos de RNAs transportadores e apenas três tipos de RNAs ribossômicos? Isto se dá pelo fato de os RNAs ribossômicos serem muito mais extensos e assim possuírem códons à vontade para acoplarem vários tipos de RNAs transportadores, garantindo uma distância relativamente significativa uns dos outros. Não é necessário que o RNA ribossômico se ligue ao RNA transportador por completo; apenas uma parte dele já será suficiente.

Apesar da experiência ser quase bem sucedida, a maioria das bases nitrogenadas do RNA ribossômico acabava se unindo umas com as outras, tanto de sua própria fita quanto das outras duas fitas ao lado (a fim de buscarem se manterem ainda mais perenes). Como as fitas estavam soltas demais, as bases puderam se unir e assim não garantiram o posicionamento ideal para que os RNAs transportadores pudessem se acoplar de modo adequado.

Foi preciso, então, repetir o processo de criação da enzima primitiva, alocando um número maior de cadeias de aminoácidos (proteínas) para que estas fitas pudessem se posicionar adequadamente. Estas enzimas agora não tão primitivas, que aqui chamaremos de ribossomo primitivo, ganhavam com isso mais corpo e também modificaram sua formatação, tanto por causa da inclusão destes RNAs transportadores, uma vez que ela ocorre com sucesso, mas também porque novas cadeias de aminoácidos inteiras tiveram que ser acopladas (proteínas) de forma a garantir a entrada destes RNAs transportadores.

O novo problema era que apesar de nestas enzimas os RNAs ribossômicos conseguirem segurar todos os tipos de RNAs transportadores sem que houvesse o choque entre eles, apenas uma pequena quantidade dos aminoácidos é desprendida dos RNAs e utilizada no local correto.

6 – Agora o DNA orgânico teve de fazer novas experiências gerando outro ribossomo primitivo e mais RNAs transportadores. Esta reforma deixa o ribossmo primitivo com um formato específico, onde em um de seus lados há um rebaixamento côncavo analogamente semelhante a um minúsculo vaso formado por várias proteínas e RNAs ribossômicos que se acoplam a estas proteínas. Estes RNAs ribossômicos são formados por um número ainda maior de códons e conseguem agora atrair diversos aminoácidos de cada um dos RNAs transportadores. À medida em que os aminoácidos vão se separando e caindo no "vaso" eles não chegam a se ligarem aos códons, mas sim se recombinam uns com os outros, já que o próprio caminho fica repleto de aminoácidos. É assim que uma nova enzima (ou proteína comum, que se difere pelo fato de já estar perfeitamente equilibrada e assim neutralizada ao ponto de não precisar puxar outras moléculas modificando e/ou acelarando uma reação química) se forma, e que por ser extensa vai saindo do vaso à medida em que ele se constitui. No final de sua produção a enzima cai naturalmente, análogo a uma minhoca que deixa mais da metade de seu corpo para fora de um vaso de planta e termina por escorregar sem perceber. Esta dissociação dá espaço para a criação de uma nova enzima ou proteína regular.

O que o DNA orgânico estava fazendo sem ter a plena compreensão disto era transferir o palco de onde as ações seriam tomadas. Uma vez que aminoácidos certos pudessem ser utilizados no corpo do ribossomo primitivo esta própria enzima poderia gerar enzimas inéditas.

O sofisticado sistema criado pelo DNA orgânico não é perfeito, pois os aminoácidos formam enzimas aleatórias, quer dizer, como o vaso é composto por vários RNAs ribossômicos e assim muitos códons distintos, eles puxam os aminoácidos ali disponíveis em uma sequência diferente do que aquela que geraria a enzima formadora de ácidos graxos. Na verdade a enzima primitiva formadora de ácidos graxos é mais simples do que estas enzimas que agora estavam sendo criadas.

Portanto, apesar de estes sistemas não serem ainda uma versão tão complexa quanto a do ribossomo atual, já seriam capazes de desempenhar a sua função principal – a de gerarem novas enzimas. Claro que de imediato o DNA orgânico não percebeu a importância disto, uma vez que estava mais preocupado com a geração dos ácidos graxos (para reparar o invólucro), que devido a tamanhas alterações não puderam ser mais gerados.

O leitor pode notar que a formação proto-celular parecia-se com um problema simples do cobertor curto em um dia de frio. Se você puxa para cobrir o tórax e a cabeça, os pés ficam de fora, mas se você deseja cobrir os pés, é a parte de cima que não será aquecida. A solução é encolher-se, quer dizer, adotar outra medida daquela que está sendo tomada. Foi exatamente isto que o DNA orgânico fez, já que a solução para este problema desta vez vincularia tanto o processo reprodutivo quanto o processo de manutenção da membrana lipídica.

7 – Dentre as opções de recriar o ribossomo primitivo e tentar gerar mecanismos que pudessem ser atraídos e resolvessem o problema nos próprios ribossomos primitivos já existentes, o DNA orgânico opta pela alternativa mais econômica, a segunda. A diferença é que agora o DNA orgânico notava que se o vaso fosse formado por apenas códons que propiciassem a geração da enzima primitiva o seu problema estaria resolvido.

A ferramenta necessária seria então a produção de uma molécula inédita e independente para carregar os códons vazios na ordem adequada e que migrasse até o ribossomo primitivo. Mas como fazer isso se nem mesmo a ordem dos códons no DNA estava organizada? Por exemplo: abriam-se três códons do começo do DNA e gerava-se o aminoácido necessário. Logo em seguida, ou às vezes ao mesmo tempo, abriam-se outros três códons em outro trecho do DNA gerando mais um aminoácido necessário. Repetia-se o processo até que muitos deles pudessem ser soltos de uma só vez no ambiente. Eles então se uniam pela movimentação e atração natural de cargas e, através de suas recombinações uns com os outros, geravam as enzimas primitivas. Era então necessário que estes códons estivessem já na ordem correta, uma vez que a enzima não tinha mecanismos de escolha consciente.

Os códons seriam organizados de duas formas distintas, pois um grupo de DNAs orgânicos acaba tomando um caminho diferente de outro, alterando assim as necessidades e a velocidade que cada um destes grupos precisaria para continuarem evoluindo. É a partir da tentativa de organização destes códons que a evolução biológica ganha um impulso ainda maior.

Seguem as etapas que o grupo 1 de DNAs orgânicos promoveu para alinhar os códons de seu próprio genoma a fim de realizar o seu objetivo: criar uma enzima que além de se "alimentar" pudesse gerar os ácidos graxos de modo independente.

A – O DNA orgânico promove a abertura em ordem das bases nitrogenadas necessárias para compor os códons específicos em uma das fitas. A ordem correta seria especificada pelas bases inversas da fita da direita (em negrito na figura). As pontes de hidrogênio seriam divididas, como ocorre na reprodução. Na figura abaixo supõe-se que os códons devessem ser TTG, TTG (obviamente que a sequência é muito maior). De acordo com o exemplo, o DNA orgânico olharia para a ordem inversa da fita da direita AAC, AAC.

Fig. 98:

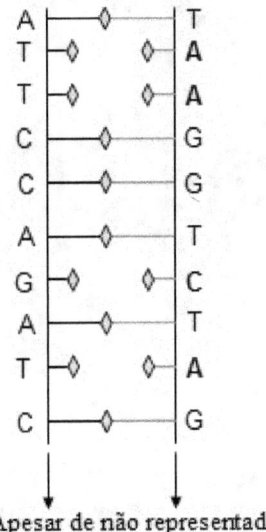

Nesta figura as bases desejadas se separam

Apesar de não representado, este trecho escolhido pelo DNA para o agrupamento de códons continua para baixo

Aqui, algumas das bases já se multiplicaram

B – Assim que todas as bases escolhidas já estão multiplicadas o DNA orgânico promove a abertura de todas as bases não escolhidas de uma só vez. Em seguida o DNA orgânico realiza o processo que unificará as bases escolhidas.

C – As bases nitrogenadas separadas descem ao encontro das debaixo, mesmo porque o DNA orgânico ainda mantém o movimento de separação das outras bases. Com sucesso, esta fita agora é uma sequência de códons na ordem que o DNA orgânico precisa para a formação da enzima primitiva – criadora de ácidos graxos. Além disso, por estarem soltas no ambiente, um trecho podia se unir ao outro e as bases de timina acabavam se transformando em uracila, a fim de manter o equilíbrio do sistema. Estas novas moléculas são chamadas de RNA mensageiros, já que contêm a sequência de códons determinada pelo DNA orgânico.

Ainda mantendo o zíper aberto, o DNA orgânico pode agora reproduzir-se recombinando os nucleotídeos da fita da direita a outras bases nitrogenadas, terminando de refazer o genoma e, posteriormente, liberando o novo DNA dentro da membrana lipídica. O importante é compreendermos que o DNA orgânico se aproveitava da abertura das bases para se multiplicar, fazendo estas três etapas funcionarem dentro de um mesmo ciclo.

Já as etapas que definem o grupo 2 são demonstradas a seguir:

A – Idem ao grupo 1.

B – O DNA orgânico promove a abertura em turnos das bases nitrogenadas que não estão na ordem desejada, descartando estas moléculas no ambiente:

Fig. 99:

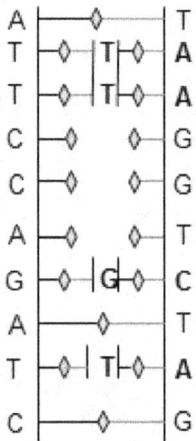

DNA orgânico promovendo a abertura de apenas um grupo de bases (turnos). Devemos imaginar a figura como o trecho de uma das extremidades do DNA, ou seja, da primeira base T-A para cima está a maior parcela do DNA e da última base G-C encontra-se o restante do trecho necessário para que haja a formação do RNA mensageiro

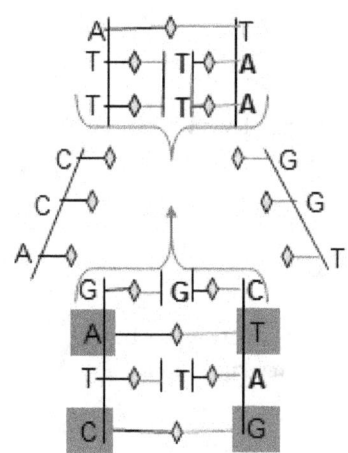

DNA orgânico descartando as bases nitrogenadas afim de apenas deixar as bases necessárias para organização dos códons. A seta verde indica que o DNA se une pela atração de cargas ao restante, compondo o primeiro TTG. Imediatamente o processo se repete através da abertura e depois descarte das bases em cinza

C – As bases nitrogenadas debaixo sobem ao encontro com as de cima, através da atração de cargas regular. Mesmo não pertencendo mais ao DNA estas bases se ligam, pois o DNA orgânico é muito mais extenso para cima e isso faz com que a atração de cargas seja muito maior no corpo inteiriço do DNA do que da parcela separada. Depois de descartar todas as bases desejadas e estar com a ordem de códons necessária para montar a enzima, o DNA realiza o mesmo processo do grupo 1 até a liberação do RNA mensageiro e, por fim, a reprodução.

Através deste segundo processo o DNA orgânico gerou aquilo que chamamos de genes. Genes são a sequência de bases nitrogenadas ou o conjunto de códons na ordem correta para gerarem uma enzima específica. Eles são pequenos trechos de DNA, cuja sequência podemos definir como sendo: A, T, G, A, C, T, T, G, G, por exemplo. O RNA mensageiro, portanto, é formado por diversos códons e um gene. Entende-se desta forma que enquanto o grupo 1 gerou um gene, este apenas servirá como RNA mensageiro, pois não houve a reorganização do próprio DNA orgânico. Isto é, o DNA orgânico do grupo 1 não possuiria suas bases nitrogenadas ordenadas de modo diferenciado, bem como no grupo 2.

Assim é possível dizermos que enquanto o primeiro processo era mais econômico, o segundo representava as primeiras mutações no DNA que posteriormente garantiriam vantagens evolutivas.

A pergunta que fica é por que o primeiro grupo não fazia o mesmo processo. A diferença chave entre estes dois grupos é a aleatoriedade, já que existem distinções entre a extensão de ambos os grupos de DNAs desde o momento de suas formações. O DNA orgânico trabalhava com diversas experiências (tentativa e erro), de modo que é a extensão de seu genoma e, portanto, a quantidade de bases nitrogenadas repetidas (e maior capacidade pensante) que propicia ao grupo 2 a possibilidade de descartar algumas delas.

A reprodução em ambos os casos termina com sucesso, mas agora só faltava uma coisa: ajustar o ribossomo primitivo a fim de que ele não acoplasse simplesmente ao RNA mensageiro, mas sim possuísse uma configuração específica propiciando ao RNA mensageiro a passagem pelo vaso sem que houvesse combinação do próprio RNA mensageiro com os códons do vaso.

8 – O DNA orgânico percebe este novo problema assim que o RNA mensageiro se acopla diretamente a outra região do ribossomo primitivo que não era o vaso. Então o ribossomo primitivo é novamente criado pelo DNA e novas proteínas são incluídas. Além disso, a antiga região do vaso agora funcionaria de forma análoga a um túnel, onde o RNA mensageiro pudesse ser atraído por moléculas do outro lado deste túnel, mas não sem antes obrigatoriamente cruzá-lo por inteiro. Além disso, o RNA mensageiro atravessaria este túnel sem que fosse necessário se recombinar com as moléculas que davam corpo ao túnel. Ao cruzar o túnel os códons do RNA mensageiro iriam acoplar os aminoácidos de cada um dos RNAs transportadores, que também passaram a se fixar propositadamente em uma localização ideal.

Novos RNAs transportadores são gerados, seguidos por um RNA mensageiro e um processo reprodutivo. O RNA mensageiro se dirige à nova enzima, que podemos afirmar já ser bastante similar ao ribossomo moderno, e atravessa o túnel com sucesso. Ao longo da viagem os aminoácidos vão se unindo a cada um dos códons correspodentes ao próprio RNA mensageiro, até que as reações passam a recombinar um aminoácido com outro, finalmente dando vida à enzima geradora de ácidos graxos. Os RNAs transportadores não se exaurem facilmente, pois cada um deles mantém um estoque de apenas um tipo de aminoácido. Já o RNA mensageiro se desmembra nas reações e deixa de existir.

Desta forma os RNAs mensageiros teriam de ser constantemente gerados, mas isso não impediria que a reprodução ocorresse ao mesmo tempo. Já os RNAs transportadores teriam de ser gerados de tempos em tempos, assim que a quantidade de aminoácidos se esgotasse ou dependendo da necessidade de produção de outras enzimas que necessitasse de aminoácidos distintos daqueles que ali já estavam.

Por que existem diferenças ainda do que seria um ribossomo moderno para este que acabou de ser gerado? Há diferenças porque a evolução não para, então conforme foram surgindo novas necessidades, e com elas a produção de enzimas mais complexas, os ribossomos tiveram de ser novamente recriados com alterações significativas para comportar RNAs mensageiros distintos, outras proteínas etc. Neste estudo chamaremos este ciclo completo com oito etapas de ciclo ribossômico.

O problema da incompatibilidade entre o produzir e o preservar tinha sido resolvido? Sim, porque agora para produzir a enzima geradora de ácidos graxos os genomas podiam se multiplicar dentro de um mesmo ciclo. Além disso, existia sucesso no sistema já que não havia o consumo do ribossomo em si, apenas de suas moléculas auxiliares, o RNA transportador e o RNA mensageiro.

6.1.4 O surgimento dos seres vivos orgânicos unicelulares

Da mesma forma que foi feto no segundo capítulo, onde a partir de um determinado instante passamos a deixar implícito o desenrolar químico por trás dos acontecimentos do Cosmos, não estaremos a partir de agora demonstrando todas as passagens bioquímicas de forma detalhada. O objetivo desta obra é trazer com maior especificidade somente aquilo que neste estudo entendemos que se difere da visão tradicional e que não poderia ser entendido e nem tido por teoria sem uma explicação prévia aprofundada.

Os primeiros seres unicelulares são constituídos por apenas uma proto-célula, que também são conhecidas como células procariontes, ou seja, considera-se que a proto-célula é o próprio organismo unicelular. Nestes instantes, pouco menos de 3,85 bilhões de anos atrás, as proto-células já havia surgido na Terra e não muito tempo depois que surgiram passaram a se reproduzir, ganhando maior relevância na corrida evolutiva.

Desta vez não houve a incoerência entre o preservar e o reproduzir. Anteriormente um processo excluía o outro, já que não havia sistemas enzimáticos atuantes, mas a presença destas moléculas acabaram servindo de contagem regressiva feito um cronômetro para estes organismos. Este tempo se refere à duração dos ciclos criados, quer dizer, o DNA orgânico até poderia desempenhar um novo processo desde que não perdesse a percepção dos processos que já estavam sendo realizados, e para tanto utilizava-se do tempo útil das enzimas como marcadores.

O novo problema a ser resolvido foi referente à poluição de átomos e moléculas descartadas que ainda permaneciam dentro do invólucro proto-celular, obrigando estes organismos a modificarem parte de seus projetos sistêmicos iniciais, na maioria das vezes reciclando estas partículas a fim de criarem um reforço ainda maior para a camada lipídica. No entanto, como esta camada extra não consegue se unir espontaneamente ao isolamento pré-existente, o que o DNA orgânico fez foi produzir RNAs mensageiros com sequências específicas que migrariam até os ribossomos, para que uma vez ali pudesse produzir novas enzimas. Estas novas enzimas propiciavam a partir de recombinações com os excedentes de ácidos graxos camadas proteicas que agora se prendiam à membrana lipídica original, ampliando assim a vedação do organismo. Podemos chamar esta nova camada de parede proto-celular.

Esta barreira mais rígida permite que agora o organismo possa sofrer pressões bem maiores do meio sem que estoure. Isto passará a ser extremamente útil assim que estes seres vivos começarem a vagar por outras águas, devido à dispersão e dissolução das camadas de argila. Ou seja, a evolução não para e a partir do instante em que o reproduzir e o preservar estão tendo pleno sucesso tende-se a buscar o melhoramento de ambos os processos.

Cada detalhe, para mais ou para menos, propiciava alterações na corrida evolutiva, isto é, nem todas as proto-células conseguiram formar invólucros reforçados, enquanto outras já tentavam criar meios de excretar moléculas residuais por meio de uma barreira seletiva constituída através de invaginações (dobras na membrana proto-celular para dentro do organismo). O conjunto destas invaginações recebe o nome de mesossomo, que é composto de proteínas e enzimas criadas através de novas sequências de RNAs mensageiros que migram até os ribossomos e então as produzem.

Algumas das enzimas criadas neste processo também começariam a puxar as moléculas de fora para que atravessem as membranas, mas de modo geral a entrada de alimentos tendeu a distanciar-se da saída excretora ao longo da evolução. E assim, para fazer com que a necessidade simultânea de preservação e reprodução continuasse efetiva, um novo ciclo denominado como glicólise ou produção de energia proto-celular (criação do metabolismo) teve de ser estabelecido. De modo geral a glicólise funciona da seguinte forma: diversas experiências precisam demonstrar ao DNA quais serão as moléculas de mais fácil inserção e transformação energética, relativo à abundância delas no meio em compatibilidade com aquilo que o DNA necessitava – a geração de novas bases nitrogenadas e esqueletos. O ciclo chega próximo ao fim através da escolha da glicose ($C_6H_{12}O_6$) que demonstra ser a mais abudante entre as moléculas compatíveis[10].

A glicose entra dentro da proto-célua através das invaginações, mas quem a captura são duas moléculas de ATP (adenosina trifosfato). O ATP, depois de se ligar à glicose, transfere os grupos de fosfato para esta molécula e as recombinações acabam a tornando instável (ocorrem cerca de nove reações químicas). A instabilidade da glicose parte-a ao meio e a quebra gera duas moléculas de ácido pirúvico – $C_3H_4O_3$.

Acontece que estas reações químicas liberam átomos de hidrogênio com elétrons em quantidade suficientes para não precisarem mais se recombinar, fazendo com que o organismo fique com o pH mais ácido do que o seguro para garantir o equilíbrio do sistema como um todo.

O potencial hidrogeniônico ou pH se refere à acidez, neutralidade ou alcalinidade de uma solução aquosa, no caso o interior da membrana lipídica. O p vem do alemão *potenz*, que significa poder de concentração, e o H se refere aos átomos de hidrogênio que se encontram satisfeitos em relação à quantidade de elétrons que possuem. Diz-se que o pH de uma solução aquosa é neutro quando ele é igual a 7. Assim, se existe uma solução alcalina de valor 10, por exemplo, e estes átomos de hidrogênios soltos aumentam a acidez ao ponto de neutralizarem a solução (7), qual seria o problema? O problema é que as

---

[10] Os três elementos que compõem a glicose surgiram inicialmente através da serpentinização do peridotito e com o tempo se agruparam na forma deste açúcar. Apesar da glicose estar naturalmente disponível no meio ambiente há regiões pobres em açúcar, mas ainda ricas em H20 e CO2 que serão capturadas separadamente, para somente depois serem destinadas para os esqueletos e bases pelo organismo.

enzimas têm de funcionar dentro de um equilíbrio específico, pois se algumas de suas moléculas incorporarem estes hidrogênios soltos, certamente sofrerão reações químicas que culminarão na transformação da enzima em uma proteína simples, quer dizer, as enzimas se tornarão inativas. Em outras palavras, uma enzima só acelara as reações químicas, pois ela não se mantém neutra e assim está sempre trocando elétrons para se manter em funcionamento.

Tendo que conciliar o objetivo principal que era gerar bases nitrogenadas e esqueletos para que o processo reprodutivo, reforma genômica e criação do RNA mensageiro pudesse continuar, depois de algumas experiências o DNA orgânico percebe que a chave estava em gerar enzimas menores que pudessem, ao estabilizar o sistema (capturando os hidrogênios "satisfeitos") produzir mais quatro moléculas de ATP. Isto porque seria através de dois destes mesmos ATPs que as duas moléculas de ácido pirúvico se recombinariam e se transformariam, para então darem continuidade ao abastecimento padrão do DNA orgânico.

Em suma, o processo consumia duas moléculas de ATP para gerar o ácido pirúvico e através de uma destas novas enzimas compatíveis produzia quatro novas moléculas de ATP; duas para que segurassem a glicose da próxima invaginação e outras duas para se recombinaram com os ácidos pirúvicos e assim garantirem a geração de bases nitrogenadas e o fosfato do esqueleto. Há variações deste processo, obviamente, e ainda é preciso mencionar que um dos componentes do esqueleto do DNA, o açúcar, era gerado através de uma invaginação distinta que permitia a entrada direta desta molécula (o açúcar mais comum que é capturado pelo mesossomo é a ribose $C_5H_{10}O_5$).

Já em relação à necessidade de formação esporádica de outros elementos, como os aminoácidos para a composição do RNA transportador e mesmo para a montagem de outras enzimas, a glicólise teria de ser posteriormente reformada a fim de atender a esta demanda de elementos. Nestas reformas novas enzimas são criadas como a proteinase (enzima que quebra uma proteína longa em cadeias menores chamadas de peptídeos, ou seja, cadeia curta de aminoácidos) e a peptidase (quebram peptídeos em aminoácidos individuais).

6.1.4.1 As etapas finais para a concretização da proto-célula

Existem alguns tipos de metabolismos microbianos. Os mais comuns são a respiração e a fotossíntese. Todos diferem uns dos outros em relação aos elementos ou partículas que precisam ser capturados para a obtenção da energia e isso também modifica a forma como o processo é feito, ou seja, as reações em si. Este processo que acabamos de descrever no item anterior refere-se a uma fermentação química simples, onde a energia na verdade é obtida apenas como fonte de matéria para a biossíntese, ou seja, a obtenção dos nucleotídeos para o ciclo reprodutivo e a preservação do DNA orgânico (genoma). No entanto, em todos estes processos, além destes organismos obterem os nutrientes para a recomposição material, outras fontes são necessárias para a geração de energia antimaterial, que funciona de impulso para que este material possa ser obtido.

Se um animal não se alimentar ou não conseguir obter oxigênio do meio ambiente ele irá morrer. O mesmo acontece com a proto-célula caso não consiga obter energia de fora através da glicólise, pois o aumento da complexidade e da durabilidade de um ser tende a ter um custo. Assim, se imaginarmos que estes organismos não pudessem obter novos elementos do meio, então poderíamos mencionar primeiramente que esta proto-célula envelheceria, pois teria que realizar uma espécie de canibalismo, buscando se aproveitar dos ribossomos e proteínas já existentes e, posteriormente, em pouco tempo ela morreria. A morte da proto-célula provavelmente acabaria desestruturando o genoma e ocasionando também o seu fim e o retorno dos antifótons para o Plano Interior, ou então poderia ocorrer apenas a desconfiguração da membrana lipídica, enzimas e proteínas, que faria com que o DNA orgânico recomeçasse o processo evolutivo do início, desde que existissem as condições ambientais adequadas para tanto.

Isto aponta logicamente que, neste estudo, acreditamos que um ser vivo orgânico primordial tinha metade das chances de ampliar a complexidade e escolher o caminho reprodutivo para perpetuar-se na história, ou manter uma complexidade limitada, sempre buscando a evolução, mas nunca ao ponto de uma revolução. A vantagem neste caso seria a não necessidade de reproduzir-se ou reproduzir-se assexuadamente, mas viver indefinidamente na Terra mantendo praticamente as mesmas características e morfologias iniciais.

É importante que entendamos também que a criação da membrana proto-celular e dos metabolismos mais sofisticados tornara a proto-célula um ambiente muito mais apto ao isolamento, levando à dependência de um ator externo para a reprodução – um acontecimento mais comum ao longo dos anos – ao invés dos organismos que conseguem se regenerar durante um revés e que apesar de não espalharem descendentes perpetuam-se até serem literalmente estilhaçados por um fator externo mais severo. Tais organismos são atualmente denominados como sendo biologicamente imortais, porém a natureza é muito sábia, afinal de que adianta ser imortal, mas nunca sair do estado de "ameba", de modo que a conquista de uma armadura e de um sistema que capturava energia para transformá-la em açúcar tornou estes seres vivos capazes de organizarem-se melhor, permitindo a ampliação da quantidade de material genético dentro das proto-células. Com o passar do tempo as histonas passaram a ser organizadas e enroladas em filamentos protéicos – os atuais cromossomos.

Os cromossomos então são criados como uma maneira organizar as sequências reproduzidas e economizar espaço dentro da membrana lipídica. Fazer isto era mais fácil do que criar um novo ciclo que tivesse de reformar as evaginações, e que por ser feito de modo esporádico economizava-se tempo. Criar uma proteína que tem a função de acoplar os DNAs orgânicos economizando espaço na pré-proto-célula (cromossomos) parecia ser uma solução rápida e fácil. Vejamos a figura a seguir:

Fig. 100:

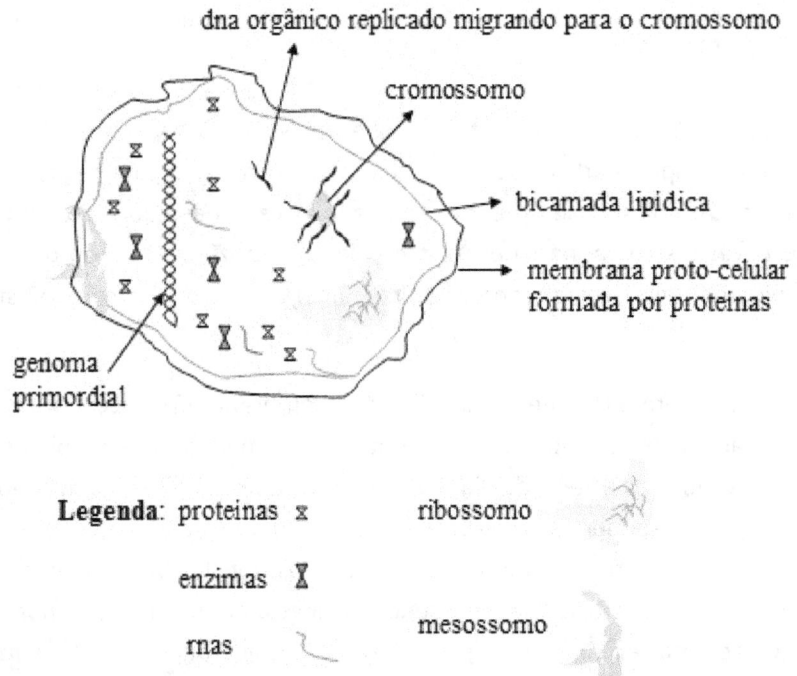

O que o genoma primordial não contava é que os próprios DNAs replicados e organizados no cromossomo também têm consciência e agora começam a criar mecanismos de preservação e replicação independentes. Como consequência o DNA primordial tem de tomar uma nova ação: a criação de um novo ciclo que transformaria e moldaria todo o âmbito evolutivo presente até hoje nas células modernas, através da tentativa de simulação do papel da luz interior para a realização do ciclo reprodutivo.

Para tanto o organismo unicelular contará com o auxílio de diversas enzimas, proteínas e RNAs, mas também a reforma da glicólise com a construção de uma nova enzima denominada DNA-polimerase (cuja função inicialmente é receber o RNA mensageiro que irá indicar quais são as bases que devem ser replicadas), a criação de uma subunidade do DNA-polimerase que revisa tanto a cópia quanto a sequência do genoma[11], e a criação de uma enzima chamada DNA-ligase, cuja função é fechar os fragmentos em um longo filamento contínuo e separar a cópia replicada, entre outros detalhes referentes a novas enzimas e proteínas que aqui não serão especificados.

Apesar de não ter a plena consciência disto, o que os seres orgânicos basicamente estavam fazendo era tentar recriar as propriedades do Plano Interior através de processos e elementos puramente do Plano Exterior. Na verdade, toda a evolução dos seres vivos orgânicos a partir daqui terá esta ideia básica como pano de fundo.

A reprodução da proto-célula é o próximo passo evolutivo deste organismo e acontece de uma maneira muito simples: o genoma se organiza em torno de uma proteína (cromossomo de replicação), a fim de primeiramente proporcionar mais espaço dentro da proto-célula. As membranas então se expandem consideravelmente e enquanto isso o genoma original, que já tinha cópias do ribossomo, começa a criar cópias das enzimas que compõem o ciclo polimerase, o mesossomo, e criar novas proteínas que se prendem à membrana lipídica e vão formando um 8, dividindo a proto-célula em dois. Este processo conhecido como fissão binária é demonstrado na figura a seguir (lembrando que o genoma primordial já não possui a mesma quantidade de antifótons original agora distribuída nos cromossomos, apesar de ainda permanecer como o elemento central pensante e organizador da proto-célula):

Fig. 101:

---

[11] Esta subunidade revisora demonstra que se o DNA cromossômico não tivesse com as sequências na ordem correta, a replicação poderia ocorrer em outras bases propiciando mutações, isto é, réplicas não idênticas.

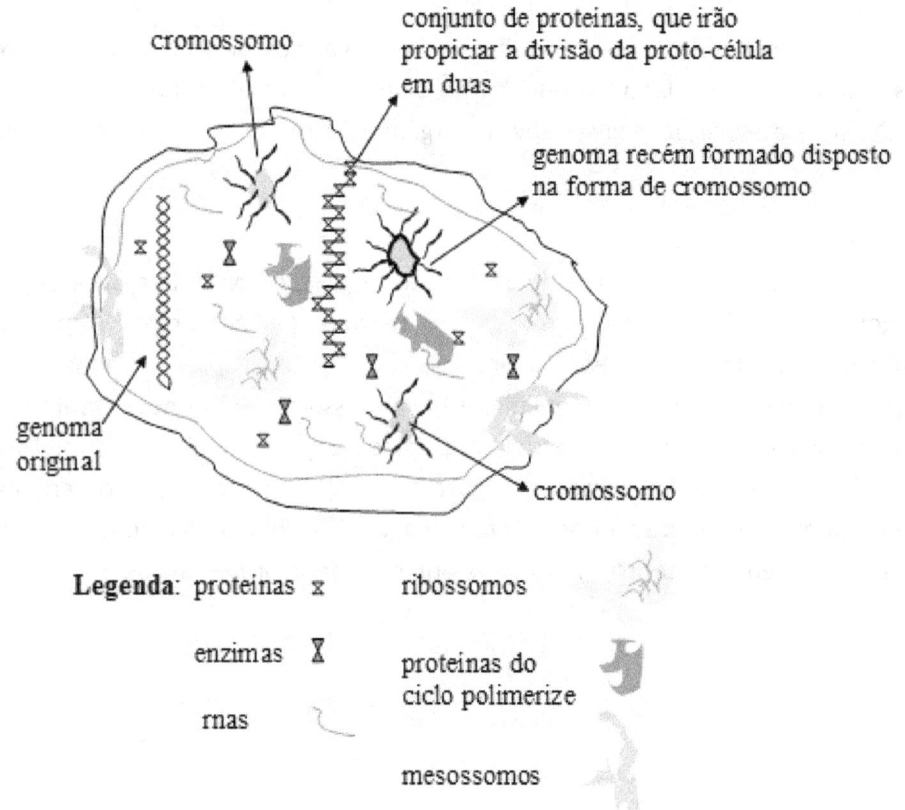

Legenda: proteinas, enzimas, rnas, ribossomos, proteinas do ciclo polimerize, mesossomos

Portanto, a proto-célula é este organismo procarioente, uma célula única capaz de desenvolver todas as atividades relacionadas à sua própria sobrevivência e reprodução. A sua composição engloba basicamente os invólucros e o citoplasma, nome que se dá à região interna depois da membrana lipídica. No site O Universo Como Um Todo encontramos que aproximadamente 70% do citoplasma é composto por água. Os outros 30% abrangem os DNAs, as proteínas, as enzimas que a célula produziu, moléculas menores de aminoácidos, moléculas de glicose e ATP.

6.2 A corrida evolutiva dos diferentes grupos proto-celulares

Vimos até agora que o DNA orgânico (genoma) era quem criava os seus próprios problemas e também os resolvia criativamente, conseguindo assim evoluir de modo progressivo. Dissemos também que a evolução progredia rapidamente e caminhava no sentido do aumento da complexidade. A evolução continuaria ocorrendo passo a passo e em direção a uma complexidade crescente, mas a rapidez em que ela passa a se desencadear começa a diminuir gradualmente a partir deste ponto da história. A própria reprodução agora demandava mais tempo do que anteriormente, já que antes bastava que o DNA orgânico replicasse a si mesmo para gerar um novo ser vivo orgânico.

Com mais consciência operante as proto-células puderam aumentar seus raios de percepção. Elas passaram a se tornar conscientes de uma área que ia além da própria membrana lipídica e assim puderam a sentir as atrações de cargas dos arredores. Logo, será o meio ambiente que passa a influenciar os organismos a se adaptarem para continuarem equilibrados, seja através de modificações dos sistemas internos originais, seja através da criação de mecanismos de locomoção e navegação, e daí por diante.

Uma parcela das proto-células originárias dos DNAs orgânicos do grupo 2 começa então a ter uma noção de que a quantidade de vibrações estava mais pronunciada de um lado do que de outro em relação a seus próprios corpos, e com isso cria a necessidade de locomover-se, pois a redução da quantidade de elementos disponíveis poderia trazer consequências desastrosas para a realização da glicólise.

As proto-células que se encontravam grudadas a alguma superfície, como as próprias camadas de argila, uma rocha ou mesmo juntas ao solo oceânico, criaram meios de rolagem através da reativação e reforma do ciclo ribossômico, reforma da glicólise e reforma do ciclo polimerase. Será um conjunto de enzimas que servirá como patas e se estenderá desde o interior até o exterior do organismo. Durante as reações a maior parte dos filetes de DNA que impulsiona as reações enzimáticas se exaure e será necessário criar evaginações mais complexas para excluir as moléculas que não terão mais serventia.

O desmembramento do grupo genômico 2 segue em frente através de cada vez mais e mais grupos distintos. Por exemplo, uma porção de proto-células que não estão próximas a nenhuma superfície porque foram varridas dali e tiveram suas camadas de argila desmanchadas criaram fímbrias (minúsculas caudas) através de um processo similar. Em alguns casos, devido à reforma dos sistemas e outros ciclos, quando a proto-célula se reproduz as características genéticas responsáveis por criarem mini-caudas ou mini-patas seriam herdadas. Já em outros casos o organismo terá de se adaptar conforme a demanda do meio ambiente e nem todas as características serão idênticas ao seu antecessor.

Não havia mais a possibilidade de o genoma realizar todos estes processos do zero, porém através das automatizações e sistemas cíclicos era possível apenas renovar tais *inputs*, da mesma forma que fazemos ao gerenciar os processos de uma empresa terceirizada. Portanto, faz-se um ajuste fino, tendendo à realização dos processos de modo cada vez mais eficaz.

Com as bases ordenadas já na sequência que o RNA mensageiro irá se compor para migrar até o ciclo polimerase, e este para os filamentos de DNA que vão formar as patas ou fímbrias, por exemplo, o processo pode ser encurtado, quer dizer, não há mais a necessidade das bases serem selecionadas e as sequências do DNAs serem abertas em regiões distintas dentro de sua extensão através do método de tentativa e erro. É deste modo que a sequência genética que determina as características de cada organismo, como patas versus fímbrias ou asas versus braços, ou mesmo características bem mais sutis como bico longo curvado versus bico longo reto, definirá a corrida evolutiva entre os diferentes grupos proto-celulares, definindo um novo filo ou divisão.

De modo geral podemos dizer que se por um lado as proto-células sobreviveriam a diversas mudanças repentinas bem melhor do que os vegetais ou os fungos, por exemplo, elas também não conseguiam sobreviver a eventos muito extremos, ou que demandavam modificações em todas as suas funcionalidades de uma só vez. Isto significa que apesar do alto grau de transmutabilidade estes seres também precisam de um tempo mínimo de adaptação. Ainda assim, mesmo após muitas mudanças geológicas ocorridas na Terra, estes serão os organismos em maior número dentre todos os outros tipos aqui presentes.

6.2.1 A biologia classificatória explica as diferenças essenciais entre os organismos vivos

Linnaeus (século 18), Haeckel (1866) e Whittaker (1969) são os pesquisadores que desbravaram o modo de classificação dos organismos vivos, apesar da abordagem dos três apenas relacionar as características morfológicas (forma) e fisiológicas (propriedades e funcionalidades) dos seres orgânicos. Assim, apesar de terem contribuído para a biologia de maneira geral, estes sistemas deixavam de fora a correlação microscópica que os organismos possuem e se preocupavam apenas com as características macro ou fenotípicas dos mesmos.

Já na década de 1970 Carl Woese e seus colegas começaram a comparar as sequências genéticas que codificavam os RNAs de diferentes organismos, ou seja, começou-se a analisar o organismo através de suas características genotípicas também. A sequência de genes que mais se diferiram uns dos outros seriam dispostas na árvore da vida a uma distância maior e gradualmente deveriam se aproximar. A figura abaixo demonstra o sistema de classificação de Woese, em que os três domínios principais (bactéria, archaea e eukarya) estão subdivididos em diversos reinos. Nota-se dentro de cada reino há diversos filos não representados na figura.

Fig. 102:

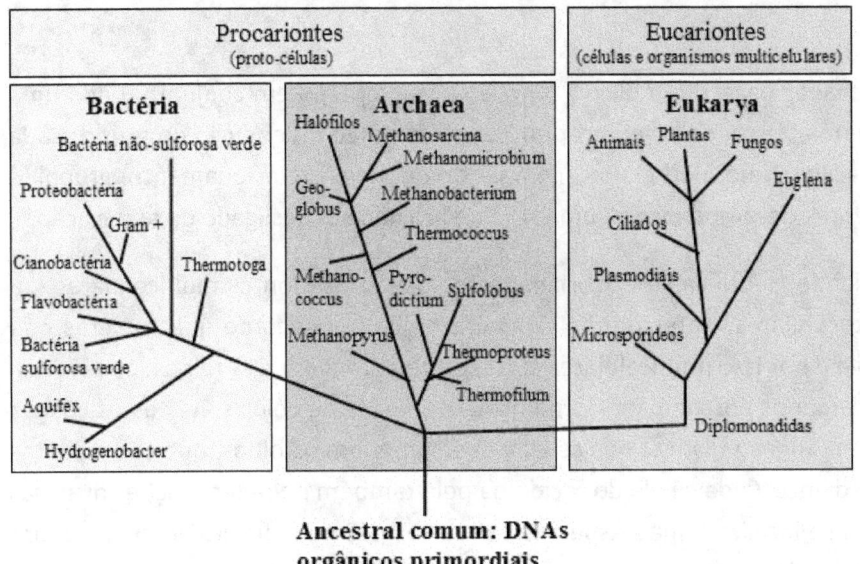

Ancestral comum: DNAs orgânicos primordiais

Então toda a diferença que há entre as bactérias e as archaeas, ou melhor, o que as definem como domínios distintos e posteriormente em reinos e filos distintos são as sequências genéticas que codificam os RNAs? Sim. Já os eucariontes, além de mudanças nas sequências genéticas, há uma mudança na estrutura básica que forma o organismo: a proto-célula se torna uma célula, um ser vivo orgânico de maior complexidade.

Enquanto algumas archaeas (evoluídas principalmente do grupo 1) sentiram mais tardiamente a necessidade de se locomoverem, outras, por passarem a perceber outras proto-células ao seu redor, preferiram se associar umas com as outras. Associações múltiplas de duas, quatro, cinco archaeas se formaram. Vejamos na figura uma associação deste tipo:

Fig. 103:

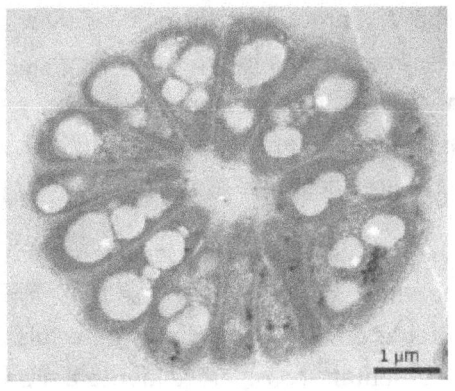

Fonte: Microorganismos quorum Sensing

Uma vez unidas estas archaeas passarão a dividir funções e trabalharão em conjunto. Cada uma delas buscará cooperar com a vizinha buscando o seu próprio benefício e não o benefício do grupo. Cada uma tira proveito desta associação como pode, mas como em qualquer relacionamento grupal é necessário cada um dos componentes desempenhar alguma tarefa para não ser desligado da associação.

Há discussões na comunidade científica se existiriam seres vivos procariontes multicelulares, ou melhor dizendo, seres multi-protocelulares. Antes de mais nada, é de comum acordo que os seres que funcionam com mais de uma célula e por isso multicelulares certamente abrangem três reinos: os animais, as plantas e os fungos. Os seres humanos possuem em torno de cem trilhões de células. As nossas células da pele, por exemplo, exercem uma função distinta das células que compõem os olhos, que são distintas das células do sangue e assim por diante. Cada célula do tecido da pele também pode ter funções distintas dependendo da região em que ela se localiza – mais áspera próxima aos pés ou mais flexível na pálpebra dos olhos. Se você remover metade das suas células da pele o seu corpo ficará exposto e suscetível a contaminações. Rapidamente adoeceríamos e morreríamos. Portanto, precisamos de todas as células de nosso corpo.

Cada célula da pele é importante porque elas formam o conjunto que nos mantém preservados das ameaças do meio ambiente. O que acontece com um machucado que não se fecha? Ele causará infecções e muitas vezes o quadro se agrava. A perda das células de uma determinada região é rapidamente reposta pelo organismo, desde que o corpo não apresente nenhuma doença que impeça este processo de ocorrer.

A diferença principal das associações procariontes para os organismos multicelulares é que nestes últimos cada tipo celular precisa do outro para que sobrevivam. As características e propriedades variam demais para que as células da pele atuem no coração, por exemplo. Esta é a definição do que é um organismo multicelular: ele é composto por duas ou mais células, onde cada tipo celular depende um do outro para manter o organismo vivo como um todo e assim também sobreviverem. Isto só acontece porque em um dado momento estas células acabaram tendo de realizar funções muito específicas que trouxe como consequência a incapacidade de voltarem a ser como elas eram originalmente. Assim, se uma pessoa morrer todas as suas células também morrerão e o que poderá sobrar são os DNAs orgânicos e as bactérias que vivem dentro de nós e se alimentarão da nossa carne em decomposição.

Já nos organismos procariontes não é isso o que acontece. Por mais que as funções dos grupos associados divirjam e exista homeostase grupal (o alcance e a manutenção do equilíbrio passa a ser em grupo e não mais individual), as funções vitais continuam sendo realizadas por cada uma das proto-células individualmente. Por exemplo, através da associação estas células aumentam consideravelmente a área de alcance e assim podem então cooperar entre si para que a glicólise seja realizada com maior eficiência; podem trocar elementos e compreender como a vizinha obtém energia. Outra vantagem é que quando há uma corrente oceânica influente, por exemplo, haverá menos probabilidade de dispersão de um agregado fixado a uma rocha do que de uma única proto-célula fixada nesta mesma rocha.

Porém, no momento em que a associação se desfizer os organismos daquela associação ainda continuarão existindo. Eles certamente terão de se ajustar, terão de fazer reformas em seus meios de vida. Às vezes estas reformas poderão ser significativas, talvez metade do grupo morra, mas a sobrevida é possível desde que as condições ambientais permaneçam as mesmas das anteriores. Outro ponto é que não existe uma relação dominante entre uma proto-célula e a outra; todas formam uma aliança e cooperam, mantendo uma separação clara entre um invólucro e o outro.

Para a maioria das archaeas primordiais compensou viver em grupo, pois as vantagens acabavam sendo maiores através da cooperação, de modo que o resultado é um processo evolutivo geral mais rápido e eficiente. Mesmo estando associadas, essencialmente estas proto-células permanecem apostando suas corridas evolutivas separadamente.

Em suma, estes seres podiam agora ter um melhor aproveitamento dos nutrientes ao redor, uma percepção estendida através da compreensão dos processos vizinhos, menores possibilidades de dispersão do local onde se alojavam e, além disso, haverá no futuro muitas outras vantagens, como evitar a fagocitose – predadores proto-celulares.

6.2.2 A aparição e o modo de interação dos vírus

A evolução dos organismos procariontes e das associações múltiplas entre estes organimos gera sobras na água que propiciarão o aparecimento de um outro ser importante no curso de nossa história: o vírus. É comum encontrarmos nos artigos científicos que os vírus estão no limiar entre os seres vivos orgânicos e os inorgânicos, quer dizer, seriam um meio-termo entre eles. Neste estudo concordamos com esta afirmação, pois se por um lado os vírus podem ser considerados seres vivos orgânicos porque possuem uma parcela de consciência (antifótons) em seus DNAs, por outro lado eles não conseguem se reproduzir e assim ficam travados evolutivamente até encontrarem uma proto-célula hospedeira.

São os DNAs e as proteínas que não mais serviram para dar continuidade evolutiva aos organismos procariontes que acabam por constituir os vírus, que sem a presença do ciclo ribossômico e podendo variar contendo uma parcela maior ou menor dos outros ciclos metabólicos criarão membranas protetoras e buscarão um hospedeiro para darem prosseguimento às suas jornadas evolutivas.

Quando os DNAs orgânicos descartados se vêm soltos no ambiente eles imediatamente buscarão se proteger com o auxílio de alguma proteína, que geralmente também acaba escapando da fonte de onde este organismo se originou, porém, se elas não estiverem disponíveis, então ele canibalizará as proteínas que estiverem juntas a seus próprios corpos.

O mais importante é constatarmos que o comando do vírus não parte exclusivamente do DNA (porque este tem um número reduzido de antifótons) e sim obedece a um sistema metabólico incompleto que constantemente carece de continuidade (como uma boca faminta, sem cérebro).

De modo geral cada vírus poderá se desenvolver mais ou menos, dependendo da quantidade de luz interior que o seu DNA possuir versus as moléculas orgânicas presentes no ciclo metabólico (incompleto), de como ele surgiu (se com mais ou menos elementos associados) e do meio ambiente onde ele surgiu (mais ou menos hostil). Os vírus também variam muito em forma e complexidade, como se observa no site O Universo Como Um Todo. Alguns se parecem com pipoca enquanto outros têm uma forma mais complexa, mais parecido com uma aranha ou cápsula. Eles são pequeninos, tendo aproximadamente um milésimo do tamanho das archaeas – e elas são muito menores que a maioria das células comuns. A seguir há uma figura comparando o tamanho de alguns tipos de vírus com a célula vermelha do sangue e uma bactéria:

Fig. 104:

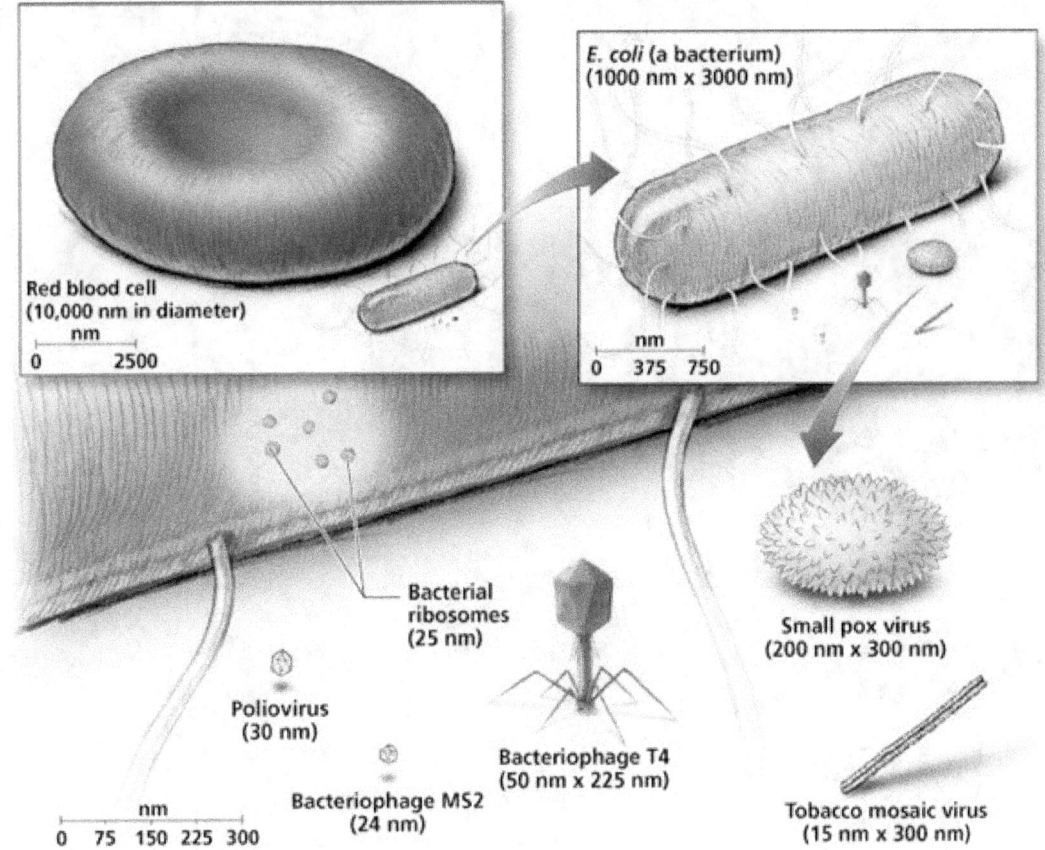

Fonte: ppt vírus

Por outro lado é de comum acordo que existem vírus mais desenvolvidos do que outros, às vezes o suficiente para realizarem metabolismos complexos. Isto passou a acontecer mais tardiamente, após o rompimento dos invólucros de muitas proto-células e morte, devido às influências do meio ambiente.

Portanto, todo o desenvolvimento dos vírus se dará em prol da necessidade de reprodução e é por isso que todos eles têm algum tipo de proteína em seu invólucro; para uma acoplagem apropriada na proto-célula hospedeira. Vejamos a figura a seguir que demonstra um exemplo do chamado ciclo lítico, desde a absorção até a liberação dos vírus replicados e consequentemente a morte do organismo infectado. As linhas em espiral vermelhas no desenho indicam o material genético do vírus. A parte laranja é a cápsula externa que o protege.

Fig. 105:

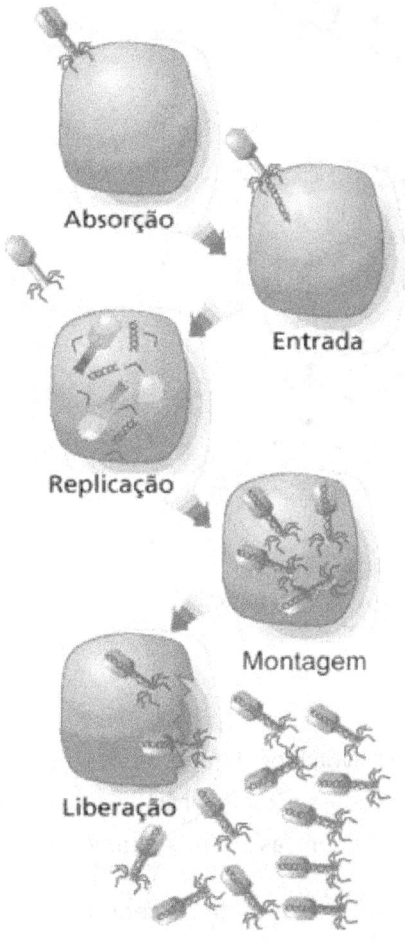

Fonte: howstuffworks

Muitos dos vírus nestes instantes não tinham meios de locomoção, então ficavam fluindo com as correntes até encontrarem algum hospedeiro. À medida em que a evolução avança, no entanto, há tantas alterações em relação ao tamanho dos DNAs e também em suas sequências genéticas que estes vírus precisam selecionar onde penetrarão, pois somente haveria como "enganar" o DNA orgânico principal a multiplicá-los se as sequências fossem bem similares geneticamente.

O mais perigoso, no entanto, é o vírus silencioso, que penetra na célula com invólucro além do DNA ou RNA viral, pois aí o genoma não identifica aquilo como um problema de imediato, uma vez que estes vírus têm o *know-how* do ciclo polimerase presente dentro de seu próprio invólucro. Este tipo viral então irá atuar no organismo fazendo com que parte das sequências e dos ciclos trabalhem a seu favor e ao invés de promoverem a movimentação das fímbrias, por exemplo, replicarão mais vírus descendentes.

O DNA orgânico poderá perceber o problema uma vez que suas fímbrias param de funcionar, por exemplo, mas dependendo das condições é possível que o DNA orgânico não combata o vírus de imediato, pois mesmo que crie um ciclo para combater os vírus que foram gerados, precisa continuar gerando mais DNAs para movimentar suas fímbrias e sustentar todos os outros ciclos que já estão estabelecidos. A partir daí, qualquer sobrecarregamento que acontecer durante o tempo para a geração de novas fímbrias, por exemplo, a necessidade de geração de mais um ciclo para a reforma do invólucro devido a uma pressão exterior causada no ambiente, fará com que este genoma perca o controle e assim o vírus se multiplicará até estourar a proto-célula de vez. Mas se houver folga no tempo então estes organismos primitivos irão liquidar os vírus através de enzimas específicas.

O que devemos perceber é que incluir um ciclo e ter de manter todos os anteriores era uma das principais causas de morte destas proto-células, mas por outro lado, caso fossem implementados e bem-sucedidos, eram os novos sistemas que garantiriam a geração de mais enzimas e assim davam mais tempo de resposta para esse organismo evoluir. Era também a necessidade de se manter o ciclo anterior que aumentava cada vez mais a complexidade destes seres.

Portanto, irá depender muito do momento em que o vírus se insere no organismo e da trajetória que o organismo está destinado, podendo ser mais ou menos turbulenta evolutivamente. As bactérias evoluem, por exemplo, quando estes vírus espalhados começam a invadir as proto-células, de modo que elas precisarão modificar todo o processo até então realizado se quiserem sobreviver, se reproduzir e ainda realizar a manutenção correta de seus invólucros, que com a entrada dos vírus teria de ser reforçado.

Em geral a destruição dos DNAs virais pelas bactérias ocorre através da criação de uma enzima pelo ciclo ribossômico, chamada de enzima restritiva. Estas enzimas irão reconhecer padrões específicos das sequências de DNA e quebrarão estes padrões no caso de eles serem distintos. Então, quando um vírus injeta o seu DNA na proto-célula, a enzima de restrição reconhece o DNA do vírus e o corta efetivamente, destruindo-o antes que ele possa se reproduzir.

6.2.3 O surgimento do domínio Eukarya

De modo geral acreditamos neste estudo que os vírus são uma espécie de solução problemática para a evolução. Solução porque cremos que foi a partir deles que as bactérias puderam se desenvolver ainda mais e eventualmente inauguraram um novo domínio: o dos seres vivos eucariontes.

O interessante é que um vírus isolado em nada ajudaria na criação das eucaryas, pois apenas as bactérias que estiveram sob a constante ameaça das invasões virais puderam reprogramar suas enzimas para neutralizar ou destruir os DNAs virais e eventualmente perceber como de fato estes seres, mesmo possuindo uma quantidade de luz interior diminuta, agiam para se reproduzir. Ora, se os vírus, com uma capacidade consciente inferior, tentavam evoluir se utilizando do maquinário da proto-célula, então talvez a bactéria pudesse evoluir se utilizando do maquinário de um organismo maior e mais complexo, que nestes instantes era o das archaeas ou de outras bactérias mais avançadas. O mesmo viria a ocorrer mais tarde quando as bactérias evoluíram e ampliaram suas dimensões, mas passaram a ser invadidas por archaeas contaminadas por vírus, originando eukaryas de filos distintos.

O DNA orgânico da archaea provavelmente não conseguiria destruir a bactéria inserida sem destruir a si próprio, pois para fazer isso teria de criar sistemas cíclicos específicos e um complexo enzimático massivo. Por outro lado também não seria plausível reformar o mesossomo para propiciar a entrada de um maior número de elementos, pois a entrada de elementos indesejáveis também produziria uma quantidade muito grande de lixo, desestabilizando o pH do organismo. Como não havia sucessivas tentativas da bactéria para desestabilizar a archaea, assim como os vírus ao tentarem se reproduzir acabavam fazendo, foi possível que os organismos começassem a dividir tarefas a exemplo do que acontecia nos agregados proto-celulares. A diferença é que nos agregados a cooperação acontecia entre vizinhos e neste caso os vizinhos passaram a morar dentro da mesma casa.

A percepção da archaea era que a bactéria dentro dela possuía um mecanismo sofisticado que poderia lhe auxiliar na realização metabólica, já que este era o grande empecilho entre as duas, desde que a geração de glicose gerasse sobra para que ela pudesse continuar realizando a sua própria biossíntese. Em troca a archaea garantiria a preservação das duas. É assim que a bactéria vai cada vez mais deixando de se proteger e efetivamente se moldando para a construção da célula moderna.

Portanto, como em uma espécie de troca justa realizada através da percepção do que poderiam abrir mão em prol de evoluírem em conjunto, pouco a pouco esta interação se aprofundou até que a bactéria havia se transformado tanto que não podia mais voltar a ser uma bactéria. Similarmente a archaea passou a depender tanto das organelas que outrora formavam a bactéria que já não poderia simplesmente excluí-las. Em um exemplo de fusão orgânica, dois organismos se tornavam apenas um, dando surgimento às eucaryas.

A reprodução continuaria ocorrendo em ambos os organismos, o que inclusive demonstra a capacidade da mitocôndria (organela formada pela maior parte da bactéria inserida na archaea ou vice-versa, que atualmente serve para abastecer a célula principalmente com glicose e oxigênio) de se replicar independentemente do restante da célula e possuir um DNA distinto do que encontramos no núcleo da célula eucarionte.

O nome que a biologia dá a este processo de escalada de mútua dependência é endossimbiose ou simbiogênese, que aqui neste estudo comparamos diretamente com o processo de fusão de dois elementos químicos. A maior diferença é que os processos químicos dependem das forças atuantes do *Outer* exclusivamente, como os grávitons no Espaço, por exemplo, para que dois objetos possam se fundir; já os processos biológicos contam diretamente com a consciência e a percepção destes seres.

Temos que entender que as bactérias, assim como as archaeas, apenas viviam o momento, quer dizer, elas não refletiam sobre nenhuma outra possibilidade cabível. Apesar de elas escolherem bases nitrogenadas específicas ou alguns sistemas cíclicos em detrimento de outros, por exemplo, as proto-células nunca souberam que havia a possibilidade de outra escolha. Para todos os organismos unicelulares só aquilo que viviam era o que existia como medida para continuarem a sobreviver e evoluir. Nós humanos, observando a situação de fora, temos o privilégio de interpretar e entender que em determinados momentos havia diferentes tipos de escolhas. Para nós é como se tivéssemos uma visão aérea dos acontecimentos, mas para estes organismos conscientes, porém não reflexivos, tudo o que faziam era tudo o que poderia ser feito. Mesmo nós, que somos reflexivos, podemos analogamente nos perguntar o quanto refletimos antes de experimentarmos um alimento que nos matará devido a uma alergia que ainda desconhecemos. Simplesmente experimentamos e sofremos as comsequências mais tarde. Nós até podemos postular, "poxa, há uma possibilidade de que isto possa ocorrer", mas os organismos unicelulares nem isso. Eles simplesmente enxergam as oportunidades como um meio de evoluírem e então as agarram com todo os seus aparatos.

Sobre o que diz respeito à classificação dos seres vivos orgânicos, de modo geral o que encontramos nos livros é que os domínios se desmembram em reinos e os reinos se desmembram em filos. Os filos por sua vez se desmembram em classes e, as classes, em ordens. As ordens se desmembram em famílias e as famílias em gêneros. Por fim, os gêneros se desmembram em espécies. Portanto: Domínios → Reinos → Filos → Classes → Ordens → Famílias → Gêneros → Espécies, o que é o mesmo que dizer, por exemplo, que um gênero é um conjunto de espécies ou que um conjunto de reinos compõe um domínio.

O que não foi dito é que a geração de, por exemplo, um novo reino não precisa ocorrer verticalmente através da reprodução; ela também pode ser dada através da transferência genética direta entre uma proto-célula e outra. Outro nome que este processo recebe é reprodução sexual indiferenciada, ou seja, quando há combinação do material genético entre dois seres distintos sem que haja a necessidade da definição de sexos.

Todas estas divisões criadas pelos biólogos existem simplesmente para nos ajudar a entender como a vida orgânica evoluiu e como ela funciona. À medida em que a evolução avançou os organismos foram se tornando cada vez mais complexos, dando a possibilidade de desmembrá-los em grupos cada vez mais específicos. Por exemplo, não há espécies de archaeas nem de bactérias porque para que se configure uma espécie (entre outras premissas) é necessário que a reprodução ocorra através do sexo, isto é, do cruzamento do macho com a fêmea. Como este atributo não existe nas archaeas e nem nas bactérias que se reproduzem assexuadamente ou pela troca horizontal de genes (sem a necessidade de cruzamento e definição dos sexos), não há possibilidade de desmembrá-las até este tipo de classificação.

De modo geral é devido à presença de organismos multicelulares na Terra (seres formados por mais de uma célula que também são chamados de pluricelulares) que a maioria destas divisões classificatórias ganha sentido. As plantas, por exemplo, existem com formatos tão diferenciados umas das outras, e produzem flores ou frutos, apresentam caules ocos ou seivados, possuem diferenças na localização e nos tipos de suas sementes, isto só para citarmos algumas das diferenças mais básicas, que a grande quantidade de subdivisões classificatórias passa a ser necessária se quisermos compreender quem descende de quem. Classificar nada mais é do que organizar e é assim que podemos ter um melhor entendimento do que acontece na natureza.

Um reino é um amplo guarda-chuva. O reino animal, por exemplo, pode abranger tanto animais sem a ausência de boca e canal alimentar quanto animais com tubos digestivos e sistemas nervosos complexos. Já uma proto-célula com patas estará situada em um filo distinto de uma proto-célula com fímbrias, mas ambas poderão fazer parte do mesmo reino. Poderão ainda fazer parte de reinos distintos, caso realizem metabolismos bem distintos umas das outras. Assim, a cada uma destas divisões amplia-se também a distância em relação à afinidade entre os seres vivos orgânicos.

Nós humanos (homo sapiens sapiens) pertencemos ao domínio das eucaryas, que é o que abrange os seres formados por células mais complexas, no lugar das proto-células. Pertencemos ao reino animal, que abrange seres orgânicos multicelulares e heterotróficos (nutrição celular através da respiração por oxigênio). Dentro do reino animal fazemos parte do filo dos cordados, que se enquadram por possuírem simetria bilateral, corpo segmentado, sistema digestivo completo, endoesqueleto ósseo, no caso dos vertebrados, coração ventral com sistema circulatório fechado, músculos segmentares dispostos em um tronco não-segmentado, tubo nervoso dorsal único, peritônio envolvendo os órgãos abdominais (membrana que serve para diminuir o atrito das vísceras abdominais e para o armazenamento de gordura) e bolsas faríngeas. Somos da classe dos mamíferos que constitui animais vertebrados que possuem glândulas mamárias (nas fêmeas elas servem para a amamentação dos filhotes), cérebro capaz de controlar a temperatura corporal e sangue quente, além da presença de pelos e cabelos. Dentro da classe dos mamíferos pertencemos à ordem dos primatas, ou seja, na mesma categoria onde se situam os macacos, chimpanzés, gorilas, orangotangos, micos e babuínos, entre outros. Os primatas se assemelham cada vez mais a nós pela equivalência genética e equivalência anatômica. Em relação à família somos hominídeos, onde a semelhança genética e anatômica se estreita ainda mais, mas além disso há também cada vez mais um estreitamento na formatação e funcionalidade cerebral. Por sua vez, o gênero homo representa apenas os ancestrais mais próximos do homem. Por fim, a espécie humana se caracteriza por 99% de similaridade na sequência das bases nitrogenadas de nossos genomas, cérebro altamente desenvolvido, capacidade de manipulação de objetos pequenos, locomoção bípede, pelos mais curtos, finos e em menor volume em comparação aos primatas, entre outras semelhanças anatômicas e funcionais.

Em suma, o sistema classificatório busca enquadrar um grau de afinidade ou de diferenciação entre os organismos já catalogados. Tanto a ancestralidade comum, que resulta em um elevado grau de semelhança genômica, quanto os mecanismos funcionais, que resultam na composição de um determinado formato anatômico, definem as diferenças principais entre os seres vivos orgânicos. O mais importante de toda esta discussão é entendermos que o sistema classificatório demonstra claramente que a complexidade dos organismos aumentou ao longo do tempo e por isso tivemos de criar tantas divisões para abarcar os novos atributos que os seres mais complexos possuem.

O que temos que observar é que o surgimento de reinos diferentes entre as archaeas e as bactérias está diretamente relacionado a uma ampliação do tamanho do genoma, pois em um dado momento eles compreenderam inerentemente que a ampliação da perceção se dava através do acúmulo de luz interior e que, para tanto, seria necessário ampliar a quantidade de bases nitrogenadas, estendendo o genoma.

A evolução orgânica e a complexidade, portanto, estão diretamente relacionadas à quantidade de antifótons e à percepção que um determinado ser pode configurar. Mas qual é este limite e o que o determina? Este limite tende ao infinito se analisarmos que as células modernas têm a capacidade de se associar umas às outras com o intuito de operarem como um ente comum (organismos multicelulares), porém existe uma dimensão máxima possível que permite alojar até dois genomas relativamente extensos dentro de cada célula (quesito necessário para a reprodução sexuada), algo que ocorreu a partir dos seres eucariontes à medida em que conciliavam a reprodução sexuada ao gasto de energia e à possibilidade de manter os mesmos sistemas cíclicos já existentes para que o organismo pudesse desempenhar as suas funções metabólicas. Por exemplo, se para evoluir conscientemente em qualquer um dos três domínios é necessário ampliar a dimensão dos invólucros, seja para a ampliação dos genomas ou para alojar mais de um genoma dentro da célula de modo permanente, então também será necessário criar novos ciclos ou reformar os antigos a fim de fazer com que as enzimas e as proteínas consigam migrar até seus destinos de modo adequado, através da derteminação consciente. Portanto, mesmo compreendendo que o acúmulo de antifótons era útil para a evolução, as modificações internas realizadas em prol deste objetivo precisavam encontrar um determinado equilíbrio homeostático, ou então os organismos começariam a gastar muita energia para manter os ciclos já existentes, o que poderia trazer sérios problemas de sobrevivência para os mesmos.

A jornada do organismo eucarionte primitivo até se tornar uma célula moderna tal qual como conhecemos foi lenta e vagarosa. Só para termos uma ideia, as atividades metabólicas das eucaryas dependeram de uma transformação completa das bactérias originais inseridas, para que mais pudessem se tornar mitocôndrias. Acontece que na célula moderna o número de mitocôndrias varia de modo proporcional à complexidade da atividade metabólica, indo de 500 até dez mil destas estruturas por célula. Não significa que as bactérias tiveram de entrar em massivos volumes para dentro das archaeas, mas sim que durante todo o curso evolutivo as eucaryas foram percebendo novas necessidades à medida em que o ambiente as pressionava e desta forma se adaptaram criativamente. Outras vezes, mesmo sem a pressão do meio ambiente, desempenharam vantagens evolutivas que lhes garantiram cada vez mais capacidade reprodutiva, maior percepção e novos meio de preservação.

Na maioria dos filos archaeanos a criação das chamadas histonas (proteínas que servem para alocar os DNAs) foi um significativo avanço consciente porque deste modo elas puderam se organizar melhor, além de abrirem mais terreno para os DNAs, que é o material perceptivo. O DNA só se estende até um limite máximo ou então se desestabiliza e as histonas são capazes de unir geralmente dois genomas por vez, mantendo o equilíbrio do sistema. Algo similar ocorreu com as bactérias, mas quando não foi mais possível evoluir individualmente estes seres começaram a criar comunidades, como no caso dos biofilmes ou das colônias.

Os biofilmes bacterianos são muito mais conhecidos por nós em comparação às associações archaeanas porque a grande maioria das bactérias vive em colônias enormes, além de estabelecerem relações diretas com os animais. Quer olhar um biofilme agora mesmo, vá até o espelho e sorria. Se seus dentes estiveram com tártaro você estará observando uma porção de bactérias grudadas em seus dentes.

De modo geral, como se observa no Universe by Stephen Hawking, os biofilmes são comunidades microbianas complexas, envoltas por uma matriz muitas vezes adesiva, fortemente ancoradas às superfícies, criando um ambiente protegido que possibilita o crescimento microbiano. Uma vez que um biofilme se forma é como se analogamente uma comunidade em uma cidade houvesse se constituido, quer dizer, ele inteiro opera em homeostase e há cooperação, como a troca de genes para a formação de enzimas. Cada proto-célula acaba tomando diferentes rumos e funções dentro do biofilme e a entrada e saída de novos moradores não é incomum. No entanto, mesmo que a bactéria passe a desempenhar uma atividade distinta de sua atividade original, a cooperação é usada em prol do benefício individual de cada bactéria, pois ela tenderá a preservar suas funções vitais e continuará a se reproduzir independentemente.

Múltiplos passos são necessários para a formação de um biofilme e para tanto diversas sinalizações entre as proto-células são necessárias. Chamadas de *"quórum sensing"*, estas sinalizações servem parar suprir a limitação perceptiva destes organismos. Como os seres unicelulares percebem aquilo que acontece ao seu redor só até uma determinada amplitude e os biofilmes são aglomerados relativamente muito extensos, em algumas tarefas de montagem ou construção das colônias o trabalho precisa ser coordenado, a exemplo da locomoção.

O lançamento de proteínas para a formação do invólucro da colônia é um exemplo onde a coordenação precisa estar presente, pois caso qualquer proteína for lançada em um tempo distinto elas não irão se conectar. Analogamente o *quorum sensing* funciona de forma parecida a um sinal de fumaça. Como antigamente não havia telefones para se comunicar, avisando que a guerra havia se iniciado, faziam-se fogueiras enormes nos altos das montanhas e a fumaça era avistada por comunidades vizinhas que repetiam o processo, avisando em efeito dominó outras comunidades vizinhas. Na formação do invólucro do biofilme, por exemplo, o que acontece é que as bactérias que já estão prontas para lançarem suas proteínas avisam as outras jogando diversas moléculas para fora. É aí que a palavra *quorum* faz sentido, pois apenas quando todas as proto-células já atiraram suas moléculas para fora que a concentração daquelas substâncias se amplia a uma densidade x, indicando o momento apropriado de se realizar o lançamento proteico. Em seguida, as proto-células ativam uma reação de outra proteína menor que está presa ao invólucro contra as moléculas que foram previamente soltas, fazendo com que as vibrações das atrações de cargas elétricas funcionem como uma espécie de confirmação para o início da realização do processo. O resultado pode ser, por exemplo, a aparição do fenômeno da bioluminescência, que nada mais é do que a emissão de fótons, fruto destas reações.

Estas sinalizações denominadas como *quorum sensing* também são emitidas em várias outras situações e a forma de operá-las foi uma das que as bactérias e algumas archeas de associações similares encontraram para evoluir.

As eucaryas tampouco puderam ultrapassar um limiar de equilíbrio exato entre a vontade de evoluir versus a necessidade de preservar-se, pois se não houvesse este limiar seríamos células gigantes com bastante consciência, analogamente a cérebros ambulantes. Mas não; nossos corpos são compostos por trilhões de células, pois mesmo para as eucaryas a ampliação da complexidade unicelular encontra um limite.

6.2.4 Um apanhado sobre a evolução dos três domínios até 2,8 bilhões de anos atrás

O surgimento das cianobactérias, as bactérias não-sulforosas verdes e as bactérias sulforosas verdes foram eventos de grande importância para a evolução dos organismos unicelulares. A grande inovação destes seres foi a criação de organelas que lhes permitiram realizar a fotossíntese, isto é, a obtenção de energia através dos fótons. A seguir uma foto de cianobactérias em uma lagoa:

Fig. 106:

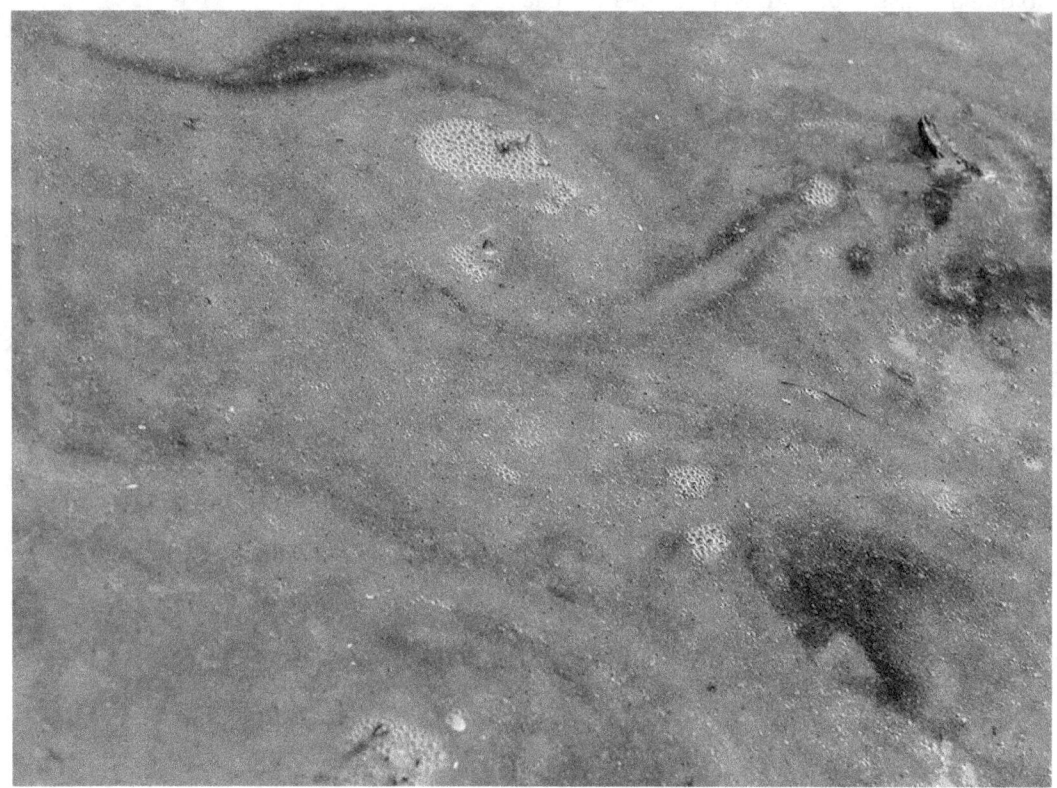

Fonte: Wikipedia

A fotossíntese é um processo bastante conhecido biologicamente, onde a absorção da energia luminosa serve para a posterior obtenção de energia química. Ou seja, estes organismos, da mesma forma que as plantas fariam mais tarde, ao absorverem a energia solar impulsionam diversas reações que culminarão na obtenção de ATP e o NADPH (enzima que participa no controle do pH). Claro que não ocorre uma transformação direta dos fótons de luz exterior em moléculas químicas, mas eles são um modo que estes organismos encontraram para darem a partida em seus ciclos automáticos no lugar de moléculas da glicólise somadas a outras enzimas específicas, como ocorre na fermentação.

E qual é a vantagem de se obter fótons ao invés de moléculas para ativar as enzimas? Neste caso não é uma questão de vantagem, mas sim de adaptação ao que se tornou disponível no ambiente. O organismo vivo sempre tenderá a realizar o processo que for mais simples dentro daquilo que estiver ao seu alcance.

Inicialmente cada organismo que passou a realizar a fotossíntese possuía apenas algumas moléculas de clorofila em seu interior, e conforme a evolução avançou e a dimensão destes seres se ampliou, mais moléculas de clorofila passaram a ocupá-los. É importante dizer que como sobra das reações para a realização de seus metabolismos átomos de oxigênio são jogados nos oceanos e na atmosfera, quesito importante para dar continuidade à evolução orgânica eucarionte.

No que se refere à evolução das eucaryas propriamente ditas, é válido citar que surgiram seres que desenvolveram pequeninos tentáculos, mas com a função extra de sugar nutrientes (ciliados primitivos), os fungos unicelulares, entre outros organismos capazes de inaugurar novos reinos e filos. Assim como os organismos fotossintetizadores, os fungos desenvolveram paredes celulares especiais de acordo com o meio em que viviam, que se diferem da fibra vegetal em celulose dos fotossintetizadores por serem ainda mais resistentes à pressão. Posteriormente, à medida em que evoluíram os fungos se tornam seres heterotróficos, como os animais, isto é, seres que não são capazes de produzir seus próprios alimentos através da absorção de moléculas livres, e passaram a se alimentar de compostos inorgânicos ou até mesmo compostos orgânicos prontos. Na verdade, a evolução caminhou também neste sentido para boa parte dos seres procariontes, à medida em que conseguiram ingerir compostos maiores e sólidos.

Há três bilhões de anos os seres vivos orgânicos unicelulares dominavam os mares, estivessem eles evoluindo individualmente ou em agregados. Praticamente metade dos reinos atualmente existentes já havia se constituído. As archaeas, as bactérias, as eucaryas e os vírus evoluíam e se adaptavam às adversidades locais do meio ambiente, como temperatura e pressão, entre outros fatores. Mas nada foi tão traumático quanto as subducções que culminaram na formação do novo supercontinente, iniciadas na mesma época.

A formação de um novo supercontinente impulsiona grandes mudanças geológicas e climáticas no planeta Terra e com elas o desenvolvimento da vida orgânica também é fortemente influenciado. De tão massivo que foi este período de transformação terrestre, mais da metade das archaeas, vírus, bactérias e eucaryas não sobreviveu. Mudanças muito repentinas nas composições químicas oceânicas e elevação severa da temperatura acabaram com muitos destes organismos. Outros conseguiram realizar um processo conhecido por esporulação bacteriana, onde a membrana celular se dobra e envolve o genoma e os sistemas básicos para proteger o organismo até que as condições se estabilizem, em analogia à hibernação.

Mesmo as regiões menos afetadas foram amplamente influenciadas. Como consequência alguns organismos tiveram de modificar parte de seus metabolismos e ciclos. Devido à enorme quantidade de vulcões em formação houve uma grande injeção de CO_2 na atmosfera e nos oceanos, fazendo com que a maioria dos seres precisasse adaptar os elementos que capturavam na água objetivando suprir tanto suas membranas quanto as bases nitrogenadas de seus DNAs.

Neste estudo acreditamos que foi este evento de grande escala que propíciou o surgimento dos seres vivos orgânicos multicelulares. As eukaryas unicelulares, assim como as bactérias e as archaeas, também tendem a formar colônias complexas quando as condições ambientais são impositivas, por mais que a quantidade de indivíduos seja relativamente menor. E se antes os agregados eucaryanos realizavam tarefas separadamente, inclusive a reprodução, apesar de atuarem em conjunto em prol da comunidade, agora com a formação de um novo supercontinente cada uma das células precisou se especializar definitivamente em apenas uma função, sucumbindo ao controle de uma célula principal e central – aquela que possuía a maior quantidade de antifótons e, portanto, consciência.

As eucaryas que viviam sobre a forma de agregados mantinham-se assim pelo mesmo motivo das bactérias e archaeas, ou seja, buscavam através da vida em grupo maior facilidade de preservação e metabolização, mas não sabiam que desta forma poderiam um dia ampliar seus raios de consciência.

Quando o meio ambiente impôs que cada eucarya do agregado se especializasse ainda mais, muitas colônias se separaram, pois grande parte delas buscou manter as suas funções originais – reproduzir e preservar. Acontece que em muitas colônias havia eucaryas mais conscientes do que as outras células vizinhas e estas foram responsáveis por incentivá-las a canalisar o processo reprodutivo para apenas uma célula (a mais capaz e consciente). É claro que não existem organismos unicelulares altruístas, pois ao fazer isso acreditava-se que estaria sendo realizado o último recurso para sobrevida, ao deixar mais descendentes no ambiente. Contudo, com o passar do tempo, somado a alguns ajustes, este processo inovador faz com que esta célula, mesmo tendo monopólio de uma das funções instintivamente consideradas como sendo a mais importante do grupo – a reprodução – se torne apenas mais uma função dentre as outras, já que ela passa a depender agora das outras células para a obtenção de nutrientes, preservação e locomoção, entre outras necessidades. Nasciam assim os primeiros seres multicelulares.

Podemos fazer uma comparação com o nosso cérebro e o nosso corpo. É a nossa mente-cérebro quem comanda o nosso corpo. Contudo, não há como o cérebro se locomover sozinho; ele precisa do corpo. Precisa do oxigênio que entra pelo nariz e chega até os pulmões. Os seres multicelulares também seriam assim, quer dizer, haveria uma célula principal, com mais luz interior e encarregada pelo processo principal, que neste instante era a reprodução, além de atuar posteriormente como líder tomando a iniciativa das adaptações necessárias a serem feitas, mas que de qualquer maneira passou a depender das outras células para sobreviver.

Portanto, não foi somente o meio ambiente que forçou estas eucaryas a viverem com mais de uma célula; elas tiveram de conscientemente eleger o melhor caminho a ser trilhado. Acreditamos também que, apesar da mutação ter sido relativamente rápida, ela tenha ocorrido de forma concomitante entre todos os indivíduos do agregado. Uma célula eucarionte entregava enzimas e ciclos que indicavam especialização na locomoção, por exemplo, ao mesmo tempo em que recebia os aparatos (como proteínas e mais DNAs) para que isso fosse possível.

Assim que surgiram estes organismos consolidaram meios próprios de se reproduzirem e de se desenvolverem, o que fez com que houvesse uma explosão da vida multicelular. Especificamente para se multiplicarem estes seres multicelulares criaram mecanismos de transferência horizontal de genes objetivando transmitir para a célula principal qual deveria ser a composição completa do genoma. A célula principal passa então a consolidar todas as informações e genes (a exemplo de um RNA ribossômico reunindo RNA mensageiros), para no final também acoplar os genes pertinentes à sua própria função, objetivando montar uma cópia genética fiel do organismo como um todo. Assim, se primordialmente os organismos multicelulares surgiram através da união de vários organismos unicelulares, agora uma única célula contendo os genes necessários e os ciclos pertinentes formariam um ser vivo orgânico com mais de uma célula.

Em resumo, a maioria das mudanças que os seres procariontes concebe até 2,8 bilhões de anos atrás pode ser enumerada como modificações em relação aos seus invólucros e paredes celulares, modificações em relação à forma como se deslocam e o aparato com qual se deslocam e se orientam – modificações relacionadas à convivência em agregados e a interelação entre eles e, por fim, modificações relativas aos ciclos internos, meios de produção de enzimas, automatizações de ciclos metabólicos e modificações genéticas, todas diretamente associadas à quantidade de antifótons que possuíam. Nos organismos eucariontes algo similar pode ser observado, porém uma mutação entre as colônias eucariontes proporcionou a criação de seres vivos multicelulares, capazes de provocar uma verdadeira revolução biológica.

6.2.5 O nascimento das plantas

Na visão deste estudo as primeiras células vegetais surgiram através de um processo parcialmente simbiótico e acidental, resultante da tentativa da realização de fagocitoses primitivas. A fagocitose é o processo de englobamento de partículas sólidas e/ou organismos menores, seguido da quebra e digestão daquilo que foi ingerido – processo que já existia antes desta época, mas que agora se tornaria mais complexo e completo, principalmente no que diz respeito ao volume ingerido e consequentemente em relação à excreção do material que não seria utilizado.

Especificamente acreditamos que eukaryas unicelulares, isto é, que ainda não haviam encontrado o caminho da pluricelularidade, passaram a se alimentar de archaeas e bactérias verdes devido às mudanças geológicas e atmosféricas do período, o que acabou por impulsionar a evolução da vida. Então grupos de seres vivos unicelulares que não se locomoviam, por exemplo, alguns filos de algas, começaram a engolir um volume maior de partículas sólidas com o objetivo de se utilizarem de pequenas reservas moleculares para que pudessem sobreviver e renovarem seus DNAs em momentos de escassez.

Foi justamente por terem usados seus DNAs orgânicos para funções distintas que estes seres, apesar de não poderem sair andando em busca de alimento quando a comida se esgotava, podiam quebrar e incorporar o carbonato de cálcio em suas paredes celulares a fim de se tornarem mais resistentes (o que por outro lado os tornavam menos flexíveis), além de utilizarem bolsas proteicas auxiliares que funcionavam como uma espécie de filtro alimentar e uma bolsa maior que servia para a estocagem de elementos essenciais, em analogia à nossa gordura corporal.

À medida em que estes organismos ampliaram suas dimensões perceberam que ingerir seres orgânicos menores era uma ótima forma de conseguirem suprir enzimas e proteínas já prontas, além de luz interior em quantidade elevada. Acontece que para tanto precisavam não apenas de meios para metabolizar os elementos que necessitavam, mas também digeri-los e descartá-los, isto é, separar os elementos que não seriam aproveitados para posteriormente excretá-los. Reformas importantes dos ciclos vigentes tiveram então que ser realizadas.

Como a dimensão das eucaryas se ampliou muito mais do que das bactérias e das archaeas, e nesta época a quantidade de bactérias fotossintetizadores era bem elevada, foi natural "experimentar" um novo alimento abundante e aparentemente compatível com o sistema digestivo já existente. Contudo, quando grupos de eucaryas passaram a ingerir cianobactérias, entre outras bactérias verdes estranhas, percebeu-se que o sistema digestivo não estava pronto para incorporar e descartar qualquer tipo de ser vivo e que a enorme quantidade de fótons emitidos para corrigir essas reações alterava o pH e destruía moléculas e ciclos funcionais relevantes, desestabilizando todo o organismo. Se por um lado estes grupos não mantinham, por exemplo, as cianobactérias vivas dentro de si próprios, o que descaracteriza a simbiose, por outro eles foram obrigados a reformarem enormemente suas mitocôndrias para que estas pudessem utilizar os fotossistemas e a clorofila proveniente deste novo alimento. Nascia assim o cromoplasto – organela que fará o papel da mitocôndria e será capaz de comportar os fotossistemas, as clorofilas e ainda permitir que haja troca correta de fótons para a automatização dos ciclos vigentes.

Claro que os fotossistemas e as clorofilas foram tidos como um meio de transformação vantajoso, muitas vezes substituindo a fagocitose, mesmo porque muitas vezes a ingestão de uma bactéria verde era um caminho sem volta neste sentido. Existem vários tipos de cromoplastos, mas neste caso é a presença da clorofila e dos pigmentos verdes que faz com que eles sejam classificados como cloroplastos. Os xantoplastos, por exemplo, são responsáveis pela coloração amarela de algumas frutas, bem como os eritroplastos pela vermelha. Estes seres inicialmente possuíam apenas um cloroplasto, mas à medida em que foram evoluindo passaram a se utilizar de muitas moléculas de clorofila e a canalisar estes fótons em mais cloroplastos, assim como ocorreu com a quantidade mitocôndrias que se ampliou ao longo dos anos nos organismos não fotossintetizadores.

O surgimento das plantas tal qual conhecemos ocorreu através da associação destes seres em colônias, impulsionados pelas mudanças e pressões ambientais, similar ao processo que ocorreu com os organismos multicelulares primitivos. E com a maior quantidade de recombinações e de fótons livres nos oceanos, organismos eucariontes multicelulares fotossintetizadores não demoraram a aparecer – as plantas submarinas, como conhecemos.

O surgimento das plantas multicelulares fez com que a absorção de fótons e CO_2 se ampliasse e consequentemente mais oxigênio foi sendo lançado na atmosfera. Quando as subducções e as transformações continentais pareciam ter se aquietado novos pontos quentes surgiram na Terra, elevando ao longo dos anos a concentração de gás carbônico e dando um impulso final para a construção da camada de ozônio.

6.3 A construção da camada de ozônio e da atmosfera atual

Foi dito no capítulo 5 que na atmosfera primordial a maior parte de todo o CO2 existente se recombinou com o nitrogênio e, do decaimento do NCO2, as moléculas de oxigênio foram liberadas na atmosfera para reagirem posteriormente com os massivos volumes de hidrogênio provenientes do nascimento do sol. Naquela ocasião, se os oceanos não tivessem se constituído a atmosfera já estaria repleta de oxigênio, porém a maior parte deste gás tomou a forma líquida junto ao H2 para compor os oceanos.

Podemos concluir assim que a massiva invasão de gás carbônico remanescente dos vulcões mais primitivos, bem como as infusões dos novos vulcões que se formavam com o surgimento de mais pontos quentes, teriam propiciado novas recombinações com o nitrogênio e ajudado a preencher a atmosfera de oxigênio? Em partes sim, pois no princípio da formação atmosférica os gases vinham de cima e o CO2, por ser mais denso, se recombinava com o nitrogênio à medida em que descia, diferentemente de agora, que o CO2 estava sendo liberado de dentro da Terra.

Desde o início do surgimento da vida orgânica as concentrações de oxigênio já estavam aumentando, mas nesta nova fase uma monstruosidade de moléculas de oxigênio, fruto da ampliação dos seres fotossintetizadores, começou a invadir as águas e migrarem para a atmosfera. A mesma indagação anteriormente levantada pode ser novamente aplicada aqui. Se o oxigênio é mais denso do que o nitrogênio e a maior parte da camada de ozônio se localiza na estratosfera[12], e estava preenchida essencialmente por nitrogênio nesta fase, como o ozônio pôde se estabelecer ali?

O que ocorreu em ambos os casos, na opinião deste estudo, foi um fenômeno análogo à permanência de alguns metais pesados no manto superior. Com massivos volumes de, por exemplo, silicato migrando para baixo, ao invés de baixas concentrações de metais mais densos descerem eles acabam se isolando da movimentação que o sistema maior está fazendo em outra velocidade e direção. Similarmente, como o oxigênio foi sendo liberado continuamente por anos e os volumes deste gás só se ampliaram ao longo do tempo, mesmo sendo mais pesado que o nitrogênio o gás foi sendo empurrado e ganhando espaço até atingir a estratosfera. Da mesma forma os massivos volumes de CO2 originários dos vulcões puderam migrar e se recombinar com o nitrogênio, fazendo com que posteriormente os decaimentos de NCO2 trouxessem mais oxigênio à troposfera. À medida em que os decaimentos ocorriam

---

[12] Apesar do ozônio existir em toda a atmosfera, a chamada camada de ozônio se localiza na estratosfera, que vem depois da troposfera.

e a dança dos continentes diminuía isso fez com que a taxa de reprodução dos organismos fotossintetizadores passasse a ser maior do que a sua mortalidade. Como resultado, o oxigênio que subiu fruto do "excremento" destes organismos empurrou o oxigênio que já estava na troposfera e acabou se agrupando na estratosfera de uma tal forma que pôde constituir uma capa fixa com poucos milímetros de espessura, mas importantíssima para absorver os raios solares.

O desenvolvimento da camada de ozônio foi perfeito para a evolução da vida na Terra, porque mesmo sendo uma camada rarefeita, o O3 é capaz de absorver cerca de 100% da radiação UV-C (referente ao comprimento da onda) e quase 90% da UV-B, permitindo que a Terra mantivesse uma temperatura estável. Claro que estas estimativas se referem a uma média generalista, mesmo porque o excesso de CO2 gerado através dos vulcões provocou um efeito estufa, porém sabemos que as eras quentes e as eras do gelo não perduraram.

Outra consequência direta deste processo de decaimento do NCO2 foi a proliferação dos chamados estromatólitos pelos litorais do planeta. Estromatólitos são rochas formadas por calcário, semelhantes aos recifes e ocorrem quando filamentos microscópicos de algas ou bactérias passam a viver em comunidade e atraem partículas sedimentares junto a seus corpos. Ao longo do tempo, à medida em que alguns organismos morrem e novos organismos surgem arrastando mais sedimentos, uma espécie de tapete ou esteria rochosa vai se compondo com camadas claras, de carbonato, e as mais escuras, referente às colônias orgânicas em decomposição. Vejamos na foto a seguir os estromatólitos em formação recente na Austrália:

Fig. 107:

Fonte: http://eideguimaraes.files.wordpress.com/2009/10/shark_bay_estromatolitos.jpg

Os estromatólitos são os primeiros fósseis descobertos. Os mais antigos encontrados datam mais de três bilhões de anos. Atualmente são comuns na Austrália e no Mar Vemelho, em baías protegidas e capazes de barrar as influências oceânicas.

Além do carbonato de cálcio proveniente do carbono decaído do NCO_2, que compôs os estromotólitos, dois dos principais processos que constituem a maioria dos mineiras existentes também ocorreram nesta época. Isto porque, como aponta a Enciclopédia Ilutrada do Universo, os percentuais extras de oxigênio alteram de forma drástica a ação química atmosférica. Especificamente minerais de ferro abundantes no basalto negro oxidaram em compostos férricos vermelho-ferrugem. Estas oxidações abriram caminho para o surgimento de mais de 2,5 mil novos minerais, incluindo rodonita (encontrada em minas de manganês e turquesa). Por outro lado, as alterações nas mudanças climáticas com a presença de muitos vulcões, provocando o aquecimento global, acrescentou à paisagem grande quantidade de minerais argilosos de granulação fina, como o caulim. Diferentes camadas do apelidado carbonato de capa, depositados nos rasos e quentes oceanos, incluíam cristais de dois metros de altura.

A constante injeção de oxigênio na atmosfera fez com que a maioria dos seres que não se tornou fotossintético pudesse transformar seus metabolismos para a chamada respiração aeróbica, que nada mais é do que o processo da glicólise somado à absorção de moléculas de oxigênio e tem como resíduo o gás carbônico excretado. Podemos afirmar que foi graças ao ciclo do carbono que o reino plantae prosperou. Isto porque o carbono absorvido pelos seres fotossintetizadores em parte volta para a atmosfera, mas a maior parte é utilizada por estes filos durante seus ciclos de vida.

A organela que se transformou para que a respiração fosse possível foi a mitocôndria. Pouco a pouco, mais e mais organismos começaram a ingerir compostos inorgânicos e orgânicos através da fagocitose, o que lhes faziam perder a capacidade de produzirem seus próprios alimentos a partir de moléculas simples. É nesta fase também que alguns grupos de fungos se tornam multicelulares e começam a se alimentar através da decomposição da matéria orgânica e com isso desempenharam um papel fundamental nas trocas e nos ciclos de nutrientes.

No caso do nitrogênio, os raios e trovões formados durante uma tempestade ou os gases expelidos de um vulcão são capazes de fazer o N_2 reagir com o O_2 e o H_2, resultando em óxidos de nitrogênio (NO e NO_2) e amônio, respectivamente – como se vê em matéria da Revista Superinteressante. Esses gases são facilmente absorvidos pela água, gerando os ácidos nitroso (HNO_2) e nítrico (HNO_3), componentes da chuva ácida, além de hidróxido de amônio (NH_4OH). Então estes gases poderão penetrar no solo ou na água do mar na forma original ou decaídos, e posteriormente serem aproveitados como energia pelos seres vivos orgânicos. Alguns deles poderão apenas absorver o nitrogênio, enquanto outros organismos poderão absorver a amônia e devolver o nitrogênio às águas, que na sequência migrarão para a atmosfera. Atualmente sabemos que o nitrogênio também é de vital importância para as plantas terrestres, pois uma vez fixados no solo pela ação de bactérias e outros microrganismos localizados em terra são absorvido por elas na forma de proteínas vegetais.

Em suma, os pontos quentes na Terra e as subducções que transformavam os mapas continentais contribuíram para transformações muito mais radicais na composição atmosférica do que os seres vivos orgânicos contribuíam, mas a grande diferença é que enquanto estes eventos deixavam suas marcas por curtos períodos de tempo, a evolução orgânica foi cravando suas marcas de forma perene.

6.4 O desenvolvimento da vida orgânica até 2,5 bilhões de anos atrás

Dentre os novos impulsos evolutivos houve um mais importante que os demais: o da reprodução sexuada. Ao invés de agora um dos organismos gerar um invólucro similar ao ovo para que pudesse receber o *input* complementar de outro ser vivo compatível (o que às vezes não acontecia), ou mesmo trocarem os genes horizontalmente uma vez pertencentes à mesma colônia, ambos os organismos passaram a gerar células sexuais (gametas) para que, uma vez fundidas, pudessem gerar um ovo independente – responsável pelo desenvolvimento do embrião do novo organismo. A diferença é que através deste processo criara-se analogamente uma chave e uma fechadura específicas, onde somente seres que realmente buscavam se completar evolutivamente poderiam se cruzar, evitando assim as mutações indesejadas ou aberrações.

Quando fizeram este processo os organismos multicelulares não estavam pensando na competição propriamente dita, mas sim em dircernir dentro de um ambiente comum quais gametas eram compatíveis, excluindo-se, portanto, os perigos dos DNAs dos descendentes não se formarem iguais aos dos pais.

Por volta de 2,70 bilhões de anos atrás é válido dizer que, assim como as plantas e os fungos, os animais também são apenas uma variação dos seres eucariontes multicelulares primitivos. Boa parte dos filos que surgiram nesta época já foram extintos, porém as esponjas estão entre os organismos que perduraram.

As esponjas se alimentam por filtração de nutrientes e para tanto tinham que bombear a água através de poros presentes nas paredes de seus corpos, de modo que estes poros, à medida em que se estreitam feito teias finas, conseguem selecionar e reter partículas em seu interior. Como a água entra por muitos orifícios distintos o excesso é expelido por uma abertura mais larga em sua extremidade. Apesar destes aparatos metabólicos avançados a maioria das esponjas ainda deixam expostas suas origens – a dos agregados unicelulares, já que cada célula se alimenta independentemente.

As esponjas são normalmente encontradas em locais que oferecem um sedimento firme, como no fundo de rochas. Algumas são capazes de aderirem ao fundo de sedimentos moles usando uma base semelhante a uma raiz. As esponjas também costumam viver em águas claras e tranquilas, pois se uma onda ou a ação das correntes levanta terra e grãos, talvez se tape os poros do animal, levando-o a morte.

O que podemos concluir disto é que os mais variados ambientes e temperaturas da Terra fazem a natureza orgânica ter uma diversidade imensa, onde seres unicelulares desde esta época até hoje seguem sua jornada sem que necessitem se reunir em agregados; por outro lado, existem seres multicelulares que até hoje não perderam suas características mais primitivas, como no caso das esponjas. Logo, entendemos que a Terra não nasceu simplesmente pronta para gerar a vida orgânica, mas se tornou perfeita para tanto conforme evoluía, se transformava e acumulava influências internas e externas.

Com o passar dos anos os seres vivos eucariontes ampliaram cada vez mais a dimensão de seus invólucros para comportar sistemas cada vez mais complexos. É relevante mencionarmos que quando a evolução se processa ela vem arrastando desde os níveis mais intrínsecos até a forma anatômica propriamente dita, o que significa que as células também estavam se modificando internamente, criando mais organelas e ciclos relativos à reprodução, como o ajuste do próprio nucléolo e o núcleo. Mas se por um lado estes seres ampliavam suas percepções, por outro lado gastava-se mais energia e necessitava-se de mais nutrientes para sustentarem seus tamanhos. Quer dizer, a partir da automatização dos ciclos internos a energia que se gasta é proporcional à dimensão do ser vivo, assim como, de maneira análoga, um coração precisa bater mais vezes para bombear o sangue de uma pessoa muito alta.

Um ponto importante é que à medida em que a quantidade de genomas incorporados aumenta em uma corrente única ligada através das histonas, o codificador genômico (aquele que define, por exemplo, se haverá calda ou patas), começa a ser relacionado diretamente a uma sequência cada vez mais extensa. E por que a calda que antes poderia desempenhar sua função com um código menor agora precisa de um código maior? O ponto é que o codificador teve de se tornar cada vez mais sofisticado à medida em que a anatomia se tornava mais sofisticada, por exemplo, no caso das asas é necessário uma coordenação perfeita e muitas vezes específica entre ossos e músculos, de modo que para cada uma dessas especificações novas bases na sequência do DNA devem ser somadas.

Por volta dos 2,52 bilhões de anos já existiam em alguns organismos mais massudos, revestidos por carbonato de cálcio, tubos de passagem dos materiais ingeridos, em analogia à boca, o esôfago e à garganta, bem como aparatos desenvolvidos para o transporte de gases, além de compartimentos onde os nutrientes podiam ser quebrados e separados através de enzimas e absorvidos para posteriormente serem excretados, em analogia ao estômago, fígado, pâncreas, intestino delgado, intestino grosso, reto e ânus. O mais importante destas analogias é que percebamos que boa parte dos órgãos que também estão presentes em nós hoje, já existiam de modo bem primitivo nestes seres, o que nos leva a crer que somos apenas uma variação mais sofisticada deles.

"Existe apenas uma coisa que excita os animais mais do que o prazer: a dor". Umberto Eco

7 A evolução do reino animal e o surgimento do homem

A revista Scientific American mostra que alguns tipos de organismos sobrevivem melhor que outros em certas condições; esses organismos deixam mais descendentes e, assim, tornam-se mais comuns com o tempo. Acontece que por volta de 2,5 bilhões de anos atrás uma nova dança geral das placas continentais sucedeu-se, trazendo influências geológicas severas para a vida orgânica.

De imediato ocorreram modificações na composição de algumas bacias oceânicas, que foram preenchidas por depósitos ferrosos como o basalto, entre outros elementos. Os processos de decomposição química pelos fungos passaram a demonstrar seus primeiros sinais através da erosão das rochas, produzindo assim diversos minerais hidratados, como a argila. As alterações de pressões, as mudanças nos padrões químicos nas águas dos oceanos e a alteração de parte das correntes marítimas vigantes, entre outras consequências, eliminou grande parte dos seres multicelulares e unicelulares, não lhes dando tempo de readaptação, migração ou enclausuramento ("hibernarção").

Ao menos sete extinções em massa ocorreram na Terra desde o início da sua formação, provocadas por mudanças geológicas e atmosféricas severas (geralmente ocasionadas por reequilíbrios internos, mas também por asteroides), onde a vida tem de renascer praticamente do zero. E por mais bizarro que isso possa parecer, este foi o novo sinal que o Espírito passou a buscar com o intuito de selecionar os planetas mais promissores à geração da vida orgânica – afinal, se a vida poderia renascer após a morte, então certamente aquele ambiente planetário teria as condições ideais para abrigá-la.

O tripé básico da vida orgânica – a formação dos três domínios – em muito se deveu ao empurrão aleatório das condições ideais da Terra, isto é, à perfeição contida no caos, por assim dizer. Porém, logo depois disto a consciência contida nos organismos praticamente determinaria o rumo da evolução. E assim, à medida em que a evolução avançou, ficou cada vez mais nítida uma constante alternância entre a criação espontânea, relativa às tentativas e vantagens evolutivas obtidas através da consciência, a exemplo do uso da representação de símbolos ou a criação de ferramentas para uma prática prazerosa, versus a necessidade de sobrevivência devido às alterações ambientais que forçava os organismos a se adaptarem mais rapidamente, muitas vezes criativamente. Esta última, onde a necessidade de adaptação consciente ocorre relativa às alterações ambientais, é o que entendemos neste estudo por selação natural.

Os seres vivos orgânicos não possuem uma cartilha que lhes diga que existe uma determinada mutação maléfica interna em pauta e que deveriam consertá-la antes de tentarem progredir evolutivamente. Eles simplesmente utilizam as possibilidades que possuem e seguem adiante; se tiverem que parar o que estão fazendo para tentar recuperar aquilo quando se torna insuportável e impossível de ignorar, então este ser vivo orgânico adoece e poderá falecer.

Os seres vivos orgânicos não conseguem modificar as possibilidades físicas já existentes na Terra, mas podem selecionar aquelas mais cabíveis para seus metabolismos e eventualmente migrarem para outros ecossistemas e, uma vez escolhendo-os, o ambiente também sofrerá uma influência em consequência.

Apesar do objetivo deste capítulo ser tratar a respeito da evolução do reino animal, objetivando o surgimento do homem, obviamente que a evolução da mãe Gaia não pára por aqui. Inclusive agora, enquanto lemos estas palavras, estão ocorrendo modificações no interior do planeta – modificações oceânicas, atmosféricas, entre outras tantas. A formatação atual que conhecemos dos continentes foi se constituindo ao longo do tempo e a Terra continuou se renovando quimicamente, por exemplo, com o surgimento de novos minerais, o surgimento e a evolução de novos rios, a extinção de outros tantos, a mudança de localização dos mares e seus desníveis, a construção de novas montanhas etc.

Acreditamos neste estudo que o desenho geográfico atual foi se constituindo especificamente através da formação de supercontinentes entre 2 e 1,7; 1,3 e 1; 0,5 e 0,27 bilhões de anos atrás, e consequentemente os períodos de separação destes supercontinentes se iniciaram respectivamente entre 1,6 e 1,4; 0,9 e 0,6; e 0,2 bilhões de anos, até a atualidade.

A intensa atividade geológica, incluindo a movimentação das placas tectônicas, erosão e metamorfismo, destruiu quase todas as rochas primordiais, como se vê na revista Scientific American, motivo pelo qual não vemos tantas crateras na Terra. Por exemplo, há cerca de 130 milhões de anos um mar raso cobriu toda a metade da Austrália, enquanto outros continentes foram inundados a um ritmo bem mais cadenciado. O nível do mar alcançou o seu máximo ao redor dessas massas terrestres no Cretácio Superior (há cerca de 70 milhões de anos), época em que os oceanos já recuavam do litoral australiano.

Todas estas alterações provocaram mudanças no clima, mais ou menos intensas. A mais intensa era glacial é um período conhecido como "Terra bola de neve", que começou por volta de 1 bilhão de anos atrás, como consequência da eclosão de pontos quentes, e perdurou até 635 milhões de anos atrás[13] devido às consequências da separação continental de 0,9 a 0,6 bilhões de anos. O ponto quente que gerou a Terra bola de neve eclodiu especificamente há 1,1 bilhão de anos e certamente foi um dos mais severos da história em relação à quantidade de superplumas, vulcões, montanhas e alterações sedimentares que ele provocou. O ponto quente que ocorreu mais recentemente em termos geológicos foi há 120 milhões de anos.

A composição química e principalmente as paredes celulares dos micro-organismos em geral também se modificaram à medida em que a concentração dos elementos químicos foi se alterando no meio ambiente. Em decorrência da grande frequência de mortes dos seres vivos orgânicos surgiram cada vez mais espécies decompositoras que se alimentavam a partir do fim do ciclo de outro ser vivo orgânico. Lentamente a colonização dos organismos unicelulares efetivamente no solo terrestre vai ocorrendo a partir de 2 bilhões de anos atrás. Somente mais tarde, por volta de 1,35 bilhão de anos atrás, é que novas transformações geológicas vão impulsionar os animais primitivos a transformarem seus aparatos metabólicos e excretores em tecidos e órgãos, dando assim um passo de decisiva relevância para a evolução da vida orgânica.

7.1 A criação dos órgãos do sistema digestivo e excretor

Foi dito que os seres vivos orgânicos mais avançados possuíam aparatos que desempenhavam funções análogas a órgãos digestivos e excretores, além de tubos de passagem entre os mesmos. Se nos organismos unicelulares tudo era feito com porções materiais diminutas, enzimas e proteínas, nos organismos multicelulares começou a ocorrer o acúmulo de cada vez mais células para praticamente o desempenho das mesmas funções, o que fez com que disparasse a taxa de crescimento. Acontece que estes sistemas não chegavam a formar órgãos de fato, pois apesar das células atuarem de maneira coordenada e em prol de um objetivo comum, elas ainda se encontravam separadas umas das outras. Vejamos uma figura hipotética qualquer representando estes organismos:

Fig. 108:

---

[13] Apesar de um considerável aumento da temperatura média global por volta de 800 milhões de anos atrás

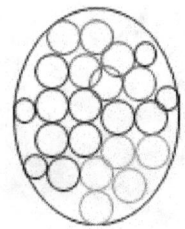

Legenda:

Células representando o aparato excretor ○

Células representando o aparato digestivo ○

Células principais responsáveis pela reprodução e manutenção do invólucro maior ○

Por sua vez, os denominados órgãos se assemelhavam a colônias multicelulares dentro de organismos multicelulares, onde a cooperação entre cada uma das células tinha de ir além de uma comunicação direta, renunciando o espaço delimitado de seus próprios corpos. Uma comparação análoga que podemos fazer é a seguinte: anteriormente as células trabalhavam em conjunto, como dois irmãos que dependem um do outro para pagar o aluguel e comprar comida e assim sobreviverem, mas agora estas células, além da dependência mútua, deveriam permanecer coladas, como irmãos gêmeos siameses. Vejamos a figura a seguir representando estes organismos mais avançados:

Fig. 109:

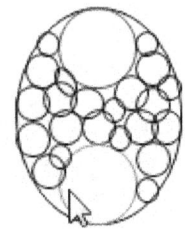

Legenda:

Representação do órgão excretor ◯

Representação do órgão digestivo ◯

Representação do aparato que formam as células principais. Foram as últimas a formarem os órgãos ◯

A respeito da cronologia evolutiva natural temos que depois da criação dos ciclos automáticos, a exemplo do ciclo polimerase, os organismos puderam direcionar o foco para outras necessidades, afinal estes ciclos já estavam automatizados, conseguindo desta forma tempo hábil para a realização de processos inéditos. E então, com a evolução dos meios de reprodução, os organismos conseguem ampliar a dimensão de seus genomas, fazendo com que raios cada vez maiores, além do invólucro, pudessem ser percebidos.

Quando os organismos se tornam multicelulares as células ainda operam separadamente trocando elementos entre elas, porém, apesar de cada célula continuar percebendo a si mesma, elas começam a agir em prol da cooperação do "ego comum" onde habitam, isto é, começam a viver em função deste ser interdependente. O mesmo ocorre nos aparatos análogos aos órgãos, onde vários níveis perceptivos agirão em prol do mesmo objetivo, mas agora já não mais com uma relação de mútua dependência e sim de unidade, propriamente dita.

Por exemplo, se aparecesse um vírus em um organismo multicelular com aparatos análogos aos órgãos, devido à dependência mútua existente e ao fato de cada célula já ter um nível de percepção que ultrapassava seus próprios invólucros, elas certamente ajudariam a célula invadida prezando para a sobrevivência do organismo como um todo.

Vale dizer que na formação dos órgãos cada célula poderia servir de guia perceptivo para as demais, fosse esta célula idêntica à vizinha (servindo como um posto avançado para a melhor visibilidade de todo o processo) ou com maior poder de construção e reforma dos ciclos e enzimas. Geralmente as células mais ágeis sofriam maior desgaste e envelheciam primeiro, mas não sem antes de servirem como catalizadores poderosos.

Notemos que para a formação do self entre dois organismos é preciso que haja uma espécie de fusão e, para tanto, uma consequente subordinação ocorrerá entre aquele genoma ou célula mais consciente versus outra menos consciente, diferentemente da vida em agregados onde a distinção dos níveis de consciência servirá apenas para que o organismo menos capacitado possa se igular perceptivamente, o que significa que neste caso ambos estarão apenas cooperando entre si e não criando uma integração plena. Isto significa que as células mais "espertas" morrem antes por um custo justo; são elas que orientam e condicionam o organismo a uma determinada direção evolutiva.

Com o passar do tempo estas células que compõem os órgãos serão capazes de perceber e realizar funções sem a necessidade da troca de mensagens umas com as outras, porque agora elas já se modificaram tanto que passaram a atuar como uma célula única, como se pertencessem a um invólucro único. O que podemos imaginar através da construção dos tecidos e dos órgãos, portanto, é como se presenciássemos a existência de células gigantes – afinal, foi para facilitar a percepção e a realização das operações básicas que estas células se fundiram para o começo de história.

Estas transformações ocorreram pouco a pouco, órgão a órgão, e se sucederam inicialmente com a transição dos microtubos de ligação feitos de proteínas entre as células, para junções septadas compostas – na maioria da vezes de proteínas elásticas que conectavam uma célula à outra. Posteriormente as próprias paredes celulares se transformaram naquele material de interligação, fazendo com que as células se tornassem tão integradas que seria quase impossível dizermos onde uma começava e a outra terminava.

Em conjunto com o surgimento dos órgãos, as longas cadeias proteicas que funcionavam como tubos de passagem de materiais (nutrientes e excremento), entre um aparato e outro, também vão sendo adequadas por tecidos celulares semelhantes aos dos órgãos. Os músculos que são formados por uma quantidade enorme de células surgem tanto dentro dos órgãos quanto nestes modernos tubos de passagem. Logo, todos os nutrientes passaram a entrar por adendos dos órgãos do sistema digestivo, inclusive o oxigênio que abastecia as células individualmente, além do excedente gerado nestas sínteses, que passou a ser lançado pelos órgãos do sistema excretor, diferentemente de antes, onde o oxigênio e os lipídios penetravam o invólucro principal e saíam por uma abertura na parede do mesmo.

Mas houve exceções, por exemplo, as esponjas possuem sistemas de absorção de alimentos através de poros nos corpos. Outros animais, como alguns grupos que posteriormente formariam as medusas, ao invés de consolidarem órgãos digestivos e excretores se utilizaram de sistemas de absorção de nutrientes através da passagem e reciclagem da água no interior de seus corpos semelhantemente às esponjas, mas com a presença inicial da fagocitose aliada à ajuda de tentáculos venenosos que paralisavam suas presas. Similarmente alguns vermes que posteriormente viriam a se enfiltrar nos solos aquíferos preferiram repassar os nutrientes para cada uma de suas células (anéis) através de um pequeno orifício de entrada e outro de saída para excreção. Portanto, dependeu das necessidades do organismo, da região em que ele vivia e dos aparatos que ele achou útil desenvolver para que alguns processos passassem a se aperfeiçoar, mais ou menos.

Por sua vez, os organismos que tinham de ser muito mais seletivos e precisavam se manter fechados para as ameaças externas acabaram desenvolvendo aparatos digestivos e excretores mais sofisticados – os primeiros órgãos. Com o nascimento dos órgãos propriamente ditos se tornou possível para estes organismos terem maior tempo de resposta e sobrevida, a exemplo de nós, humanos, que conseguimos permanecer mais de um mês sem alimento, vários dias sem beber água e alguns minutos tampando a respiração. Mas, por outro lado, agora tinham de se preocupar com o envelhecimento destes órgãos como um todo.

Percebemos que nada mudou desde a automatização dos ciclos sistemáticos, só o fato de que à medida em que os organismos vão se tornando cada vez mais complexos, e assim passam a criar os órgãos, as possibilidades de envelhecimento se ampliam proporcionalmente. Portanto, se por um lado os órgãos foram avanços importantes para a evolução do reino animal e, portanto, da vida orgânica de modo geral, por outro fez com que as células passassem pouco a pouco a exercer um papel secundário, afinal tornou-se mais importante para o organismo prezar pelos conjuntos multicelulares (órgãos) recém-criados e pertencentes a uma organização multicelular ainda mais complexa.

7.2 O "esboço" da mente-cérebro

Acreditamos que tenha sido por volta de 1,12 bilhão de anos atrás que as modificações mais importantes aconteceram nas células reprodutoras a fim de desenhar os primeiros traços para a construção de uma mente-cérebro primitiva. E o motivo para a criação deste órgão foi inicialmente o reconhecimento da necessidade de aperfeiçoamento "comunicativo/perceptivo" do sistema celular reprodutor, e que também era o responsável por organizar o indivíduo, para que os tubos de passagem entre o órgão digestivo e excretor pudessem ser melhor constituídos e desempenhassem melhor função, inclusive levando alimento e oxigênio para os genomas principais das células reprodutoras. Posteriormente estas células, através de junções septadas, vão originando um órgão comum, a exemplo do órgão excretor e do digestivo, mas ainda mantendo a função reprodutiva como núcleo do processo, o que em breve forçará o organismo a reestruturar-se modificando a própria anatomia outra vez, agora devido às necessidades sexuais. Vejamos a figura análoga a seguir:

Fig. 110:

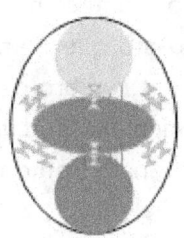

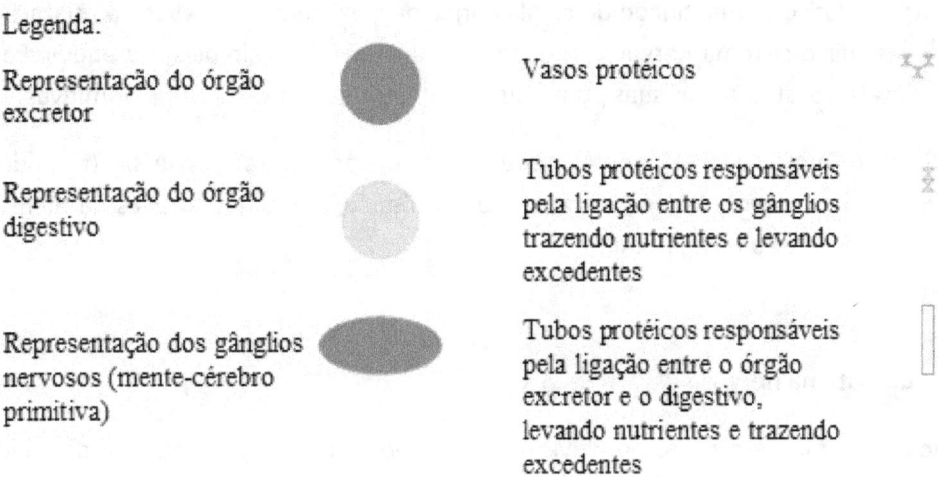

É este aparato organizador que aparece na figura com o nome de gânglios nervosos que chamamos de mente-cérebro primitiva. No entanto, não devemos imaginá-la como um "aparato oval cinza", e sim como um amontoado de células espalhadas pelo invólucro, porém com uma quantidade de células maior concentrada no centro, entre o órgão digestivo e o excretor, fazendo um papel de núcleo ou centro de comando de operações de todo o organismo.

O que é a mente primitiva? É a luz interior das células principais (pioneiras no processo de construção celular) atuando em conjunto com o restante do corpo e comunicando-se com o mesmo, com o objetivo de operar um só organismo. O que é o cérebro primitivo? São os aparatos físico-químicos dos gânglios nervosos, quer dizer, os átomos que de um modo geral compõem os DNAs, as proteínas, as enzimas, os cromossomos e todos os ciclos automatizados que, como sabemos, dependem da luz interior para funcionar (mente).

Sabemos que todos os animais que possuem gânglios nervosos possuem memória de curto prazo. Mas o que faz a memória de curto prazo? Foi dito que à medida em que o pensamento surge ele acaba permanecendo dentro da fonte pensante por pelo menos um milésimo de segundo, quer dizer, para que o pensamento possa ocorrer é necessário que ele esteja contido no objeto que o gerou, o que indica que a memória de curto prazo não fica alojada como acontece na de longo prazo, mas simplesmente funciona como um "eco", uma ressonância do próprio ato que demandou alguma intensidade e, no caso dos animais que podem refletir porque possuem um cérebro de tamanho considerável (geralmente após o gatilho de uma das emoções primordiais), a memória de curto prazo funcionará como um "eco" ainda mais extenso, podendo vir a ser ou não armazenada como uma memória relevante o bastante para se alojar a longo prazo.

Portanto, se agora temos um conjunto de células principais que formaram um órgão e este trabalha coordenadamente, os fluxos de pensamentos gerados poderão permanecer na fonte pensante por mais tempo, relativo à quantidade de células principais existentes. Através da utilização da memória foi possível construir o sistema nervoso, enquanto os animais mais simples, ou aqueles que sofriam os reveses ambientais, constituíam as suas primeiras tentativas de mente-cérebros primitivas.

Finalmente, note que a mente pode ir além, porque se conecta (e pode transcender quanticamente), e o cérebro obedece ao tamanho anatômico, ainda que através da mente seja possível transformar mais uma vez a tal anatomia.

7.3 A criação do sistema nervoso

Vimos que a mente-cérebro primitiva surgiu devido a um impulso instintivo das células principais, à medida em que começaram a tentar orquestrar o organismo como um todo. É claro que nem toda a replicação do genoma, durante esta fase transitiva, ocorrera perfeitamente. Havia muito esforço sendo empregado na transformação do próprio "self". Acontece que como resultado alguns indivíduos replicados não chegaram a "chocar seus próprios ovos", ou nasceram carregando modificações que mais tarde culminariam em mutações inéditas.

Dentro do organismo, juntamente aos vasos simples, feitos pelas células principais para, por exemplo, nutrir diferentes partes do ser vivo, ou direcionar as células mortas até as células fagcitadoras (algo que passou a ser comum com a ingestão de mais alimento e o aprimoramento da automaticidade do processo metabólico), cordas nervosas (ou nervos) vão aos poucos sendo criadas, quer dizer, um órgão nascido a partir dos gânglios nervosos, porém com uma disposição "em corrente" distinta da habitual.

O conjunto de cordas nervosas é o que forma o sistema nervoso. A forma de transmissão destas mensagens recebe o nome de sinapses. Isto significa que o contato físico entre os gânglios e os nervos não existia de fato, pois apesar dos elementos estarem próximos havia uma pequena separação entre eles. Podemos pensar na condução dos impulsos elétricos lembrando da reação em cadeia que uma escultura de dominó segue ao ser derrubada em uma extremidade, diferentemente das raízes nas plantas que recebem o alimento por extensões físicas propriamente ditas, por exemplo.

Com a chegada do sistema nervoso primitivo seria possível monitorar criar um meio de automonitoramento, ampliando enormemente a perpepção dos gânglios (mente-cérebro), tanto relativo a problemas devido às diferenças de pH, ocasionados por uma digestão ou excreção ineficiente e vagarosa, por exemplo, quanto no futuro, após a extensão deste órgão por todo o corpo, relativa a uma possível ameaça externa.

Vale lembrar que à medida em que a replicação das células nervosoas avançavam, os gânglios tiveram de continuar a estender tubos de passagem (os vasos sanguíneos) para o abastecimento vital, analogamente semelhante à construção de um túnel, onde à medida em que se progride é necessário ter as ferramentas no limiar da construção.

Esta separação entre uma célula e outra era importante porque cada uma das células são percebedoras e agora podem adentrar espaços apertados seguindo suas correntes, fazendo com que o sistema nervoso e a mente-cérebro atuem como um órgão único, conectado.

É claro que como consequência deste processo a dimensão destes seres eucariontes mais uma vez teve que ser ampliada. E obviamente que não era somente o fato destes seres poderem somar células e se tornarem mais largos e compridos, mas sobretudo tal ampliação contava com a capacidade de estenderem a seus genomas e, em seguida, realizarem uma divisão cromossômica compatível.

Nota-se que se antes os organismos percebiam um problema só enquanto ele continuava a ocorrer incessantemente, a memória de curto prazo começou a tomar corpo a cada quadrante de crescimento do sistema nervoso, tornando os problemas que surgiam através da tentativa de criação de um novo órgão (como a noção de que havia células mortas soltas alterando o pH e desencadeando processos químicos indesejados) serem passíveis de manobra. E quando este espaço de manobra ficou muito perto do limite, o instinto tratou de entrar em cena para manter o organismo coeso e retornar a evolução apenas quando fosse oportuno. Aqueles que não foram capazes de perceber tais riscos morreram, bem como linhagens daqueles organismos bem-sucedidos, mas que sacrificaram o processo reprodutivo ao direcionar a atenção para a criação do sistema nervoso.

Contudo, com a capacidade da memória em crescimento, o pensamento único vira pensamento duplo e o pensamento duplo traz a reflexão, ainda que longe daquilo que associamos quando a palavra "reflexão" aparece (uma sucessão de pensamentos através de múltiplas percepções). Neste instante a reflexão, mesmo que primitiva, significa que se antes os organismos apenas viviam o momento, quer dizer, apenas percebiam o que acontecia à medida em que as coisas ocorriam, devido ao aparecimento da memória estes animais ganhavam passado e futuro, permitindo uma verdadeira revolução no modo de pensar.

Se anteriormente só ocorria um pensamento por vez, agora poderiam existir ao menos dois pensamentos ao mesmo tempo, ou melhor dizendo, um pensamento poderia ser mantido dentro da memória e, sem que os organismos o perdessem-no, outro pensamento poderia ser criado. O que parece ser algo banal e corriqueiro para nós, como a possibilidade de sustentação do pensamento por alguns segundos, na verdade trouxe mudanças extremamente relevantes para o processo evolutivo destes animais.

O sistema nervoso então realizará diversas atividades específicas para cada criatura, como a percepção da posição corporal mais correta, à medida em que são arrastados por correntes marítimas sistemas percebedores da quantidade de fótons emitidos no ambiente, análogo aos olhos, venenos nos tentáculos, que são ativados através da percepção de presas com dimensões específicas, e daí por diante.

À medida em que o sistema nervoso foi se expandindo e o organismo se ampliou, os gânglios passaram a se concentrar ao lado do sistema digestivo, separando-se do mesmo. Logo também será a vez do sistema reprodutor ser jogado para escanteio, mas isso somente depois que o ser vivo descobrir o seu limite de incorporação genômico, a cada geração, levando-no a automatizar também este processo (ainda que a renúncia tenha ocorrido aos poucos, e a sucessão tenha sido monitorada a posteriori).

7.3.1 A criação do sistema nervoso (parte 2)

À medida em que a mente-cérebro vai se constituindo passa a coordenar o crescimento do corpo determinando as condições ideais para o mesmo. Assim, na busca de otimizar a quantidade de atividades a serem diretamente desempenhadas, a exemplo do bom andamento dos nutrientes dentro dos tubos proteicos que serviam como vasos sanguíneos primitivos, uma nova ferramenta começa a ser elaborada: uma válvula, um sistema de portão abre/fecha, que terá a função de constantemente abatecer o organismo de ritmo e energia – análogo ao coração.

Alguns animais necessitaram reformar seus corpos e outros não (dependeu da anatomia do organismo em questão), mas quando chegavam a ampliar a si mesmos, ou a evoluir perceptivamente de qualquer outra maneira, tiveram de criar ou modificar músculos de sustenção e cartilagens nas regiões estruturais.

Outros animais que eram mais compactos puderam ampliar seus corpos sem necessitar de tantos músculos ou cartilagem de sustentação. Alguns filos de animais de corpo mole, devido às distintas e mais "pacíficas" condições terrestres em que viviam, puderam simplesmente ampliar suas dimensões sem ter de criar nenhum músculo. Isto teve consequências, pois a sustentação garante subestruturas mais elaboradas. A evolução prossegue em ambos os casos, mas porque somos terrestres a evolução substrutural privilegia a comunicação neuronal.

Quanto mais cedo a automatização do processo reprodutivo ocorreu, isto é, o surgimento os órgãos sexuais, mais espaço para a realização de outras atividades estes organismos obtiveram, sem que houvesse a necessidade de ampliação da mente-cérebro. Este fator foi determinante para a divisão geral das classificações que enquadram os animais com sistema nervoso ventral (invertebrados de três camadas) versus os animais de sistema nervoso dorsal (vertebrados).

Neste estudo seguiremos adiante com os grupos que alcançariam o maior grau evolutivo e no futuro se tornariam vertebrados, pois à medida em que os gânglios vão lapidando vasos sanguíneos em substituição aos tubos proteicos, como uma via de mão dupla, de um lado circularia o plasma carregando os nutrientes[14] e do outro, o plasma com os excedentes.

Os tubos proteicos, que antes funcionavam como transportadores de nutrientes, só foram extintos no instante em que o órgão responsável por levar e trazer este plasma já estava presente de forma mais integral, ou similar ao que entendemos por coração atualmente.

Os músculos destes corações funcionavam como os de qualquer outro órgão, onde suas paredes bombeavam o plasma sanguíneo através da canalização de diversos DNAs por dentro dos vasos que se estendiam até os nervos. Logo, os excedentes precisavam ser levados para o órgão excretor, motivo pelo qual estenderam-se artérias e veias até este órgão.

Podemos pensar no sistema circulatório em analogia a uma esteira rolante, onde à medida em que o plasma leva diversos nutrientes, outras células como a dos nervos e a do próprio coração recolhem os nutrientes que necessitam. Acontece que a velocidade deste fluxo de plasma dependia da frequência (neste caso referente à quantidade de batimentos por minuto) que o coração realizaria. Se o coração batesse aceleradamente, então era como se os nutrientes passassem rápido demais para poderem ser escolhidos e absorvidos. Se os nutrientes demorassem muito a chegar, talvez não desse tempo para tais células nervosas em construção sobreviverem. Além disso, por funcionarem feito uma esteira, se os excedentes não fossem logo excretados os vasos sanguíneos poderiam entupir ou mesmo serem desconfigurados em pouco tempo.

O modo como o coração é criado permite com que a sua frequência funcione de forma ideal para manter o equilíbrio entre as duas tarefas. Isto porque os gânglios nervosos (mente-cerebro) destes pré-vertebrados já assumiam cada vez mais a função de órgão controlador e organizador para o bom funcionamento do corpo e desenvolvem axônios como um meio de garantir que a frequência cardíaca fosse precisa e ideal para cada tipo de condição[15].

---

[14] Composto de água e substâncias dissolvidas como o açúcar, minerais e dejetos, pois as células que transportam oxigênio ou hemáceas ainda não haviam sido desenvolvidas.
[15] É relevante mencionar que uma parcela dos grupos que desencadeariam os invertebrados já havia assumido esta

A criação dos axônios foi necessária porque a mente-cérebro precisava não apenas de simples impulsos elétricos que dessem a partida em algum ciclo, mas sim de impulsos que pudessem trabalhar de modo mais flexível e agregador. Por ser complicado de se manusear a velocidade de migração da luz exterior, já que esta depende em grande parte da atratividade natural de cada átomo, e sendo ainda mais difícil de se criar aparatos capazes de delimitar e escolher as frequências luminosas, a exemplo dos cloroplastos, o que os organismos fizeram foi desenvolver sinalizações e impulsos químicos análogos aos sistemas de quórum sensing, que apesar de serem bem mais lentos do que os impulsos elétricos conseguem realizar a manutenção da frequência cardíaca do coração com eficácia.

Depois que o coração já está funcionando e uma corda nervosa é criada com a presença de axônios que se extendem até o coração, a cada batimento ocorrerá uma percepção precisa a respeito deste impulso, resultando na liberação de compostos químicos pré-armazenados dentro deles, chamados de neurotransmissores. A partir daí estes neurotransmissores vão viajar diretamente aos gânglios, ou dependendo da extensão do animal e/ou da sua anatomia, as cordas poderão ser divididas em duas ou mais partes, até chegar à mente-cérebro.

Podemos pensar analogamente que as próprias cordas nervosas funcionam como "neurônios gigantes", já que os compostos presentes dentro da corda, o sistema nervoso e a mente-cérebro, por assim dizer, operam em sincronia.

O sistema circulatório passava agora a ter não apenas uma regulagem da pressão sanguínea "central'", isto é, aquela que determinava a frequência cardíaca, mas também uma pressão sanguínea local, dando a cada uma destas células um maior controle da velocidade do fluxo dos nutrientes vagando através dos vasos sanguíneos.

Isto dava autonomia para o coração operar através de outros padrões de batimento, porque agora o organismo como um todo dependia deste órgão bombeador para que o sangue fosse levado para as regiões do corpo em que havia necessidade de oxigênio. Por exemplo, na digestão e quebra de determinadas substâncias o coração tem de passar a bater mais rapidamente a fim de atender aquela região ou diretamente os músculos que movimentam o aparelho digestivo. Os nervos ligados ao sistema digestivo irão enviar novos tipos de neurotransmissores ao cérebro, indicando sobre a necessidade de acelerar ou diminuir o batimento cardíaco. Ou seja, estes novos neurotransmissores mostravam aos gânglios que o padrão de batimento cardíaco nesse caso poderia e deveria ser quebrado, afinal estava relacionado à demanda de oxigênio em relação à atividade que o animal realizava no momento.

E sendo o sistema circulatório um todo interligado, quando o coração acelera seus batimentos o fluxo sanguíneo não se dirige apenas para a região onde houve a demanda de mais oxigênio e sim para o corpo inteiro. Com a esteira do sistema circulatório girando mais rapidamente e os outros órgãos necessitando dos nutrientes e oxigênio que as células análogas às hemáceas carregavam, foi necessário

---

função, razão pela qual criam axônios ainda antes dos vertebrados.

que uma quantidade enorme de axônios e outros neurotransmissores como células e açúcares, entre outros nutrientes disponíveis, para que a seleção destas substâncias pelos outros órgãos não se tornasse completamente dependente à ampliação de velocidade e pressão, ao menos incialmente, no que tange à construção do próprio sistema.

Isso também trouxe mudanças importantes nos aparatos de armazenagem de gordura, sendo que de modo geral os animais passaram a se alimentar mais e até mesmo a ingerirem outros animais de pequeno porte.

Mesmo assim uma maior disponibilidade de nutrientes não era suficiente para que os outros órgãos pudessem ser atendidos em casos de emergência. Por exemplo, se o um aparato tivesse de ser movimentado devido à invasão de vírus ao mesmo tempo em que o processo digestivo ocorria, então o organismo teria de escolher entre um ou outro processo, sendo que a má realização de qualquer um deles acarretaria em uma provável morte do animal. Se o organismo optasse por liquidar o vírus certamente as células do sistema digestivo começariam a canibalizar umas às outras em busca de oxigênio em quantidade suficiente e nutrientes para continuarem realizando seus objetivos.

Mas por que os alimentos têm de ser digeridos, quer dizer, por que os organismos não poderiam esperar para digeri-los? Porque as células, apesar de pensarem e perceberem, estão programadas para desempenhar determinadas tarefas conforme surgem, da mesma forma que um DNA orgânico buscava continuamente se reproduzir e se preservar e agora espera o momento exato para a inserção no óvulo.

Fica fácil de percebermos como isso acontece pensando em nosso próprio corpo. No instante em que está ocorrendo a digestão, o corpo se concentra no processo e a alimentação celular dentro de outros órgãos passa a ser menor no que diz respeito à absorção de açúcares[16].

De modo geral a diversificação anatômica e a complexidade dos organismos se ampliou enormemente com a presença do sistema circulatório sanguíneo, com a extensão de cada vez mais nervos circundando cada um dos órgãos e se ligando aos músculos, e com a especialização do sistema digestivo que agora atendia às necessidades dos outros órgãos, além de si mesmo, através dos impulsos químicos que eram enviados pelos ciclos presentes nos gânglios neurais.

Cada órgão, ao se especializar em uma função, pode economizar determinados processos se tornando mais eficaz e rápido. Este processamento mais eficaz da função de cada órgão forçou os organismos a integrarem completamente à mente-cérebro e o corpo. O sistema circulatório e o coração passaram a ser quesitos essenciais para o bom funcionamento de todos os órgãos, já que a ampliação e a mudança no fluxo de nutrientes somente poderia ser suportada através de vasos sanguíneos celulares e não mais tubos proteicos simples. De modo geral, a quantidade de enzimas que estes organismos criaram devido ao funcionamento mais elaborado dos órgãos, triplicou.

---

[16] Já a de oxigênio se mantém em níveis semelhantes, o que indica que a quantidade de células análogas às hemáceas tiveram de ser produzidas em quantidades equivalentes.

7.3.2 A criação do sistema nervoso (parte 3)

De modo geral, a função da água nos organismos sempre foi essencial tanto para a alimentação, através do leva e traz de nutrientes, quanto como componente interior essencial para proteção e funcionalidade dos órgãos. É conhecida a expressão de que "o cérebro humano boia em lago líquido", por exemplo.

O sistema imunológico também foi aperfeiçoado não só referente à análise e manutenção da morte das células da maior parte dos órgãos, mas também através da criação das células brancas sanguíneas capazes de produzirem proteínas (anticorpos) para quebrarem a parede dos invasores ou ao menos sinalizarem que um determinado organismo invasor precisava ser eliminado.

Em relação às sinapses um tipo funcional diferente surgiu em adição aos demais no que se refere a uma mistura entre os impulsos químicos e os impulsos elétricos. É um tipo de axônio, presente na maioria dos nervos principais que estão ligados aos órgãos, em que além do envio de mensagens químicas interpretadas pela mente-cerebro também atuavam através do fluxo inicial de íons – estes responsáveis por indicar a temperatura ideal a ser mantida no interior do organismo e de cada órgão. Em alguns animais esta função apareceu logo que estes organismos conseguiram estabilizar algumas mudanças no ciclo respiratório que possuíam, como no caso das brânquias e que, portanto, ocorreu cronologicamente antes desta citação.

Mas agora imaginemos um ser humano entrando em um freezer gigante. Minutos depois nossas proteínas e enzimas roubariam elétrons e congelaríamos, porém por possuirmos sofisticados sistemas de controle de temperatura, involuntariamente tremeríamos para preservar os órgãos vitais. O gasto da energia com o movimento faz com que os elétrons absorvidos sejam utilizados para aquele exercício, reaquecendo o organismo.

O movimento também fará com que a água dentro do nosso corpo, através de um aceleramento do fluxo do plasma, seja impedida de ser congelada. Se a temperatura gélida persistir, a movimentação de nosso corpo gastará toda a energia armazenada com o movimento até que o sangue passará a fluir cada vez mais lentamente, ou então o ar que respiramos acabe cristalizando dentro de nossos pulmões, nos levando à morte.

A nossa movimentação involuntária, assim como ocorre na maioria dos animais que possuem um controle de temperatura, acontece através de um ciclo bem elaborado em que os axônios disparam um sistema análogo ao "quórum sensing", depois que uma determinada quantidade de íons dentro dos nervos se torna satisfeita em virtude do resfriamento excessivo de um órgão, ou de uma determinada região do corpo. Se estes íons, por outro lado, começarem a provocar uma atração de cargas muito forte significará que eles estão sem elétrons e o resultado será um aumento da temperatura na região. O próprio aumento ou a diminuição da temperatura na região indica que se a alteração persistir por muito tempo ou se ampliar mensagens serão enviadas para a mente-cérebro a fim de que extensões dos sistemas que regularizam a temperatura sejam ativados.

Essa adaptação mais específica surgiu como uma forma dos organismos conseguirem se manter a uma temperatura ideal de funcionamento, mesmo quando Gaia se apresentava mais hostil – claro que dentro de um certo limite de abrangência. Alguns dos processos de hibernação também surgiram nesta fase.

Mas a evolução prosseguiu e depois que os organismos construíram as cordas nervosas e ampliaram a capacidade de controle homeostático através da criação do sistema autoimune e de regulação térmica, criaram o mapa corporal e aperfeiçoaram os sistemas que já existiam, espalhando cordas nervosas para todas as regiões possíveis do corpo. Foi assim que puderam conceber outros tipos de regulagens químicas, hídricas etc.

A ampliação consistente da quantidade de nervos nos animais e a criação deste sistema chamado de mapa corporal, que traduzia ou simulava o tamanho do corpo e a sua posição em relação ao espaço, permitiu aos animais postular na mente-cérebro pela primeira vez um simulacro de realidade criada, no caso uma simulação física de como o corpo é.

Não que anteriormente não houvesse através das células a percepção corporal e espacial, com sistemas mais ou menos coordenados, porém agora um espaço físico seria inteiramente destinado para a ampliação do poder de "navegar" e situar-se em equilíbrio.

O mapa corporal serve, portanto, para atribuir noção espacial e dimensão corporal com níveis de detalhes que variam de animal para animal, respeitando a quantidade de nervos que contornam determinado órgão em específico, e dos receptores na outra ponta do sistema (mente-cérebro). Mas é fácil perceber que a noção de caça e caçador se tornava cada vez mais evidente, evolutivamente.

Então, isto teve consequências relevantes, pois levou a uma ampliação proporcional da quantidade de neurônios espalhados pelo corpo e na mente-cérebro, resultando na divisão dos gânglios nervosos em núcleos físicos distintos, para uma melhor organização e controle das tarefas realizadas. Primeiro a mente-cérebro foi dividida em dois, depois quatro e então em sete.

Esta contínua evolução dos grupos de pré-vertebrados resultou em um poder de memorização ainda maior, o que fez com que ao longo do tempo eles pudessem criar a memória de longo prazo. Foi como num ato de atribuir "nome" ou na verdade significado a cada um dos ciclos sistêmicos internos, que teríamos uma inovação massiva e que determinaria o rumo da evolução até o homo sapiens sapiens[17].

---

[17] Alguns invertebrados como os polvos adquiriram tal capacidade conforme a evolução avançou, através de reformas bem elaboradas dos gânglios nervosos para a incorporação de cada vez mais ciclos automatizados operando na mente-cérebro. No entanto, nestes casos, apesar das reformas cerebrais as funções que já eram realizadas em virtude das necessidades adquiridas, bem como a anatomia do animal irá permanecer similar à original com o objetivo de não perder os requisitos essenciais competitivos.

7.4 A criação da memória de longo prazo

A possibilidade de atribuir símbolos ou significados a cada um dos ciclos orgânicos sistêmicos dá início ao fenômeno que chamamos de memória de longo prazo. Acreditamos que a criação da memória de longo prazo se deu pouco antes de 635 milhões de anos atrás, período que também é caracterizado por uma grande explosão da variedade anatômica dos animais e que se extende até 542 milhões de anos atrás (fauna Ediacara).

Esta grande explosão anatômica dos animais se deu por vários motivos: o primeiro é devido à própria continuação interna evolutiva do animal, seja através do aprimoramento dos órgãos, seja através do aprimoramento intracelular e daí por diante, e que deu prosseguimento à longa fase anterior com a construção da mente-cérebro e do sistema nervoso. O segundo motivo é associado ao primeiro, pois junto à possibilidade de maior evolução interna houve uma ampliação da competição entre os próprios animais nesta época, forçando os organismos a buscarem atributos inéditos, como os órgãos do sentido, que veremos no próximo item. É claro que então o revesamento natural entre revolução interior versus a necessidade de permanecer sempre alerta prorrogou-se até os dias atuais, alternando-se ciclicamente.

Sabemos que a memória de curto prazo trouxe a compreensão dos significados aos organismos, apesar desta compreesão atuar de modo direto, quase instintivo. Quer dizer, os significados só existem por associação e a associação só é concebida quando há pelo menos mais de um pensamento, o que em outras palavras é o mesmo que afirmar que recordar o passado foi uma forma de tentar antever o futuro, uma maneira de antecipar o próprio instinto.

Já a memória de longo prazo proporcionaria um avanço fundamental porque segurando um ou vários pensamentos por mais tempo, através do uso de mais neurônios, reflexões poderiam ser feitas e estas resultariam em um aprendizado muito mais rápido e efetivo.

Pois bem. É certo que para o funcionamento dos axônios e dos impulsos elétricos, ciclos metabólicos específicos precisaram ser desenvolvidos para que à medida em que um neurotransmissor ou íon chegasse até os gânglios, determinadas enzimas pudessem ser ativadas, dando início ao maquinário que atuaria de forma determinante. Na verdade, são justamente as nuances entre a quantidade dos chamados neurotransmissores que indicarão aos gânglios o que deverá ser feito ou evitado, a fim de se corrigir, por exemplo, a temperatura e a pressão. Isso dá aos organismos cada vez mais tempo de resposta e flexibilidade em relação às condições externas.

Os vasos sanguíneos precisam ser largos o bastante para permitirem a passagem do sangue e, assim, dos nutrientes, bem como a frequência cardíaca precisa ser condizente com cada um dos processos. A temperatura precisa estar no ponto ideal para o funcionamento dos órgãos e o sistema digestivo deve estar bem interligado com a mente-cérebro a fim de que ela possa indicar quais alimentos são necessários, em qual quantidade, mas ao mesmo tempo tem de estar atuando em conjunto do sistema excretor para que a reciclagem de proteínas, enzimas, moléculas e, mais tardar as células, deve ser ineterrupta. E a lista simplesmente não cessa!

No corpo tudo está interligado e deve estar funcionando em harmonia. Quem tende a garantir esta harmonia e corrigi-la quando há alguma alteração é a mente-cérebro, porém ela só pode ter a certeza do que está ocorrendo confiando no sistema nervoso que ela própria desenvolveu. Acontece que quando estes seres começam a utilizar-se de uma memória de longo prazo um número muito maior de dados pode ser utilizado para múltiplos tipos de análises – internas e externas.

A memória de longo prazo vai se formando por aquilo que o organismo acabou de viver e como esta geração ainda não possui muito espaço de armazenagem interior, relativo à quantidade de células primordiais e principais atuantes na mente-cérebro, ele terá de apagar tais memórias associativas para que possa manter as mais recentes.

A memória de longo prazo depende das redes neuronais, isto é, um conjunto de células principais que compreenderam em um determinado instante que tal impulso "extrafísico ou imaginário" seria crucial para evolução do organismo, de modo que pudessem relacionar a um determinado *input* o siginificado de bom versus ruim, positivo versus destrutivo, isto é, conseguindo dar significado a tudo aquilo que viviam.

Vejamos a importância desta passagem histórica, porque todo o aprendizado mais refinado nasceu daí, já que os gânglios neuronais passariam a analisar as melhores formas de conter ou aprimorar aquilo que foi ruim e buscar através de transformações internas o que era positivo, tanto relativo às melhorias competitivas quanto à possibilidade de melhor adaptar-se no meio ambiente. Todo trabalho no sentido de conectar-se ou transformar "a sociedade", "o bando", "o grupo" em que viviam só veio a aparecer bem mais tarde.

Quando era preciso os organismos simplesmente se desfaziam de uma memória de longo prazo já não tão crucial para a sobrevivência, a fim de segurarem uma nova memória mais importante, determinada pela repetição ou pela intensidade. Já os organismos que podiam ampliar suas capacidades mentais, ao invés de optarem por memórias que tinham níveis distintos de importância, simplesmente mantinham as duas memória e ainda as classificavam em níveis de importância, até substituírem-nas.

Portanto, os organismos estavam formando nestes instantes os próprios conceitos de tudo aquilo que era bom versus ruim, à medida em que compreendiam seus ciclos e sistemas. E com mais opções alimentares e novas possibilidades perceptivas os animais seguiram ampliando suas dimensões e criaram mais cordas nervosas em conjunto com vasos sanguíneos, e músculos que se estendiam a outras regiões do corpo, além de peles ou escamas. Alguns grupos tiveram de criar vértebras e esqueletos que lhes possibilitariam manter uma anatomia direcional e retilínea – da mente-cérebro para as extremidades, mesmo com tamanhos bem maiores.

Até o mais simples dos animais com mente-cérebro evoluiu por simetria bilateral, o que significa que um lado do corpo é igual ao outro, dividido ao meio por ao menos uma corda nervosa criada pela mente-cérebro, localizada em uma das extremidades. Este tipo anatômico era tão prático que por mais bizarros que os animais desta época nos pareçam ser atualmente e, portanto, distintos dos formatos que conhecemos na atualidade devido à presença de multiplos chifres, ou devido a uma similaridade híbrida, por exemplo, a junção do corpo de um ser similar ao camarão com o rabo de enguia, os animais que têm gânglios nervosos nunca foram completamente "recortados", pois a evolução prezava pela simplicidade, traduzida na passagem eficaz do sangue e na chegada rápida e eficiente das mensagens neuronais. Vejamos a figura abaixo de dois desses animais:

Fig. 111: Animal com cinco olhos e um fucinho retrátil.

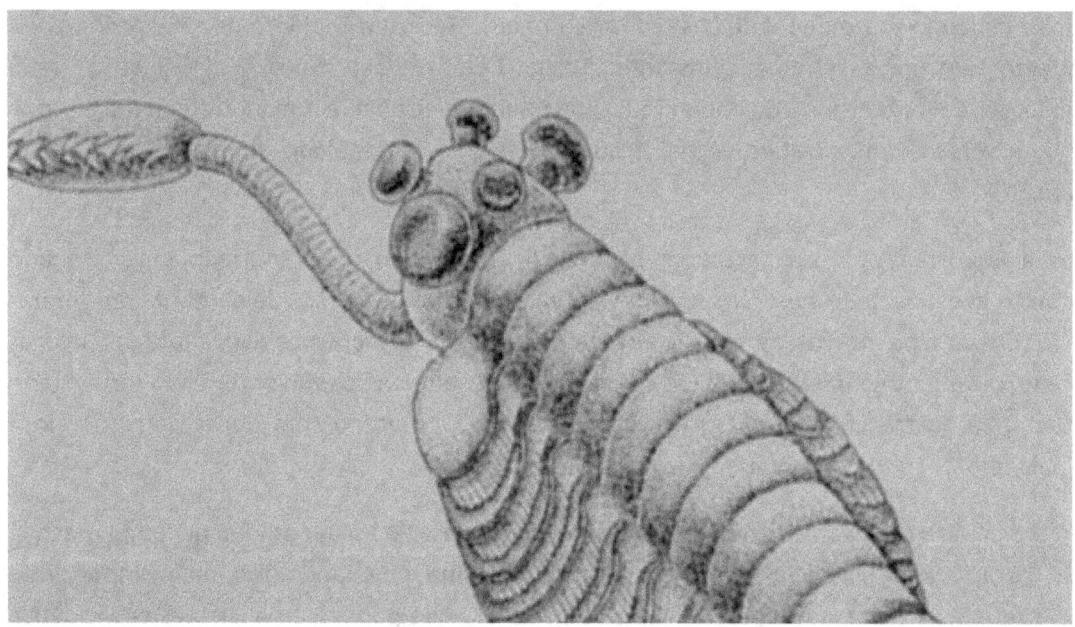

Fonte: Evolução Scientific American (DVD)

Fig. 112: Animal com um círculo de presas ao redor da boca

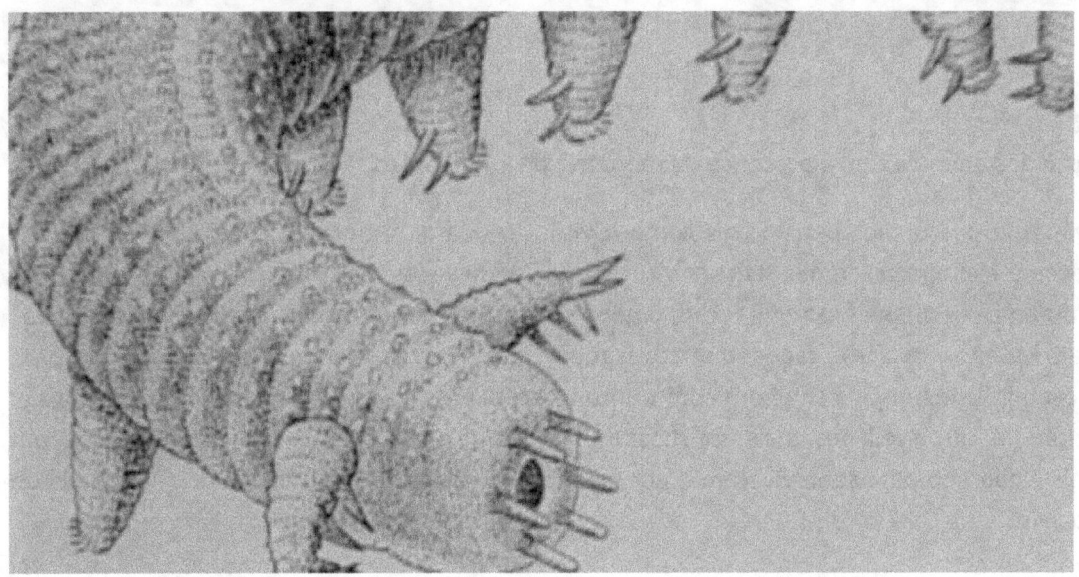

Fonte: Evolução Scientific American (DVD)

Os organismos sobreviventes às imposições de Gaia estavam de modo geral bem adaptados às suas regiões. Isso significa que à medida em que os organismos foram tomando dimensões cada vez maiores e continuaram a se reproduzir povoando os mares e os grandes rios, a competição se tornou uma questão ainda mais urgente do que as eventuais mudanças geológicas.

Claro que quando falamos em competição também temos de imediatamente associar isto à capacidade reprodutiva e aos métodos naturais que estes animais encontraram para conseguir procriar da melhor forma possível e em maior quantidade. As modificações que ocorrem na Terra, apesar de serem sempre severas e massivas, acontecem de tempos em tempos; já a cadeia alimentar, além de mais imediata também é local, forçando os organismos a se adaptarem com maior rapidez.

Em resumo, o que aconteceu foi que os invertebrados evoluíram em prol desta competição, além das mudanças eventuais de Gaia, enquanto os vertebrados também evoluíram devido a estes dois fatores, porém com uma maior utilização da memória de longo prazo e elaboração de planos futuros, o que lhes garantiu desenvolvimentos mais pronunciados. A diferença entre os próprios vertebrados se deu basicamente entre a possibilidade de associação de cada vez mais ciclos vitais às suas memórias de longo prazo através da presença de uma mente-cérebro mais bem adaptada anatomicamente, o que com o tempo também lhes tornou mais flexíveis às imposições das condições externas (cadeia alimentar e transformações terrestres).

7.5 A sofisticação dos animais com a presença da memória de longo prazo

O surgimento dos órgãos perceptivos como a visão, o olfato, a audição, o paladar e, claro, os aparatos análogos a eles, por exemplo, os sonares, ocorreu de diversas maneiras com maior ou menor desenvolvimento entre os animais, porque foram órgãos criados de acordo com as pressões competitivas de cada habitat. Mesmo nos vertebrados, que conseguem se utilizar da memória de longo prazo para construí-los e evoluir, estes órgãos surgiram com o intuito de fugir, caçar ou aprimorar a reprodução e, por isso, poderão ter propriedades mais sofisticadas naqueles seres vivos que dependeram de um mecanismo mais elaborado para sobreviverem, , por exemplo, a percepção de uma maior quantidade de cores através da visão.

Antes da visão sem dúvidas o órgão mais utilizado na defesa e no combate era o tato, já que no instante em que se percebe algo com as extremidades tais impulsos podem ser sentidos através de um magnetismo e/ou eletricidade capturado pelo sistema nervoso. Independentemente daquilo que se chama de tato, é consenso que ele se refere à sensação do toque, como no caso dos filamentos elétricos das medusas, capazes de paralisar uma presa. Os detectores de campos magnéticos e elétricos são um ótimo exemplo da exteriorização do tato.

A revista Scientific Amrican mostra que à medida que a evolução avançou a exteriorização do tato ficou ainda mais nítida, como no caso das lilnhas laterais que se estendem pelo lado de muitos peixes e anfíbios, das guelras à cauda, detectando o deslocamento da água. Nos peixes ela consiste em uma fileira especializada de escamas perfuradas, cada uma com abertura para um tubo longitudinal logo abaixo da pele. Em protuberâncias ao longo de seu comprimento células sensoriais especializadas chamadas ciliares estendem projeções esguias, parecidas com cílios, no tubo. Movimentos ligeiros na água, como os causados por peixes nadando a uma curta distância, dobram as massas ciliares microscópicas, como um vento causa ondas em uma plantação. Essa reação estimula os nervos cujos impulsos informam o cérebro sobre a força e a direção do deslocamento da água. Nós, humanos, herdamos uma habilidade descendente dessa linha lateral na cóclea de nosso ouvido.

Os tubarões, por exemplo, detectam campos de eletricidade à medida em que uma célula sensorial localizada em seus fucinhos reagem a um campo elétrico externo, que acaba produzindo um pequeno potencial elétrico em sua membrana levando os canais a permitirem a entrada de íons de cálcio. O afluxo de carga elétrica faz com que a célula libere neurotransmissores nas sinapses, dos nervos para o cérebro, estimulando sua ativação. A taxa de estímulos indica a força do campo externo, enquanto sua localização relativa ao tubarão é determinada pela posição dos poros ativados em seu corpo. Uma vez que a visão do tubarão não é bem desenvolvida, essa detecção dos impulsos elétricos serve para a fase final de um ataque onde a um metro de distância do alimento a eletrorrecepção reconhece precisamente o alvo, enviando a mensagem à mente-cérebro que consequentemente orienta os músculos das mandíbulas para que se abram e realizem uma mordida bem sucedida.

Muitas vezes, o que parecem ser "sexto sentido" na verdade são apenas variações daquilo que chamamos de tato. No entanto, a exteriorização do tato só foi possível porque junto deste desenvolvimento tátil sistemas sensórios-motores também foram criados, onde os nervos passaram a se conectar a músculos específicos. Esta explosão das interligações nervosas e musculares também ocorreu em todos os outros órgãos do sentido que surgiram no corpo.

No que se refere ao sistema ocular entedemos que o mais simples que surgiu possuía células fotoreceptoras capazes de coletarem fótons e anatomia parecida à de um cálice, o que fazia com que os fotoreceptores só conseguissem capturar a luz de acordo com o ângulo em que ela batesse no olho. Este olho estava longe de enxergar como os animais modernos enxergam; ele simplesmente conseguia montar um borrão bem grosseiro do ambiente, em dois tons distintos, possibilitando enxergar os movimentos mais próximos e mais relevantes.

Quando há movimentação de um borrão na água, dependendo da capacidade de memória de longo prazo do animal poderá existir a associação de que pela maneira e velocidade que o borrão se movimenta trata-se de uma presa ou de um alimento, e não um predador, por exemplo. Claro que enganos ocorriam, mas enxergar a movimentação de outros animais se tornou crucial para comer o alimento sem se ferir com espinhos, por exemplo, e escapar dos predadores com maior antecedência.

Especificamente a forma de se perceber a luz ocorria através de cordas nervosas criadas apenas para esta função, que misturavam sinapses elétricas e químicas similares ao modo de como a percepção térmica funciona. A luz que entra no olho terá a capacidade de ativar enzimas através dos fotorreceptores, análogo ao que ocorre no processo de fotossíntese, e posteriormente estas enzimas excitarão íons que produzirão impulsos elétricos. Os impulsos elétricos vão então viajar até os gânglios. Quanto mais luz detectada maior será a carga elétrica que chegará à mente-cérebro. Uma vez nos gânglios, a quantidade de luz será associada à dimensão do obstáculo postado à frente em relação a própria noção de dimensão corporal/espacial.

Os sistemas olfativo e gustativo são similares uns aos outros, pois ambos funcionam através de mensageiros exclusivamente químicos, mas o sistema gustativo foi o último a surgir, aparecendo apenas como um estímulo prazeroso dos alimentos mais nutritivos a serem consumidos, e desta forma mais como um "refinamento" de uma função que já vinha sendo estimulada. Em relação à ramificação dos outros sentidos não é possível dizermos que um deles surgiu antes dos demais porque dependeu muito do local em que o animal vivia e das motivações que o levou a constituir um ou outro sistema.

Tanto no sistema olfativo como no gustativo a força do sinal enviado para a mente-cérebro será relativa à maior quantidade de moléculas recebidas nos sensores que as percebem. Estes sensores são extensões de axônios programados para interpretar uma determinada quantidade de moléculas, similarmente ao que ocorre no esquema do quórum sensing. A ativação de um ciclo apenas ocorrerá, portanto, quando o estímulo for grande e a combinação de moléculas existentes indicarem que há um parceiro para o acasalamento por perto, por exemplo. Dependendo da quantidade de relacionamentos existentes na memória de longo prazo, essa associação fica ainda mais precisa, sendo possível distinguir até mesmo o potencial reprodutivo do parceiro pelo cheiro. Se existiam desequilíbrios na quantidade de fêmeas de uma espécie em comparação à quantidade de machos, por exemplo, então o sistema olfativo seria privilegiado em detrimento dos outros, a fim de que os machos descobrissem onde se situavam as fêmeas através de seus feromônios e vice-versa.

Por fim, o sistema auditivo é o único baseado inicialmente em movimentações exclusivamente físicas e não químicas ou elétricas. Ele funciona como um instrumento musical onde, depois que as vibrações são canalizadas por um tubo auditivo, acabará movimentando pequenas fibras como se fossem as cordas de uma harpa. As nuances na pressão das vibrações sonoras que empurram a água são traduzidas pela diferença de extensão das fibras e, dependendo do animal, da própria composição destas fibras, que podem atribuir diferentes sonoridades.

Por outro lado, a construção dos órgãos do sentido e suas extensões acabam servindo como foco de entrada para invasores em geral, a exemplo dos vírus e das bactérias. Assim, como consequência óbvia para a formação destes órgãos, surgiram blindagens, a exemplo de enzimas instaladas nas secreções (como as lágrimas) capazes de destruir a parede celular de muitos invasores, ou no caso de outros líquidos, como o muco, que contém células especializadas na defesa do corpo similares às células fagocitadoras primordiais, além de meios de aviso possibilitando que diferentes tipos celulares pudessem isolar e conter um invasor.

7.6 O avanço da mente-cérebro com o surgimento da dor

Com o surgimento dos órgãos do sentido os animais começaram a perceber áreas cada vez mais longínquas e isso fez com que a competição se tornasse ainda mais voraz e o nível de consciência, cada vez maior. Muitos dos organismos, vivendo ou não em comunidades, evoluíram através da compreensão de como funcionavam outros seres vizinhos. A capacidade de compreender aquilo que nos rodeia e então comparar foi fundamental para o aprendizado e a evolução de modo geral. Claro que, ao contrário do que aparenta, todos estes avanços demonstrados no item anterior não foram imediatos; levaram milhares de anos até estarem completamente desenvolvidos. Isto porque primeiro as próprias células e sequências de DNA têm de se modificar e se adequar às novas tarefas que surgem, e depois porque cada uma das alterações tem de ser atualizada nos cromossomos e na composição das células-tronco reprodutivas, antes da ovulação.

Apesar da consciência estar se ampliando com a memória de longo prazo, nestes instantes os animais que tinham mais de um órgão sensorial externo processavam suas informações e as conglomeravam uma por vez, dando preferência ao estímulo que chegava com maior intensidade, principalmente quando um deles envolvia uma possível ameaça à sobrevivência. Temos que levar em consideração aqui que a complementação de estímulos sempre foi legítima como medida evolutiva na natureza, por exemplo, escutar e depois farejar uma ameaça, mas o que estamos nos referindo é a compreensão de dois *input*s simultaneamente.

Nos animais com mais de um órgão sensorial a mente-cérebro começou a organizar as funções principais e agrupá-las fisicamente próximas a ela própria, facilitando-se assim a comunicação nervosa entre os órgãos do sentido.

Recapitulando, os gânglios já nascem com memória de curto prazo que lhe possibilitará a formação do sistema nervoso – este, por sua vez, aparecendo como o grande mensageiro capaz de indicar o que está acontecendo com o corpo para a mente-cérebro. As inúmeras sinapses que geraram mensagens específicas na integração do sistema nervoso e dos órgãos impulsionaram a criação de uma quantidade enorme de ciclos sistêmicos nos gânglios, levando-os a novas ampliações. Estas novas ampliações vão gerar a memória de longo prazo, onde agora determinados sistemas poderiam ser associados a um significado-chave, algo que carrega implícita a noção de bom versus ruim.

Por exemplo, quando um destes ciclos era ativado na mente-cérebro devido à morte de algumas das células sem ainda programação automática para a sua manutenção, além da correção imediata daquele problema pelo sistema imunológico (células que viajarão na corrente sanguínea para se alimentar do material que está ocasionando as alterações de pH), dependendo do animal a mente-cérebro talvez busque tentar corrigir este problema de modo definitivo, ou fazer com que ele não volte a ocorrer com tanta frequência, ou ainda mesmo buscar reformar as células do sistema imune para que elas possam, no futuro, realizar o mesmo trabalho de modo mais eficiente.

Portanto, um *input* considerado ruim era gravado mesmo depois que ele já tinha sido corrigido para que o organismo pudesse analisar e aprender tomando as medidas evolutivas cabíveis e antecipar novos problemas. É isso o que permitiria posteriormente aos organismos produzirem salivas capazes de eliminar bactérias e vírus, bem como peles impermeáveis a estes invasores e barreiras isolantes (internas e/ou externas) assim que um corpo estranho era detectado.

Ao longo do tempo, com o acúmulo de cada vez mais neurônios e o avanço da memória de longo prazo, torna-se possível que um número cada vez maior de ciclos ou extensões na mente-cérebro comecem a ser associados a *input*s ruins versus bons, mas sempre que um problema novo surja um destes conceitos tinha de ser esquecido para que houvesse neurônios capazes de resolver o problema em questão.

Até aqui nenhuma novidade do que já tinha sido explicitado. Temos de compreender agora que essa lógica procedeu até que os animais com uma quantidade cada vez maior de neurônios conseguiram inventar a dor. Dizemos "inventar a dor" porque a célula em si não sente dor. Os nervos, ou axônios, podem perceber alterações e serem programados a realizarem determinadas tarefas, mas eles em si também não conseguem recriar a sensação da dor. A percepção da sensação dolorosa corresponde a conceitos fixados na memória de longo prazo relacionados aos estímulos que as células percebem. A criação da dor nada mais foi do que uma correção da necessidade de apagar a todo momento compreensões vitais daquilo que já havia sido aprendido. Isto é, área central da mente-cérebro gravou em certo momento da história evolutiva alguns significados de modo perene (através do uso de mais neurônios), onde todas as vezes que determinados *input*s padrões (ruins) ocorressem também significaria que algo danoso estava ocorrendo, levando aquela região do organismo a "clamar" por socorro.

A dor é um sistema de aviso! Por exemplo, quando há alterações de pH, o que as células sentem são marteladas ou fisgadas proveniente do escape de radicais livres (elétrons e fótons). O que era gravado de modo perene era a noção das marteladas ou fisgadas relacionadas ao tempo de permanência e intensidade destes *input*s, antes que a área central consciente tivesse de tomar uma atitude para contornar aquele problema por si mesma, talvez atrasada dentre tantas outras tarefas sendo realizadas. Para auxiliar o sistema usa-se o mapa corporal, motivo pelo qual a dor pode também ser "fantasma". Vejamos a figura a seguir:

Fig. 113:

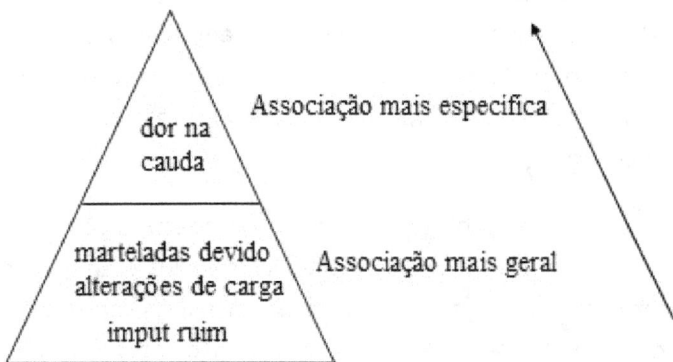

Sempre as associações de longo prazo funcionarão como um guarda-chuva mais geral que converge para compreensões cada vez mais específicas. Mas por que é necessário que o mapa corporal seja acionado? A partir da criação dos mapas corporais a mente-cérebro passou não mais a relacionar as cordas nervosas à sua região de origem, mas a compreender onde o problema estava exclusivamente através do que era postulado nos mapas. E por que a dor surgiu? A dor surgiu como uma forma de demonstrar e forçar o próprio organismo a buscar somente o que era positivo, justamente para que toda a análise evolutiva pudesse, de certo modo, ser automatizada. Isto é, criando-se associações perenes a memória de longo prazo não precisaria mais identificar se o *input* era ruim ou bom, porque a dor automaticamente lhe diria que o *input* era ruim, tornando possível que a capacidade de memorização fosse usada para outras questões.

Mais uma vez, supondo que algum animal tem o phH alterado de sua cauda, ele ao invés de reconhecer aquele *input* como sendo ruim irá reconhecer primeiramente a sensação. Como é transmitida esta sensação? Através dos axônios que farão ativar ciclos automáticos na mente-cérebro para uma imediata correção daquele problema. Enquanto a correção automática está sendo feita a área central que guarda a memória de longo prazo identificará esta sensação e analisará tanto o tempo de sua permanência quanto a sua intensidade, que neste caso é interpretada através de um sistema similar ao de quórum sensing com uma quantidade "x" de neurotransmissores.

Logo em seguida, sinapses serão realizadas com o mapa corporal a fim de identificar em qual região do corpo aquela sensação ocorre[18]. No entanto, será baseado no tempo de permanência da sensação e na sua intensidade que a mente-cérebro passará ou não a atuar, reconhecendo que os ciclos automáticos não são suficientes para solucionar o problema, ou então não são bons o suficiente para solucionar o problema com a velocidade necessária antes que o organismo morra, por exemplo.

E antes, o que ocorria? Anteriormente tudo aquilo que não era resolvido pelos ciclos automáticos e traziam algum prejuízo era corrigido assim que o animal identificava o problema, disponibilizando mais neurônios para analisar como agir diante daquilo. Ora, se anteriormente os animais possuíam menos cordas nervosas espalhadas pelo corpo e não tinham um limiar de intensidade e duração indicando o ponto em que um determinado *input* era grave o bastante para ser corrigido, significava que as atitudes que eram tomadas tinham uma resolução muito mais passível de consumo energético, e as chances de morte eram muito maiores.

De modo geral, se a intensidade da dor sentida não diminuísse logo no início isto indicava à mente-cérebro que a dor permaneceria e que alguma outra solução precisava ser tomada. A padronização deste tempo relativa à quantidade de neurotransmissores foi ganhando especificidades ao longo da evolução, além de outro mecanismo, que será citado no próximo item.

Portanto, quando a dor parava isso significava que o animal possuía meios de corrigi-la de modo automático. Quando ela continuava então o organismo sabia que precisava tomar providências sem ter de agora desassociar uma memória antiga, porque a sensação dolorosa era o que lhe mantinha a lembrança.

A eventual identificação de problemas sem a presença da dor, isto é, como no caso da alteração de temperatura nos invertebrados, e depois de sensações distintas daquelas que já estavam gravadas como padrão, por exemplo, a ardência na pele, forçavam os organismos a criarem cada vez mais meios de gravarem memórias perenes padrões.

A dor é, portanto, uma alteração física, como uma martelada, fisgada, solavanco constante no caso da pressão, uma alteração de calor ou frio no caso das variações bruscas de temperatura, ardência no caso da pele, entre outras alterações que possam associadas ao conceito de negatividade, isto é, algo desfavorável à evolução.

---

[18] Fisicamente os neurônios ainda estarão representando a cauda do animal inteira, porque os neurônios não postulam uma imagem tão detalhada a ponto de compreender pequenas alterações espaciais, motivo pelo qual a região da dor é uma região aproximada da real.

Até este ponto da evolução, para se ter a noção conjunta associativa, era necessário disponibilizar neurônios somente para isso, e assim mesmo depois que um problema já tivesse sido solucionado não havia geralmente ações futuras buscando preveni-lo. A mente-cérebro estava se tornando cada vez mais organizada, pois agora passaria a analisar a permanência e a intensidade do *input* para a tomada da ação.

7.7 O surgimento do prazer, evolução dos mecanismos da dor

No que se refere ao prazer acreditamos neste estudo que os diversos mecanismos existentes, como a sensação acionada através da fome e então do sabor, não difere em sua estrutura sistêmica para a mente-cérebro à do sexo, e estas duas são bem similares ao sentir-se confortável, em segurança e a sensação de união em grupo ou fraternidade, além do prazer com o divertimento espontâneo ou alegria. Todos estes prazeres apareceram em diferentes épocas para espécies distintas, cada uma de acordo com a própria necessidade e às pressões do ambiente.

Em relação aos animais que procriavam através do sexo especificamente, se por um lado não podemos dizer que para ele existia algum tipo de prazer, assim como nós, seres humanos possuímos (e somos muitas vezes até capazes de transcender o estado da matéria), havia um reconhecimento de que o ato sexual em si era a maneira de trazer novos descendentes e perpetuar a espécie, ou seja, conseguir a penetração ou fazer com que a fêmea em ovulação, de alguma forma, traria a progressão natural da continuidade como "ego" mesmo após a morte.

Podemos recordar então porque a evolução orgânica privilegiou o sexo, ao invés da reprodução assexuada: o sexo foi privilegiado porque a partir do instante em que há uma quantidade de cromossomos limites referente ao que cada organismo pode guardar em seu interior, os seres vivos orgânicos perceberam que a evolução não poderia mais ser dada através da soma de mais cromossomos e sim através da combinação mais eficiente entre estes cromossomos para a espécie, ou seja, o macho e a fêmea com características que melhor se completassem.

Claro que para o leitor mais consciente, no fundo, dizer aqui que um ser vivo é mais evoluído do que o outro (ou superior) soa como uma inocência de nossa parte. Ora, boa parte dos micróbios consegue se readaptar e não morrem de velhice, já as plantas, por exemplo, deixaram de "fagocitar" para aprimorar a fotossíntese. Contudo, os animais dependem diretamente das plantas para sobreviverem e nós dos microorganismos e das plantas. Na vida cada ser vivo exerce o seu papel e tem funções essenciais, de modo que por mais que o animal preze pela própria espécie ele tende a naturalmente preservar o ambiente em que vive quando percebe que depende dele para sobreviver, em primeiro lugar.

Se a dor é a associação de uma alteração física real após um *input* maléfico, ligado ao mapa corporal, o prazer é a associação de ativação de um determinado ciclo, como a necessidade de produção de mais células a cada nova "ejaculação", relacionando-se isso a um *input* bom, ou seja, que aquilo que ocorreu é importante para a ovulação e a evolução, além de, claro, a indentificação da região do corpo onde houve o estímulo através do mapa corporal. Esta noção conseguida através do mapa corporal é necessária porque é a mente-cérebro quem produz e envia os componentes básicos para a construção dos fluídos pré-embrionários.

Nos adiantando no tempo temos que em algumas espécies de símios do sexo feminino foram desenvolvidos os chamados sistemas de recompensa cerebrais de modo ainda mais sofisticado e pronunciado do que nos machos, já que os estímulos não estavam apenas relacionados ao instante de fecundação do óvulo pelo espermatozóide. Nelas, cordas nervosas que atuam em outras funções e até órgãos através dos neurotransmissores, ficavam em *"stand by"* até serem estimuladas (e este estímulo aqui referido pode ser um ninho, um odor, mais tarde uma vocalização), que passarão a ser reconhecidas na mente-cérebro como *input*s positivos, isto é, favoráveis à evolução.

No que diz respeito ao sabor, pode-se dizer que os seres que desenvolveram esta mutação se organizaram de um modo onde sempre que o organismo ingeria a presa que lhe gerava melhores recompensas protéicas, também selecionava neurônios para guardar uma associação a respeito daquela presa, incentivando-o a ingeri-la novamente.

Se no ato de ingerir uma determinada presa que promovesse uma proteína inédita ao organismo, e esta fosse ainda mais favorável à sua própria evolução, axônios eram ativados e se comunicavam com a mente-cérebro através de outro neurotransmissor que não a dopamina, pois a mesma ainda não existia. Ou seja, não é a dopamina em si que traz o prazer, e sim a associação existente relacionada a este neurotransmissor. Associação esta que só foi possível em primeiro lugar porque dentro de cada ser vivo orgânico existe uma energia luminosa que gera o combustível inicial que aqui denominamos como força da consciência ou luz interior.

Se o animal ingerisse sua presa predileta, porque esta havia hipoteticamente se tornado abundante em um determinado período e local, ele não a ingeriria sem limites. A ingestão do alimento iria cessar no instante em que seus aparatos de armazenagem estivessem completamente abastecidos, o que demonstra que os organismos eram regidos pelo equilíbrio perfeito e natural.

A evolução dos mecanismos da dor ocorreram pouco a pouco e, assim como os do prazer, variaram de espécie para espécie, de animal para animal. Dissemos que se a dor sentida não diminuía logo no início, isto indicava a mente-cérebro que outra solução precisava ser tomada pelo organismo para solucionar aquele desequilíbrio e alteração. A padronização deste tempo relativo inicialmente à quantidade de neurotransmissores associado a cada ciclo dentro da mente-cérebro foi ganhando especificações também através de mecanismos de chave e fechadura, ou seja, a criação de novos tipos de neurotransmissores. Estes novos neurotransmissores funcionavam ainda como um sistema parecido ao de quórum sensing, mas agora com mais sofisticação, análogo a um sistema de trocas cambiais, onde a liberação de um neurotransmissor x significava à mente-cérebro a equivalência de 50 neurotransmissores y e um efeito dominó muito mais poderoso.

O ápice da evolução dos sistemas de dor e prazer foram a criação de novas cordas nervosas que teriam somente a função de informar nuances da dor e especificações à medida em que foram se alastrando para todas as regiões do corpo (vasos, músculos, articulações, pele etc). Estas cordas nervosas são conhecidas como nociceptores e apesar de não possuírem muitas diferenças em relação ao modo de funcionamento das cordas nervosas anteriores, cada uma delas é criada para detectar mínimas alterações, conforme a memória de longo prazo guardava cada vez mais *input*s padrões.

O objetivo era tornar os organismos e suas percepções cada vez mais complexas. Por exemplo, um macaco sabe que sofreu um corte leve ou profundo, sabe quase o ponto exato de onde a dor está ocorrendo dentro do corpo e consegue distinguir limiares de intensidade muito mais apurados do que os animais desta época. Isto é o mesmo que dizer que quanto mais evoluídos são os animais, mais dor ou prazer eles conseguem sentir. Portanto, todas estas evoluções não foram imediatas, pois devemos lembrar que a própria estrutura celular se modificava e se adequava às novas demandas. Além disso, a criação dos nociceptores também varia de espécie para espécie e animal para animal porque dependem diretamente da capacidade de memorização a longo prazo, ou seja, uma maior quantidade de neurônios associada a uma maior organização mental-cerebral.

Cada vez mais as ações a serem tomadas na mente-cérebro também puderam ser automatizadas, economizando pensamentos e memória de longo prazo. Mas por que a mente-cérebro não se ampliava, simplesmente? Analisando a fundo é plausível dizer que enquanto houver a chance de se criar as propriedades do *Inner* no *Outer* isto será feito e somente então se evoluirá conscientemente, razão talvez pela qual o homem moderno prefira voar de avião ao invés de usar a sua "tecnologia" interna. Já no que tange à biologia é possível dizermos que ela é perfeita por dar sequência à ampliação gradual de complexidade de acordo com as necessidades mais imediatas e vitais.

Em suma, é possível dizermos que tanto a dor quanto o prazer são estímulos psicológicos. É como se a dor indicasse que há trabalho e correções que precisam ser realizadas com o corpo, e o prazer indicasse uma premiação por se ter gerado algo favorável à evolução.

7.8 A criação da dor é, sim, uma evolução

Dizer que a criação da dor é uma evolução é o mesmo que dizer que a tentativa de padronização dos *input*s relativos à dor recebidos no corpo, muitas vezes o único meio para a tomada de ação que definirá a vida ou a morte do animal, a exemplo do reconhecimento das alterações de pressão, pancadas, cortes, furos, mordidas, alterações de temperatura, veneno, etc, é eficaz e imprescindível para a evolução.

É claro que sabemos que na atualidade a dor tornou os seres vivos orgânicos mais vulneráveis de modo geral. Mas isto não está ligado ao mecanismo primordial que desenvolveu a dor, mas tem mais a ver com o altíssimo poder criativo do ser humano que, por não associar isto à consciência, constantemente transforma dores emocionais em dores físicas, aumenta dores que já foram curadas, ou transforma um pequeno incômodo em uma gastrite.

Imaginando que o problema da vez para o animal primitivo fosse um furo na pele e no corpo, devido a um fino espinho de uma planta presa a uma rocha que ele não pode identificar, mesmo que o organismo não possuísse nocicepção para compreender o furo em si, e só percebesse o problema no instante em que ocorresse a desconfiguração de algumas células, o animal só iria criar neurotransmissores capazes de reconhecer furos se o acontecimento tivesse sido grave o bastante para alterar o seu curso evolutivo. Por outro lado, com a nocicepção medidas preventivas relativas ao furo dependeriam de especificidades maiores (intensidade e/ou reincidência), o que levava o ser vivo orgânico a associações mais estreitas a respeito daquele problema. É claro que isto também variou de espécie para espécie e de caso para caso. Ora, casos isolados, randômicos, e que não provocassem nada além da dor repentina, provavelmente fariam o animal sujeito a novos furos, ainda que em regiões distintas de seu habitat anterior, por exemplo.

Isto significa que ao longo da evolução dos mecanismos da dor os organismos se tornaram menos vulneráveis a doenças, e não mais vulneráveis. É claro que isto levou ao longo do tempo a uma dissociação cada vez maior da área consciente principal da mente-cérebro que deveria atuar sobre estas circunstâncias, afinal os próprios ciclos automatizados já poderiam tomar todas as rédeas corretivas.

Não existem invasores unicelulares mais sofisticados do que o sistema imune dos animais em termos de complexidade, mesmo que estes vírus estejam trabalhando em conjunto. O que acontece é que o bom funcionamento dos sistemas de defesa dependem diretamente de um bom funcionamento do restante do corpo e da mente-cérebro, o que nestes instante se traduzia principalmente em uma alimentação adequada e adaptação ao habitat. Se os mecanismos que produzem as células brancas do sangue falharem certamente o resultado será o perpetuamento do invasor ou da doença. Só existirá doença quando houver algum desequilíbrio do organismo, referente ao modo de operação em que seu corpo, mente-cérebro, está organizado.

Outra consequência direta do surgimento da dor são a criação de inibidores, isto é, neurotransmissores que através de sinapses brecam o sinal doloroso para garantir liberdade de decisão ao animal. Por exemplo, no instante em que o animal tem a intenção de modificar uma parte de seu próprio organismo, por exemplo, a troca de bico, ou sempre que o organismo decidir que é mais importante continuar a migrar mesmo com um machucado do que permanecer ali e morrer devido às ameaças iminentes, ele irá criar novas associações que culminarão com a utilização destes inibidores. Portanto, suprimir parte da dor quando ela se tornava massiva e impedia o organismo de realizar outras atividades tornou-se praxe para continuar a promover ações imediatas ou mudanças regenerativas e adaptativas de tempos em tempos.

7.9 As mudanças em Gaia e no reino animal do período Cambriano ao Siluriano (542 até 416 milhões de anos atrás)

Não é incomum encontrarmos fontes mencionando que a fauna Ediacara, terminada há 542 milhões de anos, foi uma tentativa frustrada de os animais encontrarem a melhor forma anatômica para evoluir, motivo pelo qual o formato dos animais que perduraram, e temos conhecimento hoje, sejam bem distintos ao dos animais neste período. Porém neste estudo acreditamos que os formatos anatômicos da fauna Ediacara nunca teriam existido se as pressões da cadeia alimentar não as levassem para este sentido e entendemos que esta visão é válida quando nos referimos às tentativas e erros dos animais na busca de um objetivo a curto prazo, como a troca de escamas ou mesmo de nadadeiras por patas durante o próprio período de vida do animal (para posteriormente continuar ocorrendo durante as próximas gerações), mas não são válidas para toda uma fauna e para todo um período que abrange milhões de anos como este. Não existem, portanto, projetos inacabados.

O interessante é notarmos que nos eventos massivos relativos a uma unificação continental, em pouco tempo em termos geológicos a junção era completada, mas a partir deste período, por volta de 540 milhões de anos atrás, as unificações passaram a ocorrer de modo cada vez menos homogêneo devido à maior quantidade de porções de terra e oceânicas de diferentes massas espalhadas – o novo supercontinente que permaneceu unido até aproximadamente 250 milhões de anos atrás.

As novas mudanças de Gaia fizeram com que muitas espécies desaparecessem, diminuindo em partes a competição que já havia se estabelecido. Isto abriu espaço para que novas combinações reprodutivas fossem propiciadas, enquanto estavam sendo desenvolvidas novas formas de se captar os estímulos sensoriais provindos do exterior. Isso certamente possibilitou uma grande diversificação das espécies, mas temos de compreender que os registros fósseis colhidos do período Cambriano, chamado de explosão cambriana, não é apenas um fator isolado da ampliação da diversidade durante este período, pois acreditamos às novas junções territoriais e o modo como elas ocorreram garantiriam a preservação fóssil destes organismos.

No que se refere às novas combinações reprodutivas, o que aconteceu é que na reprodução sexuada um animal não irá se interessar por outro de espécie distinta, porque além da questão de complementação genética existirão agora odores e mesmo características anatômicas muito distintas. Contudo, pássaros com bicos e asas distintas, por exemplo, se não apresentarem alterações reprodutórias além do bico e da asa poderão acasalar e simplesmente gerarem descendentes com características misturadas.

No que se refere à anatomia da mente-cérebro é relevante mencionarmos que a quantidade de neurônios continuou a se ampliar e a memória de longo prazo foi ficando cada vez mais poderosa, sendo capaz agora de linkar diversos acontecimentos em guarda-chuvas cada vez mais específicos.

O que aconteceu foi que com a evolução da mente-cérebro as áreas foram divididas para convergir *input*s distintos, por exemplo, áreas diferentes para dois órgãos dos sentidos externos. Esta segregação mental-cerebral, bem como muitas outras que ocorreram durante a evolução, fizeram com que as células principais que controlam as células restantes fossem enquadradas pelos neurologistas como estando presentes em uma região isolada da mente-cérebro. Contudo, de certo esta área principal ainda exerce a mesma função líder de anteriormente porque tem mais luz interior, ou seja, não é que a mente-cérebro criou uma área em que reconhece o outro e a si mesmo, mas foram os gânglios que se desenvolveram em torno desta região principal.

Mas se as plantas criam cada vez mais células para ampliarem suas dimensões e se tornarem mais altas, por que elas também não formaram mente-cérebros e sistemas nervosos primitivos, como ocorreu com alguns invertebrados? Porque as plantas criaram outro processo distinto ao da fagocitose, e ao sugar os nutrientes de forma direta através das raízes elas não evoluíram muito em termos de complexidade. Por não precisarem de sistemas digestivos muito complexos e nem excretores, suas reproduções puderam ser realizadas de modo mais simples, e associadas ao desenvolvimento dos gânglios nervosos.

As plantas conhecidas popularmente como carnívoras surgiram mais tarde, mas não podem ser consideradas como exceções já que seus modernos aparatos fagocitadores surgiram devido à necessidade de reposição de moléculas em solos pouco proteicos. Ou seja, através da captura de pequenos animais suas fagocitoses servem apenas como um complemento alimentar e reposição dos nutrientes que elas não conseguem obter diretamente do solo. Vejamos a imagem a seguir:

Fig. 114:

Fonte: http://www.plantasonline.xeepon.com/wp-conte

Caso este solo venha a se transformar e ficar mais rico estas plantas provavelmente deixarão de realizar a fagocitose, mas mesmo que não existam insetos que caiam dentro de seus aparatos de tempos em tempos e o solo permaneça infértil, estas plantas não irão conseguir se mutar ao ponto de saírem andando na busca de novas formas de sobreviver.

Como foi mencionado, depois que se formou a camada de ozônio passou a reduzir de modo contúnuo a quantidade de radiação que a Terra recebe. O seu surgimento foi crucial, pois o planeta ao longo dos anos está cada vez mais se aproximando do Sol. O importante é compreendermos que não foi a colonização das plantas em solo terrestre que proporcionou uma nova modificação do balanço geral de gases, já que mesmo na água o oxigênio liberado pelas microorganismos, plantas, fungos, bactérias e archaeas subiam para a atmosfera.

Enquanto as plantas brotavam no solo, os animais começavam a sofrer reveses dentro das águas há 500 milhões de anos devido aos encavalamentos continentais até a formação do supercontinente. Em torno de 80% das espécies foram extintas nesta época porque as modificações das correntes oceânicas foram abrangentes demais, isto é, houve uma verdadeira reviravolta e reposicionamento das mesmas, fruto do início da formação de Pangea. Foram também estas modificações que ocasionaram uma nova era glacial entre 455 a 430 milhões de anos. Claro que aqui não estamos mencionando os inúmeros detalhes, como o surgimento de cordilheiras, rios e lagos etc., mas devemos compreender que em todas as atribulações continentais o planeta sofre alterações bruscas e junto com elas se transformam os seres vivos orgânicos.

Foi também durante este período que as estratégias de longo prazo relativas à competição ganharam mais "corpo". Isto ocorreu devido ao aumento da capacidade da memória de longo prazo, que deu aos animais possibilidades de utilizarem pensamentos para conseguirem realizar o depósito de ovos em um determinado "ninho" ou região, mas deixarem o mesmo para ir atrás do alimento.

Através do uso da memória associada a algum órgão externo, os pais não perdiam a localização da onde estavam seus ovos. Porém, assim que os filhotes nasciam, os próprios filhotes tomavam seus rumos, quer dizer, a memória estava prestes a crescer o suficiente para poder associar que as habilidades adquiridas dos adultos poderiam beneficiar a espécie (adiantando-se no tempo) se os filhotes fossem ensinados desde o nascimento. Portanto, o retorno ao ninho ocorria nestes instante mais pelo fato de os pais protegerem a prole a fim de verificar que seus descendentes nasceriam, do que pelo sentido paternal, propriamente dito.

7.10 O período de transição ocasionado pelo subconsciente e o surgimento das emoções

Vamos primeiramente recapitular alguns pontos:

1 – Logo no início da criação da memória de longo prazo os animais começam a armazenar pensamentos com o intuito de se adaptar aos desafios e aprender cada vez mais.

2 – Como ainda não há muita capacidade de memória, ocorre frequentemente a substituição destes pensamentos assim que novos problemas são identificados.

3 – Com a capacidade de memorização ampliando, os animais começam a associar e armazenar de modo que possam realizar planos futuros, mesmo que ainda não possam aprender livremente.

4 – Guardando memórias perenes e relacionando-as a *inputs* positivos ou negativos, os animais conseguem compreender quando novas ações deverão ser tomadas, como a criação de ciclos inéditos, com base na intensidade da dor e no seu tempo de permanência, ou no prazer, no caso dos fluídos reprodutivos, por exemplo.

5 – A própria evolução dos mecanismos da dor e do prazer propiciam a ampliação da quantidade de neurônios porque a mente-cérebro percebe que ter mais associações definitivas lhe garante vantagens na corrida da cadeia alimentar.

6 – Os mecanismos da dor e do prazer foram se desmembrando e ganhando especificidades com a evolução dos animais através da criação dos nociceptores. Mas isso não necessariamente implica dizer

que o macaco será menos vulnerável a doenças do que o sapo, por exemplo, porque às vezes o mecanismo da dor que identifica um vírus para combatê-lo em ambos já existe, mas os indivíduos não conseguem matá-lo por falta de equilíbrio em outras instâncias funcionais.

A grande quantidade de associações passou a permitir então que os organismos pudessem criar uma rede de associações e experiências que agora entravam em funcionamento através de uma composição "piramidal" dos pensamentos já arquivados. Agir através do subconsciente nada mais é do que agir através das memorizações a longo prazo, ou seja, através daquilo que já foi aprendido; é ser capaz de identificar uma ameaça antecipadamente, de reconhecer o lugar certo para se viver e assim por diante.

Mas o subconsciente não definiria também o ato de remover o corpo do calor, ou o piscar do olho, por exemplo? Não diretamente. O ato de remover o corpo de uma região em chamas ou o ato de piscar para proteger-se de um ataque ou susto são automáticos e operados por reações físicas, onde os neurotransmissores ou íons ativavam diretamente os sistemas corporais.

Então se um animal, por exemplo, associa que um corpo de maior dimensão é igual a uma ameaça, este pensamento será ativado assim que ele enxerga tal sombra de maior dimensão. Toda vez que o animal recebe este mesmo *input* ele fugirá, mesmo que de repente tenha se enganado e fugido de um animal que nem seja carnívoro. Se o animal possui um sistema ocular avançado então além de contrair os músculos para fugir também fechará os olhos para protegê-los. O ato de enxergar, fugir, piscar foi acionado por pensamentos não conscientes, mas de modo automático a partir daquilo que já foi experienciado, aprendido, ou seja, de maneira inconsciente.

Já o subconsciente geralmente opera por reações semiautomatizadas, quando o organismo já guardou algum significado mental a respeito de um problema, ou uma região – significado esse possível através de associações em cadeia (e, portanto, reinterpretações). Vide exemplo da pirâmide com cada vez mais degraus.

Nós, humanos, não iremos colocar nossas mãos em um ferro de passar roupas sem saber se ele está quente, porque mesmo talvez sem nunca termos sentido o calor daquela chapa especificamente sabemos que a sensação do queimado, além de desagradável é perigosa para nossa pele e para os nossos tecidos. Sabemos disso porque há uma porção de memórias de longo prazo organizadas em leques de especificidades que nos indica que é melhor passarmos longe da chapa.

De modo geral, o que é importante compreendermos agora é que se antes a mente-cérebro era o próprio animal, por assim dizer, agora neurônios com memórias associadas decidiriam em partes pelo animal sobre a melhor ação a ser tomada. Com a automatização de processos mentais-cerebrais e com a evolução dos mecanismos da dor e do prazer as ações de homeostase foram cada vez mais sendo aprimoradas e a mente-cérebro, antes de atingir o limite de DNAs armazenados e a quantidade de cromossomos, vai distribuindo neurônios que operam com luz interior para os órgãos principais[19].

Como exemplo vamos imaginar um animal com sistema auditivo mais desenvolvido que outros órgãos do sentido recém-nascido. Não haverá nenhuma associação relacionada ainda, de modo que qualquer som será interpretado e decidido pela região central e principal do animal a respeito daquilo. Se o som for da mãe, o reforço será compensado pelo alimento, afago, proteção, mas se a mãe foi caçar e o primeiro som foi de um predador, e o animal sobreviver, então aquilo será reforçado pela dor.

Esta interpretação nada mais é do que o enquadramento sendo organizado dentro dos leques já formados, provando que a hereditariedade é sinônimo de vida eterna para boa parte das espécies. A mente-cérebro parte sempre dos *input*s mais abrangentes (*input*s ruins versus bons, dores versus prazeres), até os mais específicos. Quando um som vem seguido de uma dor, da próxima vez que o animal ouvir o mesmo som parecerá que ele associou aquele novo *input* sonoro de modo não consciente, instintinvo (pois irá fugir de onde está vindo o som para que nem chegue a sentir a dor), mas na verdade o animal apenas pode não ter se dado conta do que pensou, ou seja, subconsciente e não inconsciente. Em outras palavras, o animal recebe aquele estímulo externo sonoro que chega através de neurotransmissores à área central da mente-cérebro e relaciona este estímulo ao que já existe arquivado na memória de longo prazo, desta vez não por *input*s automatizados e corporais, mas *input*s subconscientes. Da próxima vez que ouvir o mesmo estímulo, por já estar enquadrado dentro de um guarda-chuva de especificidades, o animal passará a agir de modo automático, utilizando-se daquilo que ele já experienciou e aprendeu, e talvez em uma geração futura aquela associação possa se transformar em uma mutação física diretamente relacionada.

Se entendermos o ser humano conseguimos entender as outras espécies que vieram antes de nós. Conosco, mesmo que seja um som inédito, o que faremos é associar aquele objeto de estudo a algo parecido com o que já aprendemos, de modo que apenas refletiremos conscientemente buscando saber do que se trata se não conseguimos associar aquele estímulo com nada parecido ao que já escutamos. O escapamento da moto pode causar tanto temor quanto um tiro, mas se nós andamos de moto e escutamos todos os dias, nosso subconsciente agirá em concordância nos dando respaldo para seguir em frente.

Devemos saber que não existe uma distinção dos pensamentos que surgem; todos a princípio têm igual importância, mas eles serão relacionados e definirão a ação subconsciente à medida em que os estímulos chegam, também através de suas intensidades e permanência – tempo de duração. Em suma, o subconsciente é feito de neurônios que guardam memórias em forma de guarda-chuva mais abrangentes para mais específicos; já a ação partida de pensamentos subconscientes obedecerá a estas prévias associações aliadas ao recebimento de um estímulo (como o susto por enxergar um predador, ou repetidos pensamentos de que exista uma ameaça adiante) obedecendo à ordem de acontecimentos natural.

---

[19] Na medicina oriental os sete chacras principais apontam a maior concentração de luz interior, sendo que no ser humano ela está presente onde houver chacras de menores porporções também, possibilitando elevado potencial de conexão com o Espírito.

E qual é a vantagem que a automatização daquilo que seria gravado a longo prazo trouxe? A vantagem básica é a previsibilidade para a resolução de problemas futuros. Com os animais passando a operar com uma consciência programada para cada vez mais situações, tem-se a intenção de minimizar a quantidade de falhas que poderiam acontecer. Podemos dizer que a fixação de um processo, portanto, faz parte do próprio aprendizado, quando há segurança a respeito de um mesmo pensamento e associação.

Às vezes podemos ter um pouco de dificuldade para compreender o subconsciente porque o ser humano não vive simplesmente o momento. A evolução nos tornou seres reflexivos e por isso vivemos tendo mais expectativas futuras ou pensamentos que nos remetem ao passado, ao menos nas atuais cidades, ao invés de apenas nos basearmos naquilo que de fato está acontecendo.

Os animais desta época viviam com base nos estímulos recebidos de fora, ou com base na região de seus corpos que estavam lhe chamando mais atenção devido a um problema ou a um prazer. Foi o surgimento da memória que deu a capacidade de reflexão ainda que mínima, e assim noção de passado e futuro aos animais, noção esta que obedece à quantidade de células principais e o modo como estão organizadas.

7.11 As emoções primordiais

Aquilo que chamamos de emoções são pensamentos que nos levam à realização de determinadas ações de modo a previnir que soframos um problema, ou então um pensamento que nos leve a uma imaginação que nos antecipe um determinado prazer ou que nos leve a alguma ação para obter aquele prazer.

A estrutura sistêmica das emoções se dá a partir do uso do subconsciente, o que significa que para a existência de um pensamento emotivo é necessário que também haja no mínimo uma associação relacionada a alguma dor ou prazer. Vejamos a figura a seguir:

Fig. 115:

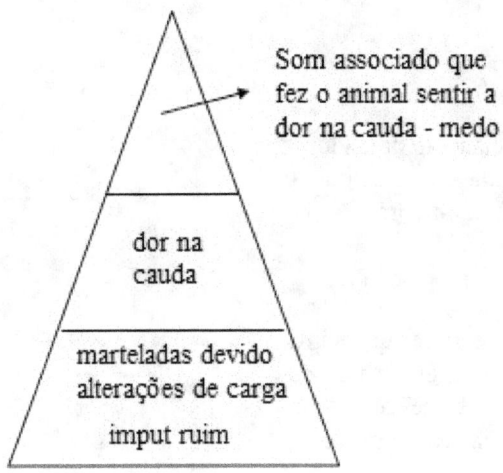

No item anterior nós citamos um exemplo de emoção primordial que talvez tenha passado despercebido pelo leitor. Quando o animal escuta um barulho e associa que aquele som lhe causou alguma dor ele irá fugir se sobreviver da próxima vez reconhecendo o perigo, isto é, reconhecendo que aquele som pode lhe causar um problema que se traduzirá em um machucado. O machucado requer cuidados especiais e energia desperdiçada e nenhum animal precisa disso. Este pensamento que foi gerado e que acaba levando-o a agir mesmo antes da dor ocorrer chama-se emoção. Neste caso específico, o medo. O animal sente medo para evitar que uma dor ocorra. Assim, toda emoção primordial relacionada a um *input* ruim é um medo primordial.

Na próxima figura podemos verificar outro exemplo também relacionado ao medo, desta vez referente a *input*s guardados na memória de longo prazo de um animal que em algum momento de sua vida já foi uma presa, isto é, já esteve nas mandíbulas de um predador maior:

Fig. 116:

A pirâmide se ramifica no topo porque é impossível para uma futura presa sentir medo sem antes ter sido atacada e o mesmo ocorre para que ela sinta medo do local onde o ataque ocorreu. Somente através da associação do cheiro é necessário que ela antes tenha sofrido um ataque do predador, e o mesmo ocorre para que ela sinta medo do local onde o ataque ocorreu, contudo não é necessário que o cheiro venha com uma associação prévia à associação de local ou vice-versa.

Devemos compreender que todas as outras emoções "ruins" são derivadas do medo. É então correto dizer que se uma pessoa sente ciúmes da outra ela está primordialmente com medo? Sim, é correto. Por ter sensação de posse a pessoa pode criar o medo de perder a outra porque se acha pobre, ou gorda.

Mas o que isso tem a ver com a dor, quer dizer, ao sentir ciúmes a pessoa estaria com medo de sentir dor? Na verdade, está sim. A pessoa que tem algum ciúmes possui na base de sua pirâmide (que já estará com inúmeras outras ramificações) o temor de não estar conseguindo alcançar o seu objetivo como ser vivo orgânico: evoluir, criar uma continuidade. O ciúmes é um ato de defesa por mais que seja desleal, pois a pessoa crê que está lutando para realizar seu sonho, ou para não subjugar seu próprio ego e moral. Se notarmos bem veremos que o ser humano busca competir dentro dos mesmos padrões originais que competiam os animais primitivos.

E assim, de forma similar ao sistema em que o *input* ruim está associado a uma dor e ao medo primitivo, o *input* bom estará ligado a um prazer e à autopremiação hormonal ou alegria primitiva, isto é, daquilo que traz a noção de que algo que fora vivido é favorável à evolução.

Experiências russas de Ivan P. Pavlov (1819-1936) demonstram que um cachorro, ao ganhar repetidamente um pedaço de carne após um ruído estridente, irá começar a salivar somente por ouvir o ruído. Ou seja, o prazer relacionado ao gosto da carne e a sensação de saciedade estará sendo ativado de modo a deixar o animal mais feliz, ainda que momentaneamente, justamente por compreender que está prestes a receber um *input* favorável, por mais que ainda não tenha começado a mastigar a recompensa. Todas as emoções boas são derivadas da felicidade primordial, por exemplo, a própria excitação sexual sem o estímulo físico.

Os seres humanos são especiais em partes porque evoluímos de tal modo que podemos fazer sexo só por prazer, e isto é um indicativo da nossa capacidade híbrida e completa, já que além de sermos capazes de nos reproduzir também somos capazes de regenerar e criar células por divisão mitótica.

Uma das consequênciais naturais das emoções foi o estresse e a euforia. Consideramos neste estudo como estresse apenas as alterações que ameaçam o equilíbrio homeostático de forma mais permanente no animal através, em princípio, do enfraquecimento do sistema imunológico e à maior suscetibilidade à geração de doenças, independentemente dos fatores que o levaram a isto – emoções, ambiente, fatores sociais, fatores combinados etc. Por outro lado, a euforia é o reverso do estresse, pois traz picos de alegria em momentos específicos a favor do animal dentro de um curto período de tempo, geralmente.

Os inibidores neuronais também foram criados pelos animais nesta fase, que nada mais são do que enzimas criadas como forma de barrar ou alterar as sinapses que levariam à ativação de lembranças para a geração de um medo desnecessário ao animal. São, portanto, enzimas agindo nos neurotransmissores, atraindo e reagindo, antes da sinapse estar completada, possibilitando que a ação neuronal seja suprimida.

Ora, se por um lado o medo serve para antecipar que uma dor aconteça, os inibidores funcionam como ferramenta que permite o organismo, a partir do instante em que já existe algum cuidado para com o problema, poder escondê-la brecando o sinal, para que outros pensamentos parem de ser acionados.

Imaginemos um animal mais complexo que possui vários medos associados a um mesmo tipo de dor – a dor de dente por morder um casco, por exemplo. Se o animal identificasse que algo não estava indo bem internamente com a renovação de algumas fileiras de novos dentes, independentemente da intensidade e permanência da dor, sem a presença dos inibidores neuronais vários outros pensamentos de medo se desencadeariam, o que o levaria a ter uma porção de reações desnecessárias, como a própria contração muscular, o alerta dos sentidos, a produção de certos hormônios, e daí por diante.

7.12 A explicação do sono através do modo operacional dos peixes

Quando a era glacial deste novo ciclo chegou ao fim a competição aos poucos foi voltando a ficar mais acirrada e a vida orgânica pôde se diversificar muito mais. A quantidade e variedade de artóprodes (invertrebrados de membros rígidos) se ampliou consideravelmente desde a fauna Ediacara, por exemplo, a chegada dos crustáceos. O mesmo pode ser dito em relação aos moluscos como as ostras e as lulas, bem como os anelídeos e equinodermos em geral. Os peixes modernos, por sua vez, surgiram nesta nova etapa da vida através de uma adaptação de criaturas martítimas mais simples divididas por uma corda nervosa principal. Eles não possuíam mandíbulas ainda e se alimentavam através de ventosas. Além disso, suas nadadeiras eram bem mais rígidas em comparação às dos peixes modernos.

No que diz respeito à reprodução destes animais as fêmeas jogavam os óvulos na água e os machos os "espermas", promovendo a fertilização sem necessidade da cópula, como o que ocorre atualmente. Já ao que se refere à comunicação podemos dizer que é nos peixes que ela ganha maior impulso devido às novas possibilidades anatômicas, apesar de já existirem diversos tipos de comunicação nos animais dos períodos anteriores. Como o som se propaga muito melhor na água do que em terra, e estes animais não tinham aparelhos oculares muito bem desenvolvidos, emitir sons como grunidos e chiados era comum para expressar-se.

Geralmente o objetivo era afastar a concorrência quando já possuíam pretedentes reprodutivos, e defender um território já ocupado ou ninho. Certamente a vocalização dos peixes servia como um alerta para algum espreitador desavisado a fim de se evitar que um embate direto ocorresse, o que acabava sendo sempre mais custoso para ambos os animais.

Todos os orgãos do sentido, e em especial a visão, fazem com que os *input*s externos e o processamento interno seja incessante e por isso o surgimento do subconsciente foi crucial nesta fase, pois com ele havia uma escolha automática dos *input*s que seriam arquivados a longo prazo. Muitas espécimes, apesar de não enxergarem perfeitamente, se esforçavam para evoluir neste sentido. Estas escolhas obedecem aos pensamentos gerados durante o período em que o animal está em alerta, porém nada estruturalmente muda na mente-cérebro até que o animal entre em estado de repouso (sono).

Não existe de fato um pensamento mais importante do que o outro no que tange o seu aspecto estrutural "físico", porque à medida em que eles surgem poderão ser enquadrados em qualquer ponto da pirâmide, mas o que define com que eles sejam adicionados ou não na pirâmide é justamente a intensidade que eles ocorrem ou a permanência (repetição) com que são gerados.

No caso da dor, a ativação do mecanismo se dá através da quantidade de neurotransmissores ativados assim que, por exemplo, uma pancada acontece. Se a dor persistir então um grupo de neurotransmissores girarão em ciclos contínuos para indicar que o mesmo *input* prejudicial se perpetua.

Já nas outras camadas da pirâmide, onde começa a operar o subconsciente propriamente dito, será a intensidade ou a permanência de pensamentos que indicaria a necessidade de armazenamento a fim de evitar que uma nova pancada aconteça no futuro. Portanto, é isto o que estará em jogo nesta região da mente-cérebro, onde tanto a intensidade quanto a permanência irão se relacionar a uma quantidade determinada de neurônios ativados.

Assim, se um peixe se assusta e foge por medo de uma sombra em uma pedra, que acredita ser um predador, ele realizou uma ação: o ato da fuga. Como a ação de um peixe lhe coloca inteiramente em alerta, pois os neurônios em sua mente-cérebro terão de provocar sinapses e estas provocarão uma reação em cadeia de todo o corpo que irá não só tomar a decisão de fugir, mas também de ativar os músculos, bombear o sangue, piscar os olhos etc., no instante em que ele migrar para o estado de repouso este pensamento será alocado na pirâmide para que na próxima vez que algo similar aconteça ele já possa agir automaticamente.

A considerar este exemplo, por mais que o peixe estivesse equivocado, se na próxima vez uma sombra de um predador parecida com a pedra fosse desta vez real, ou seja, uma ameaça eminente, este sistema terá valido muito a pena, porque milésimos de reação podem ser a diferença entre a vida e a morte do animal. E este processo em si não é tão custoso assim, afinal é durante o estado de repouso que tudo será alocado, para que novamente durante a plena vigília a mente-cérebro possa permanecer mais livre para operar em novas situações de urgência que venham a surgir.

Portanto, um pensamento mais intenso ou a repetição de pensamentos mais brandos é o que definirá aquilo que ficará gravado a longo prazo; armazenamento que ganhará legitimidade, por assim dizer, nos guarda-chuvas piramidais do subconsciente durante o estado de repouso.

O estado de repouso, no entanto, não serve apenas para o enquadramento das memórias de longo prazo, mas também tornou-se o momento em que o organismo tem para cuidar dos processos internos que já não podem ser resolvidos de modo automático, como a criação de nociceptores inéditos, ou a reparação da morte de várias células – processos que demandariam um gasto demasiado de energia durante a vigília, atrapalhando as ações vitais como comer, se proteger e se reproduzir.

Então a reparação da morte de várias células durante o estado de repouso também pode ser automática, uma vez que já existam mecanismos e ciclos físicos para resolver estas questões.

Todas estas reparações automáticas, que contavam com mecanismos, sistemas e ciclos físicos para resolver os problemas, excluía a necessidade do organismo pensar em como contorná-los, ao menos diretamente. O pensamento consciente ficará reservado então principalmente para o aprendizado, isto é, para ações imaginárias (criatividade por compreensão, conhecimento e/ou reflexão) ou ações físicas inéditas, como a criação de calos nas nadadeiras que de tanto serem esfregadas através da experimentação para se atingir um objetivo (tentativas e erros), transformou-as em patas.

Se, por um lado, o estado de repouso trazia maior vulnerabilidade para o animal, pois deixava o animal mais lento para entender que um predador se aproximava, por exemplo, além de maior garantir maior lentidão no âmbito geral do processo, por outro lado sempre que algo era computado no estado de repouso, ocorria de maneira definitiva, mais segura e com baixo custo energético.

Portanto, a diferenciação do estado de repouso para o da vigília só ocorreu a partir destes instantes porque agora os organismos tinham capacidade de automatização mental – o subconsciente, podendo focar em outros problemas e realizações.

Em suma, a mente-cérebro obedece a um padrão de intensidade e repetições dos pensamentos para gravar uma memória a longo prazo e assim propiciar *insights* ou conscientizações e, posteriormente, transformações. Temos que compreender que a consciência nunca pára; ela é energia pura. A energia é o seu próprio combustível de modo que não se cansa. O estado que chamamos de vigília, ou seja, quando estamos acordados, é o estado em que o animal está buscando alimentos, nadando, se reproduzindo. No entanto, quando estamos dormindo não paramos de agir nem sequer um instante; a diferença é que a mente-cérebro está agindo para reconfigurar nossos ciclos, jogar fora o lixo, reformar células e processos internos. Podemos dizer então, dentro desta perspectiva, que antes da criação dos mapas cerebrais os animais e outros seres menos evoluídos passavam mais tempo dormindo do que acordados, mesmo porque as pressões competitivas eram de modo geral bem menores. Isto significa também que a mente-cérebro era o próprio organismo, ou seja, eram períodos em que todas as ações partiam da consciência e nada era subconscientizado. As ações de controle foram, então, cada vez mais ao longo dos anos, exercidas por neurônios e ciclos que operam com consciência (assim como os órgãos, por exemplo), mas esta consciência não é mais a principal e central, pois está ocupada com novos desafios e necessidades imediatas.

Claro que os processos estão intimamente ligados. Assim, quanto mais neurônios agirem, maior necessidade de equilíbrio haverá justamente para que as escolhas possam ser processadas e acomodadas durante o estado de repouso. De todo modo, é a consciência central que decidirá o momento em que o animal irá dormir, mesmo que ele já esteja necessitando do sono horas antes, porém alguns animais criaram mecanismos relacionados a limiares de segurança de modo que irão dormir (às vezes apenas um hemisfério do corpo) para não causar prejuízos de aprendizado ou desestabilização química.

A necessidade do sono está diretamente ligada ao sistema de equilíbrio do animal, uma vez que a reparação de células e ciclos ocorre através do sono, e que sem o sono não se evolui, ou seja, o animal poderá até ter experienciado algo, mas não gravará o mesmo no subconsciente e não aprenderá. Não registrando a memória a área central da mente-cérebro ficará com os neurônios ocupados, e a substituição das memórias passa a ser eminente.

Vamos supor que um peixe grava a região em que botou os ovos e depois descobre que há uma entrada melhor e mais segura por esta mesma caverna, onde talvez seus ovos ficarão melhor escondidos. Se todo este ritual for uma atitude inédita, o organismo irá gravar na região central tudo aquilo que for possível (relativo à quantidade de neurônios que ele possui) e julgar mais necessário para a realização de seu objetivo.

Qualquer ação realizada inédita é intensa o bastante para ativar muitos neurônios e fazer com que o animal tente aprender. Assim, se o animal precisa voltar à mesma caverna ele conseguirá se lembrar e suas associações lhe informarão que aquela questão está se tratando da reprodução. No entanto, é só quando o animal entra em estado de repouso que aquele espaço usado através da região central pode ser em partes liberado através de uma melhor organização dos mecanismos da memória.

Ou seja, se antes mil neurônios precisaram guardar uma memória de longo prazo a respeito daquela associação reprodutiva e geográfica, agora somente 300 seriam utilizados, já que neste animal já existia um leque mais abrangente englobando tudo o que é relativo à reprodução e outro leque relativo às localizações, o que indica que memórias já perenes ditam a forma de configuração da mente-cérebro.

Portanto, quando o animal está no estado de repouso (sono), os neurônios irão enquadrar aqueles pensamentos dentro de outros "guarda-chuvas" para que as associações futuras possam ser realizadas, fazendo com que ele aprenda efetivamente. Podemos fazer uma analogia ao computador: imaginemos que para cada assunto temos de abrir uma nova pasta e em cada pasta temos que copiar alguns arquivos pesados idênticos para habilitar o uso das mesmas. No entanto, ao organizar a bagunça no final do dia percebemos que alguns assuntos estão interelacionados e que podemos reduzir consideravelmente a quantidade de pastas e de capacidade de armazenamento. A grosso modo é isso que ocorre no estado de repouso no que se refere à memória de um animal.

Em suma, os peixes estão constantemente alternando estados de vigília e de repouso – consciência voltada para o exterior versus consciência voltada para dentro respectivamente – o que nada mais é do que dizermos que eles fazem ainda o mesmo que os seres vivos orgânicos anteriores faziam. A diferença é que nos peixes, devido à maior quantidade de associações e maior capacidade de aprendizado, o revesamento do tempo entre vigília e o tempo de repouso contará com intervalos distintos de anteriormente, relativo à quantidade de neurônios e à capacidade de memória a longo prazo individual de cada animal. Eles entrarão no estado de repouso sempre que se sentirem seguros e nós podemos perceber que eles estão em estado de repouso quando seus movimentos se tornam nitidamente mais lentos. Sem dúvida é o período em que o animal estará mais vulnerável a ameaças externas, porém mais apto a solucionar os problemas internos, mesmo que de modo indireto.

Algumas espécies aquáticas mais avançadas necessitam de mais tempo de repouso e para tanto se escondem em buracos ou entre corais, prevenindo-se de um ataque predador inesperado enquanto se reorganizam. Algumas espécimes de golfinhos, por exemplo, dormem até sete horas por dia em cochilos curtos que duram menos de um minuto e assim não cessam a natação, evitando que sejam arrastados por correntes indesejadas ou devorados por um predador à espreita.

7.13 O modo de operação do subconsciente ao longo da evolução animal e suas consequências

Pudemos perceber, no item anterior, que os animais no curso evolutivo compreenderam quais ciclos deveriam ser automatizados durante o estado de vigília, prezando sempre para o melhor equilíbrio e funcionamento de seus corpos. Por exemplo, a coagulação do sangue é um processo que deve ocorrer de modo automático, ou então a perda de sangue, em alguns casos, pode até levar à morte. Já a formação de novos nociceptores poderia ocorrer durante o estado de repouso, ou seja, o sono. Durante o sono também seriam realizados os processos como a varredura da morte celular, se esta ação demandava muito gasto de energia atrapalhando as ações vitais, como comer e se reproduzir durante a vigília. Em outras espécies a correção da ação intracelular enquanto o animal estava acordado seria mínima e durante o sono este processo corretivo seria acelerado. Portanto, variou de acordo com cada espécie, mas sempre que houve a possibilidade de automatizar um processo interno sem prejuízos energéticos para as funções básicas do animal, isto foi feito evolutivamente.

É claro que, em comparação, a capacidade de aprendizado será bem mais rápida nos mamíferos do que nas aves, répteis, anfíbios e peixes, já que os mamíferos, tendo maior capacidade de memória, conseguirão interrelacionar pensamentos em pirâmides de modo muito mais complexo.

Então, suponhamos hipoteticamente uma experiência em laboratório onde tanto um mamífero quanto um réptil sejam espetados com um espinho de uma planta. Posteriormente, substituímos a planta de verdade por uma de plástico, idêntica, porém com espinhos flexíveis, moles. Ambos os animais terão gravado a longo prazo o perigo que o espinho representa, mas o mamífero certamente gravou também detalhes (seja porque foi até a planta pesquisá-la, seja porque mesmo de longe já reparou que o espinho real não tinha pontas tão arrendondadas). Se em seguida colocarmos um petisco dentro do vaso da planta entre os espinhos o réptil terá mais dificuldades de quebrar o conceito de perigo do espinho do que o mamífero, que com sua melhor capacidade de conexão e associação se adequará à nova situação mais rapidamente. Ou seja, o mamífero aprenderá mais rápido a se adequar a uma nova situação, seja ela qual for. A minhoca poderá, por exemplo, gravar parte dos *input*s e precisar repetir a situação outras três vezes para gravar o restante dos detalhes, enquanto os mamíferos avançados farão um registro mais detalhado logo na primeira experiência.

Isso nos leva a pensar que animais mais primitivos possuem bases, conceitos, ou "valores" mais perenes, antes que alterem suas concepções a respeito de alguma coisa. Mesmo que isso aconteceça por conta de sua estrutura mental-cerebral mais incapaz, estabelecer bases sólidas possibilita um pensamento mais lógico, reto, voltado à sobrevivência. No caso dos macacos, por exemplo, que aprendem mais rapidamente, eles também estarão mais aptos a acabarem enredando conceitos quando não deveriam, como no caso de pensamentos repetidos que eram alarmes falsos. Podemos imaginar que no caso do exemplo anterior os espinhos das flores de plástico possuíam em seu interior um produto orticante e funcionaria como uma armadilha experimental assim que roçados. Enquanto os répteis teriam medo de chegar até a planta, mesmo com um petisco ali presente, os mamíferos teriam de novamente sofrer o revés da armadilha, para somente então registrarem este novo conceito. A quebra de conceitos faz os animais correr mais riscos, mas também é só assim que se evolui.

Nós, humanos, distinguimos de imediato uma planta de plástico de outra real e isto porque a vivacidade da luminosidade que compõe as cores que capturamos e os detalhes para a percepção da composição de cada material é muito maior em nós, apesar de muitas vezes não querermos nos darmos conta disto. Os pássaros, por exemplo, sabem que não devem ceder ao medo de um local parecido a de um abrigo para o ninho anterior que caiu com a chuva passada, porque eles calculam algumas hipóteses, raciocinam (aquilo que chamamos de inteligência, mas que na verdade é consciência em operação) e através da percepção compreendem que a melhor associação a ser feita é observando-se outros fatores, como a velocidade de deslocamento do ar e o posicionamento do sol, por exemplo. Portanto, a percepção muda porque a própria evolução animal carrega as experiências acumuladas que serão refletidas no DNA e, claro, no corpo do animal como o próprio aprimoramento dos órgãos do sentido. Um anfíbio que nunca passou por um problema de furo, por exemplo, não possui nociceptores que capturam furos. Ele precisará desta experiência para que seus descendentes nasçam evoluídos neste sentido.

É importante entendermos que as decisões do que seria gravado a longo prazo passaram a ser automáticas a partir do surgimento do subconsciente nos peixes e as transformações adaptativas obedeceriam às necessidades do momento de acordo com o ambiente e competição, mas no entanto, o modo de fazer as transformações físicas ainda varia de acordo com cada animal. Por exemplo, um animal leva uma queimadura e aprende alocando no subconsciente o medo da fumarola pelante. Ele não só gravará o medo da fumarola em si, mas também a melhor forma de corrigir o problema das células mortas. Dá próxima vez que sentir medo da fumarola se afastará se conseguir percebê-la com sua visão, mas novamente sofrerá as consequências do excesso de calor se passar por elas sem ver. Então, desta vez o organismo somará os registros e compreenderá que precisa criar redes nervosas (nociceptores) capazes de identificar os extremos de temperatura. Como não há nenhum nociceptor neste animal que capture a temperatura, a única forma que isto pode ser feita é através de uma ação consciente durante o estado de repouso do animal – o sono. Em outras palavras, a decisão de construir nociceptores veio através de pensamentos e ações realizadas na vigília, enquanto o ato de gravar esta associação no subconsciente foi realizada automaticamente durante o estado de repouso.

Mesmo que o animal só tenha criado cordas nervosas no local onde foi queimado e não por todo o seu corpo, só o fato de existir agora uma corda nervosa deste tipo fará com que ele, da próxima vez que tiver de criar outros nociceptores de temperatura para mais partes do corpo, possa confeccioná-los de modo automático através do sono, isto é, por meio de neurônios que ativarão enzimas e, estas, ciclos e células para realizem este trabalho diretamente.

Em suma, a partir do instante que o subconsciente surge, todas as decisões que a mente-cérebro toma acabam sendo automáticas, mas nem todas as transformações físicas referentes a estas escolhas subconscientes já estariam automatizadas. A escolha do que fazer ou não passou a obedecer aos estímulos externos, assim como Darwin postulou, mas a forma de fazer algo inédito é consciente e isso vai diminuindo à medida em que mais e mais experiências vão sendo automatizadas.

Em outro exemplo, imaginemos um "peixe" sofrendo pressões do meio ambiente, como a escassez de comida em águas rasas e que por haver predadores em águas mais profundas ele tenta migrar para a terra firme. A identificação da necessidade vai então sendo gravada a longo prazo durante o estado de repouso e a transformação física das nadadeiras para as patas contará com a consciência do animal durante o sono. Mas imaginemos que posteriormente um descendente herde apenas parte dos mecanismos de transformação, porém não as patas propriamente ditas, e assim precise passar pela mesma transformação. Se anteriormente os peixes pensavam "eu quero ter patas para andar em terra firme" e faziam a transformação durante o estado de repouso, a necessidade eminente por comida faria com que a fricção das próprias nadadeiras contra as pedras e o solo, e o seu calejamento, a gravar memórias de longo prazo no subconsciente, até ativarem também durante o repouso meios automáticos de realizar esta transição[20].

O que trouxe a "cara" do darwinismo, portanto, como já dissemos, foram as tomadas de decisões do que iria ser gravado no subconsciente através dos estímulos externos. Se um macaco não receber nenhuma pressão do meio ambiente e uma rã receber muita pressão para mudar, a rã se transformará mais rápido do que o macaco, mesmo sendo o mamífero mais capaz porque já possui muito mais pensamentos guardados e ciclos físicos automatizados, com um maior leque de nociceptores disponíveis, mas que talvez estejam muito ocupados tentando encontrar alguma fêmea para acasalar.

E quanto aos sonhos? Os sonhos aparecem por diferentes motivos. O mais simples e primordial é o aprendizado, o registro no subconsciente. Porém, muitas vezes os sonhos podem atuar como mensageiros de alerta à própria consciência. Para os seres humanos os sonhos podem conter inúmeros significados, dos mais profundos aos mais rasos.

Em resumo, os sonhos surgem a partir do instante em que a mente-cérebro consegue fazer um balanço da permanência em que os pensamentos se repetem e suas intensidades. Se um animal pensar inúmeras vezes que uma determinada rocha é sinal de perigo irá sonhar com isso, que dizer, sua mente-cérebro se modificará alterando aquilo que já havia sido gravado ou simplesmente incorporará esta nova lembrança, se houver espaço. Não significa que o animal irá acordar e lembrar do que sonhou.

Um ponto interessante a ser explicitado é que se apenas houver durante o estado de repouso realizações automáticas, então a área central do cérebro estará disponível para interpretar qualquer estímulo externo, ainda que não com a completa eficiência que há durante a vigília, já que alguns neurônios centrais precisarão coordenar a modificação de posicionamento de outros neurônios, relativo às modificações constantes da mente-cérebro, já "plástica".

Aquilo que chamamos de sono profundo se refere ao instante em que a região principal da mente-cérebro está transferindo pensamentos para outras regiões, período em que também se sonha por intervalos um pouco mais longos. O sono vai se tornando cada vez menos profundo à medida em que os enquadramentos de memória passam a ocorrer em mais degraus da pirâmide do subconsciente, deixando a região central cada vez mais livre para receber os estímulos externos.

---

[20] Devemos lembrar que as nadadeiras realizando fricção, por terem axônios espalhados, geram pensamentos na mente-cérebro da mesma forma, ou seja, os pensamentos não partem apenas da mente-cérebro, de modo que atuam como um reforço.

Dizemos que um mamífero tem sono mais profundo em comparação às outras espécies porque a quantidade de associações destes animais é maior, porém todos os animais possuem instantes de sono mais aprofundado. Os golfinhos nariz de garrafa (entre outros animais) desenvolveram meios de separar seus hemisférios cerebrais para manterem acionadas as principais funções de vigília enquanto estão em estado de repouso, através de um revezamento entre os neurônios centrais. Quando observamos um mamífero dormindo tendo várias contrações musculares, aquilo que chamamos de sono REM (*rapid eyes movement*), é sinal de que estão ocorrendo transformações e atualizações mentais-cerebrais e, muitas vezes, atualizações de sistemas corporais já automatizados.

7.14 A evolução do final do período Siluriano até o Perminano (450 a 251 milhões de anos atrás)

Por volta de 450 milhões de anos atrás houve uma nova grande extinção devido às mudanças geológicas e ambientais, com a formação de um novo supercontinente. Definitivamente os animais terrestres que sobraram desta nova fase deram origem a todos os outros mais avançados, inclusive nós.

O derretimento de boa parte das calotas polares, cerca de dez milhões de anos depois, resultou no aumento do nível dos oceanos, atrasando o avanço de boa parte dos artóprodes que já ocupavam as entranhas das rochas mais superficiais, tentando fugir da gigantesca competição estabelecida nos mares. Porém, mais tarde, uma vez em terra, a diversificação também se ampliou e novas gerações de escorpiões, aranhas, carrapatos e insetos, entre outros, foram aos poucos enriquecendo cada vez o planeta, pois serviram de alimento para os animais maiores, trazendo influências para o solo e, posteriormente, para as plantas. Enquanto estes animais se aventuravam em terra firme fazendo diversas experiências, as bactérias e arqueas de modo geral já estavam adaptadas aos mais diversos tipos de habitats terrestres e passaram a se desenvolver ainda mais.

Nesta época se intensificou também a necessidade de ensinar os filhotes a seguirem determinados passos junto com os pais, vitais para a sua sobrevida. Isto aconteceu porque apesar da quantidade de células, órgãos e todas as características físico-químicas serem preservadas nos descendentes através dos ciclos que são estabelecidos nas células-tronco embrionárias, alguns pensamentos do aprendizado em si começaram a se perder para dar espaço a outras necessidades. Quer dizer, a quantidade de neurônios em concordância com a capacidade de ampliação da mente-cérebro e proporcional ao bom funcionamento do organismo como um todo permanece, mas se um animal associou em vida que um determinado som era sinal de perigo, o filhote não necessariamente nascerá sabendo qual som é perigoso, mas terá a capacidade de identificar o som da mãe e a partir daí o som do inimigo (muitas vezes estimulado pelos ensinamentos dos pais). Claro que isso dependia do habitat em que o animal vivia e da posição que ocupava na cadeia alimentar, estimulando mais ou menos a transmissão das experiências aprendidas de geração em geração.

Se uma espécie privilegia a evolução do olfato, então haverá mais sinapses que interpretarão as nuances químicas que distinguem o odor, fazendo com que o filhote desde cedo tenha uma tendência a associar e memorizar os *input*s ruins versus aqueles que são bons relativos ao seu faro, ao invés de *input*s sonoros, por exemplo.

É preciso, no entanto, tomarmos cuidado com certas generalizações, afinal os pássaros, por exemplo, não nascem sabendo voar. Porém, mais devido a uma questão anatômica (de desproporcionalidade e envergadura das asas) do que devido a uma falta de incentivo paternal.

O Devoniano (416 até 251 milhões de anos atrás) é conhecido como a era dos peixes e faz juz ao seu nome porque foi onde de fato a quantidade e variedade de peixes explodiu, acirrando a competição entre eles. Como consequência direta algumas espécies começaram a usar vocalizações específicas para indicarem suas localizações e atraírem as fêmeas, demonstrando que poderiam garantir uma prole mais forte e evoluída, entre outros atributos, a exemplo do uso da voz para a manutenção da proximidade e segurança de um cardume durante uma migração.

As plantas se desenvolveram ampliando suas dimensões, além de lançarem agora em solo as sementes como nova técnica reprodutiva, tornando-as mais abundantes. Em especial as samambaias e cavalinhas se proliferaram neste período, quando também surgiram as primeiras árvores comuns. Lembremos que tudo continuava a evoluir e se adaptar, assim como as bactérias, arqueas. Ao que se refere aos recifes de corais vale dizer que eles desapareciam e voltavam a aparecer junto com as alterações do volume da água nos oceanos, bem como as transformações de rios e lagos, algo que ocorreu tanto neste período quanto durante toda a evolução.

É importante compreendermos que devido ao surgimento do subconsciente junto com a ampliação das pressões externas, principalmente as da cadeia alimentar, não havia mais como os animais entrarem em estado de repouso para evoluírem internamente sem considerar as possíveis ameaças futuras. Como se observa no DVD Evolução Scientific American, isso de certo modo fez com que a evolução se tornasse mais previsível, como Darwin investigou, o que é o mesmo que dizermos que a evolução a partir de agora conseguiria modificar o que já existia, mas não poderia fazer uma remodelação completa do projeto[21].

Lembramos que o subconsciente foi uma ferramenta evolutiva importantíssima, mas com o passar dos anos tornou também tudo implícito o bastante para que nem mesmo os animais mais dotados de consciência pudessem compreender o que se passava internamente de forma específica e/ou direta.

De certo, a cadeia alimentar e a imposição do meio ambiente fez brotar uma variedade de rumos muito grande para os animais terrestres e aquáticos, como a necessidade de mandíbulas e dentes para o processamento dos alimentos, modificações nas escamas para a formação de armaduras, a utilização de enzimas como veneno para a caça, entre tantos e tantos outros aparatos interessantes. Uma das classes

---

[21] Nesta obra cremos que esta missão deva ser atribuída aos humanos

de peixes mais abundantes deste intervalo é certamente a dos placodermos, que possuíam armaduras no crânio e no tórax para se protegerem contra os ataques de predadores. A seguir a representação artística deste animal prestes a devorar uma presa:

Fig. 117:

Fonte:http://3.bp.blogspot.com/_5f8TWVrIi64/TGXoX9k46_I/AAAAAAAAGQE/NcXacAeuplk/s1600/f.jpg

As habilidades de camuflagem também se intensificaram nesta fase, ainda mais aquela relativa a métodos de esconderijo entre as pedras e corais. Começou também nesta fase a ser possível o planejamento a longo prazo mais apurado relativo às técnicas reprodutivas, por exemplo, encontrar os parceiros ideais através da utilização de um órgão do sentido ou a combinação deles.

Na publicação Scientific American encontramos que foi através da tentativa de encontrar parceiros ideais, há pouco menos de 380 milhões de anos, que machos e fêmeas de placodermos passaram a desovar mais próximos uns aos outros. Ou seja, as fêmeas começaram a colocar os ovos na água já próximos aos machos, que em seguida passavam a fertilizá-los. A partir daí perceberam que mais próximos uns dos outros ambos poderiam proteger os ovos até o instante em que os filhotes nasciam e se desenvolviam em ambiente aberto. As fêmeas então se tornam ovovivíparas, ou seja, passaram a criar bolsas para carregar seus ovos, ampliando a sua proteção e pressionando o macho a usar nadadeiras lobos alongados e nadadeiras pélvicas bem desenvolvidas para transferir o esperma com maior precisão.

Contudo, como a competição entre os peixes neste período estava muito itensa, percebeu-se que somente a proteção das ovas não era suficiente, pois assim que os filhotes nasciam, pequenos e frágeis, viravam alvos fáceis de predadores. Ao invés de então carregarem milhares de ovas as fêmeas se tornam vivíparas, pois passaram a alimentar menos filhotes através de cordões umbilicais diretamente, até que estes desenvolvessem corpos maiores, garantindo-lhes melhores condições de sobrevivência até a idade reprodutiva. Enquanto a bolsa foi ficando mais rígida e intrínseca nas fêmeas, os machos tiveram de criar extensões pélvicas de carne, chamadas de cláspers, que passaram a ser literalmente inseridas nas fêmeas para a transferência do esperma.

Apesar da fecundação interna ocorrer em placodermos, os peixes ósseos que os sucederam, na maior parte, reverteram para a desova, porque seus habitats permitiram e porque obviamente a desova gera muito mais descendentes. Foi também nesta época que surgiram os primeiros peixes cartilagenosos, ancestrais das quimeras, arraias e tubarões. Enquanto os cartilagenosos passam a dominar os mares, muitas linhagens com elaborados sistemas de ataque e dentes afiados são obrigadas a migrarem para os rios e se adaptarem.

A noção daquilo que chamamos de relógio biológico, onde a maioria dos animais passou a ter seus intervalos de repouso durante a noite e não de dia, se deu naturalmente e aos poucos, uma vez que a utilização da visão era mais favorável com a luz do sol – máxima que não valia para as profundezas do oceano. Somente mais tarde que a quantidade de animais que desenvolveram hábitos noturnos cresceu, especialmente quando isso lhes deixava um passo à frente na competição.

A evolução dos órgãos dos sentidos também prosseguiu exatamente de acordo com as pressões competitivas, aliada à maior ou menor possibilidade de utilização da memória de longo prazo. Por exemplo, se os animais com os primeiros sistemas oculares existentes não precisavam detectar nada muito além de um movimento ou imagem que mais se parecia com um borrão, estando muito bem adaptados aos habitats, então provavelmente eles não mais tentariam evoluir nesse sentido.

Assim, se por um lado o sucesso com a adaptação a um determinado ambiente traz estabilidade à espécie, por outro ela permite com que haja também uma certa "acomodação" dos animais em relação à possibilidade de melhoria que eles poderiam realizar e criar. Isto é, a busca contínua pela evolução continuaria ocorrendo também nestes animais primitivos, porém estaria representada pela obtenção de moradias mais estáveis, melhores formas de se reproduzir, se proteger, ou mesmo através do desenvolvimento de algum outro órgão do sentido que não o olho, no caso deste exemplo.

Enquanto isso, espécies distintas compreenderiam que estreitar as aberturas oculares era uma ótima ferramenta para concentrar a luz mais pronunciadamente, como demonstra o animal da foto a seguir:

Fig. 118:

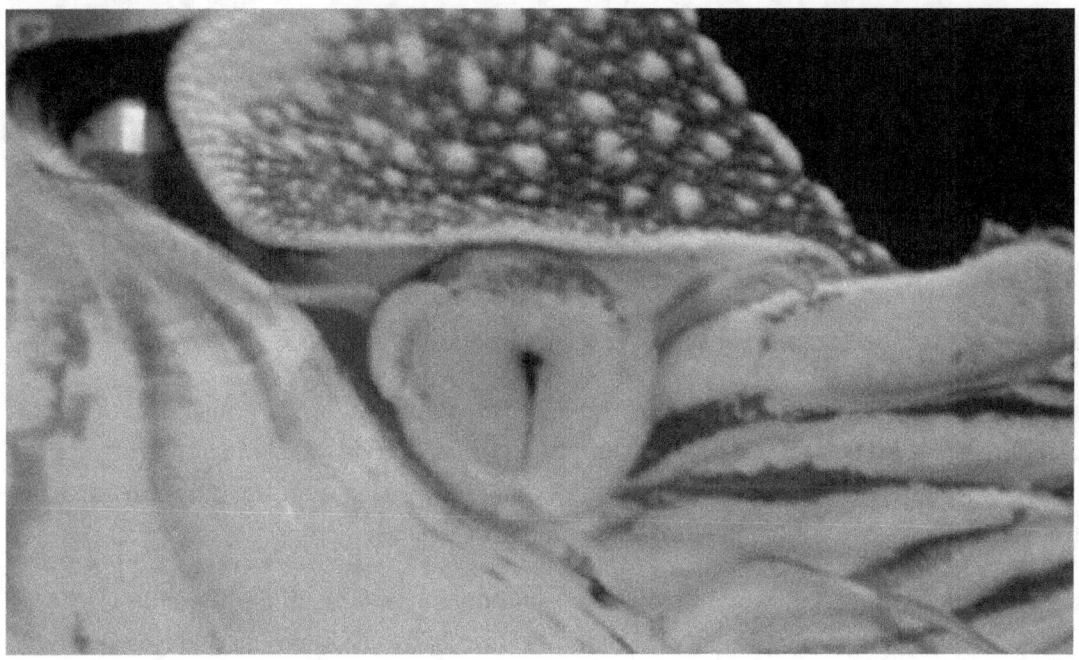

Fonte: DVD – Evolução Scientific American

O estreitamento ocular funcionou bem até um certo ponto, pois quando se cria uma imagem mais pronunciada e nítida também traz o revés de criar uma imagem bem escura, o que fez com que o tal olho servisse posteriormente para algumas espécies os répteis, mas não para todas as espécies de animais, obviamente.

Em terra, algumas linhagens de insetos ganham asas, de modo similar à compreensão da necessidade de fertilização interna dos peixes, ao invés da desova. Ou seja, a percepção dada através dos orgãos do sentido e a intenção de chegar a regiões mais altas na busca de alimento e moradas mais seguras fazem com que as modificações internas prosperem neste sentido, através da realização de testes e a criação de mecanismos que permitem a alguns insetos (entre outras espécies) a obterem vantagens sobre os outros.

A evolução ruma à perfeição e à harmonia da confecção do corpo através das brechas que a competição e o meio ambiente proporcionam. Lembremos que os órgãos são aparelhos vivos, carregados de energia própria e consciência que operam em prol do organismo como um todo. Não podemos nos esquecer da origem multicelular de cada órgão, mas com a única diferença de que ao longo dos anos a mente-cérebro foi tomando a liderança do organismo como um todo e também tornou-se responsável por auxiliar os órgãos em quaisquer intempéries que havia. Portanto os órgãos, assim como cada uma das células, sabem o que estão fazendo e cumprem com as funções às quais estão encarregados e possuem vida própria, sendo que a mente-cérebro apenas direciona estas funções e as coordena.

Sobre a evolução concluímos que "... sua marcha é inexorável e todo retrocesso é aparente...". Odilon Fernandes.

7.14.2 Sobre os peixes que decidiram se aventurar em terra firme

Por volta de 380 milhões de anos atrás algumas espécies de peixes decidem migrar para a terra firme. Não é o que parece à primeira vista; peixes saltando de forma suicida da água para se debaterem em terra. A evolução foi gradual, através de linhagens que evoluíram de pacodermos e já viviam em águas rasas e agora transformavam a periodicidade entre seus estados de vigília e de repouso.

Peixes que viviam em rios rasos ou córregos de água doce, por possuírem a anatomia pélvica herdada dos placodermos, conseguiram desenvolver nadadeiras cuja função, além de nadar, era fixar-se em pedras ou no solo, evitando serem empurrados contra correntezas, sendo que as transformações no reino vegetal muito favoreceram, fosse por deixar o solo repleto de foligem, auxiliando na fixação, ou por compor uma formação de terreno peculiar que auxilia a desova através de, por exemplo, uma corrente de retorno.

Os peixes migraram para a terra firme se tornando os reis majoritários, assim como os artrópodes fizeram anteriormente. Então, modificações de partes do corpo como o crânio e o pescoço, a fim de facilitar a respiração aérea, a ampliação do tamanho das costelas para suportar a 304oncomit do pulmão, as alterações do funcionamento das brânquias para a realização das trocas gasosas, o surgimento do osso hioide entre outras alterações cervicais para abertura da mandíbula em 305oncomitância com a cabeça e o desenvolvimento de esqueletos nas nadadeiras com um forte eixo central, capaz de suportar o peso fora da água como pequenas mãos com oito dedos unidos em forma de pá, permitiram-lhes explorar um novo mundo cheio de oportunidades (como se observa em diversas edições da revista Scientific American).

Na figura a seguir podemos observar o Acanthostega, que apareceu cerca de 15 milhões de anos depois desta época, mas se parecia bastante com os primeiros peixes que realizaram esta transição, a não ser pelas distintas motivações. Bem como os primeiros peixes que se aventuraram em terra firme, o Acanthostega também já possuía membros e oito dedos, mas parte deles buscava ar fora da água por viverem em pântanos mal oxigenados. Posteriormente, além do ar estes animais passaram a também buscar alimento e assim prezavam cada vez mais para as transformações que o possibilitariam viver em terra firme:

Fig. 119:

Fonte: http://universe-review.ca/I10-72-Acanthostega.jpg

Vejamos no detalhe a seguir a comparação entre a nadadeira do Acanthostega e o braço de um humano. No braço humano há dois ossos (antebraço), o punho e os dedos. Na nadadeira temos dois ossos, ossinhos que podem ser comparados a um punho e varetas com a face voltada para longe, que podemos comparar com os dedos.

Fig. 120:

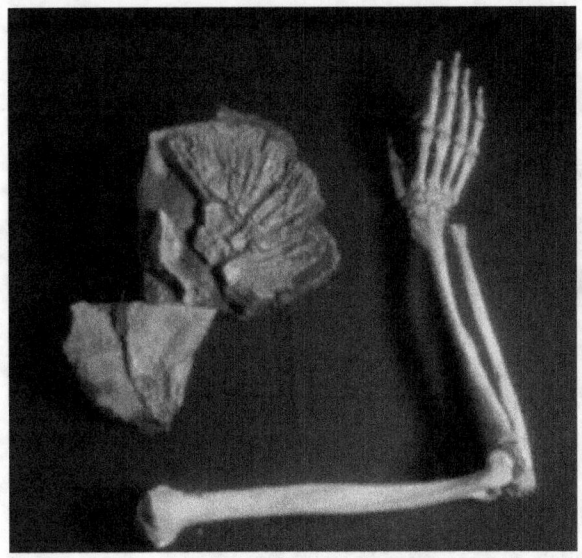

Fonte: DVD – Evolução Scientific American

Certamente o fóssil deste animal que aparece na foto era um peixe que se adaptou à terra firme, ou seja, um anfíbio primitivo. Para se tornarem anfíbios de fato, o que tanto o Acanthostega quanto os primeiros peixes a migrarem para terra fizeram foi ampliar ainda mais as costelas para que os pulmões pudessem se expandir com a realização de um bombeamento bucal do ar, reformar a mandíbula para uma melhor alimentação, juntamente com alterações dentárias, interarticular as vértebras (união de cada osso da coluna, para sua possível articulação vertical), descolamento do crânio do ombro para a formação de um pescoço, substituição de memórias para a noção espacial, com reforma do sistema vestibular (ouvidos) para que houvesse equilíbrio e orientação em terra, junto com uma reforma dos mapas corporais, e por fim a substituição de oito dedos por seis, e mais tarde por cinco dedos, facilitando-se assim a locomoção, com tornozelos mais estáveis e flexíveis.

De modo geral, os primeiros vertebrados anfíbios e os seres humanos têm a estrutura óssea, pés e mãos quase idênticas. Se estes animais primitivos não tivessem feito tal transição nós não estaríamos aqui hoje. Os descendentes das primeiras criaturas que deixaram a água são os anfíbios, então os répteis e os dinossauros; em seguida vieram os pássaros e os mamíferos.

Atualmente existe um peixe que mesmo com nadadeiras sem dedos consegue se aventurar fora da água para capturar alimento. A diferença é que estes peixes não estão tentando viver em terra firme, mas conseguem desempenhar suas funções com perfeição, com os aparatos que possuem. A seguir segue a foto de um exemplar:

Fig. 121:

Fonte: DVD – Evolução Scientific American

Há uma teoria na biologia chamada de isolamento geográfico que supõe que quando um grupo grande se divide e se isola por uma cadeia montanhosa, por exemplo, durante dez anos, como as pressões sofridas por esse grupo serão distintas a evolução dos animais aconteceria de modo distinto. Se o oceano formar um furo ao longo destes anos nessa cadeia montanhosa, os dois grupos que um dia foram separados poderão se reencontrar, porém talvez já não sejam mais capazes de cruzarem entre si, de gerarem descendentes comuns.

Esta teoria, no entanto, acaba naturalmente iludindo os registros fósseis, onde daria-se a impressão de que uma espécie surgira de uma hora para a outra, mas na verdade ela só estava isolada e por isso passou por transformações que o grupo antigo não passou. Além de considerarmos neste estudo tais argumentos válidos, entendemos que não é preciso que haja todo um isolamento geográfico para que isso aconteça, uma vez que o racha entre os dois grupos poderá acontecer por motivações distintas em um mesmo local. Isso, claro, sem mencionar que as motivações dos pensamentos que serão alocados no subconsciente trazem uma sutileza muito maior, onde um único animal pode abrir caminho para o nascimento de uma nova espécie.

Uma outra discussão que cerceia a biologia é o problema da baixa quantidade de fósseis intermediários, isto é, fósseis de animais que representam um estágio de evolução transitório, como o peixe contendo uma pequena mão, exposto na foto. Neste estudo acreditamos que não é necessário que haja muitos intermediários para provar que eles existiram, apenas alguns já deveria bastar. Devemos lembrar de pontos básicos como o fato de que a petrificação óssea só ocorre sobre condições específicas de sedimentação de um corpo em decomposição, e que muitos animais se alimentavam de carniças e de seus ossos. Além disso, não se pode esquecer que Gaia está em contínua transformação e isso acaba destruindo muitos fósseis e que, além disso, não fizemos ainda uma varredura minuciosa de tudo o que há no subsolo terrestre. Se existiu um fóssil intermediário é óbvio que outros exemplares da mesma espécie buscaram realizar uma transformação na mesma linha.

O propósito da vida na Terra fica claro quando percebemos que a evolução caminha da simplicidade para a complexidade, seja ao analisarmos isoladamente um domínio como o das bactérias, seja ao analisarmos o âmbito geral da evolução. Não importa se o planeta Terra, devido às suas transformações, acabou mitigando uma maior quantidade de variações anatômicas que anteriormente existiam, pois os seres vivos orgânicos que sobreviveram retomarão a evolução, ampliarão suas complexidades e se diversificarão novamente. Portanto, mesmo considerando a evolução como um todo, como o episódio da extinção dos dinossauros, por exemplo, não significa que ela não está sendo contínua, ou então estaríamos supondo que os dinossauros algum dia poderiam chegar ao nível evolutivo do homem.

7.14.3 Outras modificações ocorridas até o final do Permiano

Por volta de 360 milhões de anos atrás começaram a surgir as florestas carboníferas, porque finalmente desde o aparecimento das primeiras plantas no solo terrestre o volume de material orgânico resultante da sua decomposição passou a permitir a formação de carvão em grande quantidade. O período conhecido como Carbonífero se origina, portanto, do processo de decomposição vegetal, já que à medida em que as plantas e as raízes vão adentrando o solo e se tornando cada vez mais prensadas, passam a se fundir até compor um composto único: o carvão marrom. Posteriormente, à medida em que afundam ainda mais, ganhando maior pressão e calor, o carvão marrom vai se tornando mais duro, preto e brilhante.

O carvão encrustado deu oportunidade para o desenvolvimento de novas plantas, como os gigantes musgos. As novas plantas e a própria erosão deste carvão, com as modificações de Gaia, geraram naquele período doses extras de carbono para toda a atmosfera e estas mudanças atmosféricas e climáticas influenciam no modo como alguns organismos vivem e também na própria configuração de alguns deles. De modo geral, os seres vivos mais simples é que sofrem as alterações mais bruscas, como as bactérias, archaeas e eucaryas primitivas, pois os seres mais complexos geralmente migram ou aprendem a se adaptar em uma região não tão distante, como o alto de uma montanha, ou acabam morrendo.

Era comum há 350 milhões de anos a presença de anfíbios vivendo em pântanos rasos, se alimentando de peixes ou outros anfíbios, mas cada vez mais os transformados peixes que viviam em terra firme foram se tornando aptos a apenas retornarem às águas para procriarem. Para fazerem isso os anfíbios foram modificando suas mucosas que precisavam se manter constantemente úmidas, para peles à prova da água resistentes às condições mais secas, além de modificações em suas caudas a fim de lhes proporcionar maior equilíbrio e agilidade em terra.

É neste ponto que uma outra transição importante estava prestes a ocorrer: a inovação embrionária com a presença do ovo amniótico para o surgimento dos répteis. Realizado pelos anfíbios que buscavam a liberdade em terra e a possibilidade de explorar regiões mais distantes das águas, o embrião passou a ser permeado por várias membranas onde o filhote podia agora se desenvolver diretamente sem necessitar entrar em um estágio de larva como os girinos, que migram de uma condição subaquática para a possibilidade de vida em terra até se transformarem em sapos em um tempo médio de 30 dias, por exemplo. O que algumas espécies fizeram foi justamente conseguir pular uma destas etapas, permitindo que o embrião já nascesse adaptado à vida terrestre e, através das camadas extras nos ovos, não fosse dissecado pela exposição ao sol.

Se por um lado esta transição foi menos completa do que aquela realizada pelos placodermos do período anterior, justamente porque não excluiu de imediato a condição ovípara destes animais, por outro lado foi uma mudança importante porque traria a possibilidade de permanência em terra.

Um dos primeiros répteis que surgiu nesta época era similar aos largatos atuais e vivia nos troncos das árvores das florestas do Carbonífero, se alimentando de insetos. Já outros grupos de anfíbios decidiram perder completamente suas patas, para viverem como minhocas sobre as folhas das árvores. É nesta fase que a possibilidade de amputamento de uma parte do corpo propositadamente para enganar os predadores e posteriormente a sua regeneração começa a acontecer, tanto em répteis quanto em anfíbios.

Pouco a pouco a intensificação da competição também ampliou a quantidade de animais que já nasciam camuflados às regiões em que viveriam, de modo que passavam a maior parte de suas vidas despercebidamente, como este louva-deus (inseto) que aparece na figura a seguir:

Fig. 122:

Fonte: DVD – Evolução Scientific American

O site Howstuffwork aponta que penas e pelos em animais são como cabelos e unhas dos humanos – são, na verdade, tecido morto. Estão presos ao animal, mas como não estão vivos o animal não pode fazer nada para alterar sua composição. Consequentemente, um pássaro ou um mamífero tem que produzir uma pelagem ou penas completamente novas para mudar de cor. Em muitos répteis, anfíbios e peixes, por outro lado, a coloração é determinada por biocromos em células vivas. Os biocromos podem estar em células na superfície da pele ou em células em níveis mais profundos. Compreendendo os tons através da luz capturada estes animais fabricam moléculas químicas com pigmentação similar ao que capturaram e as conduzem por pequenos orifícios em suas peles, tornando-se muito similar ao ambiente em que estão. A maioria deles, contudo, não possui um sistema móvel capaz de alterar a coloração rapidamente, como faz o camaleão, que desenvolveu células somente para armazenar pigmentos diversos, associados principalmente às alterações de humor.

Nesta época, como prova da consequente evolução dos artrópodes que dominaram primeiramente o solo, insetos gigantes de asas que se estendiam por mais de um metro de comprimento, similares às libélulas, dominavam os ares. Novos métodos de acasalamento também surgiram, além de, claro, uma evolução mais pronunciada dos órgãos internos, dos órgãos do sentido e dos tecidos de modo geral.

Novas mudanças geológicas em Gaia, com a definitiva formação de Pangea, provocaram alterações climáticas que fizeram as florestas de carvão secarem e se transformarem em desertos. Com os novos encavalamentos continentais uma enorme quantidade de vulcões eclodiu, o que fez com que as concentrações de gás carbônico, que já eram grandes, se ampliassem ainda mais. Como o CO_2 tem uma grande capacidade de absorver a radiação solar isso trouxe como consequência muito calor, incêndios naturais e desertificações repentinas que acabaram extinguindo grande parte dos animais já confortavelmente instalados em terra, contribuindo para que os répteis já mais adequados às condições mais secas passassem a dominar os solos.

Enquanto em terra o panorama se modificava e abria as portas para um novo período onde a competição entre os répteis se tornaria sem dúvida a mais intensa da história terrestre – a era dos dinossauros, nos mares, as mudanças foram ainda mais drásticas. Tão drásticas que a maioria das espécies vigentes nunca mais alcançaria os domínios ecológicos que tinha. De modo geral, as regiões mais ricas em termos de biodiversidade foram também as mais afetadas diretamente com os deslocamentos de terra, mas além disso houve uma grande diminuição global do nível do mar, que acabou contribuindo para extinção das espécies que viviam em águas mais rasas também. Além disso, nesta época um meteoro caiu entre as regiões atuais da Antártica e Austrália, qmasue apesar de liquidar os organismos marinhos locais e influenciar o clima na direção oposta, não foi a chave para as massivas extinções do período.

Por volta dos 265 milhões de anos atrás os répteis que já dominavam a terra passaram a migrar para os mares. Pouco depois surgiram também as primeiras formas aéreas reptilianas, em que asas de envergadura de até um metro se apresentavam. Um dos répteis que já estavam bem adaptados às regiões desérticas e geraram linhagens bem sucedidas foram as conhecidas ordens de pelicossauros e procolophonias que aparecem, respectivamente, nas figuras a seguir:

Fig. 123:

Fonte: Wikipedia

Este tipo de pelicossauro acima, conhecido como dimetrodonte, tinha cristas pontiagudas que lhe ajudavam a transferir o calor das costas, que era a região que sofria maior contato com o sol, propiciando um equilíbrio térmico. Estes animais chegavam a três metros de comprimento e se alimentavam de outros répteis.

Fig. 124:

Fonte: Wikipedia

Já no caso dos procolophonias, como este acima, chegavam a até 2,5 metros de comprimento e se alimentavam exclusivamente de plantas rasteiras. O enorme tamanho que estes animais desenvolveram se explica uma vez que eles passavam a maior parte do tempo se alimentando. Mas podemos nos questionar por que os animais relativamente grandes e capazes de enfrentar outros animais prefeririam se alimentar de plantas. Muitas vezes tais animais prezaram por privilegiar seus sistemas de defesa, ao invés do de ataque, como a presença destas carapaças bem rígidas, optando assim por gastar menos energia com a necessidade do combate para a obtenção do alimento. Dependia enormemente das regiões em que estes répteis se estabeleceram e da diversidade que tinham à disposição.

Algumas fontes mencionam que a extinção no Permiano foi tão intensa que abriu caminho para um novo tipo de animal: os dinossauros. Neste estudo acreditamos que a maioria dos répteis que sobreviveu ao Permiano são os descendentes diretos dos dinossauros, uma vez que na definitiva formação de Pangea nem todas as regiões terrestres pré-estabelecidas foram afetadas.

E assim enquanto, por exemplo, alguns grupos reptilianos constroem placas de ossos dentro da pele formando escudos, tornando-as muito difíceis de serem penetradas, outros buscaram desenvolver olhos mais pronunciados com camadas transparentes arredondadas, fazendo com que a luz pudesse se concentrar mais pronunciadamente na retina.

Entre tantas transformações uma delas deu origem aos terapsídeos, ancestrais dos mamíferos com variações no formato dos dentes; já outras mudanças originaram diferentes grupos de dinossauros primitivos dos quais veremos a seguir.

7.15 A evolução durante o período Triássico (251 até 200 milhões de anos atrás)

O calor no final do período Permiano para o início do Triássico ainda era muito intenso, fazendo com que muitos animais buscassem vida em territórios mais úmidos. Na região mais central de Pangea o calor era um tanto insuportável, tendo apenas eventuais pancadas de chuva para amenizar a situação durante os dias do ano. A temperatura diminuía gradualmente em direção aos polos, mas não havia gelo na superfície. As lagoas evaporavam facilmente, deixando sedimentos arenosos, que posteriormente vão formar o arenito.

O intenso calor foi um fator decisivo para que os répteis herbívoros começassem a desenvolver o bipedismo, transformando suas estruturas ósseas (pernas saindo abaixo do corpo através de duas cavidades no quadril para segurar os ossos das coxas e não mais laterais como antes, junto com o contrabalanceamento de rabos que se tornaram mais pesados, e a diferença de desenvolvimento das patas traseiras em comparação com as frontais bem mais curtas), ainda que esta não tenha sido a única razão. Os herbívoros buscavam uma forma de alcançar os galhos mais altos das árvores e as copas que possuíam folhas em maior quantidade e diversidade. À medida em que os répteis foram realizando suas transformações e se tornam bípedes, também se tornam um pouco menos espessos do que eram originalmente, pois somente assim era possível suportar o próprio peso, e como consequência isso fazia com que a exposição do calor nas costas fosse bem menor. Aliado a isso ainda há o fator de que com apenas duas patas pisando no solo evitava-se 50% do contato direto de duas patas com o chão quente e uma visão panorâmica mais ampla. Estes répteis, ao perceberem todas estas vantagens, preservaram e acentuaram tais mutações.

Essas transformações reptilianas que nos referimos é a característica principal que define um dinossauro: a possibilidade de caminhar de modo ereto, ao invés de rastejarem feito lagartos. Isso implica em dizer também que os dinossauros eram animais essencialmente terrestres e os primeiros eram herbívoros. Os carnívoros surgiram logo depois, aperfeiçoando o projeto herbívoro com seus dorsos achatados para aguentarem ainda mais tempo à exposição solar e assim poderem adotar métodos de caça mais bem adaptados.

De modo geral, os dinossauros no início do Triássico eram pequeninos, atingindo até 1,5 metro de altura por 2,5 metros de comprimento. Eles urinavam e defecavam como fazem os répteis e as aves atuais, ou seja, através de uma abertura similar à cloaca, local por onde também colocavam seus ovos. Os ninhos que formavam eram mais ou menos organizados, dependendo da espécie, e o modo de se reproduzirem era sexuado, parecido com a reprodução dos répteis.

À medida em que a temperatura na Terra ficou menos quente, a competição se acentuou enormemente forçando os animais a se transformarem em verdadeiras máquinas de guerra, fosse através de suas pernas que agora eram capazes de atingir velocidades significativas, fosse no desenvolvimento de novas armaduras para se protegerem, entre tantos outros aperfeiçoamentos. Os herbívoros que anteriormente chegavam até no máximo um metro de altura se tornaram cada vez mais altos e também compridos, porque por mais que isso deixasse novamente suas costas expostas ao sol quando tinham que se deslocar, a maior parte do tempo eles ficavam parados, se alimentando em duas patas. A diferença de dimensão dos dinossauros herbívoros dificultava os ataques dos carnívoros, que prefeririam se alimentar de outros animais menores. No entanto, os carnívoros logo viriam a caçar estes herbívoros em bandos e a partir dali não mais cessariam suas investidas.

Se por um lado a vida dos répteis adaptados à água era um pouco mais fácil no que diz respeito às condições de Gaia nesta época, por outro a competição da cadeia alimentar ali se acirrou ainda mais rapidamente, impulsionando métodos de combate inéditos, como camuflagem, percepção por eletromagnetismo e fileiras de dentes mais pronunciadas. Muitos dos répteis que viviam em terra caçavam outros répteis, na água. Já nos ares, um grupo de répteis voadores denominados pterossauros dominavam os céus, devido às suas maiores dimensões em relação a qualquer outro ser voador da época, e suas grandes mandíbulas com dentes afiados.

Todas estas modificações ocorreram primeiramente no subconsciente e foram, portanto, obtidas através das intenções que surgiam conforme as necessidades marcadas nas sequências genéticas ao longo das gerações. A própria mente-cérebro também se modificou porque com o acirramento da competição tanto dos dinossauros quanto destes répteis aquáticos e marinhos, o estado da vigília era mandatório, ainda que o mesmo implicasse em uma maior necessidade de interpretação de tantos *input*s e, consequentemente, mais sono. Acontece que o completo relaxamento era perigoso durante esta fase da vida e como uma maneira de resolver este conflito uma estrutura análoga ao hipocampo foi criada, a fim de replicar os neurônios, num processo conhecido como neurogênese. Estes neurônios replicados começariam a ampliar o tamanho da mente-cérebro, especificamente sua camada mais externa denominada córtex cerebral.

Estas alterações alteraram a capacidade de memória de curto e longo prazo destes animais, que passaram a contar também com novos sistemas físico-químicos de contabilização da quantidade versus a intensidade dos *input*s/pensamentos a serem associados.

Portanto, a construção e a organização do subconsciente com a evolução do córtex destes répteis foi ficando cada vez mais elaborada. Por outro lado, o perigo resultante da maior necessidade de estado de repouso para absover a ampliação da quantidade de informações a serem processadas fez com que alguns filos aprendessem mais lentamente do que outros.

A partir de agora, o que difeririria um destes seres vivos para o outro seria a melhor ou pior organização do subconsciente e a maior ou menor capacidade de memória a curto prazo que acabará refletindo em uma memória de longo prazo mais pronunciada.

O maior dinossauro não teria relativamente a maior mente-cérebro, porque ela é plástica e se molda devido a um conjunto extenso de fatores. Assim, por mais que exista uma relação de proporcionalidade (quanto maior é o animal, mais associações e *input*s ele acumula durante o dia, já que geralmente também possui mais nervos espalhados pelo corpo e gera memórias de curto prazo como consequência), é preciso nos atentarmos que se o crescimento do córtex estivesse ligado a uma experiência inédita vivida pelo animal ele talvez se tornasse vulnerável a um sangramento proveniente de uma mordida na cauda de um animal menor (porque não teria sentido), mas teria utilizado o córtex para registrar esta nova percepção e ganhar outro tipo de vantagens em relação à sobrevivência dentro de seu habitat. Ora, isso no futuro irá determinar suas escolhas conscientes e talvez determinar uma organização mental-cerebral tão distinta que propiciará novos hábitos e então, com o tempo, um novo espécime.

De modo geral, evolutivamente, à medida em que novas experiências e aprendizados foram sendo adquiridos, no que se refere aos *input*s diários, a memória de curto prazo começou a superar a capacidade de armazenamento da memória de longo prazo ou, em outras palavras, começou a existir uma maior gama de experiências e pensamentos alocados no córtex do que a memória de longo prazo poderia absorver. O excedente de informações e pensamentos era descartado com base naqueles *input*s que eram mais repetidos ou bastante similares a outros mais completos, e com mais associações relativas aos degraus das pirâmides, ou que tinham uma correlação menor com a preservação ou a reprodução do próprio animal. Portanto, prezou-se mais pela identificação de um feromônio propício, por exemplo, do que pela noção de como ensinar o filhote a aprimorar uma determinada tarefa. Fator que talvez ainda explique porque o ser humano é tão viciado em sexo e pouco preocupado com a educação.

Em suma, foi o próprio estímulo dos animais para que se guardessem pensamentos inéditos à medida em que passaram a ficar cada vez mais tempo acordados, em um momento de transformação corpórea de toda uma cadeia, que gerou a necessidade de ampliação do córtex através da neurogênese.

Com as alterações do clima as plantas também se alteraram, sendo que as coníferas, mais bem adaptadas às variações climáticas, começam a dominar as florestas. Além disso, houve de modo geral uma expansão enorme da quantidade de gimnospernas (árvores com flores e frutos menos elaborados, como os pinheiros) devido à ação dos ventos que espalhavam as sementes. Essas e outras alterações importantes forçaram os herbívoros a se adaptarem e os carnívoros a modificarem suas alimentações como consequência, o que fez com que algumas características entre estes animais se alterassem, com a construção de nervos inéditos (receptores de movimento similares aos dos tubarões são aperfeiçoamentos que surgiram por conta da "corrida armamentista" que se ampliava dia após dia neste período).

Uma das questões polêmicas que cerceiam os dinossauros é se eles possuíam sangue quente ou frio. A resposta é ambos, dependendo da região em que estes animais viviam. Os répteis surgiram em um panorama de muito calor e por isso seus aparatos de transferência de temperatura prezavam para um resfriamento constante das partes do corpo, sendo o caso da crista nas costas do dimetrodonte apenas uma exteriorização mais visível de como isso funcionava.

O senso comum atualmente diz que os répteis não possuem meios de realizar uma homeostase térmica, mas isto porque consideramos que o único tipo de homeostase sistêmica é aquela realizada pelos mamíferos. Mas se, por exemplo, a temperatura diminuísse demasiadamente alguns répteis do período podiam entrar no que chamamos de estado de hibernação, que nada mais é do que ter seus ciclos operando de modo automático para retirar energia de alimentos que já foram armazenados, não deixando com que a água do sangue se congele. A imobilidade em que o animal permanece é devido à sua compreensão de que, uma vez quieto, se gastará menos energia, pois de nada adiantaria gastá-la se não há presas disponíveis em um ambiente muito frio. De qualquer modo, estes animais só sobreviverão durante um certo tempo, relativo à sua capacidade de armazenamento alimentar e, claro, à melhor ou pior temporada de caça que precedeu a hibernação. Logo que este animal sai do período de hibernação terá de se alimentar novamente e em abundância, ou então não sobreviverá.

Similarmente, os mamíferos de sangue quente precisam manter uma temperatura relativamente mais alta através de uma intensa produção de ATP nas células, estimulada por um maior consumo de alimentos. Se a alimentação destes animais não for suficiente seus sistemas de homeostase também não funcionarão.

É interessante dizermos que o permanecimento prolongado ao sol tornou-se mais tarde uma estratégia realizada pelos dinossauros propositadamente, pois ao aquecerem seu sangue aceleravam suas reações internas, principalmente após uma volumosa refeição. Isso também nos leva a crer que se o dimetrodonte prezou para a construção de aparatos de transferência de temperatura era porque na época e no local em que ele vivia a fartura alimentar era bem menor, assim como no caso de dinossauros que desenvolveram pelos. A temperatura do ovo também muitas vezes influenciava se o filhote seria macho ou fêmea, especialmente na época em que o nível de CO_2 diminuiu. Isto é só mais um exemplo que demonstra o quanto as transições ocorridas realmente dependiam de uma conjunção enorme de fatores.

Os ancestrais dos mamíferos – répteis peludos que viviam nos polos e que não desenvolveram o bipedismo justamente porque migraram – foram em grande parte extintos com o início das separações de Pangea e o surgimento de novos mares. Outras linhagens começaram a se adaptar a regiões um pouco menos frias como a dos cinodontes, em parte como busca de novos alimentos e em parte como fuga das transformações de Gaia, adotando hábitos noturnos por causa da temperatura e também para se esconderem dos dinossauros que circulavam bem mais durante o dia, o que fez com que de imediato ampliassem o tamanho de seus olhos em comparação à proporção que adotavam anteriormente. Por outro lado, estes animais perderam ao longo dos anos dois tipos de células cônicas (possuíam quatro tipos) que lhes possibilitava uma melhor vizualização das cores. Como não tinham como competir com os dinossauros, apesar de alguns grupos serem carnívoros, os ancestrais dos mamíferos passaram a criar esconderijos, métodos mais eficazes de cavar a terra e formar túneis, o que os levou ao longo dos anos a reduzirem gradualmente a dimensão de seus corpos.

Com a redução de seus tamanhos os ancestrais dos mamíferos passaram a se alimentar caçando pequenos lagartos, carniças espalhadas ou insetos, além das plantas e gimnospermas, no caso dos herbívoros. Dentro dos túneis subterraneos tornou-se crucial para estes roedores sentirem as vibrações do solo com acurácia, fosse para conseguirem fugir por passagens subterrâneas antes que suas moradas fossem destruídas pelas patas dos dinossauros em circulação, fosse para protegerem seus ovos de um alagamento ou mesmo na identificação dos momentos mais oportunos para poderem sair dos buracos sem sofrerem reveses. Assim, enquanto a competição entre os dinossauros se acirrava a todo o vapor, onde qualquer necessidade evolutiva tornou-se uma questão urgente, os antecessores dos mamíferos foram aperfeiçoando seus corpos, melhorando alguns dos órgãos do sentido e criando técnicas apuradas de sobrevivência, além de se reproduzirem "na calada da noite".

O mais importante destas completas transformações físicas foi o fato de que elas levaram a uma transformação da estrutura mental-cerebral, bem como a reforma de seus mapas corporais, que possibilitaria a alocação de mais grupos neuronais em comparação aos outros répteis e assim uma maior capacidade associativa através da memória de longo prazo. Esta reforma não foi realizada de modo consciente, quer dizer, não houve intenção de fato ou a compreensão de que gerando-se mais células principais para a memória de longo prazo se evoluiria mais do que qualquer outro réptil. O que ocorreu é que a possibilidade de reformulação física corporal, junto com a necessidade de mais associações na mente-cérebro em um panorama menos competitivo, atendidas ao longo dos anos, tornou a memória de longo prazo destes animais mais poderosa naturalmente. Esta possibilidade de alargar a memória de longo prazo foi extrapolada até o limite possível, com relação à estrutura física mental-cerebral que os ancestrais destes animais já possuíam e que permitiam manter uma hierarquia consciente entre as células principais primordiais. No sentido figurado, era como se os ancestrais dos mamíferos estivessem retirando um antifóton de seus corpos, com a redução do tamanho de seus órgãos, o tamanho de seus dentes etc., para a sua alocação na mente-cérebro.

Estas reformas foram levando a um aprofundamento cada vez maior da divisão de tarefas entre os hemisférios cerebrais, o que não significa que a área central de liderança da mente-cérebro estaria também sendo dividida. Pelo contrário, é justamente a área central quem manterá a integração entre as sinapses neuronais, ao ponto de que se "desligarmos" todo um hemisfério não haverá disputa energética entre o lado esquerdo versus o direito. Apesar da separação, os dois hemisférios permanecem conectados e quando necessitam também constroem sua a noção espacial através de *input*s de um mapa corporal integrado.

De modo sintético, os hemisférios da mente-cérebro foram se aperfeiçoando e se tornando cada vez mais específicos para as atividades que já desempenhavam, a exemplo dos órgãos do sentido. A vantagem é que a divisão de tarefas proporciona uma independência tanto para a realização de funções vitais quanto no caso de um problema de saúde, como um tumor. Se o animal ficar sem a visão talvez não comprometa por inteiro sua audição e vice-versa.

Neste estudo consideramos como mamíferos os animais transmutados que começaram a aparecer por volta de 220 milhões de anos atrás, e podem ser identificados através da observação nos registros fósseis onde os ossos quadratum e articular são muito menores e já fazem parte do ouvido médio, além da presença do palato secundário (estrutura do crânio que ajuda a separar a entrada do ar que vai para o nariz da entrada da comida) e não pela identificação mais usual da capacidade das fêmeas produzirem leite e amamentarem seus filhotes, apesar de "mamífero" derivar-se deste fato. Consideramos que o limite entre um réptil e um mamífero se encontra na sua capacidade consciente e perceptiva maior, desenvolvida a partir de uma impossibilidade de competição direta contra os carnívoros dominantes da época, levando estes animais a explorarem outros meios de sobrevivência e acabarem contando ao longo dos anos com menores pressões competitivas em comparação aos dinossauros para poderem prezar para uma evolução interna mais pronunciada, ainda que feita praticamente de modo indireto, subconsciente. A redução do tamanho dos corpos e a anatomia em geral destes animais nos dá pistas sobre seus hábitos, que somados à necessidade de passarem despercebidos pelo cenário da época fizeram-lhes visíveis aos registros fósseis atuais.

7.16 A evolução durante o período Jurássico (200 até 145 milhões de anos atrás)

Por volta de 200 milhões de anos atrás Pangeia começou a se separar e, gradualmente, os desertos começaram a reduzir as suas dimensões à medida em que os oceanos voltaram a adentrar as massas de terra. A temperatura média também reduziu-se, possibilitando através de algumas adaptações corporais a colonização dos dinossauros em regiões extremamente secas, que antes eram inabitáveis.

Com as alterações de Gaia muitas florestas se dividiram ao meio, o que acabou matando e "armazenando em registros fósseis" muitos dos animais que viviam nestas regiões. A ocupação de diferentes tipos de dinossauros em uma região muito menor ampliou a competição, afinal tantas alterações geram vulcões e acabam alterando o clima, forçando o deslocamento de espécies previamente bem estabelecidas em seus habitats.

As novas movimentações de Gaia e as mudanças na cadeia alimentar que se iniciaram como consequência já seriam por si só um fator relevante para que a "corrida armamentista" se intensificasse, contudo é também neste período que a mente-cérebro atinge, em algumas espécies de dinossauros, uma gama de associações refinada o bastante para que estratégias de caça em bando bem elaboradas pudessem ser feitas, além de estratégias individuais a longo prazo, repletas de sofisticação. Aos poucos a cadeia alimentar no período jurássico atingiu um de seus pontos mais elevados da história terrestre, elevando a competição a um "que" de arte.

Para entendermos especificamente quais foram estas alterações é preciso vermos antes algumas considerações a respeito de como acontecia o aprendizado dos dinossauros. Os peixes assim que nascem já saem dos ovos nadando e, além disso, a maioria deles já sabe procurar a alimentação correta porque suas mães estão impossibilitadas de ensinarem-nos tais tarefas. O trabalho de suas mães foi desenvolvido previamente, através dos processos reprodutores refletidos nas células-tronco embrionárias que propiciarão de modo automático estas capacidades ao filhote. Similarmente ao que acontece com os peixes também acontece nos répteis e nos dinossauros, ou seja, as associações cruciais acabavam sendo enraizadas através de ciclos automatizados, o que significa que também ao nascerem já sabiam andar, mas além disso a maioria deles já nascia capaz de cortar a carniça ou encontrar as folhas certas com eficácia suficiente para suprirem suas fomes independentemente. Isso permitia que os pais largassem seus filhotes, deixando que as habilidades específicas fossem adquiridas por eles próprios à medida em que cresciam. Neste período, no entanto, aumentava cada vez mais a quantidade de espécies que agiam de modo similar às aves modernas, onde os filhotes recebem ensinamentos dos pais até que estejam preparados para a competição ou, em outras palavras, o auxílio acontecia até o momento em que os pais identificassem que os filhotes não mais seriam devorados uma vez sozinhos. Apenas precisamos fazer uma ressalva neste sentido, já que os répteis voadores (não considerados dinossauros) possuíam um comportamento bastante semelhante ao das aves modernas desde o período anterior.

A noção de morte tida por estes animais é muito diferente de como pensamos na morte, uma abstração. Estes animais apenas relacionavam que, por exemplo, a extrema dor poderia lhes levar a um "panorama similar ao qual permanecem suas presas quando estão sendo mastigadas", já que as reações provocadas pela dor, como os gritos, o cheiro ou a contorção de partes do corpo, por exemplo, seriam similares. Estar neste estágio de vulnerabilidade lhes distanciaria da evolução por assim dizer, de modo que passa-se a ter medo, ao longo dos anos, da morte em si através das associações cabíveis que levam diretamente a ela. No fundo, a morte é para o animal uma associação do panoroma máximo de insucesso evolutivo.

Mas por que anteriormente não houve esta associação? Quando um predador caça a sua presa não há espaço para pensamentos que associem a dor alheia à dor que o animal já sentiu ou poderá um dia sentir. Tudo o que o animal está pensando é em uma melhor maneira de liquidar a presa antes que ela escape. Seus neurônios estão orientados a moverem seus músculos, dentes etc. de modo que sua investida seja bem sucedida.

Algo similar acontece quando é um filhote que sente dor. Os pais que não participam da educação dos filhotes estarão neste instante focando suas energias em outros processos, às vezes até atuando para a defesa destes filhotes contra ataques externos, pois sabem que o filhote sobreviverá, ou ao menos existem grandes chances de isso ocorrer, e que sua obrigação foi encerrada a partir do nascimento. Porém, o convívio com a prole como uma nova forma de comportamento também é capaz de lhes capacitar a desenvolver noção de finitude, e irão sofrer pelo filhote prestes a morrer.

Por exemplo, algumas espécies de aranhas do sexo masculino acabam morrendo depois da cópula por liberarem parte de seus próprios corpos, não permitindo assim com que outros machos insiram "seus espermas" naquelas fêmeas, porém eles não fazem isso em prol da espécie em si, mas sim para concretizar um de seus objetivos vitais – a reprodução. O mesmo pode ser dito a respeito do sofrimento destes dinossauros, que ao verem o filho sofrer e adquiriam a noção de finitude, lamentavam no fundo por si mesmos. Outro ponto a ser considerado é que por serem pensamentos, a noção da morte não seria um quesito instintivo da espécie, quer dizer, os descendentes teriam de aprender aquelas questões através de suas próprias experiências.

Mas o que o medo da morte modifica em termos competitivos? Modifica muita coisa! Por exemplo, com o passar do tempo começou a ser possível deixar marcas como recados do tipo: eu sou o dinossauro que "tortura" arrancando os membros antes de matar, mesmo que isso não tivesse ocorrido no ato do ataque, de fato. Claro que os pensamentos dos dinossauros não possuem nenhum sentido maquiavélico, mas têm a intenção de que o próximo competidor associe a dilaceração alheia às possíveis dores que ele mesmo poderá sentir caso se depare com aquele predador em específico. Se o animal que vê outro animal similar morto desta forma ainda não tiver medo da morte, aquilo de pouco adiantará (ou talvez a partir dali tal susto lhe traga o pensamento para alocar na mente-cérebro o medo da morte também), mas se o animal já possuir medo da morte certamente a tática funcionará muito bem.

Como fora uma emoção imposta e criada por outro animal em forma de armadilha, as associações de um que já possui o conceito da morte farão com que outras lembranças de *input*s ruins sejam ativadas. Isso acontece porque o conceito de morte, por ser associado ao máximo de insucesso na jornada evolutiva do animal, atua no subconsciente como um guarda-chuva que engloba e se interliga a muitos os outros degraus das pirâmides. O animal com este temor estará então refletindo, mesmo sem saber que o está pensando, porque ao mesmo tempo em que ele vê a vítima estraçalhada no chão também ativa o pensamento de reflexão para a identificação da pegada daquele predador, talvez seus cheiros e tudo o que possa escutar para correr o mais rápido se preciso ou gravar qualquer tipo de vocalização que lhe remeta àquele animal. Ou seja, podemos perceber que o predador, ao planejar uma armadilha visual, levou o animal a um âmbito de estresse emocional que influenciará toda uma gama de pensamentos.

O estresse emocional neste caso foi, portanto, uma reflexão ou acúmulo de pensamentos associados a *input*s ruins que acabarão demandando uma quantidade muito grande de neuorônios e liberando uma quantidade muito grande neurotransmissores para que o animal esteja mais apto a lutar, no caso de um confronto, ou fugir daquela região. Na verdade é exatamente para isso que serve o medo – antecipar problemas futuros.

O benefício para este predador é certamente conseguir espantar outros dinossauros daquela região muitas vezes de forma definitiva, principalmente quando o ninho de seus filhotes está sendo chocado por ali. Já o excesso de pensamentos e associações que o outro animal sentiu pode se tornar até um problema, se em um confronto real e mais próximo o sistema de operação do corpo seja sobrecarregado, fazendo com que fuja tão rápido que ele se atrapalhe, fuja desordenadamente sem conseguir ver por onde pisa e se ferir ou quebrar uma pata, atrasando todo projeto de escape.

Portanto, além de determinados planejamentos a longo prazo e "segundas intenções" que agora geram estresse, a competição com o medo da morte e as novas táticas de caça em bando fizeram com que os carnívoros adquirissem mais massa e se ampliassem. Já os herbívoros, como consequência, se tornam gigantescos, constroem armaduras e rabos com espinhos pontiagudos, que por vezes possuíam veneno, para se defenderem contra possíveis ameaças. O metabolismo dos dinossauros em geral se torna mais acelerado, uma vez que a produção de cada vez mais células para suprir o crescimento tem de ser incessante.

Contudo, as modificações na organização do subconsciente não foram o único fator para que a competição se tornasse tão sofisticada ao longo do tempo, mas também novas mudanças estruturais e físicas propriamente ditas, que ocorreram na mente-cérebro junto com estas novas ampliações corporais. Isto tudo porque o ensinamento dos filhotes e a maior necessidade de vida em grupo devido à ampliação competitiva dão a estes animais a possibilidade do compartilhamento de experiências, e é a partir deste compartilhamento que a camada mais externa da mente-cérebro denominada neocórtex cerebral passa surgir em cada vez mais espécies. Nos avós dos mamíferos isto já havia ocorrido, mas por outras motivações.

O neocórtex serve para registrar especificidades de conceitos já aprendidos, gerados obrigatoriamente através de escolhas conscientes feitas durante o estado de vigília pelo animal. Normalmente, quando um filhote, por exemplo, exerce uma ação pela primeira vez em que não há ciclos automáticos operando, ele irá se utilizar das próprias células principais, que instantaneamente vão através de sinapses fazer com que grupos de neurônios do córtex "segurem" estas informações. Se estas se repetirem porque são importantes então o animal aprenderá e alocará aquela memória no subconsciente, a longo prazo. Imaginemos então que, hipoteticamente, o animal encontre um novo método de realizar uma tarefa que já vinha fazendo antes, como remover a carniça da ossadas que encontra, mas agora usando também suas unhas para extrair algumas gorduras que ficavam encrustadas demais para serem agarradas pelos dentes, algo que seus pais não lhe ensinaram porque também não sabiam que isto era possível.

Especificamente, o que acontecerá é que as células principais serão ativadas, interrompendo a automatização subconsciente e fazendo com que através de novas sinapses o acontecimento seja registrado em grupos neoronais do córtex – basicamente da mesma forma como acontece com qualquer outro pensamento condicionado (gerado no subconsciente), mas com a diferença de que agora há uma separação deste grupo neuronal através de marcações distintas feitas por neurotransmissores. Durante o estado de repouso (se for relevante ou recorrente para o animal) haverá uma segregação destas células corticais através de sulcos líquidos, objetivando que estes neurônios que compunham anteriormente uma parte do córtex passem a formar o neocórtex.

O neocórtex, assim como a ampliação do córtex, será mantidao na próxima geração devido à importância que a memória a curto e longo prazo e à quebra de condicionamentos prorcionam ao animal, o que indica que as mutações dos genes que refletirão mais tarde nas células-tronco embrionárias acontecem não muito depois das neurogêneses.

A existência do neocórtex se dá, portanto, pelo fato de que nele ficarão registradas as escolhas voluntárias dos animais, efetuadas através de pensamentos gerados não exclusivamente por pressões ambientais ou competitivas, mas também através da tentativa de se obter diversas vantagens evolutivas em comparação a outros animais, ou conseguir realizar aquilo que está sendo estimulado pelos pais.

Enquanto tudo isso ocorria, os mamíferos continuavam com sua tática bem sucedida, aprimorando seus órgãos do sentido e reduzindo ainda mais suas dimensões, tornando-se parecidos aos ratos da atualidade. Eles não parariam por aí, quer dizer, durante os milhões de anos que se seguiram continuariam se adaptando para reduzirem ainda mais suas dimensões. Na foto a seguir podemos ver, à direita, o crânio daquilo que seria um mamífero similar aos atuais esquilos e, ao lado, um crânio de um mamífero bem adaptado do final do Jurássico:

Fig. 125:

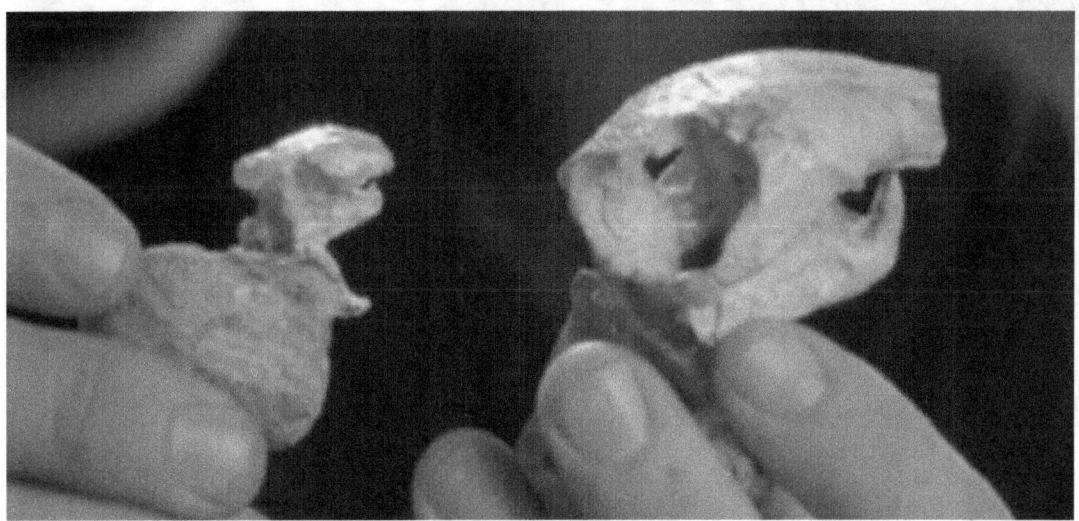

Fonte: DVD Scientific American

Esta tática adotada pelos mamíferos não foi exclusiva: ela também aconteceu entre alguns dinossauros que preferiram reduzir os seus tamanhos optando por comerem ovos, filhotes ou pequenos animais quando estes estavam disponíveis, uma vez que seria mais fácil reinar sobre eles. Estes dinossauros chegavam a ter o tamanho de um cachorro pequeno da atualidade.

Nos mares, tubarões de grande porte, maiores do que os da atualidade, chamavam menos atenção do que os répteis marinhos, onde algumas espécies tinham pelo menos o dobro do tamanho. Na figura a seguir há uma representação de dois répteis marinhos – especificamente um pliossauro que possuía 12 metros de comprimento, atacando um plesiossauro:

Fig. 126:

Fonte: DVD Scientific American

Também havia uma larga gama de peixes, alguns tão grandes ou maiores que os tubarãos-baleia atuais, que se alimentavam de plânctons. Nos rios surgem os crocodilos que também concorriam com outros répteis de água doce. E não é só nos rios que eles apareceram, mas também nos mares, sendo que os maiores caçavam peixes grandes e os menores iam atrás de peixes menores, que viviam em cardumes.

Nos ares os pterossauros que possuíam antes até um metro de envergadura da asa, quadruplicam seus tamanhos.

Toda esta nova transição nas características dos animais obedecia à mais básica lei de causa e consequência competitiva e é por esta mesma razão que surgem os primeiros dinossauros que se alimentavam tanto de carne quanto de plantas para sobreviverem. Mais tarde no médio Cretácio a maioria deles se tornaria herbívora, mas manteriam algumas características anteriores para se defenderem dos carnívoros.

Já caminhando para o final do Jurássico, por volta de 152 milhões de anos atrás, a temperatura já havia se estabilizado o bastante para que cada vez mais herbívoros voltassem a andar em quatro patas, apesar de ainda manterem quadris perfeitamente balanceados para poderem se elevar e alcançarem as copas das árvores mais altas. O mesmo acontece aproximadamente no mesmo período com os carnívoros. O caso do herbívoro Diplodoco, que apareceu por volta de dois milhões de anos mais tarde, é um dos exemplos notados, atingindo em média 30 metros de comprimento contando a partir da cauda, que era usada como um imenso chicote para se defender. Vejamos a figura que demonstra um exemplo de Diplodoco:

Fig. 127:

Fonte: DVD Scientific American

Não muitos anos depois alguns grupos de répteis voadores evoluem e se tornam pássaros, que assim podem ser classificados por obterem diversas vantagens comparativas, como a de suprirem suas necessidades através de dietas mais fáceis de serem encontradas ou caçadas, a exemplo dos frutos e insetos. O Arqueopterix é um dos primeiros fósseis de pássaros que foram descobertos a se alimentar de insetos, e apesar de viverem nos ninhos das árvores eles também podiam correr no chão. Como podemos reparar na figura a seguir, o Arqueopterix ainda possuía muitas características dos répteis:

Fig. 128:

Fonte: DVD Scientific American

Especificamente o Arqueopterix possuía cabeça, dentes, cauda comprida e bacia característica dos répteis, e por outro lado antebraço com dedos munidos de garras, penagem diferenciada e restante anatômico mais similar ao dos pássaros modernos. Posteriormente a evolução deste animal possibilitaria aos pássaros voarem com maior agilidade, uma vez que os mesmos reduziriam seus tamanhos significativamente, o que não significa que os répteis voadores de anteriormente não eram relativamente ágeis para suas dimensões.

Contudo, o mais interessante seriam as novas capacidades de vocalizações e pios que surgiriam uma vez que, por reduzirem seus tamanhos e se adequarem a novas dietas, o surgimento de novas espécies foi possibilitado. Isto é, mesmo que os objetivos fossem similares às vocalizações dos répteis voadores (avisar a própria chegada, atrair os filhotes ou as fêmeas, afastar predadores expressando humor e convocar outros animais para ajudarem a caçar ou se defender), alterando-se somente o tipo de som emitido e a altura de acordo com a espécie haveria cada vez mais uma diversificação dos sons para se distinguir pequenos grupos dentro de uma mesma espécie, estreteitando os laços entre si.

No limite do Jurássico, há 145 milhões de anos, as plantas com flores encontram o melhor meio de se reproduzirem ao perceberem que os insetos constantemente sugavam seus néctares. Assim, criam feromônios que passam a atrai-los ainda mais, de modo que os insetos possam espalhar seus gametas por diversas regiões. O resultado é uma Terra que vai se tornando cada vez mais florida e diversificada, chegando a um domínio de mais de 50% da vegetação ainda no início do Cretáceo, 140 milhões de anos atrás.

7.17 A evolução durante o período Cretáceo (145 até 66 milhões de anos atrás)

No período Cretáceo os continentes começam a rumar para atingir a formatação atual e a diversificação das espécies se estende de forma geral, pois agora com "várias terras em uma" os animais menores que foram forçados a adotar o hábito do esconderijo e da fuga se adaptam mais rapidamente às transformações geológicas e climáticas, deixando para os animais dominantes a árdua tarefa de manutenção do controle. Ou seja, os animais que antes não puderam pender para um lado evolutivo, porque já existiam predadores mais poderosos ocupando aquele determinado nicho, encontraram novas possibilidades com a separação geral, mesmo sem enfrentar outras espécies.

É também por esta razão que a quantidade de dinossauros de praticamente todas as espécies se amplia. Nos mares a vida segue se diversificando e os répteis seguem ampliando suas dimensões. Um caso curioso são dos elasmossauros, que possuíam pescoços tão extensos que precisavam ingerir pedras para ajustarem o equilíbrio do corpo para a natação. A ingestão de pedras ainda os auxiliava na digestão, assim como outros dinossauros já faziam.

Nos pântanos, alguns crocodilos, de tão enormes, começam a se alimentar de dinossauros relativamente grandes. Os pterodáctilos se tornam as maiores aves já existentes, uma vez que seus corpos chegavam a até oito metros considerando a evergadura da asa estendida. Eles também não parariam suas ampliações por aí, já que estas asas atingiriam até o final do Cretáceo algo em torno de 13 metros. Tartarugas, peixes, dinossauros e aves também continuam se ampliando e vale ainda dizer que é também neste período que surgem os populares Tiranossaurorex, Triceraptor e o Velociraptor. Já na figura abaixo podemos ver a representação de um Gigantossauro, um dos maiores dinossauros carnívoros, com mais de 12 metros de comprimento por seis metros de altura:

Figura 129:

Fonte: DVD Scientific American

As serpentes começam a aparecer como uma adaptação de alguns grupos de lagartos através de um elaborado sistema de contração e expansão muscular para nadarem melhor na água e/ou para subirem nas árvores, dependendo das espécies.

A superpopulação de dinossauros faz com que até mesmo as regiões mais frias passem a ser ocupadas ao longo dos anos. Como a biodiversidade vai ficando cada vez mais escassa nas regiões mais frias os dinossauros precisaram adaptar suas dietas, não fazendo distinção entre os tipos de animais a serem caçados ou, no caso dos herbívoros, nos tipos de vegetação a serem ingeridas, além de algumas espécies de dinossauros carnívoros que passam a ingerir folhas em tempos de escassez. Em períodos em que a temperatura se reduzia demasiadamente, os dinossauros conseguiam economizar a energia de seus corpos movimentando-se o menor tempo possível, além de a maioria das espécies ter criado pelagens mais espessas ou penas, que posteriormente seriam estendidas para outras linhagens durante as eras mais frias.

As linhagens que se tornaram pássaros continuam realizando transformações significativas durante o Cretáceo, e entre os mamíferos surgem os primeiros monotremados, seguidos dos marsupiais e posteriormente dos placentários. Apesar de terem aparecido nesta ordem, um não é uma evolução do outro, já que surgiram em nichos ecológicos distintos.

Os monotremados são os mamíferos que mais se assemelham aos répteis que às outras duas categorias. Apesar de possuírem coração dividido em quatro câmaras e glândulas mamárias para nutrirem seus filhotes com leite possuem, por exemplo, diversas partes da estrutura do esqueleto e do crânio originárias dos répteis. Um exemplo de monotremado que perdurou até a atualidade é o ornitorrinco, mas que, claro, já teve muitos de seus hábitos modificados.

No que diz respeito aos marsupiais, estes são os primeiros mamíferos que não botam mais ovos. Todas as espécies de marsupiais desta época, como a maioria das espécies de marsupiais atuais, possuem na fêmea a presença de bolsa abdominal para processar grande parte do desenvolvimento do filhote após o seu nascimento, a exemplo do popularmente conhecido canguru. Mas não é somente o desenvolvimento físico que se processa, pois uma vez carregado na bolsa o filhote ouvirá os mesmos sons que a mãe escuta, sentirá os mesmos odores, o mesmo medo e começará a aprender, ou seja, a realizar as associações no subconsciente desde cedo, para que os próprios órgãos do sentido dediquem maior atenção àquilo que esta sendo percebido pela mãe.

A transição entre os mamíferos que botavam ovos e eram amamentados até três meses em média, para os filhotes gestados entre oito a 43 dias (dependendo da espécie), para posteriormente serem amamentados até em média um ano de idade aconteceu como uma consequência do desenvolvimento subconsciente ao longo do tempo. Isto é, houve um determinado momento na história da evolução dos mamíferos que, devido às possibilidades das tréguas competitivas e ambientais, somadas a uma maior ligação paterna com a família mesmo após o nascimento da cria, tais mães puderam dedicar mais tempo para o filho, alavancando o aprendizado. Em outras palavras, as emoções maternas, principalmente durante a fase final do período de gestação e durante todo o processo de amamentação, já influenciam nas associações subconscientes dos filhotes, antecipando seus aprendizados.

Além das modificações que aconteceram no corpo destas mães, por exemplo, a criação da bolsa para carregar os filhotes, a produção de mais hormônios e as alterações referentes ao processo da lactação, como passavam mais tempo com seus filhos também podiam observar mais "o outro", e geravam ciclo de recompensas prazerosos para si mesmas sempre que, por exemplo, seus filhotes estavam realizando as tarefas recém-aprendidas.

A ativação de pensamentos que lhes levavam a um *input* bom, e portanto ao prazer, é outro pilar da evolução junto ao medo, pois pode direcionar o animal para uma conduta ou outra, o que certamente impulsiona os mamíferos para um novo patamar evolutivo.

No final do Cretáceo, por volta de 66 milhões de anos atrás, a evolução mais pronunciada dos mamíferos seria coroada com a mais famosa das extinções em massa da nossa história – um golpe que a Terra sofreria através da chegada de um asteroide massivo que atingiu o atual Golfo do México, formando uma cratera de aproximadamente cem quilômetros de diâmetro por 30 quilômetros de profundidade, capaz de transformar as rochas, ao ponto desta cratera dobrar de dimensão em pouco tempo em termos geológicos, trazendo consequências na dinâmica do planeta.

7.18 A extinção dos dinossauros e a ascensão dos mamíferos durante o período Terciário (65 milhões de anos atrás até 1,8 milhões de anos atrás)

O dióxido de carbono lançado na atmosfera como consequência da queda do asteroide fez com a radiação solar fosse absorvida muito mais rapidamente com o passar dos anos, matando boa parte da vegetação e alterando profundamente o modo que alguns regimes florestais estavam estabelecidos. Várias espécies de herbívoros não conseguiram se adaptar a tempo destas mudanças e morreram, como consequência. Uma parte dos carnívoros tampouco conseguiu se adaptar às novas restrições e morreram com a escassez de animais.

Contudo, o evento extraterrestre do asteroide e a elevação da temperatura de Gaia, apesar de ter alterado profundamente o modo como os dinossauros sobreviventes passaram a habitar a Terra, não teria o poder de extingui-los definitivamente. Com o passar dos anos, Gaia iria se reequilibrar e o calor iria diminuir, propiciando uma recuperação da vegetação e posteriormente da fauna de grande parte das espécies que havia sobrevivido. A evolução prosseguiria e novas espécies de dinossauros adaptadas ao seu novo tempo acabariam aparecendo eventualmente.

Acontece que acreditamos que por volta de 65 milhões de anos atrás outro evento de larga escala aconteceu – a eclosão de um ponto quente, influênciado por todo este "remelexo" ocasionado pelo asteroide, que culminou com o derretimento de uma porção diminuta na camada D0 – não tão significativa para gerar alterações no polo magnético terrestre, porém capaz de criar vulcões e elevações de terra entre a Ásia e a Austrália, isto é, no extremo oposto onde o asteroide havia caído, um milhão de anos antes.

Estes vulcões foram suficientes para liquidar uma grande parte das espécies de répteis marinhos e terrestres (Índia e Eurásia) e claro que, posteriormente, boa parte daqueles que dependiam destes animais para sobreviver. Este evento contribuiu ainda mais para que houvesse uma elevação do gás carbônico na Terra, intensificando o calor e a morte das vegetações, gerando migrações e extinções em massa.

De modo geral, bem como do outro lado do planeta, as necessárias mutações dos dinossauros herbívoros foram impossibilitadas pelas transformações ainda mais rápidas de Gaia, de modo que os dinossauros carnívoros começaram a se alimentar uns dos outros com uma frequência maior para sobreviverem.

Na somatória destes dois eventos sobraram apenas 25% das aves. Os anfíbios, os répteis de menor porte como as cobras, os lagartos, as tartaturugas, assim como os peixes menores foram menos prejudicados com as mudanças. Já os répteis marinhos e aéreos de grande porte, como os plesiossauros e os pterossauros, entre outros, acabaram sofrendo maiores reveses e se extinguiram por completo com o passar de cinco milhões de anos. No entanto, acreditamos que ao contrário do que se diz na maioria das fontes, os dinossauros terrestres só foram completamente extintos com o passar de mais alguns milhões de anos, ao longo do Terciário. Isto é, alguns bravos sobreviventes continuaram a se reproduzir e se adaptaram às novas temperaturas escaldantes, realizando longas migrações e alterações radicais de dieta. Estes animais acabaram se concentrando e se isolando e só não perduraram por mais tempo porque o próprio canibalismo em épocas mais difíceis acabou impulsionando novas migrações e a pulverização de uma espécie já escassa os leva à extinção em definitivo.

Algumas fontes ainda mencionam a possibilidade da extinção dos dinossauros através de epidemias virais e doenças diversas que teriam se espalhado entre espécies distintas que anteriormente não estavam em contato entre si. As doenças sempre fizeram parte do curso evolutivo animal, e também contribuíram para liquidar os dinossauros de uma vez por todas. Temos que lembrar que os organismos unicelulares, por existirem em extrema abundância, conseguem encontrar meios para se adaptar plenamente, mesmo em situações degradantes. Ora, isto pode certamente provocar a dizimação de uma ou outra espécie em um período de debilidade geral.

No que diz respeito aos mamíferos, foram os marsupiais quem sofreram os maiores reveses, seguidos dos monotremados e placentários. Por fim, é relevante dizer que espécies de répteis que já haviam iniciado uma transmutação, a exemplo dos mamíferos e dos pássaros, respectivamente, sentiram através destes acontecimentos um grande impulso para acentuarem-nas, determinando o novo rumo de colonização da Terra.

7.19 A colonização dos mamíferos

No item anterior demos bastante relevância às extinções em massa que se iniciaram durante a transição entre o Cretáceo e o Terciário porque elas são as mais recentes e as mais polêmicas, principalmente porque dizem respeito ao que ocorreu com a evolução dos mamíferos e, assim, com o nosso aparecimento. Contudo, é preciso deixar claro que houve outras transformações mais intensas na Terra do que estas citadas no item anterior, a exemplo da maioria das divisões continentais. Como a vida dos seres vivos orgânicos depende das alterações climáticas e da existência de outros organismos para sobreviverem, sempre que ocorre a extinção de toda uma espécie um efeito bola de neve se precipita, influenciando a vida de muitas outras espécies.

Os mamíferos sobreviventes, acostumados a viverem em tocas e túneis sinuosos, evitando serem pisoteados por dinossauros ou afogados por enxurradas, puderam sobreviver aos eventos que sacudiram Gaia. Apesar de possuírem hábitos noturnos, em um cenário completamente devastado e distinto do que viviam anteriormente eles precisaram sair de suas tocas para se aventurarem por mais tempo ao longo do dia, na busca por alimento. Logo percebem que andar durante o dia não era tão perigoso assim, uma vez que os dinossauros não mais pertenciam a estes habitats. Então, apesar de a princípio ainda se manterem pequeninos, novos hábitos começam a ser adotados por estes roedores, como a alteração de seus aparatos visuais e dos órgãos do sentido de modo geral, a redução de suas pelagens, a ocupação das árvores em definitivo, no caso de algumas espécies, a construção de ninhos etc.

Acreditamos que o crescimento dos mamíferos se deu através dos pequenos carnívoros roedores. Isto porque quando a população destes roedores voltou a se ampliar, Gaia ainda não havia se equilibrado totalmente, e com o pouco alimento que havia a competição entre eles se acentuou.

Aqueles mamíferos que no período anterior comiam carniças na maioria das vezes, devido a uma menor quantidade disponível, porque não havia dinossauros se reproduzindo, passaram a devorar mamíferos menores, impulsionando assim a ampliação do tamanho de seus corpos para obterem vantagens óbvias. Isso fez com que de início os mamíferos placentários se parecessem com pequenos cachorros selvagens, de pelagem curta, focinho longo, dentes pontiagudos e pernas atarracadas. O mesmo ocorreu com os mamíferos marsupiais, mas estes se tornaram parecidos a pequeninos cangurus, com garras e dentes afiados.

O surgimento destes cachorros e cangurus selvagens forçou uma nova "corrida armamentista" e adaptações expressivas foram necessárias, como o surgimento dos primeiros mamíferos com asas (os ancestrais dos morcegos que recorreram aos insetos e frutas para se alimentarem, ao invés de entrar no círculo competitivo), o crescimento dos herbívoros e a criação de seus aparatos de defesa como chifres, além da transição de alguns mamíferos para os oceanos, que posteriormente se tornariam os ancestrais das baleias. Ao que se refere aos monotremados, estes acabaram adotando uma postura mais defensiva do que competitiva, motivo pelo qual algumas espécies inauguraram hábitos semiaquáticos para encontrarem alimento, ampliaram a dimensão de seus corpos, criaram venenos, espinhos, entre outros aparatos.

Similarmente ao que ocorreu com os dinossauros, podemos dizer que estas modificações foram lentas, obtidas através das mudanças nas pirâmides do subconsciente e posteriormente através de uma modificação de partes dos corpos destes animais, transmitidas nas sequências genéticas de geração em geração. A mente-cérebro também foi fisicamente alterada – transformação esta provocada mais especificamente pelo acirramento competitivo, que fez com que os mamíferos também precisassem permanecer mais tempo acordados (em vigília). O resultado foi uma ampliação em suas memórias de curto prazo e a modificação do sistema de contabilização dos seus pensamentos para sua fixação no subconsciente, com base em suas memórias a longo prazo previamente estabelecidas.

Para tanto, a estrutura similar ao hipocampo atual foi aperfeiçoada a fim de replicar os neurônios para que o córtex cerebral pudesse registrar cada vez mais *input*s ao longo do dia. Em quase todos os mamíferos o aparecimento do neocórtex ocorreu logo depois do surgimento do córtex, mas isso em muito se deveu à maior presença dos pais na criação do filhote após a gestação, pois estes hábitos permitiam um compartilhamento de experiências importantes para a geração de escolhas conscientes e semiconscientes.

Não só os conceitos mais importantes seriam guardados pelos mamíferos, como também conceitos aparentemente sem tanta relevância, mas que na somatória de associações poderiam trazer novas compreensões.

Sempre que uma transmutação corpórea e mental-cerebral acontece, como a ampliação do córtex, por exemplo, abrem-se possibilidades associativas novas e, assim, na reformulação das pirâmides do subconsciente é possível agilizar relacionamentos que antes estavam impossibilitados. A noção do medo da morte que ocorreu para algumas espécies de dinossauros também foi percebida pela maioria dos mamíferos, contudo, o mais interessante do Terciário é que algumas espécies mamíferas desenvolveram emoções inéditas, devido a esta maior somatória de conceitos aprendidos juntamente a um armazenamento a longo prazo mais pronunciado.

Nos dinossauros o filhote consegue distinguir quando um determinado som representa um aviso paterno de que uma ameaça está chegando e é preciso se esconder, assim como uma sirene avisa alguns povos que seu país entrou em guerra. O pai dinossauro não avisa o filhote pensando simplesmente no bem-estar deste filhote, mas sim em preservar a sua "obra" e economizar energia para não ter de reproduzir novamente outro descendente. Nos mamíferos do período anterior uma noção instintiva bastante similar ao dos dinossauros estava presente, porém cada vez mais é possível observar no Terciário espécies que memorizam as características de comportamento de seus filhotes e parentes e agora podem distinguir personalidades eficazmente, o que resulta em um estreitamento de laços cada vez maior.

Com o passar dos anos a distinção da personalidade no outro também ocorre através dos hábitos de caça em bando, rompendo alguns condicionamentos e trazendo emoções inéditas através do convívio entre estes animais. Imaginemos que no instante em que ocorre a morte de um dos membros do grupo os outros membros começarão a perceber que mesmo substituindo o integrante por outro mais forte, os métodos de caça daquele falecido animal eram únicos. Surge assim a lembrança do animal falecido e com ela vem a tristeza. Tristeza por quem? Tristeza não por dó do animal que morreu em si, mas por saber que os momentos vividos, ou as facilidades alimentares obtidas com aquele companheiro, não existirão mais.

O progresso dos mamíferos cada vez mais se basearia em uma evolução da memória de curto e longo prazo, traduzido em uma maior ou menor capacidade do animal em realizar um interelacionamento de ideias através das pirâmides do subconsciente de acordo com o poder de influência de seu habitat e de seus hábitos. Um pai que consegue refletir que o filhote não doente imita o irmão só para receber alimentos dilacerados podendo mastigar normalmente, desenvolve uma gama distinta de emoções que levam-no a produzir pensamentos reflexivos, ainda que quase não possamos diferenciá-los do instinto.

Com o tempo várias cadeias alimentares exclusivamente mamíferas surgiram durante o Terciário, mas em algumas regiões os predadores mais vorazes eram pássaros que com a extinção dos répteis voadores cresceram até dois metros de altura, buscando se alimentar de grandes peixes, que descenderam de peixes ainda maiores que os pterossauros comiam anteriormente, e haviam se extinguido. Além dos peixes, estes pássaros também se alimentavam dos filhotes de alguns destes mamíferos selvagens. Por sua vez, os dinossauros ainda existentes não entraram em combate direto com os mamíferos porque a maioria vivia em regiões distintas, compondo suas próprias cadeias alimentares. Já aqueles poucos mamíferos que viveram junto destes gigantes não ousaram ampliar um centímetro de suas dimensões ou modificarem seus hábitos originais, objetivando passarem despercebidos. Quando o desequilíbrio alimentar acabou liquidando os dinossauros restantes, há menos de 40 milhões de anos, os mamíferos já haviam crescido em tamanho e quantidade o bastante, de modo que mantiveram boa parte das características vigentes.

Neste período a vegetação e as florestas voltam a ficar abundantes, proliferando as angiospermas (flores e frutos). Enquanto o clima também se estabiliza, cada vez mais ramificações das linhagens pioneiras de mamíferos aparecem, inclusive a dos primatas[22]. Além dos mamíferos os anfíbios também foram grandes beneficiados com as alterações de Gaia, principalmente à medida em que os ecossistemas florestais voltaram a operar com vigor, porque agora havia moradas propícias para se reproduzirem massivamente, com poucos predadores à espreita.

Entre as transições mais dramáticas do período, porém também mais recompensatórias, estão a dos mamíferos terrestres que se tornariam os acenstrais das baleias, entre 55 até 25 milhões de anos atrás. Claro que um animal carnívoro, com patas e hábitos terrestres, não migra de uma vez para os oceanos para ali se estabelecer para sempre. A transformação destes mamíferos foi ainda mais dramática que a dos peixes que se tornaram anfíbios, mas os motivos foram similares – sem os grandes répteis do período anterior os mares proporcionariam alimentos em abundância a estes seres, que agora poderiam reinar sem tanta competição.

Primeiramente estes cachorros selvagens entram em águas rasas de rios, buscando caçar os peixes menores que por ali habitavam, e aos poucos foram nadando de modo bem mais ajeitado em comparação ao que os cachorros fazem atualmente. Com os anos foram ajustando seus corpos através de um alongamento da cauda, além de um maior crescimento estrutural interno. Também ampliaram suas mandíbulas e dentes para se adequarem à maior fartura alimentar e ao tamanho dos animais existentes nos mares.

Estes organismos manteriam fucinhos alongados e ainda conseguiam se locomover em terra melhor do que na água, por terem articulações flexíveis para o suporte de seus pesos. Posteriormente eles começam a ganhar palmas espalmadas, como aparece na figura a seguir o caso de um ambulocetos de mais de quatro metros de comprimento:

Figura 130:

---

[22] Acreditamos que a espécie denominada plesiadapis, surgida há aproximadamente cem milhões de anos, não deveria ser considerada como primatas devido a algumas diferenças anatômicas e fisiológicas que levavam estes animais a hábitos diferentes, principalmente no que diz respeito ao comportamento social em relação ao que ocorreria nos primatas.

Fonte: DVD Scientific American

Nos ambulocetos, sua capacidade de saírem da água para arrastarem suas presas, similar ao que os crocodilos fazem, é extinta, mas em compensação não precisavam se arriscar no solo, onde outros mamíferos passavam a exercer domínio.

Aos poucos alguns destes animais passam a ocupar outras regiões como os mares abertos, desencadeando uma divisão de linhagens, porque surgiu a necessidade de criarem aerodinâmicas ainda mais favoráveis para a rápida natação e ajustes nos sistemas respiratórios. Isto posteriormente irá dividir estes mamíferos nos ancestrais dos golfinhos versus aqueles que originariam os ancestrais das baleias.

Os esqueletos destes animais precisam sofrer severas modificações, assim como seus órgãos do sentido, a fim de aguentarem as diferenças de pressões de águas mais profundas. Uma vez em busca de um equilíbrio energético estas linhagens adquirem novos contornos e aparatos, como as barbatanas, que facilitam a natação e equilíbrio. As patas traseiras são as primeiras que somem, à medida em que as pelves diminuem de tamanho e os rabos ganham massa para proporcionar o impulso. Posteriormente surgem nadadeiras e, por fim, o fucinho vai se dirigindo para cima, facilitando a subida, quando tinham de respirar.

No DVD Scientific American encontramos que apesar das baleias e golfinhos se parecerem com peixes, não nadam como eles. Os peixes nadam pela flexão da coluna vertebral lado a lado. Já os gonfinhos e baleias ondulam a coluna para cima e para baixo, bem como as lontras. A forma que mamíferos vertebrados usam suas colunas ao correrem, dobrando-as, é portanto bastante similar, o que indica que as baleias e os golfinhos levaram para a água o seu meio ancestral de se mover.

A memória das baleias é excelente e isso pode ser verificado através do som que estes animais reproduzem, pois contam com sequências longas que passam dos 30 minutos e podem ser ouvidas a centenas de quilômetros por outros membros.

Em algumas espécies todas estas transformações se encerraram 36 milhões de anos atrás, mas algumas linhagens mantiveram as patas traseiras e algumas características terrestres por ainda mais 11 milhões de anos, aproximadamente. De qualquer forma, enquanto estas mudanças ocorriam nos mares, por volta de 38 milhões de anos os mamíferos herbívoros de algumas regiões passam a ocupar regiões mais tranquilas no que diz respeito à competição, e podem agora perder seus chifres, entre outros aparatos defensivos. É neste panorama que surgem os acenstrais dos cavalos, que ainda se alimentavam de folhas dos arbustos e não da grama como fazem hoje, além dos ancestrais dos elefantes, camelos, bovinos, cervos e, mais tarde, os porcos.

7.20 Os últimos 36 milhões de anos do período Terciário

Há 36 milhões de anos os continentes continuavam a caminhar para atingirem a formatação atual, de modo que se desenhássemos um mapa-múndi desta época notaríamos poucas diferenças marcantes em relação ao mapa-múndi da atualidade. Em virtude das mudanças das correntes oceânicas com os deslocamentos dos blocos litosféricos, cada vez mais a temperatura média global foi caindo. Foram também estes deslocamentos continentais que acabaram gerando a glaciação antártica, uma vez que águas gélidas em torno do polo sul passaram a circular de modo contínuo, impedido a invasão de outras correntes oceânicas quentes. Quando o clima está frio o ar fica mais seco porque haverá uma menor taxa de evaporação, fazendo com que as florestas tropicais deem lugar a áreas descampadas e extensas planícies.

Cerca de 20% da fauna foi extinta nesta época em virtude das alterações climáticas, fator que ajudou os mamíferos a exercerem de vez o domínio sobre os pássaros. Com a maior escassez de alimentos, a competição em terra se tornou acirrada o bastante entre os ancestrais dos lobos, dos felinos, dos ursos etc., que como consequência ampliaram seus tamanhos. Isto, por sua vez, obrigou a grande maioria dos pássaros a reduzirem as suas dimensões, buscando outros tipos de dieta à medida em que se mutavam. Entre estas alterações de dieta podemos mencionar a inclusão de pequenos animais roedores, além de peixes e insetos. Com o tempo algumas espécies também incluiram no "cardápio" as sementes e as frutas.

Foi também em virtude dos isolamentos geográficos, através das divisões continentais, que cadeias alimentares mais delineadas surgiram. Na Austrália, por exemplo, houve um significativo desenvolvimento dos marsupiais, alguns mais parecidos com as onças e tigres, inclusive no que se refere aos seus próprios hábitos; já outros mais similares aos rinocerontes, tanto pelo fato de se alimentarem de plantas quanto pelas suas anatomias. Algumas espécies de pássaros de grande porte apenas migraram tentando desviar da competição que se instalou, porém o isolamento ao longo dos anos apenas limitou a sua diversificação.

A fauna da América do Sul, que nesta época também estava isolada, apresentou um desenvolvimento muito similar ao da Austrália, inclusive com a presença dos pássaros gigantes remanescentes. A diferença é que a ponte gerada entre a América do Norte e América do Sul (Istmo do Panamá) entre nove a cinco milhões de anos atrás, acabou que por modificar enormemente sua fauna devido à supremacia dos animais norte-americanos.

Podemos aqui fazer uma reflexão do porquê os mamíferos, apesar de se ampliarem significativamente, não chegarem nem perto dos dinossauros, já que criaram um panorama competitivo tão voraz quanto o deles. Apesar de também viverem em um panorama competitivo acirrado, a quantidade de mamíferos carnívoros nunca foi tão grande quanto a dos répteis predadores do período anterior. Aliás, foi também este fator que fez com que muitos mamíferos preferissem adotar vidas mais fáceis em ambientes relativamente seguros, tornando-se herbívoros. Mas além deste existem outros fatores relevantes a serem mencionados, por exemplo, quando os mamíferos começaram a ampliar seus tamanhos, eles possuíam dimensões menores se comparadas às dos ratos atuais, diferentemente dos répteis que chegavam a alguns metros de comprimento antes de se tornarem dinossauros. Outro fator é que o intenso calor da era anterior contribuiu para o bipedismo dos dinossauros, algo que não ocorreu nos mamíferos, uma vez que a área de contato com o sol destes animais era comparativamente bem menor, além de adotarem outros meios de se adequarem ao calor, como a perda dos pelos.

No que diz respeito ao crescimento gradual da mente-cérebro, é importante que entendamos que, como explica a Scientific American, o controle dos movimentos nos mamíferos percorre três instâncias neuronais articuladas hierarquicamente. A mais baixa situa-se na medula espinhal. Lá se originam sinais produzidos em pequenas redes neuronais – os geradores centrais de padrões – que determinam, por exemplo, a alternância rítmica automática da musculatura das patas ao caminhar. Esses sinais são transmitidos em seguida aos neurônios motores, cujas ramificações se estendem da medula aos músculos. A medula espinhal, por si só, consegue produzir os movimentos básicos, e seus geradores de padrões estão coordenados com as juntas individuais. Essas redes neuronais podem até mesmo levar em conta informações dos sentidos e ajustar o movimento conforme a necessidade, tudo de modo automático.

No caso em que se deseja reter um membro em certa posição estas redes neuronais fornecem os programas adequados. Elas selecionam a possibilidade que deve ser ativada a partir de informações enviadas das células principais à instância neuronal imediatamente superior à qual estão subordinadas. Ao longo da evolução dos mamíferos estes centros neuronais foram ficando cada vez mais submetidos à influência do córtex.

Isso significa que o córtex dos mamíferos foi se tornando cada vez mais ativo não apenas para alocar memória a curto prazo, mas também como via de refinamento motor, ou seja, relativo às sinapses ligadas aos músculos. Por exemplo, nos mamíferos em geral como o cortex motor é responsável somente por contrair os músculos individuais, para que então realize os movimentos apropriados ele precisa agir coordenadamente com a área pré-motora que recebe as informações provenientes dos órgãos do sentido, da musculatura, dos centros associativos na região anterior do cérebro, além do auxílio do cerebelo, que supervisiona o desenrolar temporal de sequências complexas de movimentos. Nos primatas, novos hábitos como a necessidade de agarrar pequenas frutas e galhos, procurar insetos em buracos, entre outros tipos de demandas, estimularam uma "via expressa" onde cerca de metade dos filamentos neuronais partiriam do córtex motor e, a outra metade, das áreas pré-motoras. Sem a capacidade de movimentação de musculos individuais os primatas não seriam capazes de mover cada dedo individualmente.

Um último ponto a esclarecer sobre a ampliação da mente-cérebro se refere principalmente aos mamíferos placentários. Neles podemos constatar que a superfície do córtex começa a se dobrar cada vez mais neste período da história, tornando-se mais enrugada (circunvoluções). Isto ocorreu, pois se a caixa craniana tivesse de ser ampliada proporcionalmente para atender aos novos aprimoramentos da mente-cérebro, certamente teriam de existir modificações em várias estruturas do corpo das fêmeas para que o parto fosse concebível – o que influenciaria na anatomia dos machos, e uma reação em cadeia, demandando inúmeros outros tipos de adequações que seriam necessárias em várias espécies. Mas como sabemos não foi isso o que aconteceu e os mamíferos terrestres seguiram evoluindo rumo à ampliação de suas complexidades, sem terem de agigantarem-se, por assim dizer.

7.21 Sobre a ampliação da capacidade intelectual dos primatas

O clima frio deu uma pequena trégua entre 20 e 18 milhões de anos atrás e depois disso a Terra voltou a ficar cada vez mais fria, propiciando ao longo dos anos o aparecimento das primeiras gramíneas (grama), pois agora, com quase toda a raiz protegida embaixo da terra, evitava-se que a planta morresse caso suas áreas superficiais fossem queimadas pelo frio. Não muito depois do aparecimento da grama surgem as ervas. Os herbívoros, como consequência destas mudanças, precisam desenvolver sistemas digestivos mais complexos e alterar novamente suas arcadas dentárias. De modo geral o período é caracterizado por uma diminuição da quantidade de cavalos e rinocerontes e a ampliação da quantidade de bovinos, cervos e camelos, que melhor se adaptaram às novas condições.

A população dos primatas é ampliada consideravelmente, levando ao surgimento de novas espécies ao longo dos anos. Em relação ao desenvolvimento intelectual, os primatas do período anterior em pouco se diferenciavam dos outros mamíferos mais evoluídos que existiam, uma vez que o córtex de todos os mamíferos foi aprimorado com o passar do tempo, como mencionado no item anterior. Contudo, isto estava prestes a mudar devido aos hábitos adotados pelos ancestrais dos grandes primatas, como os ancestrais dos gibões, orangotangos, gorilas, chimpanzés e bonobos.

Isto aconteceu porque com a ampliação do número de primatas privilegiou-se em algumas espécies a formação de comunidades, objetivando o compartilhamento de tarefas e de alimentos, o que acabou por provocar nestes grupos um certo abrandamento competitivo. Não que estes primatas não competissem com primatas de outras comunidades ou estivessem isentos das ameaças de outros animais, mas em geral apenas determinados membros da comunidade se encarregavam da proteção de todo o grupo. Dentro desta convivência relativamente mais tranquila dos outros indivíduos que não eram tidos como "soldados", experiências inéditas importantíssimas puderam ser vividas e compartilhadas por estes macacos.

Antes de mais nada devemos compreender que para que haja uma comunidade é preciso que exista um respeito hierárquico "elegendo-se" geralmente quais membros seriam os líderes, por serem os mais fortes e maiores do grupo, ou mais conscientes e espertos, ou ambas as coisas. No caso da supremacia pela força os primatas muitas vezes chegavam a se agredir para conquistar tal dominância, porém isso raramente resultava na morte do integrante mais fraco.

Certamente a união das duas características (inteligência e força) se demonstrou mais duradoura e eficaz, de modo que os ensinamentos através do exemplo eram bastante valorizados.

Geralmente, assim que um ou mais macacos começavam a ter uma habilidade fora do comum, vários outros buscavam ter uma maior convivência e amizade com tais membros, visando se beneficiar destas vantagens. Por exemplo, estes macacos passaram a usar ferramentas simples como pedras de tamanhos e pesos específicos que serviriam como martelos para, por exemplo, quebrarem frutas secas sem danificarem nenhuma parte do alimento. As frutas eram colocadas embaixo de outras pedras de maneira não aleatória, para posteriormente serem rompidas com maior acurácia, aproveitando-as por inteiro, de modo que poderiam assim suprir suas necessidades calóricas com uma menor quantidade de frutas.

Em pouco tempo todos os macacos do grupo vão incorporar o hábito e por fim os pioneiros poderão ser percebidos como líderes. A partir daí haverá na vida em comunidade a ambição dos demais membros em atingirem o topo e conseguirem as mesmas regalias, como uma maior disponibilidade de fêmeas ou o melhor local para dormir.

Os macacos não líderes serão então fortemente estimulados a imitar os líderes e é assim que estes primatas passam a ficar mais inteligentes, porque para que isso acontecesse foi preciso que novos neurônios nascessem e se desenvolvessem no neocórtex e córtex. O aprendizado agora não se referia apenas a uma necessidade gerada e respondida por instinto, mas sim a uma possibilidade de vantagem estabelecida pela observação, reflexão e vontade.

Este registro que obedece as escolhas voluntárias dos primatas, efetuada através da repetição de pensamentos, traz a noção de que uma determinada ação específica levaria o animal a uma maior evolução dentro daquela atividade em si e também a um crescimento de seu "status" na comunidade.

Claro que volta e meia havia embates entre o líder e outros macacos que se julgavam tão aptos quanto, além de conflitos entre os machos para competirem pelas fêmeas, e daí por diante. Por exemplo, alguns primatas podiam ser reconhecidos como líderes por manterem em segredo e sob vigilância um caminho para uma fonte de comida. Assim, acabavam sendo reconhecidos pela tribo como os mais aptos por suprirem as necessidades básicas de toda a comunidade até que o caminho fosse descoberto por outros macacos ou mesmo novas fontes de alimentos fossem descobertas. De modo geral, os conflitos só se abrandavam a partir do instante em que a hierarquia ficava bem definida, isto é, quando os líderes possuíam realmente habilidades específicas e, de fato, reais.

O importante é que esta nova noção de comunidade e as inúmeras tentativas de imitação das tarefas alheias favoreceu o aprendizado de maneira geral e a evolução do córtex e do neocórtex.

A neurociência já provou a presença de neurônios-espelho em chimpanzés que, por exemplo, reagem a partir da observação de alguma ação humana, como o simples gesto de levantar um copo. Ou seja, é comum nos animais que uma determinada ação seja compreendida através de uma comparação instantânea das experiências já aprendidas em relação ao que estavam observando, porém, nos chimpanzés, semelhantemente a nós, constatou-se que as ações percebidas já passam a ocorrer ao mesmo tempo na mente-cérebro do observador.

Se demonstrarmos a um chimpanzé uma pessoa tocando um pequeno tambor e depois apenas estimulá-lo com o mesmo som sem que ele possa ver o que está acontecendo, praticamente os mesmos neurônios serão ativados.

Ora, nos primatas que possuíam este tipo de neurônio, o esquema de contabilização das sinapses é então transformado para que, sempre que o animal estivesse, por exemplo, observando o líder do grupo ou identificando um som que ele emitia, estes neurônios-espelho fossem automaticamente ativados. Então, a partir deles sinapses eram geradas no córtex acionando parcialmente as funções motoras relativas a tais pensamentos.

Os neurônios-espelho são de suma importância porque basta o reconhecimento de pequenas intenções para que estes animais possam ter reflexos ainda mais rápidos. Quando os neurônios-espelho são mantidos nos descendentes as próximas gerações acabarão sendo favorecidas, pois agora os pais serviriam de modelo de imitação para o filhote, até que os mesmos pudessem compreender os conceitos existentes na vida em comunidade. Assim, as linhagens que adotaram hábitos em grupo começaram a aprender mais rapidamente e tiveram vantagens sobre todas as outras.

Também já foi comprovada a presença de neurônios-espelho em algumas aves e capacidade cognitiva similar à dos primatas em animais como os golfinhos, as baleias, os elefantes e até os polvos, o que derrubaria a importância da automatização no aprendizado dos primatas para determinar que estes pudessem evoluir até tornarem-se humanos. Acontece que a evolução de modo geral para qualquer tipo de espécie não cessou, e se hoje em dia uma arara tem a capacidade de cantar o hino inteiro de um time de futebol, por exemplo, não significa que há seis milhões de anos elas teriam a mesma capacidade cognitiva. Além disso, por mais que alguns animais já possuíssem neurônios-espelho ou capacidades mentais-cerebrais similares às de hoje, devemos nos atentar a outros fatores como o da maior quantidade de dobras no cérebro dos primatas em relação a de outros animais, bem como o fato de que somente os primatas (por serem primatas) viveram etapas de socialização e aprendizado específicas para modificar o rumo da história evolutiva.

7.22 O surgimento de nossos ancestrais há seis milhões de anos

Vimos que a criação dos neurônios-espelho conduz à automatização de ações que outrora eram essencialmente voluntárias, garantindo diversas vantagens a estas linhagens, que passaram a aprender mais rapidamente. A partir daí já poderíamos deduzir que a maior diferença entre os ancestrais do homem para outros primatas será a capacidade de aprendizado automatizada, mais veloz e mais eficiente.

Antes disso, o que geraria uma nova divisão entre os primatas seriam novamente os hábitos que eles adotariam com relação ao habitat em que eles viviam. A exemplo do desenvolvimento do olho primitivo capaz de enxergar os movimentos através de borrões, mas que ainda está presente em muito dos animais atualmente, a criação de mais neurônios-espelho somada a outras transformações da mente-cérebro não seria estimulada se estes primatas percebessem que estavam sendo bem-sucedidos com o que já possuíam.

Acontece que com o planeta em transformação constante, alternando momentos de intenso calor e frio, ocorreu uma nova cisão entre estes grupos, de modo que variados macacos resolveram migrar para regiões distintas de onde se situavam porque haviam adotado hábitos distintos, enquanto outros preferiram se adaptar porque viviam em comunidades com muitos indivíduos, o que ameaçaria a coesão do grupo no instante da migração.

O fato é que tais rompimentos entre as espécies e as novas transformações de Gaia impulsionam os primatas que não migraram a realizarem associações subconscientes de modo cada vez mais organizadas. Eles tiveram que prezar pela economia de processos e aprimorar o senso de grupo, e apesar de ainda necessitarem das florestas e passarem boa parte do tempo pendurado nos galhos das árvores tendo a maioria dos hábitos similares aos outros grandes primatas, a exemplo da capacidade de escalar com facilidade, foram geradas algumas mudanças anatômicas, como a substituição dos dentes de combate como os caninos por caninos menores, o crescimento dos dentes frontais (incisivos), uma vez que passaram a ingerir frutas e vegetais e a diminuição da capacidade de pressão da mandíbula, possibilitando que ela fosse reduzida e a projeção da face se tornasse menos pronunciada em comparação à anteriormente.

Quando chegava o inverno e havia a escassez de frutos e sementes, realizar várias viagens para tentar levar o alimento necessário até suprir a necessidade básica da família poderia ser um tremendo desafio. Foi assim que muitos destes primatas começaram a disponibilizar as duas mãos da frente para colherem alimentos forçando o andar ereto (bipedalismo), similar ao que os dinossauros herbívoros fizeram no passado, buscando se alimentar das folhas nas copas das árvores. A princípio foram os machos, porque as fêmeas ou estavam grávidas (a gestação durava normalmente oito meses) ou estavam cuidando dos filhotes (geralmente estas mães cuidavam de seus filhotes até quatro ou cinco anos de idade e mesmo depois mantinham fortes laços com os mesmos), de modo que cabia ao macho a função de levar suprimentos a fim de garantir a boa formação do embrião, a lactação adequada e o desenvolvimento da prole.

Estes primatas eram, portanto, bípedes, sempre que desejavam, mas não necessariamente. Quando necessitaram sair da região em que viviam, devido a algumas alterações mais bruscas de Gaia há pouco mais de 5,6 milhões de anos, eles certamente a fizeram como tetrápodes.

No que se refere à vocalização destes primatas podemos afirmar que ela se destacava ligeiramente em relação à capacidade dos pios de alguns pássaros, uma vez que os primatas conseguiam distinguir uma quantidade enorme de grunidos e/ou gritos de um indivíduo em específico, como se fossem códigos ou senhas.

Similarmente, nos humanos é a capacidade de automatização do subconsciente que nos possibilita definir um objeto sem nem mesmo pensar no conceito que nos leva à tal definição. Podemos definir uma casa como sendo um ambiente contendo dois quartos, uma sala, uma cozinha, três banheiros, um telhado, paredes de sustentação, portas e janelas. No entanto, uma casa pode ter apenas um telhado, paredes de sustentação, portas e janelas, ou seja, algo bem mais simples, mas que ainda será uma casa desde que abrigue seus moradores do frio, do sol, do vento e da chuva.

Considerando que a evolução dos seres vivos orgânicos e dos animais por toda a história sempre foi uma corrida contra o tempo, um aprimoramento dos sentidos para sobreviver dentro de uma posição qualquer na cadeia alimentar, podemos nos certificar de que na atualidade a maioria de nós pode viver no conforto de nossas casas, e nos questionarmos se a nossa última automatização do subconsciente (provavelmente passível de identificação através de nossa última vocalização, gesto, ação ou pensamento) é digna de permacência ou precisa ser substituída por uma ideia melhor.

Ora, quando pronunciamos a palavra "casa" fica implícito o conceito por trás desta palavra e simplesmente recorremos à imagem mental que temos de nossa própria casa, ou de uma casa "ideal". Pensar em uma casa sem quartos, sem cozinha, sem banheiro e sem cama, caso não estejamos acostumados com "a inclusão" de alternativas imaginárias (que leva a uma maior capacidade de improviso ou de sonhar) nos excluirá a possibilidade de pensar em um ambiente harmonioso, com redes espalhadas por todos os lados, pedras para formação dos móveis e das paredes, banheiros orgânicos separados, uma estrutura de pedra capaz de abrigar fogo e daí por diante.

Mais cinco milhões de anos se passam sem que nenhuma alteração muito relevante ocorresse, apenas novas migrações e ligeiras alterações internas e anatômicas relacionadas principalmente às mudanças de dieta destes primatas. Novos neurônios-espelho surgiram de acordo as novas experiências vividas, mas o mais impressionante deste período foi a hierarquização das comunidades, que se tornou mais sofisticada, e a divisão de tarefas, que se tornou ainda mais específica através da criação de pequenos subgrupos dentro de uma mesma comunidade.

De modo geral, as baixas temperaturas ao longo de muitos anos fazem com que a atmosfera acabe perdendo cada vez mais a sua capacidade de absorver umidade e como resultado surgem as savanas e as pradarias (vegetação plana com gramíneas ou capim, poucas árvores e poucos arbustos), deixando as fontes de alimento cada vez mais esparsas. É assim que os animais terrestres de modo geral ganham patas mais longas, que lhes possibilitariam correr por longas distâncias e estes primatas, por sua vez, são obrigados a incluir em suas dietas diversos tipos de frutas e sementes que requeriam também técnicas diferenciadas para coleta e consumo. Tampouco haveria agora a possibilidade de sobreviverem ingerindo apenas um tipo de alimento, o que faz com que a coleta se torne uma prática comum de todos os membros do grupo.

Então, se anteriormente nossos ancestrais visavam o benefício da comunidade em prol de seus benefícios individuais e de suas crias, cada vez mais eles passavam a associar a importância que tinha a comunidade e sua divisão de tarefas para as suas próprias jornadas evolutivas.

Inicialmente alterações nas pernas, principalmente no fêmur, ocorrem, mas a pélvis se mantém praticamente inalterada, pois o equilíbrio fora mantido com o reposicionamento de alguns músculos, além das alterações coerentes na mente-cérebro e em outras estruturas do sistema vestibular para o balanceamento espacial. À medida que encontrar os alimentos começou a ser uma tarefa cada vez mais difícil após várias gerações, as fêmeas também têm de participar de coletas de longas distâncias e a capacidade de enxergar cores passa a ser herdada nos descendentes.

Dissemos anteriormente que os mamíferos perderam a nitidez das cores através de dois tipos de células cônicas devido aos seus hábitos noturnos. Pois bem, foi a partir desta época que se estabeleceram as bases para mais uma transição no modo de enxergar, através do surgimento de um tipo de célula cônica inédito, pois tanto os machos quanto as fêmeas precisaram distinguir as cores reluzentes (frutos) no meio da vastidão das florestas em extinção.

Hoje é sabido que a velocidade de marcha sobre os quatro membros é um hábito que gasta mais energia se comparado ao nosso caminhar ordinário. Logo depois de rearranjar os sentidos nossos ancestrais passam a alterar parcialmente suas pélvis, articulações do joelho, os dedos do pé, a coluna cervical e a base do crânio que se alinhava ao novo posicionamento que perpetuaria o bipedalismo. Apesar disso eles ainda subiam em árvores, motivo pelo qual os braços permanecem mais compridos do que as pernas, a omoplata ainda estava voltada para cima e não para o lado, como acontece conosco, e os dedos da mão eram longos e curvados.

À medida que o tempo passa surgem as estepes (praticamente uma savana sem árvores e com grama rala) e os desertos mais extensos. O que antes eram florestas em extinção se tornam savanas e pradarias. Com as florestas sendo substituídas por pastos a alimentação foi ficando cada vez mais precária. O problema é que nas épocas de inverno rigoroso, mesmo com o racionamento dos alimentos e meios elaborados de revesamento para a coleta, o alimento simplesmente desaparecia. Isto fez com que alguns grupos de primatas buscassem alternativas de dieta.

Entre as alterações podemos citar a inclusão de sementes, brotos, folhas distintas e raízes comestíveis, mas também, em algumas comunidades, insetos, larvas e flores. Os novos alimentos trouxeram alterações no modo de consumo, coleta e digestão. Isto parece irrelevante, mas é capaz de provocar a criação de neurônios-espelho que irão imitar estes pioneiros e a partir daí quebrar alguns condicionamentos. Lembremos que sempre que alguns conceitos são rompidos abrem-se portas para a reorganização do subconsciente, dando oportunidade para que, grosseiramente falando, a visão de mundo se torne mais ampla.

Depois alguns anos a competição começou a se acirrar dentro destas comunidades, pois nem sempre era o líder do grupo que tomava a iniciativa e rompia conceitos ou inventava uma nova maneira de capturar insetos sem ser picado, por exemplo. É assim que ocorre a cisão entre algumas comunidades que posteriormente vão migrar e dar origem a novas espécies.

7.23 O aparecimento do gênero homo há aproximadamente 2,5 milhões de anos

Como mencionado, entre seis e 4,5 milhões de anos atrás as espécies que já viviam sob condições gélidas por muitos anos na África tiveram alterações anatômicas importantes. O andar ereto foi ganhando um espaço cada vez maior na vida destes primatas, que passaram a alterar seu fêmur, parcialmente sua pélvi, as articulações do joelho, os dedos do pé, a coluna cervical e a base do crânio. O bipedalismo garantiu menores gastos energéticos, porém, mesmo assim, com a mudança da paisagem estas alterações não foram suficientes e acabaram forçando alguns grupos a modificarem suas dietas. Isso contribuiu para a divisão de comunidades que já estavam bem estabelecidas, uma vez que novas habilidades surgiram e junto novos líderes foram eleitos.

Se alimentando melhor e tendo agora mais energia estes primatas passaram a se aventurar em novas localidades, caçando animais maiores como os antílopes e cervos. Anteriormente eles não fizeram o mesmo porque sem energia de sobra não poderiam correr os riscos de sofrerem um embate direto contra os carnívoros e, além disso, tinham uma altura menor, algo que desencorajava qualquer investida. Técnicas apuradas de caça através de armadilhas naturais, como precipícios e golpes desferidos na cabeça destas presas com pedras de tamanho médio, impulsionaram a construção de ferramentas ao longo dos anos, inaugurando um marco na história terrestre.

Neste estudo acreditamos que houve por volta de 2,9 milhões de anos atrás uma verdadeira "idade da madeira lascada" em analogia à idade da pedra lascada que se iniciou 400 mil anos depois. Isto porque estes primatas passaram a cortar galhos de árvores ou mesmo arrancavam arbustos inteiros com as mãos, de modo que a base a ser empunhada acabava sempre ficando mais grossa do que a ponta.

Posteriormente eles retiravam suas folhas e galhos menores e modelavam a ponta contra uma rocha, fazendo muitas vezes o acabamento com os próprios dentes (mais tarde lascas de pedras começaram a funcionar como ferramentas para cortar as lanças, apesar de não serem padronizadas). A ferramenta se tornava assim uma lança afiada o bastante para perfurar o animal a ser caçado. Aos poucos estes primatas foram aprendendo quais eram os pontos no corpo da presa a serem perfurados para liquidá-la mais rapidamente sem que sofressem nenhum revés.

Isto foi um marco na história da ascensão dos pré-homens, pois além da geração de neurônios-espelho através das habilidades aprendidas com a inclusão da carne na dieta houve a criação de mais neurônios-espelho devido à manipulação de ferramentas para caça e os métodos para produzi-la. Aliado a estas transformações da mente-cérebro cada vez mais ocorreu a substituição dos neurônios do córtex que estavam ligados às musculaturas a fim de propiciar maior firmeza, equilíbrio e impulsão para a locomoção nas árvores, em troca de sinapses para que os neurônios motores do braço e dos ombros começassem a se ligar diretamente ao córtex, proporcionando agilidade em movimentos importantes, como no caso da pontaria para encravar uma lança ou da necessidade de esquivar-se.

Não houve no início uma ampliação muito significativa da mente-cérebro porque um mecanismo passou a substituir o outro e não a complementá-lo. Os braços compridos, a articulação da omoplata voltada para cima e os dedos longos das mãos permaneceram, mas agora escalar em árvores passou a ser um hábito facultativo e cada vez menos necessário. Isto aconteceu primeiramente porque eles já não eram tão habilidosos para este propósito, gastando muito mais energia se comparado aos primatas anteriores, mas além disso nossos ancestrais começaram a se adequar às suas próprias transições, perpetuando novos hábitos.

Por exemplo, se antes estavam acostumados a dormir nos galhos das árvores, agora passavam a dormir em galhos mais baixos ou mesmo no chão, sob rochas grandes com formatos favoráveis que lhes protegessem do vento e da chuva. Aos poucos estes hominídeos passaram a ocupar cavernas que serviam tanto para os instantes de repouso quanto para a realização do ato sexual. Quando migravam e não encontravam cavernas nem rochas favoráveis passavam a empilhar pedras menores como forma de contenção do vento e de outros animais.

Outra alteração fundamental é que se antes as fêmeas jovens se interessavam pelos machos que aparentassem oferecer maior proteção às suas crias, associação esta obtida através da demonstração da força e robustes do macho, agora cada vez mais as fêmeas passariam a observar outros fatores, como a habilidade e estratégia para caçar independentemente da força e a participação na educação dos filhos.

Buscando nos enquadrar ao que foi até agora encontrado, em termos de registros fósseis, podemos destacar que não existiu nenhuma ramificação desde o nosso primeiro ancestral – linhagem que nos separa dos outros grandes primatas bem desenvolvidos como os gorilas, chimpanzés e bonobos – até o Australopithecus africanus, ou seja, a evolução do homem se estabeleceu em um gênero fixo desde seis milhões de anos atrás e começou a se ramificar apenas por volta de 2,9 milhões de anos atrás. Isto significa dizer que um dia fomos todos Australopithecus africanus. Vejamos abaixo uma montagem semelhante a este primata de perfil:

Figura 131:

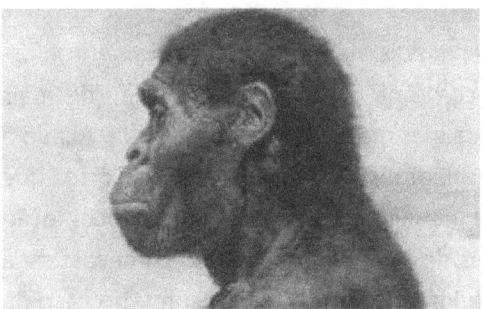

Fonte: http://www.reefnet.gov.sy/reef/images/stories/assets/chp1-2.jpg

Com o tempo os primatas passaram a usar mais as mãos do que os pés, e mais a cabeça do que os músculos, privilegiando a diplomacia e a economia de energia de forma objetiva. Porém, seria apenas com a transformação do Australopithecus africanus, 2,5 milhões de anos atrás, que o gênero homo seria inaugurado efetivamente.

7.23.1 A evolução do gênero homo até 1,75 milhões de anos atrás

Devido às junções da América do Sul e do Norte, a ligação que antes existia entre oceano Pacífico e o Atlântico foi bloqueada, provocando modificações nas correntes marítimas e, assim, diversas alterações climáticas. Houve então períodos glaciais, que usualmente encontramos na literatura como sendo a última era do gelo que se tem conhecimento. No entanto, cientistas já sabem que na verdade a temperatura flutuou tanto para o extremo frio quanto para uma temperatura um pouco mais quente do que a atual, e foi isso que provocou diversas alterações anatômicas nos mamíferos, como no caso do mamute, que passou a guardar depósitos de gordura e modificar sua pelagem para se proteger do frio, assim como posteriormente também ocasionou a sua migração e, mais tarde, sua extinção.

O cérebro dos hominídeos começou a se alargar há pouco mais de 2 milhões de anos, atingindo proporções cada vez maiores através do acúmulo de experiências com os processos de caça e manufatura das ferramentas. O homo habilis recebe este nome justamente porque desenvolveu ferramentas de madeira bem elaboradas e posteriormente ferramentas feitas a partir pedras lascadas, inclusive para cortar a carne.

As novas experiências vão fazer com que o homo habilis use a inventividade no momento da caça e o estímulo do surgimento de mais neurônios-espelho e a ampliação da mente-cérebro faz com que estes animais consigam agora realizar associações muito mais complexas. Era o poder de imaginar e abstrair sendo cada vez mais utilizado no cotidiano prático, criando uma nova era cultural.

Merece mais destaque do que isso somente o fator que propiciou a ampliação da massa cinzenta cerebral destes animais – o início das experiências com o fogo. Acreditamos que eles tenham sido estimulados pelo fogo queimando em alguma montanha, através de uma combustão natural do calor ou após a queda de um raio, algo que tornou-se tão comum que tais seres passaram a retirar alguns arbustos e levá-los em grupo para dentro de suas cavernas ainda com as chamas acesas, para então poderem alimentar este mesmo fogo com novos galhos.

Aos poucos o domínio do fogo se tornou algo natural, pois descobriu-se que poderiam gerar chamas a partir da fricção de certos tipos de pedras, mesmo que não houvesse a presença de uma combustão natural. Esse marco de inovação, como aponta a Scientific American, representaria um importante salto cognitivo que trouxe consequências profundas e de longo prazo para os nossos ancestrais, de modo que não acreditamos aqui que "a descoberta do fogo" tenha sido um mero acidente.

As fogueiras foram aprimoradas à medida em que as experiências demonstravam quanto tempo duraria a combustão, baseada na quantidade de madeira ou mesmo se conseguiriam reaproveitar os restos queimados para fazer uma nova fogueira. Nossos ancestrais foram então adquirindo experiências reveladoras que proporcionaram a quebra de alguns conceitos. Uma delas revolucionaria o modo como os animais sentiriam o gosto, mastigariam e digeririam os alimentos – o cozimento dos animais caçados.

Se a princípio somente os pelos e a pele dos animais acabavam sendo colocadas nas chamas para serem removidas, posteriormente o gosto da carne tostada passou a agradar os paladares, propiciando um desenvolvimento de um maior número de papilas gustativas. O cozimento da carne e dos peixes mais tarde influenciaria o cozimento dos vegetais primitivos, que trouxe energia extra ao nosso ancestrais, mesmo porque agora a mastigação e a digestão haviam sido facilitadas.

Esta abundância energética proporcionou a estes hominídeos a chave para o fluxo criativo correr livremente: o tempo. O ócio, por assim dizer, deu a estes animais motivos para criarem e melhorarem o que faziam, reparando uns nos outros. Na verdade, tempos de trégua já haviam acontecido anteriormente e tinham impulsionado as comunidades dos grandes primatas, mas agora isso seria muito mais abrangente nos hominídeos, pois todos os indivíduos acabariam tendo mais tempo para "não fazerem nada", assim que suprissem suas necessidades calóricas diárias.

7.23.2 O tempo como impulso para o fluxo criativo dos hominídeos

Desde os nossos primeiros ancestrais as matriarcas tiveram função importante para o desenvolvimento da nossa espécie porque ao dedicarem-se fundamentalmente a cuidar de suas proles puderam ir substituindo algumas memórias de longo prazo por outras que lhes garantissem vantagens intelectuais cada vez maiores – como a compreensão das intenções dos filhos antes mesmo que eles terminassem as suas ações, com o objetivo de agilizar relacionamentos e solucionar problemas.

Aos poucos, as ainda pobres expressões faciais e as vocalizações passaram a demonstrar a estas mães quais eram as emoções que seus filhotes estavam sentindo. Por exemplo, aquelas que conviviam constantemente com suas crias passaram a compreender não apenas as suas expressões de dor, mas também o ciúmes entre dois irmãos, por exemplo, de modo que posteriormente se baseariam no que haviam aprendido para observarem e compreenderem o que outros animais adultos também estavam pensando.

Claro que o ciúmes ou qualquer outra emoção não condiz com a interpretação atual que temos a respeito, mas ainda asssim já há uma associação que aponte neste sentido. Então, a percepção da personalidade no outro começou a se perpetuar nos hominídeos através de uma maior mobilidade dos nervos faciais, assim que notaram (ainda que de forma inerente) que isto era importante para a evolução da espécie.

Os novos hábitos de nossos ancestrais proporcionariam um compartilhamento de experiências muito maior, principalmente no que diz respeito à participação do pai na educação dos filhos, que passaria a observar a mãe e o que ela fazia desde o nascimento e assim também conseguiria distinguir novas emoções. Apesar desta compreensão ser inerente, gerada através de neurônios-espelho, isso catalizou de modo geral todas as formas de relacionamento entre estes hominídeos.

Os neurônios usados para a escalada foram sendo substituídos por neurônios que se ligavam diretamente à musculatura das mãos e dos dedos, dos músculos da face e depois da língua, ou seja, os músculos da face foram se tornando mais maleáveis para possibilitar a compreensão das emoções alheias, algo que acabaria impulsionando o desenvolvimento da comunicação verbal no futuro.

Ora, se perceber o que os outros animais estavam pensando e querendo dizer era tão crucial, então ter expressões faciais que pudessem traduzir estas emoções foi primordial para a ascensão do homem.

O corpo foi então se tornando cada vez menos robusto e, tais animais, cada vez mais aptos a manusearem objetos pequenos. Apesar de ainda não pronunciarem realmente nenhuma palavra, o repertório de combinações de vogais anasaladas acompanhado de gestos tornou-se mais amplo e permitia chamar a atenção e especificar coisas como, "olhe ali", "saia daqui", "vamos caçar", "fogo" e daí por diante.

No que diz respeito ao sexo, se anteriormente não havia nada muito além de um breve prazer, objetivando em primeiro lugar a geração de novos descendentes, o ócio acabou permitindo que as relações passassem a ser cada vez mais duradouras, estimulando o nascimento de novos nociceptores, principalmente nos lábios e nos órgãos genitais. O toque foi se tornando importante como medida para eleger novos parceiros e aos poucos o beijo é incorporado nos rituais reprodutivos. Cada vez mais o sexo começou a ser praticado tanto por prazer quanto para gerar novos descendentes e as fêmeas que observavam quais eram os machos mais habilidosos em relação à obtenção de alimentos e cuidados com as crias, agora também observariam quais machos seriam mais capazes de lhes proporcionar prazer.

No que se refere à higiene estes animais não defecavam onde dormiam, mas isto não era muito diferente do que ocorre com a maioria dos primatas. Em relação ao banho, certamente ocorriam de forma natural sempre que houvesse desejo de mergulhar muitas vezes para tirar crostas de lama ou a pele morta do corpo, mas certamente não havia a intenção de se tornarem mais cheirosos, justamente porque usavam o cheiro como fator de identificação também.

Podemos dizer que os hominídeos estavam se tornando cada vez mais proporcionais, uma vez que não precisavam do uso de tanta força à medida em que adquiriam habilidades inéditas e impulsionavam transformações na mente-cérebro. A destreza individual dos dedos da mão se torna cada vez melhor, enquanto habilidades específicas do pé se perdem. Subir em árvores agora era tão difícil quanto para um habilidoso humano moderno, já que a articulação da omoplata também se modifica e passa a ser voltada para o lado.

Esta tranquilidade ou momento de ócio pelo qual passaram foi completamente abalada por volta de 1,85 milhões de anos atrás, brecando a velocidade com que estas transformações ocorriam. Uma época de frio intenso fez com que estes primatas precisassem caçar mais a fim de acumularem gordura, de modo que tal necessidade aliada à movimentação mais livre dos dedos lhes permitiram construir as primeiras machadinhas de mão, que servia justamente como uma ferramenta para a construção de outras ferramentas de caça.

As machadinhas eram simétricas, como se observa na Scientific American, talhadas a partir de grandes cernes de rocha, e foram os primeiros instrumentos a se ajustarem a um "molde mental" existente na cabeça do fabricante. É nesta época que nossos ancestrais começam a diversificar os animais a serem caçados, e passam a encurralar elefantes e rinocerontes, apesar de estas ainda não serem práticas tão frequentes. No entanto, quando estas e outras presas repentinamente desaparecem através de migrações na busca de moradias mais quentes, nossos ancestrais também precisariam migrar atrás dos mesmos.

Durante as migrações as diferentes denominações de hominídeos do período, intituladas pela antropologia, vão se esbarrar e se estranhar, pois percebendo a não aleatoriedade de suas intenções através da capacidade da interpretação dos rostos, ambas as "tribos" agora vão brigar pelo território escolhido.

Nossos ancestrais mais diretos possuíam reflexos mais rápidos, usavam ferramentas de caça mais aprimoradas e adquiriram uma maior quantidade de neurônios-espelho. Depois que as primeiras guerras primitivas terminam há um verdadeiro racha entre as próprias comunidades, que se desestabilizam. Parte destes grupos migrou para diferentes cantos da África, enquanto outros seguem em frente rumo ao

Oriente Médio. Aqueles que avançaram esperavam encontrar uma terra prometida, repleta de abundância e alimentos, enquanto aqueles que ficaram perceberam, de certa forma, que com o racha das comunidades os recursos não precisariam ser divididos entre tantos indivíduos.

7.24 As bases para o aparecimento do homo sapiens

Não é incorreto dizer que todos os hominídeos passaram a depender do sistema de divisão comunitária que criaram, de modo que a separação destes grupos traz à princípio mais prejuízos do que benefícios. Contudo, com o passar dos anos, tanto as espécies que migraram quanto as que ficaram acabam que por reforçar os laços comunitários, porque agora em menor número era crucial que toda a tribo se unisse para superar tantas mudanças. Também foi comum que passassem a produzir ferramentas mais sofisticadas, feitas de ossos.

Ao longo do tempo será possível notar pequenas alterações anatômicas referentes à alimentação diferenciada encontrada em cada habitat, mas nada gritante. E apesar da necessidade da figura do líder ainda existir ela vai sendo reformada aos poucos, através da percepção da importância de se difundir o conhecimento, uma vez que todos dependiam do bem-estar da comunidade para sobreviverem. Isto faz com que os relacionamentos se estreitem, e a vontade de se expressar para demonstrarem o que estavam aprendendo e sentindo, através dos gestos e vocalizações, propiciam ao longo dos anos novas alterações corporais que dariam um novo impulso aos mecanismos da fala.

Especificamente começam a ocorrer alterações na cavidade do pescoço, como a descida da laringe e do osso hioide, e consequentemente o alongamento da faringe e das pregas vocais, entre outras alterações musculares importantes, que agora fazem com que estes primatas possam pronunciar sílabas e assim realizarem vocalizações padronizadas. Neste momento, no entanto, não foram inventados novos sons, porém a concatenação de vogais e consoantes para formar sílabas seria a base para a ampliação do repertório comunicativo destes animais. Além disso, os sons ainda eram bastante anasalados e bastante esforço era requerido para se comunicar, mas mesmo assim esta foi uma alteração fundamental.

São os estímulos para que se gere cada vez mais vocalizações e que variam de comunidade para comunidade que fazem com que se processem mais alterações mentais-cerebrais relativo à coordenação sinápica entre uma extensa parcela o córtex motor com outras regiões, possibilitando a combinação de cada vez mais sílabas para a formação de palavras. Se o trovão fazia um barulho característico, e estes pré-homens desejavam falar sobre a possibilidade de chuva, então as vocalizações tenderiam a imitar o som do trovão. Porém, havia exceções às regras associativas, por exemplo, se o barulho da lança sendo arremessada se parecia mais com um "vum", e se toda a tribo ficara marcada por uma experiência em que uma das lanças atiradas atingiu um hominídeo e este gritou "hudo", então talvez a lança se perpetuasse como "hudo".

Contudo estas alterações e criações são barradas porque por volta de 1,45 milhão de anos atrás a Terra começa a entrar em um período de resfriamento mais intenso e contínuo, obrigando algumas linhagens como a do homo erecetus a migrar novamente, desta vez em direção ao continente asiático. Apesar de conseguirem encontrar regiões relativamentes mais quentes, a falta de comida e água eram constantes, forçando-os a adotarem uma postura nômade.

É bem verdade que as linhagens de postura mais fixas como a do homo antecessor enfrentaram épocas bem difíceis, em que a alimentação não era tão rica quanto anteriormente e teve de dispender mais tempo e energia para encontrar novas presas, mas o importante é que eles conseguiram se estabilizar sobre estas novas condições enquanto o homo erectus, por exemplo, direcionava seus neurônios às novidades e problemas que constantemente surgiam devido às diversas migrações. Analogamente, quando mudamos de uma casa para outra precisamos dispobilizar dias para que tenhamos o mesmo nível de conforto e organização que tínhamos anteriormente, mas para nós é bem simples, uma vez que quase todos os supermercados possuem os mesmos produtos e contratamos terceiros para fazer os serviços que não sabemos realizar ou que demandariam o triplo de tempo. Já estes hominídeos, cada vez que se mudavam tinham de entender o habitat em que viviam, o que passariam a comer, onde iriam se abrigar sem, é claro, que deixassem de atender às suas necessidades diárias.

Os registros fósseis que demonstram o homo erectus espalhado pela Ásia não estão relatando uma ampliação demográfica dos mesmos na opinião deste estudo, mas sim a busca de localiadades favoráveis para se estabelecerem definitivamente após a investida no Oriente Médio. A postura nômade do homo erectus influenciou em sua evolução, pois assim havia menos tempo ocioso para romper ciclos mentais e conceitos já ultrapassados por outros mais relevantes, bem como para trabalharem em suas vocalizações.

Então muitas das comunidades existentes de homo erectus se romperam. Isto aconteceu porque com as migrações praticamente se perdia a referência de quem eram os líderes, pois as ideias e habilidades extras mudavam de mãos e mãos repentinamente em virtude das dificuldades impostas pelo meio ambiente, além da própria pulverização natural entre famílias dentro de um grupo que uma migração é capaz de provocar, seja referente à divergência de ideias e percepções entre eles, ou porque o meio ambientes os forçou.

Portanto, enquanto os nômades estavam se fragmentando, aqueles que ficaram conseguem ter relativamente mais tempo para criar passando a, por exemplo, se esquentar com pedaços de pele e pelos dos animais caçados, após rigorosa lavagem e secagem. Os mecanismos que possibilitam a fala continuam a se desenvolver e vão se tornando mais complexos, permitindo agora que cadeias de ações sejam realizadas, como a pronúncia de palavras dissilábicas, sem que contudo tivessem abandonado os gestos e os ruídos.

Ao longo dos anos a laringe e o osso hioide vão ganhando ares do posicionamento moderno, permitindo que a pronúncia seja mais clara, ao mesmo tempo em que a audição destes hominídeos vai criando novos filamentos, para que as diferentes sonoridades possam ser distinguidas.

A fala foi primordial para a nossa evolução porque além de agilizar os relacionamentos e aprendizados fez com que aflorasse a personalidade individual de cada ser. Aos poucos a voz torna-se um quesito importante para atrair parceiros sexuais, porque aliada aos gestos formam trejeitos distintos, impulsionando os centros de recompensa ao se conseguir conquistar um pretendente depois de desejá-lo. As mães começam a incentivar os filhos a emitirem sons, enquanto cada vez mais conceitos e significados vão sendo arquivados.

Em suma, os hominídeos sedentários passaram por inúmeros instantes de maior adaptação ao longo de mais de cem mil gélidos anos, mas de modo geral tiveram mais tempo para que estas transformações evolutivas pudessem ir ocorrendo de maneira bem mais progressiva (em termos de relevância evolutiva) em comparação aos grupos nômades e, deste modo, evoluíram para o homem arcaico ou homo sapiens.

7.25 O surgimento do homem moderno (homo sapiens sapiens)

Ao longo da evolução podemos afirmar que os mamíferos em geral criavam cada vez mais meios para inibirem suas dores, afinal, através do desenvolvimento dos sentidos precisaram ampliar a quantidade de nociceptores que lhes garantiam percepções mais precisas, e sem inibir certas dores não havia capacidade de realizar nada.

Vimos que os inibidores químicos eram imprescindíveis para a realização de transformações corporais conscientes ou subconscientes, além de serem essenciais para brecar o fluxo de pensamentos emotivos como o medo, em instantes em que tais pensamentos apenas acabariam confundindo o animal. O problema é que dependendo dos hábitos de alguns animais, de acordo com o habitat em que viviam, ocorreram casos em que alguns homo sapiens buscaram eliminar suas dores sem que o problema estivesse de fato extinto.

Para entendermos como isto é possível vamos imaginar que um felino qualquer perfure sua pata em um galho pontiagudo. O animal terá obviamente dificuldades para se locomover e sentirá muitas dores, porém apenas refletirá para tentar corrigir aquele problema com maior completude e precisão, de dentro para fora, durante os momentos em que obtiver uma brecha e conseguir repousar. O felino simplesmente tentará remover a lasca puxando-a com os dentes, lamberá a região e irá esperar que seu corpo durante o sono "aja por conta própria". O animal apenas ajudará no processo de modo consciente quando evitar andar, quando evitar colocar a pata ferida no chão ou ainda quando, ao colocá-la, fizer de modo mais sutil possível, além de eventualmente lambê-la. Ora, isto é muito diferente do que os seres orgânicos mais primitivos faziam, ao reformarem seus ciclos inteiros e partirem para uma completa ruptura inovativa sempre que se deparavam com um problema (que geralmente era de vida ou morte).

Portanto, nada saiu errado na evolução, apenas mudaram as dimensões dos seres vivos orgânicos e os paramêtros daquilo que causa a morte. Neste felino, certamente, enquanto o problema existir, por dias e mais dias, inibidores químicos serão ativados conforme as correções vão sendo realizadas automaticamente, mas não ao ponto de todos os sinais que geram a dor serem extintos, justamente para que ela não se agrave.

Agora, vamos imaginar que hipoteticamente este felino esteja quase curado e pronto para seguir em frente em sua jornada evolutiva, mas por viver em uma região propícia para a proliferação de bactérias ele sofre uma infecção que acaba agravando o ferimento da pata. Novamente o animal terá de tomar certos cuidados e buscará se curar permanecendo o mais quieto possível, talvez conte até com o auxílio da parceira. Contudo, o tempo e as pressões do ambiente podem fazer com que este felino estimule a criação de inibidores de dor em excesso. A dor na pata existe, mas agora o animal está acostumado com ela, não liga mais para aquilo enquanto o sono não dá conta de reestruturar a tempo todos os esforços que realizou durante o dia.

Ora, mesmo que o animal passe alguns dias sem comer a mais do que o habitual ou tenha que postergar uma migração ou reprodução, ou até mesmo se torne mais vulnerável por ter de dormir muito mais tempo na selva, é de suma importância curar um ferimento com grandes potenciais de levá-lo a morte. Porém, a anulação da dor treinará o subconsciente a criar um condicionamento que, neste caso, é extremamente prejudicial ao organismo como um todo.

Com o sistema das pirâmides do subconsciente se perdeu a noção de que a dor foi uma criação nossa, por assim dizer, e que nós temos que atualizar nossos sistemas de controle constantemente. A criação de inibidores funcionará até que a morte das células afete a corrente sanguínea ou até que a infecção comece a se alastrar para outras partes do corpo. Neste instante os *input*s de dor vencerão os pensamentos intencionais do animal, que passará a ter medo e este temor consumirá ainda mais energia, que poderia estar sendo usada para um combate mais efetivo do problema em si.

À medida em que o tempo passou as eras de frio se revesaram com outras de temperatura mais amena. Em uma destas transições, por volta de 700 mil anos atrás, a temperatura subiu consideravelmente, encorajando nossos ancestrais a também se aventurarem em terras novas. Especificamente eles partem para o Oriente Médio e depois Europa. O surgimento do homem moderno, apesar de contar com todo o acúmulo da evolução dos seres vivos orgânicos, ainda traria algo inédito que nos diferienciaria de todos os outros hominídeos.

Quando o frio começa a retornar nossos ancestrais começam a lentamente transformar algumas características de seus corpos de modo subconsciente, a exemplo do atarracamento das pernas e a aquisição de massa generalizada, para melhor suportarem o frio, o que por outro lado lhes obrigou a caçar animais maiores e com uma frequência maior.

O tempo também trata de tornar a pele de nossos ancestrais cada vez mais brancas, a fim de que melhor absorvessem o calor do sol. Isto não aconteceu com o homo erectus e outras linhagens porque estes preferiram migrar até encontrarem regiões mais quentes. No que diz respeito ao uso de vestimentas esta começa a ser uma prática difundida por toda a comunidade, assim como enterrar os mortos que tinham maior empatia ou identificação, para auxiliarem no processo de memorização das experiências. Já o controle do fogo é aprimorado, assim como o das ferramentas, principalmente as facas para o corte da carne e da pele. Todas estas inovações provocavam mudanças na mente-cérebro e é isso que vai proporcionando o crescimento gradual da mesma.

Uma das contribuições mais inovadoras foi a saída das cavernas para a ocupação de estruturas rudimentares feitas de madeira e folhas, que garantia uma adaptabilidade muito maior em qualquer região. Acontece que estes abrigos primordiais acabarão provocando ao longo do tempo o fortalecimento das famílias em detrimento da comunidade em si.

É preciso que mantenhamos em mente que os conceitos de comunidade existiam no que se refere à divisão de tarefas, mas a liderança migra para funcionar como uma referência positiva a ser imitada, ao invés de um caminho que precisava ser obrigatoriamente seguido.

Quando estava muito frio as famílias passavam a maior parte do dia dentro de seus abrigos, fortalecendo os laços emocionais e estimulando o desenvolvimento de regiões da mente-cérebro até então pouco exploradas. Aquilo que define um ser humano, na visão deste estudo, aparece quando um jovem membro da família com personalidade definida adoece, sofre com dores e depois vem a falecer. A mãe compreendendo o seu sofrimento e sente compaixão, e não apenas pesar do outro por estar pensando em si mesma.

Portanto, foi compaixão que esta mãe sentiu, devido ao reconhecimento da finitude da personalidade no outro somada às associações das dores que ela já havia passado na vida que fazem com que ela se torne o primeiro "homem". O ser humano surgiu a partir deste ponto na história porque a experiência que esta mãe sofreu foi forte o bastante para lhe causar um "trauma", que de tão marcante lhe faria estabelecer um valor moral, ou seja, ela passaria a modelar o seu caráter através da compreensão de que causar a dor no outro é errado.

Esta distinção de certo e errado, ainda que atuando de modo inerente, mudaria a forma dos outros filhos serem educados, bem como o trato com os outros membros da comunidade.

A partir do estabelecimento de alguns valores o raciocínio ganha um impulso tremendo, assim como as reflexões e as tentativas de verbalizações. Com as expressões afloradas, os órgãos dos sentidos se modificam, e uma maior quantidade de neurônios-espelho é criada, o que estimula os mais novos a entenderem o conceito de certo e errado.

O planejamento educativo, através da reflexão por meio do que já existia como figuras de linguagem, é o que também chamamos de consciência da consciência. Com o passar dos anos estes homens começam a se tornar cada vez mais cientes de si mesmos, de seus atos e de suas finutudes.

Em suma, o que nos tornou humanos foi a capacidade de colocar-se no lugar do outro plenamente, de sentir compaixão pelo outro, isto é, a possibilidade de um pensamento que leva a um sentimento puro, como o amor. É um momento raro de supressão do ego pessoal, ou livre-abítrio, que faz gerar novas possibilidades reflexivas e a criação de novos valores. Posteriormente, estes mesmos sentimentos nobres influenciariam o surgimento de outros tipos 21de emoções, desenhando conceitos morais distintos em cada família e comunidade.

O homo sapies sapiens prosperou a partir desta época porque a capacidade ampliada da fala, a intensificação das personalidades e o maior convívio em família fariam pela primeira vez que o compartilhamento destas experiências emotivas fossem repassadas e alastradas, não mais apenas de modo inerente e subconsciente, mas sim também de modo consciente. Em outras palavras, apesar do vício pelo prazer ou do estresse emocional – através do medo provocado por uma suscetiva cadeia de pensamentos que fazem os animais esconderem suas dores – já serem exemplos de uma exacerbação do ego, assim como também já havia sinais de empatia entre os símios e outras espécies aquáticas avançadas, estes outros animais não chegam a ter plena ciência de que tais experiências são tão vitais para construir valores, ou seja, eles não chegam a abstrair completamente e criar teorias para diferenciar o certo do errado, o moral do imoral, e se tornarem verdadeiramente livres, até mesmo do instinto.

www.ingramcontent.com/pod-product-compliance
Lightning Source LLC
Chambersburg PA
CBHW060409220526
45465CB00008B/2821